Fred Böker

Formelsammlung für Wirtschaftswissenschaftler

Mathematik und Statistik

ein Imprint von Pearson Education

München • Boston • San Francisco • Harlow, England
Don Mills, Ontario • Sydney • Mexico City
Madrid • Amsterdam

Bibliografische Information der Deutschen Nationalbibliothek
Die Deutsche Nationalbibliothek verzeichnet diese Publikation in der Deutschen National-
bibliografie; detaillierte bibliografische Daten sind im Internet über http://dnb.d-nb.de ab-
rufbar.

10 9 8 7 6 5 4

11

ISBN 978-3-8273-7160-7

© 2009 Pearson Studium
ein Imprint der Pearson Education Deutschland GmbH
Martin-Kollar-Straße 10–12, D-81829 München/Germany
Alle Rechte vorbehalten
www.pearson-studium.de
Lektorat: Martin Milbradt, mmilbradt@pearson.de
               Alice Kachnij, akachnij@pearson.de
Korrektorat: Barbara Decker, München
Einbandgestaltung: Thomas Arlt, tarlt@adesso21.net
Herstellung: Elisabeth Prümm, epruemm@pearson.de
Satz und Layout mit LaTeX: PTP-Berlin Protago-TeX-Produktion GmbH (www.ptp-berlin.eu)
Druck- und Verarbeitung: Graficas Cems, Villatuerta

Printed in Spain

Inhaltsübersicht

Inhaltsverzeichnis

Teil II   Statistik 255

Vorwort

„Eine mathematische Formelsammlung hilft auch nicht, wenn man nichts von Mathematik versteht." Dies war der Kommentar, den ich zu hören bekam, als ich zum ersten Mal meinen Gedanken äußerte, das Angebot des Verlages Pearson Studium anzunehmen, eine mathematische Formelsammlung für Wirtschaftswissenschaftler zu schreiben. Ich habe mich nicht entmutigen lassen. Denn ich pflege bei Diskussionen um schwierige Formeln, *„die man sich ja auf keinen Fall im Kopf merken kann"*, zu antworten: *„Man muss die nicht im Kopf haben, man muss wissen, wo die stehen."* Und hier stehen jetzt eine ganze Reihe einfacher, schwieriger und schwerster Formeln gebündelt in einem Buch zusammen. Natürlich sollte jeder Anwender wissen (und insofern ist die obige Kritik berechtigt), was er berechnet und wie die Ergebnisse zu interpretieren sind. Diese Formelsammlung ersetzt also kein Lehrbuch und keine Vorlesung der Mathematik für Wirtschaftswissenschaftler. Das nötige Verständnis für Mathematik kann nur dort und durch ständiges Training, d.h. Rechnen von Übungsaufgaben erworben werden.

Natürlich haben einige Lehrbücher der Mathematik und Statistik für Wirtschaftswissenschaftler als Vorlage gedient zum Zusammentragen dieser Formelsammlung und z.T. sind auch die Notationen und Formulierungen aus diesen Büchern in die vorliegende Formelsammlung eingeflossen. Zu nennen sind hier *Mathematik für Wirtschaftswissenschaftler* von *Knut Sydsæter* und *Peter Hammond*, sowie *Statistik* von *Fahrmeir, Künstler, Pigeot* und *Tutz*. Im zweiten, dritten und vierten Durchlauf wurden dann weitere bekannte Lehrbücher der Mathematik und Statistik herangezogen, bis die Zahl der noch nicht aufgenommenen Formeln gegen Null konvergierte. Einige dieser Lehrbücher finden Sie im Literaturverzeichnis.

Ich wünsche, dass dieses Buch für viele Studierende während des Studiums und auch danach als Nachschlagewerk eine *Hilfe* sein möge.

Es bleibt mir nur noch zu danken, den Lektoren des Verlages Pearson Studium, Dennis Brunotte und Christian Schneider, dass Sie das Vertrauen hatten, mich mit dieser Aufgabe zu betrauen, dass Sie mich fortwährend (zwar manchmal mit sanftem nötigen) Druck unterstützt und ermutigt haben. Ich danke beiden für die angenehme Zusammenarbeit. Ich danke Herrn Oleg Nenadic, der die Tabelle zum Wilcoxon-Rangsummen-Test erstellt hat.

Fred Böker

Mathematik

Kapitel 1
Algebra

1.1 Aufbau des Zahlensystems

Natürliche Zahlen

$\mathbb{N} = \{1, 2, 3, 4, \ldots\}$ ist die Menge der natürlichen Zahlen oder **positiven ganzen Zahlen** mit den Teilmengen:

$\{2, 4, 6, 8, \ldots\}$ **(Gerade Zahlen)** $\qquad$ $\{1, 3, 5, 7, \ldots\}$ **(Ungerade Zahlen)**

$\mathbb{N}_0 = \mathbb{N} \cup \{0\} = \{0, 1, 2, 3, 4, \ldots\}$ ist die Menge der **nichtnegativen ganzen Zahlen**.

Ganze Zahlen

$\mathbb{Z} = \{0, \pm 1, \pm 2, \pm 3, \pm 4, \ldots\}$ ist die Menge der ganzen Zahlen bestehend aus:
$\{1, 2, 3, \ldots\}$ **(positive ganze Zahlen)**,
$\{-1, -2, -3, \ldots\}$ **(negative ganze Zahlen)**
und $\quad 0 \quad$ **(Null)**

Rationale Zahlen

$\mathbb{Q} = \{a/b, \text{ wobei } a, b \in \mathbb{Z} \text{ mit } b \neq 0\}$ $\qquad$ Menge der rationalen Zahlen

Äquivalente Definition: $\mathbb{Q} = \{a/b, \text{ wobei } a \in \mathbb{Z}, b \in \mathbb{N}\}$

Dezimaldarstellung

Mit den Ziffern $c_i \in \{0, 1, 2, \ldots, 9\}$ gelten die folgenden Dezimaldarstellungen für

- Natürliche Zahlen: $x = \sum_{i=0}^{k} c_i 10^i$ $\qquad k \in \mathbb{N}_0, \; c_k \neq 0$

- Ganze Zahlen: $x = \pm \sum_{i=0}^{k} c_i 10^i$ $\qquad k \in \mathbb{N}_0$

■ Rationale Zahlen: $x = \sum\limits_{i=-\infty}^{k} c_i 10^i \qquad k \in \mathbb{Z}$, $c_k \neq 0$, wobei die Anzahl der Summanden (Dezimalstellen) entweder endlich ist (**endlicher Dezimalbruch**) oder sich eine endliche Folge von Ziffern unendlich oft wiederholt (**periodischer Dezimalbruch**).

1

Reelle Zahlen

$\mathbb{R}$ ist die Menge der reellen Zahlen, d.h. aller endlichen oder unendlichen Dezimalbrüche

$$x = \pm m.c_1 c_2 c_3 \ldots$$

mit $m \in \mathbb{Z}$, $m \geq 0$ und $c_n \in \{0, 1, 2, \ldots, 9\}$, $n = 1, 2, \ldots$ mit den Teilmengen:

$\mathbb{R}_+ = \{x \in \mathbb{R}: x \geq 0\}$ (nichtnegative Zahlen)

$\mathbb{R}^* = \{x \in \mathbb{R}: x \neq 0\}$ (Zahlen ungleich Null)

$\mathbb{R}_+^* = \{x \in \mathbb{R}_+: x \neq 0\} = \{x \in \mathbb{R}: x > 0\}$ (Zahlen größer als Null)

Alle Dezimalbrüche, die nicht endlich oder periodisch, d.h. nicht rational sind, bilden die Menge der **irrationalen Zahlen**.

Komplexe Zahlen

Grundlegende Definitionen

$\mathbb{C} = \{z = a + bi : a, b \in \mathbb{R}\}$ ist die Menge der **komplexen Zahlen**, wobei $i = \sqrt{-1}$ die **imaginäre Einheit** ($i^2 = -1$), a der Realteil und b der Imaginärteil ist.

Die zu $z = a + bi$ **konjugiert komplexe** Zahl ist definiert durch $\bar{z} = a - bi$.

Zwei komplexe Zahlen $z = a + bi$ und $w = c + di$ sind genau dann gleich, wenn $a = c$ und $b = d$.

Der **Absolutbetrag** einer komplexen Zahl $z = a + bi$ ist definiert durch:

$$|z| = \sqrt{a^2 + b^2} = \sqrt{z\bar{z}}$$

Rechenregeln für komplexe Zahlen

Für $z = a + bi \in \mathbb{C}$ und $w = c + di \in \mathbb{C}$ gilt:

$z + w = (a + c) + (b + d)i$ **Addition**

$z - w = (a - c) + (b - d)i$ **Subtraktion**

$\lambda z = \lambda a + \lambda b i$ **Multiplikation mit einer reellen Zahl**

$$z \cdot w = (ac - bd) + (ad + bc)i \qquad\qquad \textbf{Multiplikation}$$

$$\frac{z}{w} = \frac{ac + bd}{c^2 + d^2} + \frac{bc - ad}{c^2 + d^2}i, \ \text{ falls } c^2 + d^2 > 0 \qquad\qquad \textbf{Division}$$

Für das Rechnen mit Beträgen komplexer Zahlen gilt:

$$|z \cdot w| = |z| \cdot |w| \qquad \left|\frac{z}{w}\right| = \frac{|z|}{|w|} \ (w \neq 0) \qquad |\bar{z}| = |z|$$

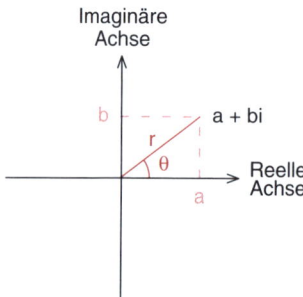

Abbildung 1.1. Polarkoordinaten

Darstellung komplexer Zahlen in Polarkoordinaten

Nach Abb. 1.1 ist $z = a + bi = r(\cos\theta + i\sin\theta) = re^{i\theta}$, wobei θ (das **Argument** der komplexen Zahl) der Winkel zwischen der positiven reellen Achse und dem Vektor von $(0, 0)$ nach (a, b) ist*. Es gilt:

$$a = r\cos\theta \qquad b = r\sin\theta \qquad r = \sqrt{a^2 + b^2} = |z|$$

Für $z_1 = r_1(\cos\theta_1 + i\sin\theta_1)$ und $z_2 = r_2(\cos\theta_2 + i\sin\theta_2)$ gilt:

$$z_1 z_2 = r_1 r_2(\cos(\theta_1 + \theta_2) + i\sin(\theta_1 + \theta_2)) \qquad \frac{z_1}{z_2} = \frac{r_1}{r_2}(\cos(\theta_1 - \theta_2) + i\sin(\theta_1 - \theta_2))$$

Das Produkt zweier komplexer Zahlen ist die komplexe Zahl, deren Betrag das Produkt der Beträge und deren Argument die Summe der Argumente ist. Der Quotient zweier komplexer Zahlen ist die komplexe Zahl, deren Betrag der Quotient der Beträge ist und deren Argument die Differenz der Argumente ist.

---

* Jeder Punkt (a, b) in der Ebene kann auch durch seine Polarkoordinaten (r, θ) dargestellt werden.

Nach der **Formel von De Moivre**

$$(\cos\theta + i\sin\theta)^n = \cos n\theta + i\sin n\theta \quad (n = 1, 2, \ldots)$$

ist $n\theta$ das Argument der n-ten Potenz einer komplexen Zahl mit Argument θ.

1.2 Potenzen mit ganzzahligen Exponenten

Definition der n-ten Potenz

Für $a \in \mathbb{R}$ und $n \in \mathbb{N}$ ist

$$a^n = \underbrace{a \cdot a \cdot a \cdot \ldots \cdot a}_{n \text{ Faktoren}}$$

die n-te Potenz von a mit der **Basis** a und dem **Exponenten** n.

$$a^0 = 1 \quad \text{für} \quad a \neq 0 \qquad a^{-n} = \frac{1}{a^n} = \left(\frac{1}{a}\right)^n \quad \text{für } a \neq 0 \text{ und } n \in \mathbb{N}$$

0^0 ist nicht definiert, jedoch wird es gelegentlich auch als 1 definiert!

Rechenregeln für Potenzen

Für $a, b, c, d \in \mathbb{R}^*$ und $r, s \in \mathbb{Z}$ gilt:

$$a^r a^s = a^{r+s} \qquad (a^r)^s = a^{rs} = (a^s)^r \qquad \frac{a^r}{a^s} = a^{r-s} = \frac{1}{a^{s-r}} \qquad (ab)^r = a^r b^r$$

$$\left(\frac{a}{b}\right)^r = \frac{a^r}{b^r} = a^r b^{-r}$$

$$(abcd)^r = a^r b^r c^r d^r \qquad a^n a^{-n} = a^0 = 1$$

Speziell für **Zehnerpotenzen** gilt: $10^0 = 1 \qquad 10^n = 1\underbrace{00\ldots0}_{n \text{ Nullen}}$

$$10^{-n} = \underbrace{0.00\ldots0}_{n \text{ Nullen}}1 \quad (n \in \mathbb{N})$$

Achtung: $(a+b)^r \neq a^r + b^r$ im Allgemeinen.

1.3 Wichtige Regeln der Algebra

Grundlegende Gesetze

Für $a, b, c \in \mathbb{R}$ gilt:

$a + b = b + a$	**Kommutativgesetz der Addition**
$(a + b) + c = a + (b + c) = a + b + c$	**Assoziativgesetz der Addition**
$a + 0 = 0 + a = a$	**Null ist neutrales Element der Addition**
$a + (-a) = 0$	$-a$ **ist invers zu** a **bezüglich Addition**
$ab = ba$	**Kommutativgesetz der Multiplikation**
$(ab)c = a(bc) = abc$	**Assoziativgesetz der Multiplikation**
$1 \cdot a = a \cdot 1 = a$	**1 ist neutrales Element der Multiplikation**
$aa^{-1} = a^{-1}a = \frac{a}{a} = 1$ für $a \neq 0$	a^{-1} **ist invers zu** a **bezüglich Multiplikation**
$-a = (-1) \cdot a = a \cdot (-1)$ $\qquad -(-a) = a$	**Rechnen mit Minuszeichen**
$(-a)b = a(-b) = -(ab) = -ab$ $\qquad (-a)(-b) = ab$	**Rechnen mit Minuszeichen**
$a(b + c) = ab + ac$	**Distributivgesetz oder Ausklammern**
$(a + b)c = ac + bc$	**Distributivgesetz**
$a \cdot 0 = 0 \cdot a = 0$	**Multiplikation mit Null**
$a \cdot b = 0 \iff a = 0$ oder $b = 0$	**Produkt Null, wenn ein Faktor Null**
$a \neq 0 \Rightarrow \frac{0}{a} = 0$	**Division der Null**
$\frac{a}{0}$ nicht definiert	**Division durch Null nicht erlaubt**
$\frac{a}{b} = 0 \iff a = 0$ und $b \neq 0$	**Quotient Null, wenn Zähler Null**

Folgerungen

$a(b - c) = ab - ac$ $\qquad (a + b)(c + d) = ac + ad + bc + bd$, d.h. jedes Glied der einen Klammer ist mit jedem Glied der anderen Klammer zu multiplizieren.

$-(a + b - c + d) = -a - b + c - d$, d.h. alle Vorzeichen sind zu ändern.

Quadratische Identitäten oder binomische Formeln

Für $a, b \in \mathbb{R}$ gilt:

$$(a + b)^2 = a^2 + 2ab + b^2 \qquad (a - b)^2 = a^2 - 2ab + b^2 \qquad (a + b)(a - b) = a^2 - b^2$$

1.4 Bruchrechnung

Definition eines Bruches

$\frac{a}{b} = a/b \quad a, b \in \mathbb{R}, b \neq 0$ ist ein Bruch mit dem **Zähler** a und dem **Nenner** b.

Rechenregeln für Brüche

Für $a, b, c, d \in \mathbb{R}$ gilt, wenn alle Nenner $\neq 0$ sind:

$\frac{a}{b} = \frac{ac}{bc} \quad (c \neq 0)$	**Erweitern eines Bruches**
$\frac{ac}{bc} = \frac{a}{b}$	**Kürzen eines Bruches**
$\frac{-a}{-b} = \frac{(-1)a}{(-1)b} = \frac{a}{b}$	**Vorzeichenregel**
$-\frac{a}{b} = (-1)\frac{a}{b} = \frac{(-1)a}{b} = \frac{-a}{b} = \frac{a}{-b} = \frac{(-1)(-a)}{-b}$	**Vorzeichenregel**
$\frac{a}{c} + \frac{b}{c} = \frac{a+b}{c}$	**Addition von Brüchen mit gleichem Nenner**
$\frac{a}{c} - \frac{b}{c} = \frac{a-b}{c}$	**Subtraktion von Brüchen mit gleichem Nenner**
$\frac{a}{b} + \frac{c}{d} = \frac{a \cdot d + b \cdot c}{b \cdot d}$	**Addition von beliebigen Brüchen**
$\frac{a}{b} - \frac{c}{d} = \frac{a \cdot d - b \cdot c}{b \cdot d}$	**Subtraktion von beliebigen Brüchen**
$a \pm \frac{b}{c} = \frac{ac \pm b}{c}$	**Addition/Subtraktion eines Bruches zu einer Zahl**
$a \cdot \frac{b}{c} = \frac{a \cdot b}{c} = \frac{a}{c} \cdot b$	**Multiplikation eines Bruches mit einer Zahl**
$\frac{a}{b} \cdot \frac{c}{d} = \frac{a \cdot c}{b \cdot d}$	**Multiplikation zweier Brüche**
$\frac{\frac{a}{b}}{\frac{c}{d}} = \frac{a}{b} \cdot \frac{d}{c} = \frac{a \cdot d}{b \cdot c}$	**Division zweier Brüche = Multiplikation mit dem Kehrwert**
$\frac{\frac{a}{b}}{c} = (a/b)/c = a/(bc) = \frac{a}{bc}$	**Division eines Bruches durch eine Zahl**
$\frac{a}{\frac{c}{d}} = a/(c/d) = a \cdot d/c = ad/c = \frac{ad}{c}$	**Divsion einer Zahl durch einen Bruch**

1.5 Wurzeln und Potenzen mit gebrochenem Exponenten

Definition der Quadratwurzel

Für $a \in \mathbb{R}_+$ ist $\sqrt{a} \geq 0$, die Quadratwurzel von a, definiert durch $\sqrt{a} \cdot \sqrt{a} = a$, d.h. $b = \sqrt{a} \iff b \geq 0$ und $b^2 = a$.

Ferner wird definiert $a^{1/2} = \sqrt{a}$, wobei $\sqrt{a}$ die eindeutige nichtnegative Lösung der Gleichung $x^2 = a$.

1

Rechenregeln für Quadratwurzeln

Für $a, b \in \mathbb{R}_+$ gilt:

$$\sqrt{ab} = \sqrt{a}\sqrt{b} \qquad \sqrt{\frac{a}{b}} = \frac{\sqrt{a}}{\sqrt{b}} \qquad \sqrt{\frac{1}{b}} = \frac{1}{\sqrt{b}} \quad (b > 0)$$

Achtung: $\sqrt{a+b} \neq \sqrt{a} + \sqrt{b}$

Achtung: $x^2 = a \iff x = \pm\sqrt{a}$,   aber $\sqrt{a^2} = |a| \geq 0$

Definition der n-ten Wurzel

Für $a > 0, n \in \mathbb{N}$ ist $\sqrt[n]{a}$, die n-te Wurzel von a, definiert als die eindeutig bestimmte positive Lösung der Gleichung $x^n = a$, d.h. $b = \sqrt[n]{a} \iff b^n = a$.
Ferner wird definiert: $a^{1/n} = \sqrt[n]{a}$

Rechenregeln für n-te Wurzeln

Für $n, m \in \mathbb{N}$ und $a, b > 0$ gilt:

$$\sqrt[n]{a \cdot b} = \sqrt[n]{a} \cdot \sqrt[n]{b} \qquad \sqrt[n]{\frac{a}{b}} = \frac{\sqrt[n]{a}}{\sqrt[n]{b}} \qquad \sqrt[n]{\frac{1}{b}} = \frac{1}{\sqrt[n]{b}} \qquad \sqrt[m]{\sqrt[n]{a}} = \sqrt[n]{\sqrt[m]{a}} = \sqrt[m\cdot n]{a} = a^{1/(m\cdot n)}$$

Potenzen mit gebrochenen Exponenten

Für $a > 0, p \in \mathbb{Z}, q \in \mathbb{N}$ ist:

$$a^{p/q} = \left(a^{1/q}\right)^p = \left(\sqrt[q]{a}\right)^p$$

Rechenregeln für Potenzen mit gebrochenen Exponenten

Für $a > 0, p \in \mathbb{Z}, q \in \mathbb{N}$ gilt:
$$a^{p/q} = \left(a^{1/q}\right)^p = \left(\sqrt[q]{a}\right)^p = \left(a^p\right)^{1/q} = \sqrt[q]{a^p}$$

Rechenregeln für Wurzeln aus Potenzen mit rationalem Exponenten

Für $a, b > 0$, $n, m \in \mathbb{N}$ $r, s \in \mathbb{Q}$ gilt:

$$\sqrt[n]{a^r} \cdot \sqrt[m]{a^s} = \sqrt[nm]{a^{rm+sn}} \qquad \frac{\sqrt[n]{a^r}}{\sqrt[m]{a^s}} = \sqrt[nm]{a^{rm-sn}} \qquad \sqrt[m]{\left(\sqrt[n]{a^r}\right)^s} = \sqrt[nm]{a^{rs}}$$

$$\sqrt[n]{a^r} \cdot \sqrt[n]{b^r} = \sqrt[n]{(ab)^r} \qquad \frac{\sqrt[n]{a^r}}{\sqrt[n]{b^r}} = \sqrt[n]{\left(\frac{a}{b}\right)^r}$$

Potenzen mit reellen Exponenten können als Grenzwerte von Potenzen mit rationalen Exponenten erklärt werden.

Rechenregeln für Potenzen mit reellen Exponenten

Für $a, b > 0$, $r, s \in \mathbb{R}$ gilt:

$$a^r a^s = a^{r+s} \quad (a^r)^s = a^{rs} = (a^s)^r \quad \frac{a^r}{a^s} = a^{r-s} = \frac{1}{a^{s-r}} \quad (ab)^r = a^r b^r$$

$$\left(\frac{a}{b}\right)^r = \frac{a^r}{b^r} = a^r b^{-r} \quad ab^r = a(b^r) \quad -a^r = -(a^r) \quad a^{b^r} = a^{\left(b^r\right)} = \left(a^b\right)^r$$

$$a^r = a^s \iff (r = s \text{ oder } a = 1) \qquad a^r = b^r \iff (a = b \text{ oder } r = 0) \qquad a^r > 0$$

1.6 Reihenfolge der Rechenoperationen in $\mathbb{R}$

1) Klammern werden stets zuerst berechnet.
2) Danach werden alle Potenzen berechnet, bei fehlenden Klammern von *oben nach unten*.
3) Danach werden alle Punktoperationen (Multiplikation; Division) durchgeführt, bei fehlenden Klammern von links nach rechts.
4) Danach werden alle Strichoperationen (Addition, Subtraktion) durchgeführt, bei fehlenden Klammern von links nach rechts.

Klammern vor Potenz vor Punkt vor Strich.

1.7 Ungleichungen

Definition einer Größenrelation

Ist $a \in \mathbb{R}$ positiv, so schreiben wir $a > 0$, d.h. $a > 0 \iff a \in \mathbb{R}_+$ und $a \neq 0$.

Ist $a \in \mathbb{R}$ negativ, so schreiben wir $a < 0$, d.h. $a < 0 \iff a \notin \mathbb{R}_+$.

a ist größer als b (in Zeichen: $a > b$) oder b ist kleiner als a (in Zeichen: $b < a$) genau dann, wenn $a - b > 0$.

a ist größer oder gleich b (in Zeichen: $a \geq b$) oder b ist kleiner oder gleich a (in Zeichen: $b \leq a$) genau dann, wenn $a > b$ oder $a = b \iff a - b \geq 0$. In allen Fällen spricht man von Ungleichungen.

Rechenregeln für Ungleichungen

Für $a, b, c \in \mathbb{R}$, $n \in \mathbb{N}$ gilt:

$a > 0$ und $b > 0 \implies a + b > 0$ $a \geq 0$ und $b > 0 \implies a + b > 0$

$a > 0$ und $b > 0 \implies a \cdot b > 0$ $a \geq 0$ und $b > 0 \implies a \cdot b \geq 0$

$a > 0$ und $b < 0 \implies a \cdot b < 0$ $a \geq 0$ und $b < 0 \implies a \cdot b \leq 0$

$a > b \iff a + c > b + c \quad \forall c$ $a \geq b \iff a + c \geq b + c \quad \forall c$

$a > b \iff a - c > b - c \quad \forall c$ $a \geq b \iff a - c \geq b - c \quad \forall c$

$a > b$ und $b > c \implies a > c$ $a \geq b$ und $b \geq c \implies a \geq c$

$a > b$ und $c > 0 \iff ac > bc$ $a \geq b$ und $c \geq 0 \iff ac \geq bc$

$a > b$ und $c > 0 \iff \frac{a}{c} > \frac{b}{c}$ $a \geq b$ und $c > 0 \iff \frac{a}{c} \geq \frac{b}{c}$

$a > b$ und $c < 0 \iff ac < bc$ $a \geq b$ und $c \leq 0 \iff ac \leq bc$

$a > b$ und $c < 0 \iff \frac{a}{c} < \frac{b}{c}$ $a \geq b$ und $c < 0 \iff \frac{a}{c} \leq \frac{b}{c}$

$a > b$ und $c > d \implies a + c > b + d$ $a \geq b$ und $c \geq d \implies a + c \geq b + d$

$a > b$ und $c > d \implies ac > bd$ $a \geq b$ und $c \geq d \implies ac \geq bd$

$0 < a < b \iff a^n < b^n$ $0 < a \leq b \iff a^n \leq b^n$

$0 < a < b \iff \frac{1}{a} > \frac{1}{b}$ $0 < a \leq b \iff \frac{1}{a} \geq \frac{1}{b}$

$0 < a < b \iff a^{-n} = \frac{1}{a^n} > \frac{1}{b^n} = b^{-n}$ $0 < a \leq b \iff a^{-n} = \frac{1}{a^n} \geq \frac{1}{b^n} = b^{-n}$

$a < b < 0 \iff \frac{1}{a} > \frac{1}{b}$ $a \leq b < 0 \iff \frac{1}{a} \geq \frac{1}{b}$

$ab > 0 \iff (a > 0$ und $b > 0)$ oder $(a < 0$ und $b < 0)$

$\frac{a}{b} > 0 \iff (a > 0$ und $b > 0)$ oder $(a < 0$ und $b < 0)$

$ab < 0 \iff (a < 0$ und $b > 0)$ oder $(a > 0$ und $b < 0)$

$\frac{a}{b} < 0 \iff (a < 0$ und $b > 0)$ oder $(a > 0$ und $b < 0)$

$0 < a < b \iff \log_c a < \log_c b \quad (c > 1)$ $0 < a \leq b \iff \log_c a \leq \log_c b \quad (c > 1)$

$a < b \iff c^a < c^b \quad (c > 1)$ $a \leq b \iff c^a \leq c^b \quad (c > 1)$

$a < b \iff c^{-a} = \frac{1}{c^a} > \frac{1}{c^b} = c^{-b} \quad (c > 1)$ $a \leq b \iff c^{-a} = \frac{1}{c^a} \geq \frac{1}{c^b} = c^{-b} \quad (c > 1)$

Doppelungleichung

Wir schreiben $a \leq z < b \iff a \leq z$ und $z < b$ und sprechen von einer Doppelungleichung. Ebenso: $a \leq z \leq b \iff a \leq z$ und $z \leq b$.

Achtung: Nicht zulässig: $a \leq z > b$, d.h. erlaubt sind nur Ungleichungen in gleicher Richtung!

1.8   Intervalle und Absolutbetrag

Beschränkte Intervalle

Für $a, b \in \mathbb{R}$ ist

- $(a, b) = \{x : a < x < b\}$ das **offene** Intervall von a bis b
- $[a, b] = \{x : a \leq x \leq b\}$ das **abgeschlossene** Intervall von a bis b
- $(a, b] = \{x : a < x \leq b\}$ das **halboffene** (links offene, rechts abgeschlossene) Intervall von a bis b
- $[a, b) = \{x : a \leq x < b\}$ das **halboffene** (rechts abgeschlossene, links offene) Intervall von a bis b

Die **Länge** aller Intervalle ist $b - a$. Anstelle (a, b) schreibt man auch $]a, b[$.

Das Symbol ∞

Wir benutzen das Symbol ∞ für **Unendlich**. Für jede reelle Zahl x ist $-\infty < x < \infty$.

Achtung: ∞ ist ein Symbol, keine Zahl.

Unbeschränkte Intervalle

Für $a, b \in \mathbb{R}$ ist:

- $[a, \infty) = \{x \in \mathbb{R} : a \leq x < \infty\} = \{x \in \mathbb{R} : x \geq a\}$
- $(a, \infty) = \{x \in \mathbb{R} : a < x < \infty\} = \{x \in \mathbb{R} : x > a\}$
- $(-\infty, b] = \{x \in \mathbb{R} : -\infty < x \leq b\} = \{x \in \mathbb{R} : x \leq b\}$
- $(-\infty, b) = \{x \in \mathbb{R} : -\infty < x < b\} = \{x \in \mathbb{R} : x < b\}$

$$\mathbb{R} = (-\infty, \infty), \quad \mathbb{R}_+ = [0, \infty), \quad \mathbb{R}_+^* = (0, \infty)$$

Absolutbetrag

Für $x \in \mathbb{R}$ ist der Betrag oder Absolutbetrag von x definiert durch:

$$|x| = \begin{cases} x & \text{falls } x \geq 0 \\ -x & \text{falls } x < 0 \end{cases}$$

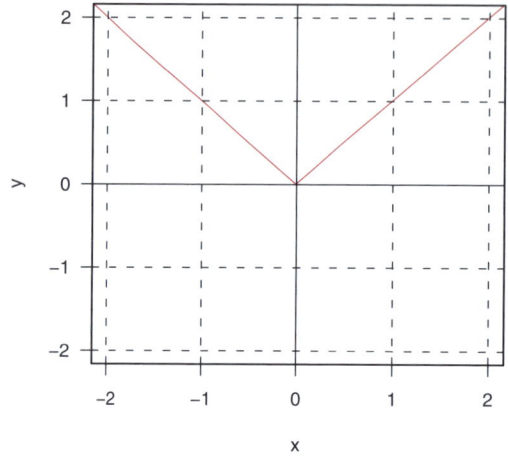

Abbildung 1.2. Graph der Funktion $f(x) = |x|$

Rechenregeln für Absolutbeträge

Für $a \in \mathbb{R}_+, x, y \in \mathbb{R}$ gilt:

$|x| \geq 0$ $|x| = a \iff x = a$ oder $x = -a$ $|x| = |-x|$

$|x| = 0 \iff x = 0$ $|x \cdot y| = |x| \cdot |y|$ $\left|\dfrac{x}{y}\right| = \dfrac{|x|}{|y|}$ $|x - y| = |y - x|$

Dreiecksungleichungen:

$|x + y| \leq |x| + |y|$ **(Gleichheit bei gleichen Vorzeichen von x und y)**

$\big||x| - |y|\big| \leq |x + y|$ **(Gleichheit bei entgegengesetzten Vorzeichen von x und y)**

Abstand zwischen zwei Zahlen

Der Abstand zwischen zwei Zahlen $x_1, x_2 \in \mathbb{R}$ ist definiert durch:

$$|x_1 - x_2| = |x_2 - x_1|$$

Rechenregeln für Abstände

Für $x \in \mathbb{R}$ ist $|x|$ der Abstand zwischen x und Null auf der Zahlengeraden.

Für $x \in \mathbb{R}, a \in \mathbb{R}_+^*$, d.h. $a > 0$ gilt:

$$|x| < a \iff -a < x < a \iff x \in (-a, a)$$
$$|x| \leq a \iff -a \leq x \leq a \iff x \in [-a, a]$$

$|x - c| < a \iff -a < x - c < a \iff c - a < x < c + a \iff x \in (c - a, c + a)$

$|x - c| \leq a \iff -a \leq x - c \leq a \iff c - a \leq x \leq c + a \iff x \in [c - a, c + a]$

Kapitel 2
Gleichungen

2.1 Lösen einer Gleichung

Allgemeine Definitionen im Zusammenhang mit Gleichungen und deren Lösung

Eine **Gleichung** ist die Verbindung zweier algebraischer Ausdrücke a und b durch ein Gleichheitszeichen: $a = b$, wobei in a und (oder) b im Allgemeinen Variablen auftreten. Zulässige Werte der Variablen sind diejenigen Werte, für die die algebraischen Ausdrücke definiert sind. **Lösungsmenge** L einer Gleichung ist die Menge aller Werte der Variablen in der Gleichung, die die Gleichung erfüllen. Unter dem **Lösen einer Gleichung** verstehen wir die Bestimmung der Lösungsmenge. **Erlaubte Umformungen** oder **Äquivalenzumformungen** einer Gleichung sind Umformungen der ursprünglichen Gleichung in eine neue äquivalente Gleichung mit derselben Lösungsmenge. **Definitionsmenge** D_G der Gleichung ist die Menge aller Elemente der Grundmenge, bei deren Einsetzen anstelle der Variablen die Gleichung in eine (wahre oder falsche) Aussage übergeht.

Die Gleichung ist **nicht lösbar**, wenn $L = \emptyset$, **lösbar**, wenn $L \neq \emptyset$, **allgemeingültig**, wenn sie für alle Werte aus der Definitionsmenge D_G der Gleichung erfüllt ist.

Erlaubte Umformungen einer Gleichung

Es sei D_G die Definitionsmenge einer Gleichung und $c \in \mathbb{R}$ oder ein auf D_G definierter algebraischer Ausdruck. Dann gilt:

$a = b \iff a + c = b + c$ $\qquad$ $a = b \iff a - c = b - c$

$a = b \iff ac = bc$ $\qquad$ $a = b \iff \dfrac{a}{c} = \dfrac{b}{c}$ $\qquad$ $c \neq 0$

$a = b \iff \dfrac{1}{a} = \dfrac{1}{b}$ $\qquad$ $a = b \iff \dfrac{c}{a} = \dfrac{c}{b}$ $\qquad$ $a, b, c \neq 0$

$a = b \iff d^a = d^b$ $\qquad$ $a = b \iff \exp(a) = \exp(b)$ $\qquad$ $d \in \mathbb{R}_+^* \setminus \{1\}$

$a = b \iff \log_d a = \log_d b$ $\qquad$ $a = b \iff \ln a = \ln b$ $\qquad$ $d \in \mathbb{R}_+^* \setminus \{1\}$

$a = b \iff a^n = b^n$ $\qquad$ $a = b \iff \sqrt[n]{a} = \sqrt[n]{b}$ $\qquad$ $n \in \mathbb{N}, n$ ungerade

$a = b \iff a^c = b^c$ $\qquad\qquad\qquad\qquad\qquad\qquad$ $c \in \mathbb{R} \setminus \{0\}, a, b > 0$

$a^n = b^n \iff a = b$ oder $a = -b$ $\qquad\qquad\qquad\qquad$ $n \in \mathbb{N}, n$ gerade

Wenn $a = a^*$ und $b = b^*$ allgemeingültig sind, so gilt $a = b \iff a^* = b^*$.

$a \cdot b = 0 \iff a = 0 \vee b = 0$ $\qquad$ $a_1 \cdot a_2 \cdot \ldots \cdot a_n = 0 \iff a_1 = 0 \vee a_2 = 0 \vee \ldots \vee a_n = 0$

2

2.2 Lineare Gleichungen

Definition

Für $a, b \in \mathbb{R}$ ist die allgemeine lineare Gleichung gegeben durch:

$$ax + b = 0$$

Lösung der linearen Gleichung

Für $a, b, c, d \in \mathbb{R}$ gilt:

$a \neq 0$: $ax + b = 0 \iff ax = -b \iff x = -\dfrac{b}{a}$

$a = 0, b = 0$: $ax + b = 0$ für alle $x \in \mathbb{R}$

$a = 0, b \neq 0$: $ax + b = 0$ ist nicht lösbar.

$a \neq c$: $ax + b = cx + d \iff (a - c)x = d - b \iff x = \dfrac{d - b}{a - c}$

2.3 Quadratische Gleichungen

Definition

Für $a, b, c, p, q \in \mathbb{R}, a \neq 0$ ist

$$ax^2 + bx + c = 0$$

die **allgemeine Form** der quadratischen Gleichung, während

$$x^2 + px + q = 0$$

die **Normalform** der quadratischen Gleichung ist.

Überführen der allgemeinen Form in Normalform

$$ax^2 + bx + c = 0 \iff x^2 + \frac{b}{a}x + \frac{c}{a} = 0, \text{ d.h. } p = \frac{b}{a}, q = \frac{c}{a}$$

Lösungen der quadratischen Gleichung

Die allgemeine Form der quadratischen Gleichung $ax^2 + bx + c = 0$ mit $a \neq 0$ ist genau dann für $x \in \mathbb{R}$ lösbar, wenn $b^2 - 4ac \geq 0$:

$$x_{1,2} = \frac{-b \pm \sqrt{b^2 - 4ac}}{2a}$$

Es gilt: $x_1 = x_2 \iff b^2 - 4ac = 0$. Für $b^2 - 4ac < 0$ gibt es keine Lösung in $\mathbb{R}$. Dabei heißt $D = b^2 - 4ac$ die **Diskriminante**.

Die Normalform der quadratischen Gleichung $x^2 + px + q = 0$ ist genau dann für $x \in \mathbb{R}$ lösbar, wenn $\frac{p^2}{4} - q \geq 0$:

$$x_{1,2} = \frac{-p}{2} \pm \sqrt{\frac{p^2}{4} - q}$$

Es gilt: $x_1 = x_2 \iff \frac{p^2}{4} - q = 0$. Für $\frac{p^2}{4} - q < 0$ gibt es keine Lösung in $\mathbb{R}$.

Zwei Spezialfälle:

Für $c = 0$ gilt: $ax^2 + bx = 0 \iff x = 0$ oder $x = -\frac{b}{a}$

Für $b = 0$ gilt: $ax^2 + c = 0 \iff x = \pm\sqrt{-\frac{c}{a}}$, falls $\frac{c}{a} \leq 0$, andernfalls gibt es keine Lösung in $\mathbb{R}$.

Eigenschaften der Lösungen

Es seien x_1, x_2 Lösungen von $ax^2 + bx + c = 0$ bzw. $x^2 + px + q = 0$. Dann gilt:

$$ax^2 + bx + c = a(x - x_1)(x - x_2) \qquad x^2 + px + q = (x - x_1)(x - x_2)$$

$$x_1 + x_2 = -\frac{b}{a} \qquad x_1 x_2 = \frac{c}{a} \qquad\qquad x_1 + x_2 = -p \qquad x_1 x_2 = q$$

Methode der quadratischen Ergänzung

$$x^2 + 2bx = c \iff x^2 + 2bx + b^2 = c + b^2 \iff (x + b)^2 = c + b^2$$

$$x^2 + bx = c \iff x^2 + bx + \frac{b^2}{4} = c + \frac{b^2}{4} \iff \left(x + \frac{b}{2}\right)^2 = c + \frac{b^2}{4}$$

b^2 bzw. $\frac{b^2}{4}$ ist die quadratische Ergänzung zu $x^2 + 2bx$ bzw. $x^2 + bx$.

2

2.4 Zwei lineare Gleichungen mit zwei Unbekannten

Definition

Für $a, b, c, d, e, f \in \mathbb{R}, a, b, d, e \neq 0$ ist ein lineares Gleichungssysten mit zwei Ungleichungen und zwei Unbekannten gegeben durch:

$$ax + by = c$$
$$dx + ey = f$$

Erlaubte Umformungen oder Äquivalenzumformungen

Eine Gleichung darf mit einer Zahl $k \neq 0$ multipliziert werden.

Zu einer Gleichung darf ein beliebiges Vielfaches der anderen Gleichung addiert werden.

Allgemeine Lösungsmethoden

Einsetzungs- oder Substitutionsmethode: Auflösen einer Gleichung nach einer Variablen ergibt z.B. $y = f(x)$, Einsetzen in die andere Gleichung ergibt Gleichung mit einer Variablen, hier mit x. Auflösen nach dieser Variablen ergibt Lösung für x, Einsetzen in $y = f(x)$ ergibt Lösung für y.

Gleichsetzungsverfahren: Beide Gleichungen werden nach derselben Variablen aufgelöst und die Ausdrücke werden gleichgesetzt. Dies ergibt eine Gleichung mit einer (der anderen) Variablen. Auflösen nach dieser Variablen ergibt Lösung für diese, Einsetzen in einen der beiden Ausdrücke für die andere Variable ergibt Lösung für diese.

Eliminationsmethode: Addition oder Subtraktion eines geeigneten Vielfachen einer Gleichung zur anderen führt zu einer Gleichung mit einer Variablen und ergibt eine Lösung für diese Variable. Einsetzen dieser Lösung in eine der Originalgleichungen führt zur Lösung für die andere Variable.

Lösungsformel

Falls $ae - bd \neq 0$, gilt:

$$x = \frac{ce - bf}{ae - bd} \qquad\qquad y = \frac{af - cd}{ae - bd}$$

2.5 Nichtlineare Gleichungen

Lösungshinweise

Ein Produkt von zwei oder mehr Faktoren ist genau dann gleich Null, wenn wenigstens einer der Faktoren Null ist:

$a \cdot b = 0 \iff a = 0$ oder $b = 0$

$a_1 \cdot a_2 \cdot \ldots \cdot a_n = 0 \iff a_1 = 0$ oder $a_2 = 0$ oder $\ldots$ oder $a_n = 0$

$ab = ac \iff a = 0$ oder $b = c$

Eine **Bruchgleichung** ist eine Gleichung, in der die gesuchte Variable mindestens einmal im Nenner auftaucht. Man multipliziere die Gleichung mit dem Hauptnenner.

Eine **Wurzelgleichung** ist eine Gleichung, in der die gesuchte Variable mindestens einmal im Radikanden einer Wurzel auftaucht. Man versuche die Wurzel zu isolieren, d.h. allein auf eine Seite zu bringen, und wende dann die entsprechende Umkehroperation an (z.B. n-te Potenz bei n-ter Wurzel). Eine Probe ist unerlässlich!

Eine **Exponentialgleichung** ist eine Gleichung, in der die gesuchte Variable mindestens einmal im Exponenten einer Potenz oder einer Wurzel auftaucht. Tritt die Variable nur im Exponenten auf, isoliere man diesen Ausdruck und wende die entsprechende Umkehroperation an, d.h. Logarithmieren oder Potenzieren, wobei die Gesetze des Logarithmierens anzuwenden sind. Es ist eine Probe erforderlich!

$$a^x = b \iff x \ln a = \ln b \iff x = \frac{\ln b}{\ln a} \iff x = \log_a b \quad (a, b > 0, \ a \neq 1)$$

Eine **Logarithmengleichung** ist eine Gleichung, in der die gesuchte Variable mindestens einmal im Argument eines Logarithmus auftaucht. Man versuche die Gleichung durch Potenzieren mit der Basis des vorkommenden Logarithmus (**entlogarithmieren**) zu lösen.

Kapitel 3
Summen, Produkte, Logik, Mengen, Abbildungen

3.1 Summen

Definition des Summenzeichens

Für $n \in \mathbb{N}$, $q > p$, $p, q \in \mathbb{Z}$ und $a_i \in \mathbb{R}$ ist

$$\sum_{i=1}^{n} a_i = a_1 + a_2 + \ldots + a_n \qquad \sum_{i=p}^{q} a_i = a_p + a_{p+1} + \ldots + a_q$$

Rechenregeln für Summen

Für $n, k \in \mathbb{N}$, $q > p$, $p, q \in \mathbb{Z}$, $a_i, b_i, c \in \mathbb{R}$ gilt:

$$\sum_{i=1}^{n}(a_i + b_i) = \sum_{i=1}^{n} a_i + \sum_{i=1}^{n} b_i \qquad \sum_{i=1}^{n}(a_i - b_i) = \sum_{i=1}^{n} a_i - \sum_{i=1}^{n} b_i \qquad \textbf{Additivität}$$

$$\sum_{i=1}^{n} c a_i = c \sum_{i=1}^{n} a_i \qquad\qquad\qquad \textbf{Homogenität}$$

$$\sum_{i=1}^{n} c = nc \qquad \sum_{i=p}^{q} c = (q - p + 1)c \qquad \textbf{Summe über eine Konstante}$$

$$\sum_{i=1}^{n} a_i = \sum_{i=0}^{n-1} a_{i+1} = \sum_{i=2}^{n+1} a_{i-1} \qquad \textbf{Verschiebung des Summationsindex}$$

$$\sum_{i=1}^{n+1} a_i = \left(\sum_{i=1}^{n} a_i\right) + a_{n+1} \qquad \sum_{i=1}^{1} a_i = a_1 \qquad \sum_{i=1}^{0} a_i := 0 \qquad \textbf{Rekursion}$$

$$\sum_{i=1}^{n} a_i = \sum_{j=1}^{n} a_j = \sum_{k=1}^{n} a_k \qquad \textbf{Unabhängigkeit von Bezeichnung des Index}$$

$$\sum_{i=1}^{n} a_i = \sum_{i=1}^{k} a_i + \sum_{i=k+1}^{n} a_i \quad (1 \leq k < n) \qquad \textbf{Aufteilung in Teilsummen}$$

3.2 Wichtige Summen und nützliche Formeln für Summen

Arithmetisches Mittel oder Mittelwert

Definition

Das arithmetische Mittel oder der Mittelwert der Zahlen $x_1, x_2, \ldots, x_n$ ist

$$\mu_x = \frac{1}{n} \sum_{i=1}^{n} x_i$$

3

Nützliche Rechenregeln

$$\sum_{i=1}^{n} (x_i - \mu_x) = 0 \qquad \text{Summe der Abweichungen vom Mittelwert ist Null}$$

$$\sum_{i=1}^{n} (x_i - \mu_x)^2 = \sum_{i=1}^{n} x_i^2 - n\mu_x^2 \text{ Summe der quadratischen Abweichungen vom Mittelwert}$$

$$\frac{1}{n} \sum_{i=1}^{n} (x_i - \mu_x)^2 = \frac{1}{n} \sum_{i=1}^{n} x_i^2 - \mu_x^2 \qquad \text{Mittlere quadratische Abweichung vom Mittelwert}$$

Arithmetische Reihe

Definition

Die Folge $a_1 = a, a_2, a_3, \ldots$ heißt eine arithmetische Reihe mit der **Differenz** d, wenn

$$a_n = a_{n-1} + d = a_1 + (n-1)d = a + (n-1)d$$

Summenformel

Die Summe der ersten n Glieder einer arithmetischen Reihe $a = a_1, a_2, a_3, \ldots, a_n = z$ mit Anfangsglied a und Schlussglied z ist

$$\sum_{i=1}^{n} a_i = \sum_{i=0}^{n-1} (a + id) = a + (a+d) + (a+2d) + \ldots + (a + [n-1]d)$$

$$= na + \frac{n(n-1)d}{2} = \frac{n}{2} \left(a + \underbrace{(a + [n-1]d)}_{=:z} \right) = \frac{n}{2} \left(a + z \right)$$

3

Einige Summen spezieller arithmetischer Reihen

Für $n \in \mathbb{N}$ gilt:

$$\sum_{i=1}^{n} i = 1 + 2 + 3 + \ldots + n = \frac{1}{2}n(n+1) \qquad \text{Summe der Zahlen von 1 bis } n$$

$$\sum_{i=1}^{n} (2i-1) = 1 + 3 + \ldots + (2n-1) = n^2 \qquad \text{Summe der ersten } n \text{ ungeraden Zahlen}$$

$$\sum_{i=1}^{n} 2i = 2 + 4 + \ldots + 2n = n(n+1) \qquad \text{Summe der ersten } n \text{ geraden Zahlen}$$

Summe der Quadrat- und Kubikzahlen

Für $n \in \mathbb{N}$ gilt:

$$\sum_{i=1}^{n} i^2 = 1^2 + 2^2 + 3^2 + \ldots + n^2 = \frac{1}{6}n(n+1)(2n+1) \qquad \text{Summe der Quadrate}$$

$$\sum_{i=1}^{n} (2i-1)^2 = 1^2 + 3^2 + 5^2 + \ldots + (2n-1)^2 = \frac{1}{3}n(4n^2-1) \qquad \text{ungerade}$$

$$\sum_{i=1}^{n} (2i)^2 = 2^2 + 4^2 + 6^2 + \ldots + (2n)^2 = \frac{2}{3}n(n+1)(2n+1) \qquad \text{gerade}$$

$$\sum_{i=1}^{n} i^3 = 1^3 + 2^3 + 3^3 + \ldots + n^3 = \frac{1}{4}n^2(n+1)^2 \qquad \text{Summe der Kubikzahlen}$$

$$\sum_{i=1}^{n} (2i-1)^3 = 1^3 + 3^3 + 5^3 + \ldots + (2n-1)^3 = n^2(2n^2-1) \qquad \text{ungerade}$$

$$\sum_{i=1}^{n} (2i)^3 = 2^3 + 4^3 + 6^3 + \ldots + (2n)^3 = 2n^2(n+1)^2 \qquad \text{gerade}$$

Geometrische Reihe

Definition

Die Folge $a_0, a_1, a_2, \ldots$ heißt eine geometrische Reihe oder geometrische Folge mit dem Quotienten k, wenn

$$\frac{a_{n+1}}{a_n} = k$$

für alle $n \in \mathbb{N}_0$, d.h. $a_{n+1} = a_n \cdot k$ und $a_n = a_0 k^n$.

Summenformel[*]

Für eine geometrische Reihe mit dem Anfangsglied $a_0 = a$ und dem Quotienten k gilt:

$$\sum_{i=0}^{n-1} ak^i = a + ak + ak^2 + \ldots + ak^{n-1} = a\frac{k^n - 1}{k - 1} = a\frac{1 - k^n}{1 - k} \qquad (k \neq 1)$$

Speziell für $a_0 = 1$ gilt:

$$\sum_{i=0}^{n} k^i = 1 + k + k^2 + \ldots + k^n = \frac{k^{n+1} - 1}{k - 1} \qquad (k \neq 1)$$

Summe aufeinanderfolgender Differenzen

Für $n \in \mathbb{N}$ und $a_k \in \mathbb{R}$ gilt: $\displaystyle\sum_{k=1}^{n}(a_{k+1} - a_k) = a_{n+1} - a_1$

3.3 Doppelsummen

Annahmen

Gegeben seien $a_{ij} \in \mathbb{R}$ $1 \le i \le m; 1 \le j \le n$, geschrieben in rechteckiger Anordnung:

$$\begin{array}{cccc} a_{11} & a_{12} & \cdots & a_{1n} \\ a_{21} & a_{22} & \cdots & a_{2n} \\ \vdots & \vdots & & \vdots \\ a_{m1} & a_{m2} & \cdots & a_{mn} \end{array}$$

Zeilen- und Spaltensummen

Für die obige Anordnung ist die Zeilensumme über die i-te Zeile: $\displaystyle\sum_{j=1}^{n} a_{ij}$

Die Spaltensumme über die j-te Spalte ist: $\displaystyle\sum_{i=1}^{m} a_{ij}$

---

[*] Siehe auch S. 130

Summe der Zeilen- oder Spaltensummen

Die Summe über alle Zeilensummen ist

$$\sum_{j=1}^{n} a_{1j} + \sum_{j=1}^{n} a_{2j} + \ldots + \sum_{j=1}^{n} a_{mj} = \sum_{i=1}^{m} \left(\sum_{j=1}^{n} a_{ij} \right) =$$

$$(a_{11} + a_{12} + \ldots + a_{1n}) + (a_{21} + a_{22} + \ldots + a_{2n}) + \ldots + (a_{m1} + a_{m2} + \ldots + a_{mn})$$

Die Summe über alle Spaltensummen ist

$$\sum_{i=1}^{m} a_{i1} + \sum_{i=1}^{m} a_{i2} + \ldots + \sum_{i=1}^{m} a_{in} = \sum_{j=1}^{n} \left(\sum_{i=1}^{m} a_{ij} \right) =$$

$$(a_{11} + a_{21} + \ldots + a_{m1}) + (a_{12} + a_{22} + \ldots + a_{m2}) + \ldots + (a_{1n} + a_{2n} + \ldots + a_{mn})$$

Unabhängigkeit von der Reihenfolge der Summation

Die Summe der Zeilensummen ist gleich der Summe der Spaltensummen, d.h.

$$\sum_{i=1}^{m} \sum_{j=1}^{n} a_{ij} = \sum_{j=1}^{n} \sum_{i=1}^{m} a_{ij}$$

Definition einer Doppelsumme

Eine Summe der Gestalt $\displaystyle\sum_{i=1}^{m} \sum_{j=1}^{n} a_{ij}$ heißt eine Doppelsumme.

3.4 Produkte

Definition des Produktzeichens

Für $n \in \mathbb{N}, q > p, \; p, q \in \mathbb{Z}$ und $a_i \in \mathbb{R}$ ist

$$\prod_{i=1}^{n} a_i = a_1 \cdot a_2 \cdot \ldots \cdot a_n \qquad \prod_{i=p}^{q} a_i = a_p \cdot a_{p+1} \cdot \ldots \cdot a_q$$

Rechenregeln für Produkte

Für $n, k \in \mathbb{N}, \; q > p, \; p, q \in \mathbb{Z}, \; a_i, b_i, c \in \mathbb{R}$ gilt:

$$\prod_{i=1}^{n}(a_i \cdot b_i) = \prod_{i=1}^{n} a_i \cdot \prod_{i=1}^{n} b_i$$

Multiplikativität

$$\prod_{i=1}^{n} \frac{a_i}{b_i} = \frac{\prod_{i=1}^{n} a_i}{\prod_{i=1}^{n} b_i} \qquad (b_i \neq 0)$$

$$\prod_{i=1}^{n}(c \cdot a_i) = c^n \prod_{i=1}^{n} a_i$$

Homogenität vom Grad n

$$\prod_{i=1}^{n} c = c^n \qquad \prod_{i=p}^{q} c = c^{q-p+1}$$

Produkt über eine Konstante

$$\prod_{i=1}^{n} a_i = \prod_{i=0}^{n-1} a_{i+1} = \prod_{i=2}^{n+1} a_{i-1}$$

Verschiebung des Index

$$\prod_{i=1}^{n+1} a_i = \left(\prod_{i=1}^{n} a_i\right) \cdot a_{n+1} \qquad \prod_{i=1}^{1} a_i = a_1$$

Rekursion

$$\prod_{i=1}^{n} a_i = \prod_{j=1}^{n} a_j = \prod_{k=1}^{n} a_k$$

Unabhängigkeit von Bezeichnung des Index

$$\prod_{i=1}^{n} a_i = \prod_{i=1}^{k} a_i \cdot \prod_{i=k+1}^{n} a_i \quad (1 \leq k < n)$$

Aufteilung in Teilprodukte

3.5 Fakultäten und Binomialkoeffizienten

n Fakultät

Definition

Für $n \in \mathbb{N}$ ist n Fakultät definiert durch: $\quad n! = 1 \cdot 2 \cdot 3 \cdot \ldots \cdot (n-1) \cdot n = \prod_{i=1}^{n} i \qquad 0! = 1$

Eigenschaften

$(n+1)! = n!(n+1)$

$n! \approx \sqrt{2\pi n} \cdot n^n \cdot e^{-n} = \sqrt{2\pi n} \cdot \left(\frac{n}{e}\right)^n$

Stirlingsche Formel für große $n \in \mathbb{N}$

Binomialkoeffizient

Für $m, k \in \mathbb{N}_0; k \leq m$ ist der Binomialkoeffizient (gelesen als „m über k") definiert durch

$$\binom{m}{k} = \frac{m!}{(m-k)!k!}$$

Äquivalente Definition

Für $k, m \in \mathbb{N}$ mit $k \leq m$ gilt die äquivalente Definition

$$\binom{m}{k} = \frac{m \cdot (m-1) \cdot \ldots \cdot (m-k+1)}{k!} = \frac{m \cdot (m-1) \cdot \ldots \cdot (m-k+1)}{k \cdot (k-1) \cdot \ldots \cdot 1}$$

Man merke sich: Im Zähler und Nenner stehen jeweils k Faktoren natürlicher Zahlen, um 1 absteigend, beginnend bei m im Zähler und k im Nenner!

Rechenregeln für Binomialkoeffizienten

Es gelten die folgenden Regeln, die am Pascal'schen Dreieck überprüfbar sind!

$$\binom{0}{0} = 1 \qquad \binom{m}{0} = 1 \qquad \binom{m}{1} = \binom{m}{m-1} = m \qquad \binom{m}{m} = 1$$

$$\binom{m}{k} = \binom{m}{m-k} \qquad\qquad\qquad\qquad\qquad \text{Symmetrie}$$

$$\binom{m+1}{k+1} = \binom{m}{k} + \binom{m}{k+1} \qquad\qquad\qquad \text{Additionssatz}$$

$$\binom{m+1}{k+1} = \binom{m}{k} + \binom{m-1}{k} + \ldots + \binom{k}{k} \qquad \text{Additionssatz}$$

$$\binom{m}{0} + \binom{m+1}{1} + \ldots + \binom{m+n}{n} = \binom{m+n+1}{n} \qquad \text{Additionstheoreme}$$

$$\binom{n}{0}\binom{m}{k} + \binom{n}{1}\binom{m}{k-1} + \ldots + \binom{n}{k}\binom{m}{0} = \binom{n+m}{k}$$

$$\binom{m}{0} + \binom{m}{1} + \ldots + \binom{m}{m} = 2^m$$

$$\binom{m}{0} + \binom{m}{2} + \binom{m}{4} + \ldots = \binom{m}{1} + \binom{m}{3} + \binom{m}{5} + \ldots = 2^{m-1}$$

$$\binom{m}{0} - \binom{m}{1} + \ldots + (-1)^m \binom{m}{m} = 0$$

$$\binom{m}{0}^2 + \binom{m}{1}^2 + \ldots + \binom{m}{m}^2 = \binom{2m}{m}$$

Pascal'sches Dreieck

$$
\begin{array}{c|ccccccccc}
m & & & & & & k & & & \\
& & & & & & & 0 & & \\
0 & & & & & & 1 & & 1 & \\
1 & & & & & 1 & & 1 & & 2 \\
2 & & & & 1 & & 2 & & 1 & & 3 \\
3 & & & 1 & & 3 & & 3 & & 1 & & 4 \\
4 & & 1 & & 4 & & 6 & & 4 & & 1 & & 5 \\
5 & & 1 & & 5 & & 10 & & 10 & & 5 & & 1 & & 6 \\
6 & 1 & & 6 & & 15 & & 20 & & 15 & & 6 & & 1 \\
n & \binom{n}{0} & & \binom{n}{1} & & \binom{n}{2} & \ldots & & \ldots & & \ldots & \binom{n}{n-1} & & \binom{n}{n}
\end{array}
$$

Jede Zahl ist Summe der beiden Nachbarn links und rechts in der Zeile darüber.

Newtons Binomische Formeln

$$(a + b)^1 = a + b$$

$$(a + b)^2 = a^2 + 2ab + b^2$$

$$(a + b)^3 = a^3 + 3a^2b + 3ab^2 + b^3$$

$$(a + b)^4 = a^4 + 4a^3b + 6a^2b^2 + 4ab^3 + b^4$$

$$(a + b)^m = a^m + \binom{m}{1}a^{m-1}b + \ldots + \binom{m}{m-1}ab^{m-1} + \binom{m}{m}b^m = \sum_{k=0}^{m} \binom{m}{k}a^{m-k}b^k$$

3.6 Aussagenlogik

Aussage und Aussageform

Eine Aussage ist eine Behauptung (Satz) p, der (dem) eindeutig der Wahrheitswert wahr (W) oder falsch (F) zugeordnet werden kann.

Eine offene Aussage oder Aussageform ist eine Aussage $p(x)$, in der eine Variable vorkommt. Erst nach Einsetzen des Variablenwertes kann über den Wahrheitswert entschieden werden.

Negation einer Aussage

Ist p eine Aussage, so ist $\neg p$ (Nicht p, gelegentlich auch $\bar{p}$ oder $\sim p$) die Negation dieser Aussage mit den Wahrheitswerten $\begin{cases} W & \text{falls } p \text{ falsch} \\ F & \text{falls } p \text{ wahr} \end{cases}$

Verbindung zweier Aussagen

Zwischen zwei Aussagen p und q gibt es die folgenden Verbindungen oder Verknüpfungen:

Aussagenverbindung	Name	Notation
p und q	Konjunktion	$p \wedge q$
p oder q	Disjunktion	$p \vee q$
Wenn p, so q (Aus p folgt q)	Implikation (Subjunktion)	$p \rightarrow q$
p genau dann, wenn q (p äquivalent zu q)	Äquivalenz (Bijunktion)	$p \leftrightarrow q$

Sie werden durch die folgende Wahrheitstafel definiert:

p	q	$p \wedge q$	$p \vee q$	$p \rightarrow q$	$p \leftrightarrow q$
W	W	W	W	W	W
W	F	F	W	F	F
F	W	F	W	W	F
F	F	F	F	W	W

Notation: Statt $p \rightarrow q$ bzw. $p \leftrightarrow q$ findet man auch $p \Rightarrow q$ bzw. $p \Leftrightarrow q$

Tautologie

Definition

Eine Tautologie (Identität oder ein aussagenlogisches Gesetz) ist eine Aussagenverbindung, die stets wahr ist.

Gesetz vom ausgeschlossenen Dritten und vom Widerspruch

Die folgenden Aussagenverbindungen sind Tautologien:

$p \vee \neg p$ **Gesetz vom ausgeschlossenen Dritten**

$\neg(p \wedge \neg p)$ **Gesetz vom Widerspruch**

Tautologische Äquivalenzen ($\Leftrightarrow$)

$\neg(\neg p) \Leftrightarrow p$	**Doppelte Negation**
$p \lor p \Leftrightarrow p \qquad p \land p \Leftrightarrow p$	**Idempotenz**
$(p \lor q) \lor r \Leftrightarrow p \lor (q \lor r) \Leftrightarrow p \lor q \lor r$	**Assoziativität**
$(p \land q) \land r \Leftrightarrow p \land (q \land r) \Leftrightarrow p \land q \land r$	**Assoziativität**
$((p \leftrightarrow q) \leftrightarrow r) \Leftrightarrow (p \leftrightarrow (q \leftrightarrow r)) \Leftrightarrow p \leftrightarrow q \leftrightarrow r$	**Assoziativität**
$p \lor q \Leftrightarrow q \lor p \qquad p \land q \Leftrightarrow q \land p \qquad (p \leftrightarrow q) \Leftrightarrow (q \leftrightarrow p)$	**Kommutativität**
$p \lor (q \land r) \Leftrightarrow (p \lor q) \land (p \lor r) \qquad p \land (q \lor r) \Leftrightarrow (p \land q) \lor (p \land r)$	**Distributivität**
$\neg(p \to q) \Leftrightarrow (p \land \neg q)$	**Negation der Implikation**
$\neg(p \land q) \Leftrightarrow \neg p \lor \neg q \qquad \neg(p \lor q) \Leftrightarrow \neg p \land \neg q$	**de Morgansche Regeln**
$(p \to q) \Leftrightarrow (\neg p \lor q)$	
$(p \to q) \Leftrightarrow (\neg q \to \neg p)$	**Kontraposition**
„entweder p oder q" $\Leftrightarrow [(p \land \neg q) \lor (\neg p \land q)]$	
$p \lor (q \land \neg q) \Leftrightarrow p \qquad p \land (q \lor \neg q) \Leftrightarrow p$	
$p \to (q \to r) \Leftrightarrow (p \land q) \to r$	
$\neg(p \leftrightarrow q) \Leftrightarrow (p \leftrightarrow \neg q)$	
$(p \leftrightarrow q) \Leftrightarrow (p \to q) \land (q \to p) \qquad (p \leftrightarrow q) \Leftrightarrow (p \land q) \lor (\neg p \land \neg q)$	

Tautologische Implikationen: ($\Rightarrow$)

$p \land q \Rightarrow p \qquad p \land q \Rightarrow q$	**Vereinfachung**
$p \Rightarrow p \lor q \qquad q \Rightarrow p \lor q$	**Addition**
$\neg p \Rightarrow (p \to q) \qquad q \Rightarrow (p \to q)$	
$\neg(p \to q) \Rightarrow p \qquad \neg(p \to q) \Rightarrow \neg q$	
$\neg p \land (p \lor q) \Rightarrow q$	
$[(p \to q) \land (q \to r)] \Rightarrow (p \to r)$	**Transitivität, Kettenschluss**
$[p \land (p \to q)] \Rightarrow q$	**Abtrennungsregel, direkter Schluss**
$\neg q \land (p \to q) \Rightarrow \neg p$	
$[p \land (\neg q \to \neg p)] \Rightarrow q$	**Indirekter Schluss**
$[(p_1 \lor p_2) \land (p_1 \to q) \land (p_2 \to q)] \Rightarrow q$	**Fallunterscheidung**
$[(p \to q) \land (\neg p \to q)] \Rightarrow q$	**Fallunterscheidung, Alternativschluss**

Quantoren

Definition

Das Zeichen $\forall$ heißt der **Allquantor** und $(\forall x \colon p(x))$ bedeutet: für alle x ist die Aussage $p(x)$ wahr.

Das Zeichen $\exists$ heißt der **Existenzquantor** und $(\exists x \colon p(x))$ bedeutet: Es gibt (existiert) ein x, für das $p(x)$ wahr ist.

Rechenregeln für Quantoren

$\forall x \colon p(x) \Leftrightarrow \neg \exists x \colon \neg p(x) \qquad \exists x \colon p(x) \Leftrightarrow \neg \forall x \colon \neg p(x)$	**Austausch der Quantoren**
$\forall x \colon p(x) \wedge q(x) \Leftrightarrow \forall x \colon p(x) \wedge \forall x \colon q(x)$	**Distributivgesetz**
$\exists x \colon p(x) \vee q(x) \Leftrightarrow \exists x \colon p(x) \vee \exists x \colon q(x)$	**Distributivgesetz**
$\forall x \colon (p \vee q(x)) \Leftrightarrow p \vee (\forall x \colon q(x)) \qquad \forall x \colon (p \wedge q(x)) \Leftrightarrow p \wedge (\forall x \colon q(x))$	
$\exists x \colon (p \vee q(x)) \Leftrightarrow p \vee (\exists x \colon q(x)) \qquad \exists x \colon (p \wedge q(x)) \Leftrightarrow p \wedge (\exists x \colon q(x))$	
$\forall x \colon p(x) \to q \Leftrightarrow \exists x \colon p(x) \to q$	
$p \to \forall x \colon q(x) \Leftrightarrow \forall x \colon p \to q(x) \qquad p \to \exists x \colon q(x) \Leftrightarrow \exists x \colon p \to q(x)$	
$(\forall x \colon p(x)) \vee (\forall x \colon q(x)) \Rightarrow \forall x \colon p(x) \vee q(x)$	
$(\exists x \colon p(x) \wedge q(x)) \Rightarrow (\exists x \colon p(x)) \wedge (\exists x \colon q(x))$	
$\forall x \colon \forall y \colon p(x, y) \Leftrightarrow \forall y \colon \forall x \colon p(x, y)$	**Kommutativgesetz**
$\exists x \colon \exists y \colon p(x, y) \Leftrightarrow \exists y \colon \exists x \colon p(x, y)$	**Kommutativgesetz**

3.7   Mathematische Beweise

Mathematische Sätze als Implikationen

Mathematische Sätze (Theoreme) können als Implikationen $P \Rightarrow Q$ formuliert werden, wobei P und Q jeweils eine Aussage oder eine Reihe von Aussagen sind. Bedeutung: Wenn P wahr ist, so ist notwendig auch Q wahr. Andere Redeweisen für $P \Rightarrow Q$: P impliziert Q; wenn P, dann auch Q; Q ist eine Folgerung (folgt) aus P; Q, wenn P; P nur, wenn Q oder Q ist eine Implikation von P. Besonders wichtig sind die Formulierungen:

P ist eine **hinreichende Bedingung** für Q und Q ist eine **notwendige Bedingung** für P.

Direkter und indirekter Beweis

Bei einem direkten Beweis zeigt man ausgehend von P, dass Q wahr ist.

Bei einem indirekten Beweis nimmt man an, dass Q nicht gilt und zeigt, dass dann auch P nicht gilt, denn* es gilt:

$$P \Rightarrow Q \quad \text{ist äquivalent zu} \quad Nicht\ Q \Rightarrow Nicht\ P$$

Logische Äquivalenz

Gilt $P \Rightarrow Q$ und $Q \Rightarrow P$, so liegt eine logische Äquivalenz vor: $P \Leftrightarrow Q$ mit den Redeweisen: P ist äquivalent zu Q; P dann und nur dann, wenn Q; P genau dann, wenn Q oder: P **ist eine notwendige und hinreichende Bedingung für** Q.

Mathematische oder vollständige Induktion

Soll eine Aussage $A(n)$ für alle natürlichen Zahlen $n \geq n_0$ (wobei n_0 meistens 0 oder 1 ist) bewiesen werden, so kann der **Beweis durch vollständige Induktion** angewendet werden:
1) **Induktionsanfang:** Es ist zu zeigen, dass $A(n_0)$ wahr ist.
2) **Induktionsvoraussetzung:** Die Aussage $A(n)$ sei wahr für $n = k$ oder alle $n \leq k$.
3) **Induktionsschritt:** Unter der Induktionsvoraussetzung ist zu zeigen, dass die Aussage auch für die nächstfolgende Zahl $n = k + 1$ wahr ist.

Wenn 1) und 3) gezeigt werden können, ist $A(n)$ für alle $n \geq n_0$ wahr.

3.8 Mengen

Grundlegende Definitionen

Eine **Menge** M ist eine Zusammenfassung von bestimmten unterscheidbaren Objekten zu einer Gesamtheit. Die Gesamtheit aller betrachteten Objekte ist die **Grundmenge** (Universalmenge), die mit Ω bezeichnet wird. Die Objekte heißen die **Elemente** der Menge.

$a \in M \iff a$ ist Element der Menge M.

$a \notin M \iff a$ ist nicht Element der Menge M.

Die **leere Menge** $\emptyset$ ist die Menge, die kein Element enthält. Zwei Mengen sind **disjunkt**, wenn sie kein Element gemeinsam haben.

Die Menge A ist **Teilmenge** von B, wenn jedes Element aus A auch in B liegt:

$$A \subseteq B \iff (x \in A \implies x \in B)$$

---

* Siehe *Kontraposition* unter den tautologischen Äquivalenzen oder *indirekter Schluss* unter den tautologischen Implikationen.

3

Die Teilmenge A ist **echte Teilmenge**[*] von B, wenn es ein $x \in B$ gibt, das nicht in A liegt:

$$A \subset B \iff (A \subseteq B \wedge (\exists x \in B : x \notin A))$$

Zwei Mengen A und B sind **gleich**, wenn jedes Element aus A in B und jedes Element aus B auch in A liegt.

$$A = B \iff (x \in A \Leftrightarrow x \in B) \iff (A \subseteq B \wedge B \subseteq A)$$

Die **Potenzmenge** $\mathcal{P}(\Omega)$ ist die Menge aller Teilmengen von Ω, d.h.

$$\mathcal{P}(\Omega) = \{A | A \subseteq \Omega\}$$

Eine Menge kann spezifiziert (definiert) werden durch:

- Auflistung aller Elemente in der Menge: $M = \{a, b, c, \ldots\}$
- Spezifikation einer Eigenschaft mittels einer Aussageform:
  $M = \{x \in \Omega : A(x) \text{ ist wahr}\}$

Rechenregeln für Mengen

$A \subseteq A$ **Reflexivität** $A \subseteq B \wedge B \subseteq C \Longrightarrow A \subseteq C$ **Transitivität**

$\emptyset \subseteq A$ $\forall A$ **Die leere Menge ist Teilmenge jeder Menge**

$A \subseteq B \iff A \cup B = B \iff A \cap B = A \iff \mathcal{C}B \subseteq \mathcal{C}A$

$A = A$ **Reflexivität** $A = B \Rightarrow B = A$ **Symmetrie**

$(A = B \wedge B = C) \Longrightarrow A = C$ **Transitivität**

Definition von Verknüpfungen zweier Mengen

Zwischen zwei Mengen A und B werden die folgenden Mengenverknüpfungen definiert:

---

[*] Gelegentlich auch nur die Notation: $\subset$

$A \cup B$	A **Vereinigung** B, Vereinigungsmenge	besteht aus allen Elementen, die zu wenigstens einer der Mengen A und B gehören: $$A \cup B = \{x : x \in A \text{ oder } x \in B\}$$
$A \cap B$	A **Durchschnitt** B, Schnittmenge	besteht aus allen Elementen, die zu A und zu B gehören: $$A \cap B = \{x : x \in A \text{ und } x \in B\}$$
$A \setminus B$	A **minus** B Differenzmenge, Restmenge	besteht aus allen Elementen, die zu A, aber nicht zu B gehören (Differenz von A und B): $$A \setminus B = \{x : x \in A \text{ und } x \notin B\}$$
$\mathcal{C}A$	A **Komplement**	besteht aus allen Elementen einer Grundmenge Ω, die nicht zu A gehören; andere Notationen: $\tilde{A}, \bar{A}, A^c$ $$\mathcal{C}A = \{x : x \in \Omega \text{ und } x \notin A\} = \Omega \setminus A$$

Rechenregeln für Mengenverknüpfungen

$A \cup A = A \qquad A \cap A = A$	Idempotenz
$A \cup B = B \cup A \qquad A \cap B = B \cap A$	Kommutativität
$A \cup (B \cup C) = (A \cup B) \cup C = A \cup B \cup C$	Assoziativität
$A \cap (B \cap C) = (A \cap B) \cap C = A \cap B \cap C$	Assoziativität
$A \cup (B \cap C) = (A \cup B) \cap (A \cup C) \qquad A \cap (B \cup C) = (A \cap B) \cup (A \cap C)$	Distributivität
$A \cup \emptyset = A \qquad A \cap \Omega = A \qquad A \cup \Omega = \Omega \qquad A \cap \emptyset = \emptyset$	Identitäten
$A \cup \mathcal{C}A = \Omega \qquad A \cap \mathcal{C}A = \emptyset \qquad \mathcal{C}(\mathcal{C}A) = A$	Komplementarität
$\mathcal{C}\emptyset = \Omega \qquad \mathcal{C}\Omega = \emptyset$	Komplement der leeren Menge und der Grundmenge
$A \cup (A \cap B) = A \qquad A \cap (A \cup B) = A$	Verschmelzung, Absorptionsgesetz
$\mathcal{C}(A \cup B) = \mathcal{C}A \cap \mathcal{C}B \qquad \mathcal{C}(A \cap B) = \mathcal{C}A \cup \mathcal{C}B$	de Morgansche Regeln
$(A \setminus B) \cap B = \emptyset$	Satz vom Widerspruch
$(A \setminus B) \cup B = A \cup B$	Satz vom ausgeschlossenen Dritten
$A \setminus B = A \setminus (A \cap B) = A \cap \mathcal{C}B \qquad A \setminus A = \emptyset$	
$A \cup B = (A \setminus B) \cup (B \setminus A) \cup (A \cap B)$	

Mehrfache Verknüpfungen

Für $n \in \mathbb{N}$ ist:

- $\displaystyle\bigcup_{i=1}^{n} A_i = A_1 \cup A_2 \cup \ldots \cup A_n = \{x | \exists\, i \in \{1, \ldots, n\} : x \in A_i\}$ Menge aller Elemente, die zu mindestens einer der Mengen A_i gehören.

- $\displaystyle\bigcap_{i=1}^{n} A_i = A_1 \cap A_2 \cap \ldots \cap A_n = \{x | \forall\, i \in \{1, \ldots, n\} : x \in A_i\}$ Menge aller Elemente, die zu allen Mengen A_i gehören.

Kreuzprodukte, grundlegende Definitionen

- Ein **geordnetes Paar** (a, b) ist ein Paar von zwei Elementen, wobei die Reihenfolge zu berücksichtigen ist.

- Zwei geordnete Paare (a, b) und (c, d) sind genau dann **gleich**, wenn $a = c$ und $b = d$.

- Die **Produktmenge (Paarmenge, kartesisches Produkt, Kreuzprodukt)** zweier Mengen A und B ist die Menge aller geordneten Paare (a, b) mit $a \in A$ und $b \in B$.

$$A \times B = \{(a, b): a \in A \text{ und } b \in B\}$$

- **Kreuzprodukt von n Mengen:**

$$\prod_{i=1}^{n} A_i = A_1 \times A_2 \times \ldots \times A_n = \{(a_1, a_2, \ldots, a_n) | a_i \in A_i \quad i = 1, 2, \ldots, n\}$$

- Die Elemente von $\prod_{i=1}^{n} A_i = A_1 \times A_2 \times \ldots \times A_n$, d.h. $(a_1, a_2, \ldots, a_n)$ heißen **n-Tupel** (Paare für $n = 2$, Tripel für $n = 3$). Die Reihenfolge der Elemente ist zu berücksichtigen.

- **n-faches Kreuzprodukt mit sich selbst:**

$$\underbrace{A \times A \times \ldots \times A}_{n \text{ mal}} = A^n \qquad \underbrace{\mathbb{R} \times \mathbb{R} \times \ldots \times \mathbb{R}}_{n \text{ mal}} = \mathbb{R}^n$$

Rechenregeln für Kreuzprodukte

$$A \times (B \cup C) = (A \times B) \cup (A \times C) \qquad (A \cup B) \times C = (A \times C) \cup (B \times C)$$

$$A \times (B \cap C) = (A \times B) \cap (A \times C) \qquad (A \cap B) \times C = (A \times C) \cap (B \times C)$$

$$A \times (B \setminus C) = (A \times B) \setminus (A \times C) \qquad (A \setminus B) \times C = (A \times C) \setminus (B \times C)$$

$$(A \times B) \cup (C \times D) \subseteq (A \cup C) \times (B \cup D)$$

$$(A \times B) \cap (C \times D) = (A \cap C) \times (B \cap D)$$

$$A \times B = \emptyset \iff A = \emptyset \text{ oder } B = \emptyset \qquad A \subseteq C \text{ und } B \subseteq D \implies A \times B \subseteq C \times D$$

Kardinalzahl einer Menge

Für eine Menge A mit endlich vielen Elementen heißt die mit $n(A)$ bezeichnete Anzahl der Elemente in A die Kardinalzahl (Mächtigkeit) von A.

Rechenregeln für Kardinalzahlen

Für $A, B \subseteq \Omega$ mit $n(\Omega) < \infty$ gilt:

$$n(A) \geq 0 \qquad n(\emptyset) = 0 \qquad n(A) \leq n(\Omega) \qquad n(\Omega) = k \implies n(\mathcal{P}(\Omega)) = 2^k$$

$$n(A \cup B) = n(A) + n(B) - n(A \cap B) \qquad n(A \cup B) = n(A) + n(B) \iff A \cap B = \emptyset$$

$$n(A \cup B) = n(A \setminus B) + n(B \setminus A) + n(A \cap B)$$

$$n(A \cap B) \leq n(A) \qquad n(A \cap B) = n(A) \iff B \subseteq A$$

$$n(\mathcal{C}A) = n(\Omega) - n(A) \qquad n(\mathcal{C}A) + n(A) = n(\Omega)$$

$$n(A \setminus B) \leq n(A) \qquad n(A \setminus B) = n(A) \iff A \cap B = \emptyset$$

$$n(A \setminus B) = 0 \iff A \subseteq B$$

$$n(A \times B) = n(A) \cdot n(B) \qquad n(A^n) = (n(A))^n$$

3.9 Abbildungen, Relationen

Grundlegende Definitionen

Eine Teilmenge des Kreuzprodukts $M_1 \times M_2$ des Produkts zweier Mengen M_1 und M_2 wird als **Abbildung** A (auch **Relation**) aus M_1 in M_2 bezeichnet:

$$A \subseteq M_1 \times M_2$$

Dabei ist

$$D_A = \{x \in M_1 | \exists y \in M_2 : (x, y) \in A\}$$

der **Definitionsbereich** von A,

$$W_A = R_A = \{y \in M_2 | \exists x \in M_1 : (x, y) \in A\}$$

der **Wertebereich** (range) von A und

$$A^{-1} = \{(y, x) | (x, y) \in A\}$$

die **Umkehrabbildung** oder **inverse Abbildung** zu A.

Eigenschaften von Abbildungen

- A ist eine Abbildung **von** M_1 in M_2, wenn $D_A = M_1$, und eine Abbildung **auf** M_2, wenn $W_A = M_2$ ist.
- A heißt **eindeutig** oder eine **Funktion**, wenn jedem Element $x \in D_A$ nur ein Element $y \in W_A$ zugeordnet wird.
- A heißt **eineindeutig** oder **umkehrbar eindeutig**, wenn A und A^{-1} eindeutig sind.
- Eine eindeutige Abbildung von M_1 auf M_2 heißt **surjektiv**.

- Eine eindeutige Abbildung A heißt **injektiv**, wenn aus $(x_1, y) \in A$ und $(x_2, y) \in A$ folgt, dass $x_1 = x_2$, d.h., wenn jedes Bildelement nur einmal vorkommt, d.h., gleiche Bilder stammen von gleichen Urbildern oder verschiedene Originale liefern verschiedene Bilder.

- Eine Abbildung ist **bijektiv**, wenn sie injektiv und surjektiv ist, d.h., wenn sie eine eineindeutige Abbildung von M_1 auf M_2 ist.

- Statt $(x, y) \in A$ schreibt man auch: $A(x) = y$, wobei x das Urbild (Original) und y das (ein) Bild von x ist.

Binäre Relation, Definition

Eine Abbildung R aus M in M, d.h., eine Teilmenge $R \subseteq M \times M$ wird als binäre Relation auf M bezeichnet und man schreibt:

$$(x, y) \in R \iff xRy \qquad\qquad (x, y) \notin R \iff x\not R y$$

Eigenschaften von binären Relationen

Eine binäre Relation R auf M heißt

- **reflexiv**, wenn xRx für alle $x \in M$
- **symmetrisch**, wenn $xRy \Rightarrow yRx$ für alle $x, y \in M$
- **transitiv**, wenn $xRy \land yRz \Rightarrow xRz$ für alle $x, y, z \in M$
- **irreflexiv**, wenn $x\not R x$ für alle $x \in M$
- **antisymmetrisch**, wenn $x \neq y \land xRy \Rightarrow y\not R x$
- **vollständig**, wenn $x \neq y \Rightarrow xRy \lor yRx$

Spezielle Relationen

Eine Relation R auf M heißt eine

- **Äquivalenzrelation**, wenn sie reflexiv, symmetrisch und transitiv ist.
- **Halbordnung**, wenn sie reflexiv, antisymmetrisch und transitiv ist.
- **Verträglichkeitsrelation**, wenn sie transitiv und antireflexiv ist.
- **Quasiordnung**, wenn sie transitiv und antireflexiv ist.
- **Lineare Ordnung**, wenn sie vollständig und eine Halbordnung ist.

Kapitel 4
Funktionen einer Variablen

4.1 Grundlegende Definitionen

Definition des Begriffes Funktion

Eine Funktion f einer reellen Variablen x mit **Definitionsbereich** D_f ist eine Regel, die jeder Zahl $x \in D_f$ eine eindeutige reelle Zahl $f(x)$ zuordnet. Die Menge der Werte $f(x)$, die man erhält, wenn x im Definitionsbereich variiert, nennt man den **Wertebereich** W_f oder R_f (range) von f. Notation:

$$y = f(x) \qquad \text{oder} \qquad x \mapsto f(x)$$

Dabei heißt x **unabhängige Variable** oder das **Argument**, y **abhängige Variable**.

Eine solche Funktion kann durch eine Tabelle, einen Graphen (eine Kurve) oder eine mathematische Formel gegeben sein.

Die **Änderung des Funktionswertes** bei einer Änderung der unabhängigen Variablen von x auf $x + \Delta x$ ist: $\quad \Delta y = f(x + \Delta x) - f(x)$

Wenn für den Definitionsbereich einer Funktion nichts anderes explizit vereinbart ist, gilt: *Wenn eine Funktion durch eine algebraische Formel definiert ist, so besteht der Definitionsbereich aus allen Werten der unabhängigen Variablen, für die die Formel einen eindeutigen Wert ergibt.*[*]

Monotonieverhalten einer Funktion

Eine Funktion f heißt

monoton wachsend, wenn gilt: $\qquad x_1, x_2 \in D_f: x_1 < x_2 \Rightarrow f(x_1) \leq f(x_2)$
streng (strikt) monoton wachsend, wenn gilt: $\quad x_1, x_2 \in D_f: x_1 < x_2 \Rightarrow f(x_1) < f(x_2)$
monoton fallend, wenn gilt: $\qquad x_1, x_2 \in D_f: x_1 < x_2 \Rightarrow f(x_1) \geq f(x_2)$
streng (strikt) monoton fallend, wenn gilt: $\quad x_1, x_2 \in D_f: x_1 < x_2 \Rightarrow f(x_1) > f(x_2)$
konstant, wenn $\qquad f(x) = c \quad \forall x \in D_f$

---

[*] Auch alle folgenden Formeln gelten nur für diejenigen Werte der unabhängigen Variablen, für die die Formel einen eindeutigen Wert liefert.

4

Beschränktheit einer Funktion

Eine Funktion f heißt

beschränkt, wenn gilt: $\quad\exists\, c: |f(x)| \le c$, d.h. $-c \le f(x) \le c \quad \forall x \in D_f$

nach oben beschränkt, wenn gilt: $\quad\exists\, c: f(x) \le c \quad \forall x \in D_f$

nach unten beschränkt, wenn gilt: $\quad\exists\, c: f(x) \ge c \quad \forall x \in D_f$

Symmetrieeigenschaften einer Funktion

Eine Funktion f heißt

gerade oder **symmetrisch zur y-Achse**, wenn gilt: $\quad f(-x) = f(x)$

ungerade oder **(punkt)symmetrisch zum Ursprung**, wenn gilt: $\quad f(-x) = -f(x)$

symmetrisch zur Geraden $x = a$, wenn gilt: $\quad f(a + x) = f(a - x)$

Periodizität einer Funktion

Eine Funktion heißt periodisch mit **Periode** p, wenn gilt:

$$f(x + p) = f(x) \quad \forall x, x + p \in D_f$$

4.2   Graph einer Funktion

Rechtwinkliges (kartesisches) Koordinatensystem

Ein rechtwinkliges (kartesisches) Koordinatensystem wird gebildet von zwei aufeinander senkrecht stehenden Geraden, die horizontale (waagerechte) **x-Achse** oder **Abszisse** und die vertikale (senkrechte) **y-Achse** oder **Ordinate**. Der Schnittpunkt der beiden Achsen ist der **Ursprung** O. Das geordnete Paar[*] (a, b) oder der Punkt $P = (a, b)$ mit der **x-Koordinate** a und der **y-Koordinate** ist der Schnittpunkt der vertikalen Geraden $x = a$ mit der horizontalen Geraden $y = b$. Die Koordinatenachsen teilen die xy-Ebene in vier Quadranten, die gegen den Uhrzeiger von oben rechts nach unten rechts mit 1–4 durchnummeriert[†] sind.

Definition des Graphen

Der Graph einer Funktion f ist die Menge aller Punkte $(x, f(x))$, dargestellt in einem rechtwinkligen oder kartesischen Koordinatensystem, der xy-Ebene.

---

[*] Siehe S. 44.

[†] Siehe Abb. 4.26.

4.3 Lineare Funktionen

Definition einer linearen Funktion

Eine lineare Funktion ist für Konstanten a und b definiert durch

$$y = f(x) = ax + b$$

Dabei heißt a die **Steigung** und y ist der **y-Achsenabschnitt**.

Elementare Eigenschaften

$$f(x + 1) - f(x) = a; \quad \forall x \qquad f(0) = b$$

4

Der Graph der linearen Funktion ist eine **Gerade** (siehe Abb. 4.1 und 4.2).

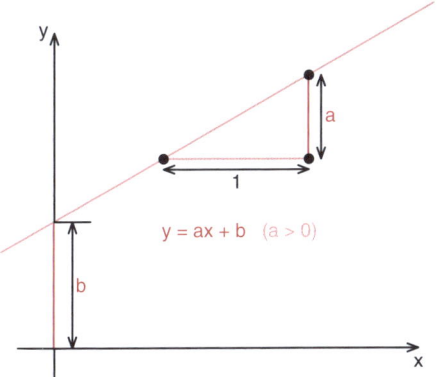

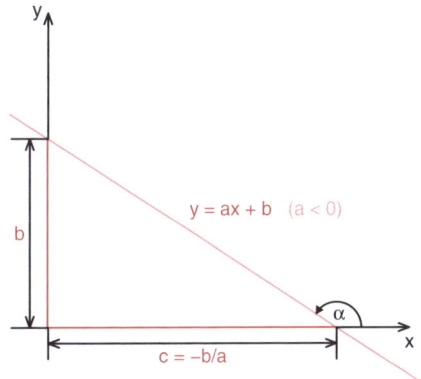

Abbildung 4.1. Graph der linearen Funktion $y = ax + b$ mit $a > 0$

Abbildung 4.2. Graph der linearen Funktion $y = ax + b$ mit $a < 0$

Achsenabschnittsform

Die Achsenabschnittsform der linearen Funktion $y = ax + b$ ist $\dfrac{x}{c} + \dfrac{y}{b} = 1$. Dabei ist $c = -b/a$ der x-Achsenabschnitt und b der y-Achsenabschnitt (siehe Abb. 4.2).

4

Schnittwinkel zweier Geraden

Der Schnittwinkel* zweier Geraden $y_1 = a_1 x + b_1$ und $y_2 = a_2 x + b_2$ ist gegeben durch

$$\tan \beta = \frac{a_2 - a_1}{1 + a_1 a_2} \qquad \beta = \arctan\left(\frac{a_2 - a_1}{1 + a_1 a_2}\right)$$

Die Geraden sind genau dann parallel, wenn $a_1 = a_2$. Sie sind genau dann orthogonal, wenn $a_2 = -1/a_1$. Es gilt

$$\alpha = \beta \qquad \gamma = \delta \qquad \alpha + \gamma = \alpha + \delta = \beta + \gamma = \beta + \delta = \pi = 180°$$

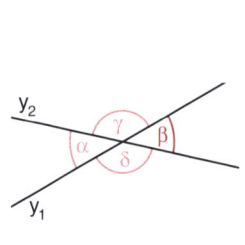

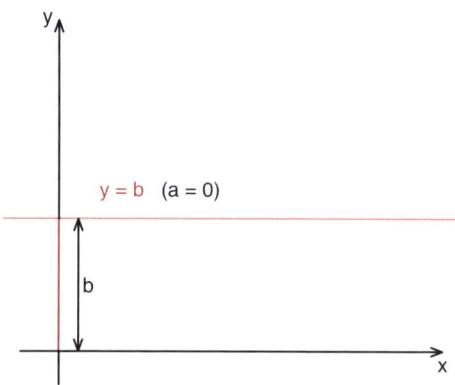

Abbildung 4.3. Schnittwinkel zweier Geraden

Abbildung 4.4. Graph der linearen Funktion $y = ax + b$ mit $a = 0$

Spezielle lineare Funktionen

Formel	Beschreibung	Lage des Graphen
$y = ax$	y ist **proportional** zu x	Gerade durch den Ursprung
$y = x$	**Identität**, identische Funktion	Winkelhalbierende im 1. und 3. Quadranten
$y = -x$	Spiegelung der Identität an y-Achse	Winkelhalbierende im 2. und 4. Quadranten
$y = b$	**Konstante** Funktion	Parallele zur x-Achse

---

* Beachten Sie, dass $\arctan \beta$ im Bogenmaß angegeben wird. Die Umrechnung in Grad finden Sie auf S. 65.

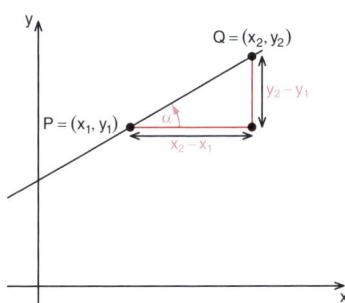

Abbildung 4.5. Steigung der Geraden durch $P = (x_1, y_1)$ und $Q = (x_2, y_2)$

Steigung einer Geraden durch zwei gegebene Punkte

Die Steigung der Geraden durch die Punkte $P = (x_1, y_1)$ und $Q = (x_2, y_2)$ mit $x_1 \neq x_2$ ist gegeben durch:

$$a = \tan \alpha = \frac{y_2 - y_1}{x_2 - x_1} = \frac{f(x_2) - f(x_1)}{x_2 - x_1}$$

Punkt-Steigungsformel für eine Gerade

Die Gleichung einer Geraden mit der Steigung a durch den Punkt (x_1, y_1) ist gegeben durch:

$$y - y_1 = a(x - x_1) \iff y = y_1 + a(x - x_1) = ax + \underbrace{(y_1 - ax_1)}_{b} \iff \frac{y - y_1}{x - x_1} = a$$

Zwei-Punkte-Formel für eine Gerade

Die Gleichung einer Geraden durch die Punkte (x_1, y_1) und (x_2, y_2) mit $x_1 \neq x_2$ ist gegeben durch:

$$y - y_1 = \frac{y_2 - y_1}{x_2 - x_1}(x - x_1) \iff y = y_1 + \frac{y_2 - y_1}{x_2 - x_1}(x - x_1) = \underbrace{\frac{y_2 - y_1}{x_2 - x_1}}_{a} x + \underbrace{(y_1 - ax_1)}_{b}$$

Allgemeine Gleichung einer Geraden

Die allgemeine Gleichung einer Geraden ist gegeben durch

$$Ax + By + C = 0 \qquad A, B, C \text{ Konstante}$$

Zusammenhang mit der Gleichung $y = ax + b$

- Für $A = a, B = -1, C = b$ ist $y = ax + b$ eine nichtsenkrechte Gerade.
- Für $A = 1, B = 0, C = -c$ ist $x = c$ eine senkrechte Gerade durch $(c, 0)$.
- Für $B \neq 0$ ist $y = -\frac{A}{B}x - \frac{C}{B}$ eine nichtsenkrechte Gerade.

Gleichgewicht bei linearer Nachfrage- und Angebotsfunktion

Eine lineare Nachfrage- und Angebotsfunktion sei gegeben durch:

$$D = a - bP \qquad S = \alpha + \beta P \qquad\qquad a, b, \alpha, \beta \text{ Konstante}$$

Dabei ist D die nachgefragte Menge (demand), S die angebotene Menge (supply) und P der Preis. Im Gleichgewicht ($D = S$) mit der Gleichgewichtsmenge Q^* und dem Gleichgewichtspreis P^* gilt $Q^* = a - bP^*$:

$$P^* = \frac{a - \alpha}{\beta + b} \qquad\qquad Q^* = a - bP^* = \alpha + \beta P^* = \frac{a\beta + \alpha b}{\beta + b}$$

4.4   Quadratische Funktionen

Definition der allgemeinen quadratischen Funktion

Die allgemeine quadratische Funktion ist definiert durch

$$y = f(x) = ax^2 + bx + c \qquad (a, b \text{ und } c \text{ sind Konstanten}, \ a \neq 0)$$

Der Parameter a heißt die **Öffnungsbreite** der Parabel. Für $|a| = 1$ spricht man von einer **Normalparabel**.

Elementare Eigenschaften

- Für $a = 0$ wäre $y = bx + c$, d.h. eine lineare Funktion. Graph ist Parabel[*] die $\approx \cap$ so aussieht, d.h. nach unten geöffnet, wenn $a < 0$, und $\approx \cup$, d.h. nach oben geöffnet, wenn $a > 0$.

---

[*] Siehe auch S. 81.

- Für $|a| > 1$ ist die Parabel enger als eine Normalparabel, für $|a| < 1$ ist die Parabel breiter als eine Normalparabel.

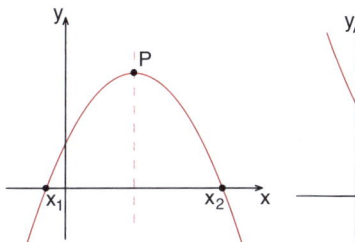

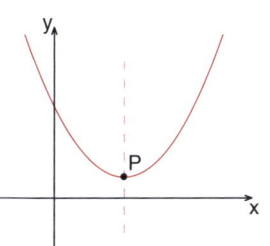

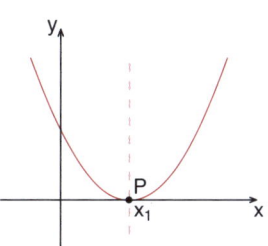

4

Abbildung 4.6. Graph der Parabel: $a < 0,\ b^2 > 4ac$

Abbildung 4.7. Graph der Parabel: $a > 0,\ b^2 < 4ac$

Abbildung 4.8. Graph der Parabel: $a > 0,\ b^2 = 4ac$

Quadratische Ergänzung

$$y = f(x) = x^2 + bx + c = \left(x + \frac{b}{2}\right)^2 + c - \frac{b^2}{4}$$

$$y = f(x) = ax^2 + bx + c = a\left(x + \frac{b}{2a}\right)^2 + c - \frac{b^2}{4a} = a\left(x + \frac{b}{2a}\right)^2 - \frac{b^2 - 4ac}{4a}$$

Scheitelpunktform der quadratischen Funktion, Definition

Der tiefste (höchste) Punkt einer nach oben (unten) geöffneten Parabel heißt der **Scheitelpunkt** oder Scheitel der Parabel.

Die Scheitelpunktform der quadratischen Funktion mit dem Scheitelpunkt $S\,(x_0, y_0)$) ist:

$$y = y_0 + a(x - x_0)^2, \quad a \neq 0$$

Extrempunkte (Scheitelpunkte) und Extremwerte der quadratischen Funktion

Für die allgemeine quadratische Funktion gilt

$$y = f(x) = ax^2 + bx + c = a\left(x + \frac{b}{2a}\right)^2 + c - \frac{b^2}{4a} = \underbrace{\left(c - \frac{b^2}{4a}\right)}_{y_0} + a\left(x + \frac{b}{2a}\right)^2$$

Der Scheitelpunkt ist $S\left(x_0 = -\dfrac{b}{2a},\ y_0 = c - \dfrac{b^2}{4a}\right)$, d.h.

4

- Für $a > 0$ hat $f(x)$ ein Minimum an der Stelle $x_0 = -\dfrac{b}{2a}$ mit dem Minimalwert $y_0 = c - \dfrac{b^2}{4a}$.

- Für $a < 0$ hat $f(x)$ ein Maximum an der Stelle $x_0 = -\dfrac{b}{2a}$ mit dem Maximalwert $y_0 = c - \dfrac{b^2}{4a}$.

Für die nach oben geöffnete Normalparabel mit $a = 1$ gilt:

$$y = x^2 + px + q = \left(x + \frac{p}{2}\right)^2 + q - \frac{p^2}{4} = \underbrace{\left(q - \frac{p^2}{4}\right)}_{y_0} + \left(x + \frac{p}{2}\right)^2$$

Der Scheitelpunkt ist $S\left(x_0 = -\frac{p}{2},\ y_0 = q - \frac{p^2}{4}\right)$, d.h. die nach oben geöffnete Normalparabel hat ein Minimum an der Stelle $x_0 = -\frac{p}{2}$ mit dem Minimalwert $y_0 = q - \frac{p^2}{4}$.

Für die nach unten geöffnete Normalparabel mit $a = -1$ gilt:

$$y = -x^2 + px + q = -\left(x - \frac{p}{2}\right)^2 + q + \frac{p^2}{4} = \underbrace{\left(q + \frac{p^2}{4}\right)}_{y_0} - \left(x - \frac{p}{2}\right)^2$$

Der Scheitelpunkt ist $S\left(x_0 = \frac{p}{2},\ y_0 = q + \frac{p^2}{4}\right)$, d.h. die nach unten geöffnete Normalparabel hat ein Maximum an der Stelle $x_0 = \frac{p}{2}$ mit dem Maximalwert $y_0 = q + \frac{p^2}{4}$.

Jede Parabel ist symmetrisch zur vertikalen Geraden durch den Scheitelpunkt.

Nullstellen der quadratischen Funktion

Die quadratische Funktion $y = f(x) = ax^2 + bx + c$ hat genau dann zwei Nullstellen[*]

$$x_{1,2} = \frac{-b \pm \sqrt{b^2 - 4ac}}{2a},$$

wenn $b^2 - 4ac \geq 0$. Falls $b^2 - 4ac = 0$, fallen beide Nullstellen zusammen, d.h. es gibt nur eine Nullstelle. Mit den beiden Nullstellen $x_{1,2}$ gilt die folgende Zerlegung in Linearfaktoren (**Vietascher Wurzelsatz**)

$$ax^2 + bx + c = a(x - x_1)(x - x_2)$$

---

[*] Siehe auch Lösungen der quadratischen Gleichung S. 26.

4.5 Polynome

Das allgemeine Polynom n-ten Grades

Das allgemeine Polynom vom Grad n mit den **Koeffizienten** $a_0, a_1, \ldots, a_n$ ist definiert durch

$$P(x) = a_n x^n + a_{n-1} x^{n-1} + \ldots + a_1 x + a_0 \qquad (a_i \text{ sind Konstante; } a_n \neq 0)$$

Dabei heißt a_n der **führende** Koeffizient.

Statt Polynom sagt man auch **ganze rationale Funktion** oder **ganzrationale Funktion**.

4

Polynome bis zur Ordnung 4

$n = 1$	$P(x) = a_1 x + a_0$	Lineare Funktion
$n = 2$	$P(x) = a_2 x^2 + a_1 x + a_0$	Quadratische Funktion
$n = 3$	$P(x) = a_3 x^3 + a_2 x^2 + a_1 x + a_0$	Kubische Funktion
$n = 4$	$P(x) = a_4 x^4 + a_3 x^3 + a_2 x^2 + a_1 x + a_0$	Polynom 4. Grades

Summendarstellung

Es gilt: $P(x) = \displaystyle\sum_{i=1}^{n} a_i x^i$

Falls $P(x) = \displaystyle\sum_{i=1}^{n} a_i x^i$ und $Q(x) = \displaystyle\sum_{i=1}^{n} b_i x^i$ zwei Polynome n-ten Grades sind, so gilt:

$P(x) = Q(x) \iff a_i = b_i \quad 0 \le i \le n$ **Gleichheit, wenn Koeffizienten gleich**

$P(x) \pm Q(x) = \displaystyle\sum_{i=1}^{n} (a_i \pm b_i) x^i$ **Addition bzw. Subtraktion**

Horner-Darstellung

$$P(x) = a_n x^n + a_{n-1} x^{n-1} + \ldots + a_1 x + a_0 \quad \Rightarrow$$

$$P(x) = (\cdots ((a_n x + a_{n-1}) x + a_{n-2}) x + \ldots + a_1) x + a_0$$

Horner-Schema zur Berechnung des Funktionswertes $P(b)$: Man schreibe die Koeffizienten in die erste Zeile, in die dritte Zeile schreibe man ganz links $c_n = a_n$, die zweite Zeile erhält man rekursiv (von links nach rechts), indem man den vorausgehenden c-Wert aus der dritten Zeile mit b multipliziert. Die c-Werte in der dritten Zeile erhält man durch Addition der darüberstehenden Werte aus der ersten und zweiten Zeile. Ganz rechts in der dritten Zeile erhält man $P(b)$.

$$
\begin{array}{ccccccc}
a_n & a_{n-1} & a_{n-2} & \ldots & a_1 & a_0 \\
\hline
& c_n b & c_{n-1} b & \ldots & c_2 b & c_1 b \\
\hline
c_n = a_n & c_{n-1} & c_{n-2} & \ldots & c_1 & P(b)
\end{array}
$$

Division durch Polynome der Form $x - b$ mit $b \in \mathbb{R}$: Mit den c-Werten aus dem Horner-Schema, d.h. $c_n := a_n,\ c_{n-1} := c_n b + a_{n-1},\ c_{n-2} := c_{n-1} b + a_{n-2}, \ldots, c_{n-k} := c_{n-k+1} b + a_{n-k}, \ldots, c_0 := c_1 b + a_0 = P(b)$ gilt:

$$P(x) = (x - b)\left(c_n x^{n-1} + c_{n-1} x^{n-2} + \ldots + c_2 x + c_1\right) + P(b)$$

Insbesondere gilt: Falls b eine Nullstelle von $P(x)$ ist, so ist $x - b$ ein Faktor von $P(x)$.

Nullstellen

Die allgemeine Gleichung n-ten Grades

$$a_n x^n + a_{n-1} x^{n-1} + \ldots + a_1 x + a_0 = 0$$

hat höchstens n reelle Lösungen (Nullstellen, Wurzeln).

Restgliedtheorem

Wenn $P(x)$ und $Q(x)$ zwei Polynome sind mit $\mathrm{Grad}(P(x)) \geq \mathrm{Grad}(Q(x))$, so existieren eindeutige Polynome $q(x)$ und $r(x)$, so dass

$$P(x) = q(x)Q(x) + r(x)$$

mit $\mathrm{Grad}(r(x)) < \mathrm{Grad}(Q(x))$. Für x mit $Q(x) \neq 0$ gilt:

$$\frac{P(x)}{Q(x)} = q(x) + \frac{r(x)}{Q(x)}$$

$r(x)$ heißt Rest. Für $r(x) = 0$ ist $Q(x)$ ein **Faktor** von $P(x)$, d.h. $P(x)$ ist teilbar durch $Q(x)$. Dann gilt:

$$P(x) = q(x)Q(x) \qquad\qquad \frac{P(x)}{Q(x)} = q(x)$$

Im Spezialfall $Q(x) = x - b$ ist $r(x) = r$ eine Konstante, d.h. $P(x) = q(x)(x - b) + r$ und $P(b) = r$.

Nullstellen und Faktorisierung

Genau dann ist $b \in \mathbb{R}$ eine Nullstelle von $P(x)$, wenn $x - b$ ein Faktor von $P(x)$ ist, d.h. wenn $P(x) = q(x)(x - b)$ ist, wobei $q(x)$ ein Polynom vom Grad $n - 1$ ist.

Genau dann ist $b \in \mathbb{R}$ eine k-fache Nullstelle von $P(x)$, wenn $P(x) = g(x)(x - b)^k$ ist, wobei $g(x)$ ein Polynom vom Grad $n - k$ ist.

Sind $b_1, b_2, \ldots b_s$ die verschiedenen reellen Nullstellen des Polynoms $P(x)$ mit den jeweiligen Vielfachheiten $k_1, k_2, \ldots k_s$, so gilt:

$$P(x) = (x - b_1)^{k_1}(x - b_2)^{k_2} \cdots (x - b_s)^{k_s} h(x)$$

für ein Polynom h vom Grad $n - k_1 - k_2 - \ldots - k_s$, das in $\mathbb{R}$ keine Nullstelle besitzt.

Jedes Polynom $P(x)$ kann als ein Produkt von Polynomen ersten und zweiten Grades geschrieben werden:

$$P(x) = a_n(x - b_1)^{k_1}(x - b_2)^{k_2} \cdots (x - b_s)^{k_s}(x^2 + c_1x + d_1)^{l_1} \ldots (x^2 + c_tx + d_t)^{l_t}$$

Dabei sind $x^2 + c_ix + d_i$ quadratische Polynome der Vielfachheit l_i, die keine reellen Nullstellen haben.

Jedes Polynom ungeraden Grades hat mindestens eine reelle Nullstelle. Ein Polynom vom Grad n hat höchstens n reelle Nullstellen.

Sind $b_1, b_2, \ldots, b_n$ die (nicht notwendig verschiedenen) reellen oder komplexen Nullstellen des Polynoms $P(x)$, so gilt:

$$P(x) = a_n(x - b_1)(x - b_2) \ldots (x - b_{n-1})(x - b_n)$$

Ist b eine komplexe Nullstelle, so ist auch die zu b konjugiert komplexe Zahl $\bar{b}$ eine Nullstelle.

Ganzzahlige und rationale Nullstellen

Sei $P(x) = a_nx^n + a_{n-1}x^{n-1} + \ldots + a_1x + a_0$ mit $a_i \in \mathbb{Z}$. Dann sind alle ganzzahligen Nullstellen Faktoren des konstanten Terms a_0. Für die rationalen Nullstellen $\frac{a}{b}$ $(a, b \in \mathbb{Z})$ gilt: a ist Faktor von a_0 und b ist Faktor von a_n.

Rationale Funktionen

Definition

Eine rationale Funktion oder **gebrochen rationale Funktion** ist für Polynome P und Q für alle x mit $Q(x) \neq 0$ definiert durch:

$$R(x) = \frac{P(x)}{Q(x)}$$

Man spricht von einer **echten rationalen Funktion**, wenn $\mathrm{Grad}(P) < \mathrm{Grad}(Q)$, von einer **unechten rationalen Funktion**, wenn $\mathrm{Grad}(P) \geq \mathrm{Grad}(Q)$ ist.

Eigenschaften rationaler Funktionen

Mit Polynomdivision kann jede unechte rationale Funktion als Summe eines Polynoms und einer echten rationalen Funktion geschrieben werden:
$R(x) = K(x) + \dfrac{S(x)}{Q(x)}$, wobei K und S Polynome mit $\mathrm{Grad}(S) < \mathrm{Grad}(Q)$.

Asymptotisches Verhalten[*]: Es gilt: $R(x) - K(x) \to 0$ für $x \to \pm\infty$.

Nullstellen von R sind alle Nullstellen von P, die nicht Nullstellen von Q sind.

Polstellen[*] von R sind alle Nullstellen von Q, die keine Nullstellen von P sind, und alle gemeinsamen Nullstellen von P und Q, deren Vielfachheit im Zähler (P) kleiner ist als im Nenner (Q).

Lücken[†] von R sind alle gemeinsamen Nullstellen von P und Q, deren Vielfachheit im Zähler größer oder gleich ihrer Vielfachheit im Nenner ist.

4.6 Potenzfunktionen

Definition der allgemeinen Potenzfunktion

Die für $r \in \mathbb{R}$ und $x \in D_f$ definierte Funktion

$$y = f(x) = x^r$$

heißt eine Potenzfunktion. Der Definitionsbereich D_f und der Wertebereich W_f hängen von r ab.

---

[*] Siehe auch S. 97.
[†] Siehe S. 96.

Spezielle Potenzfunktionen: Definitionsbereich, Wertebereich und Graphen

$r =$	f	D_f	W_f	Name
$n \in \mathbb{N}; n$ ungerade	$y = x^n$	$(-\infty, \infty)$	$(-\infty, \infty)$	Parabel n-ter Ordnung (Abb. 4.9)
$n \in \mathbb{N}; n$ gerade	$y = x^n$	$(-\infty, \infty)$	$[0, \infty)$	Parabel n-ter Ordnung (Abb. 4.10)
$n \in \mathbb{N}; n$ ungerade	$y = x^{-n}$	$(-\infty, \infty) \setminus \{0\}$	$(-\infty, \infty) \setminus \{0\}$	Hyperbel n-ter Ordnung (Abb. 4.11)
$n \in \mathbb{N}; n$ gerade	$y = x^{-n}$	$(-\infty, \infty) \setminus \{0\}$	$(0, \infty)$	Hyperbel n-ter Ordnung (Abb. 4.12)
$n \in \mathbb{N}; n$ ungerade	$y = x^{\frac{1}{n}} = \sqrt[n]{x}$	$(-\infty, \infty)$	$(-\infty, \infty)$	Wurzelfunktion (Abb. 4.13)
$n \in \mathbb{N}; n$ gerade	$y = x^{\frac{1}{n}} = \sqrt[n]{x}$	$[0, \infty)$	$[0, \infty)$	Wurzelfunktion (Abb. 4.14)
$r \in \mathbb{R}$	$y = x^r$	$(0, \infty)$	$(0, \infty)$	Allgemeine Potenzfunktion (Abb. 4.15 und 4.16)

Für alle r gilt $f(1) = 1^r = 1$. Für Rechenregeln der Potenzen siehe S. 17. Die Umkehrfunktion einer Potenzfunktion ist wieder eine Potenzfunktion: $y = x^r \iff x = y^{\frac{1}{r}}$. Die Elastizität einer Potenzfunktion $y = x^r$ ist konstant und gleich dem Exponenten r.

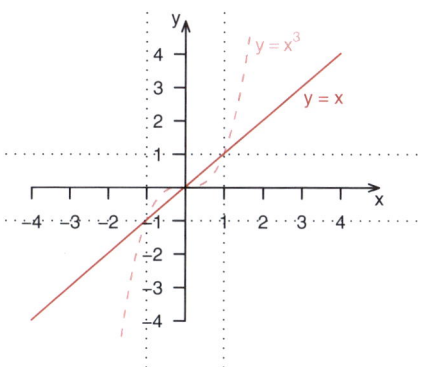

Abbildung 4.9. Graph ungerader Potenzfunktionen $y = x^n$ für $n = 1$ und $n = 3$

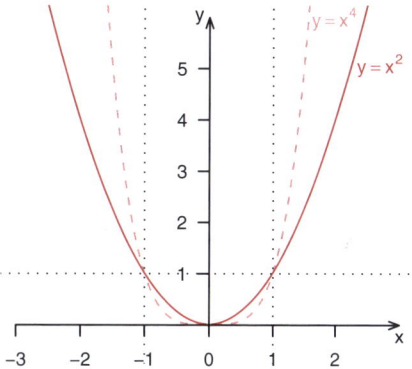

Abbildung 4.10. Graph gerader Potenzfunktionen $y = x^n$ für $n = 2$ und $n = 4$

4

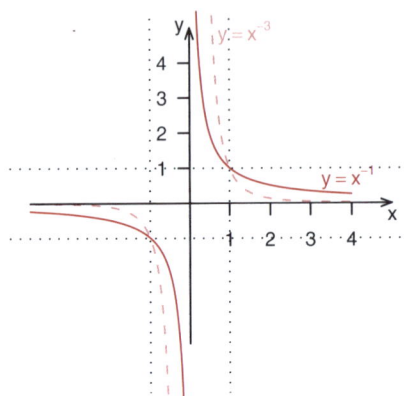

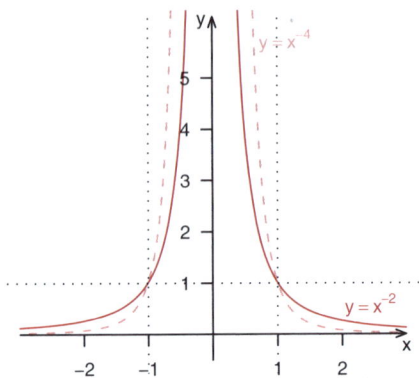

Abbildung 4.11. Graph der Hyperbeln $y = x^{-n}$ für $n = 1$ und $n = 3$

Abbildung 4.12. Graph der Hyperbeln $y = x^{-n}$ für $n = 2$ und $n = 4$

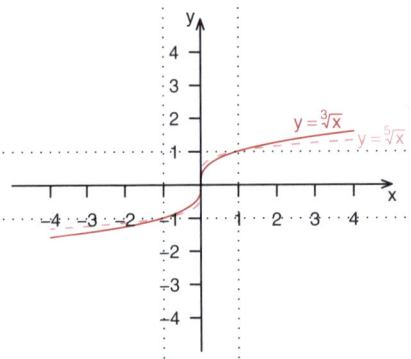

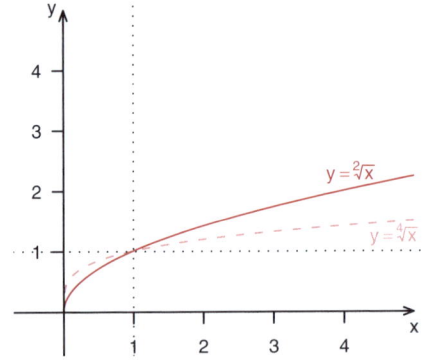

Abbildung 4.13. Graph der Wurzelfunktionen $y = x^{-n}$ für $n = 3$ und $n = 5$

Abbildung 4.14. Graph der Wurzelfunktionen $y = x^{-n}$ für $n = 2$ und $n = 4$

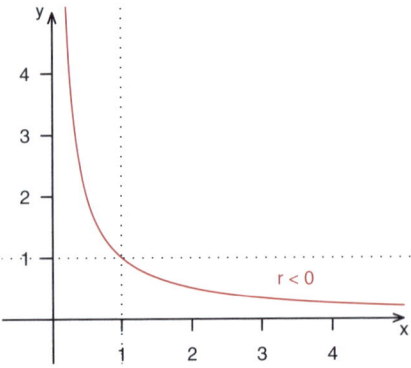

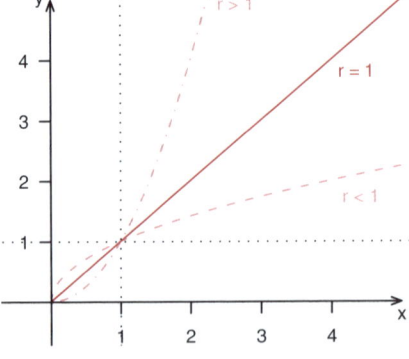

Abbildung 4.15. Graph der allgemeinen Potenzfunktion $y = x^r$ für $r < 0$

Abbildung 4.16. Graph der allgemeinen Potenzfunktion $y = x^r$ für $r > 0$

4.7 Exponentialfunktionen

Definition der allgemeinen Exponentialfunktion

Die allgemeine Exponentialfunktion mit der **Basis** $a > 0$ ist definiert durch

$$f(x) = Aa^x \qquad x \in \mathbb{R}$$

Eigenschaften der allgemeinen Exponentialfunktion

Der **Definitionsbereich** der allgemeinen Exponentialfunktion $f(x) = Aa^x$ ist $D_f = \mathbb{R}$, der **Wertebereich** ist $W_f = R_f = (0, \infty)$, falls $A > 0$ bzw. $(-\infty, 0)$, falls $A < 0$. Es gilt:

$$f(0) = A \qquad f(x) = f(0)a^x \qquad f(x+1) = af(x) \qquad a = f(x+1)/f(x)$$

D.h., a ist der Faktor, mit dem $f(x)$ sich ändert, wenn x um 1 wächst. Für $a > 1$ ist f monoton wachsend, für $0 < a < 1$ ist f monoton fallend. Falls $a = 1 + p/100$, wobei $p > 0$ und $A > 0$, wächst $f(x)$ um $p\%$, wenn x um 1 wächst. Falls $a = 1 - p/100$, wobei $p > 0$ und $A > 0$, fällt $f(x)$ um $p\%$, wenn x um 1 wächst.

$$a^{-x} = \frac{1}{a^x} = \left(\frac{1}{a}\right)^x$$

Verhalten im Unendlichen: Für $a > 1$ gilt: $\lim\limits_{x \to \infty} a^x = \infty$ $\lim\limits_{x \to -\infty} a^x = 0$.
Für $0 < a < 1$ gilt: $\lim\limits_{x \to \infty} a^x = 0$ $\lim\limits_{x \to -\infty} a^x = \infty$.

Die **Verdopplungszeit** für $f(t) = Aa^t$ mit $A > 0, a > 1$ ist die Zeit t^* mit $f(t^*) = 2f(0) = 2A \iff t^* = \ln 2/\ln a$. Entsprechend wächst $f(t)$ auf das c-fache $(c > 0)$, wenn $f(\tilde{t}) = cf(0) = c \cdot A \iff \tilde{t} = \ln c/\ln a$.

Definition der natürlichen Exponentialfunktion

Die Exponentialfunktion zur Basis $e = \lim\limits_{n \to \infty} \left(1 + \frac{1}{n}\right)^n = 2.718281828459045\ldots$

$$f(x) = e^x = \exp(x) = \lim\limits_{n \to \infty} \left(1 + \frac{x}{n}\right)^n \qquad x \in \mathbb{R}$$

heißt die natürliche Exponentialfunktion mit dem Definitionsbereich $D_f = \mathbb{R}$ und dem Wertebereich $W_f = R_f = (0, \infty)$, d.h. $e^x > 0 \; \forall x \in \mathbb{R}$.

Rechenregeln für die natürliche Exponentialfunktion

Für $s, t \in \mathbb{R}$ gilt (siehe auch S. 17):

$$e^s e^t = e^{s+t} \qquad \frac{e^s}{e^t} = e^{s-t} \qquad (e^s)^t = e^{st} \qquad e^0 = 1 \qquad e^{-s} = \frac{1}{e^s} = \left(\frac{1}{e}\right)^s$$

$$\lim_{x\to\infty} e^x = \infty \qquad \lim_{x\to-\infty} e^x = 0 \qquad \lim_{x\to\infty} \frac{e^x}{x^n} = \infty \qquad \lim_{x\to\infty} \frac{x^n}{e^x} = \lim_{x\to\infty} x^n e^{-x} = 0 \quad n \in \mathbb{N}$$

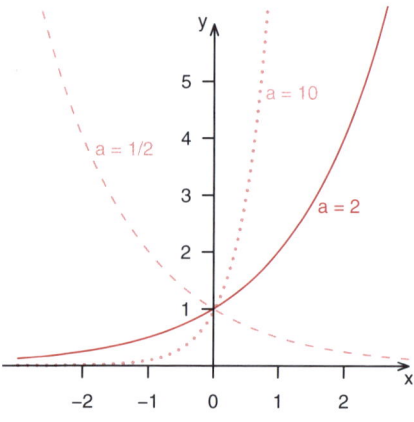

Abbildung 4.17. Graph der allgemeinen Exponentialfunktion $y = a^x$

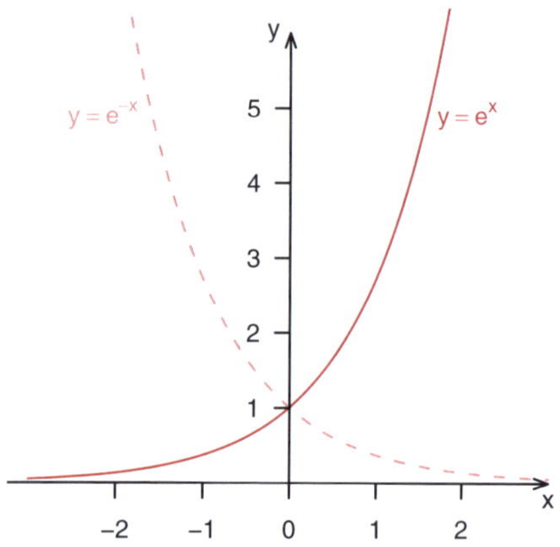

Abbildung 4.18. Graph der natürlichen Exponentialfunktion $y = e^x$

Eigenschaften der natürlichen Exponentialfunktion

Die natürliche Exponentialfunktion $f(x) = e^x$ ist differenzierbar*, streng monoton wachsend und konvex mit $f'(x) = f(x) = e^x$.

Die **Umkehrfunktion** der natürlichen Exponentialfunktion ist die natürliche Logarithmusfunktion $\ln x$, d.h. es gilt:

$$e^{\ln x} = x \quad (x > 0) \qquad\qquad \ln(e^x) = x \quad (x \in \mathbb{R})$$

Die **Verdopplungszeit** für $f(t) = Ae^t$ mit $A > 0$ ist die Zeit t^* mit $f(t^*) = 2f(0) = 2A \iff t^* = \ln 2$. Entsprechend gilt für $c > 0$: $f(\tilde{t}) = cf(0) = c \cdot A \iff \tilde{t} = \ln c$.

---

* Zur Ableitung siehe S. 89.

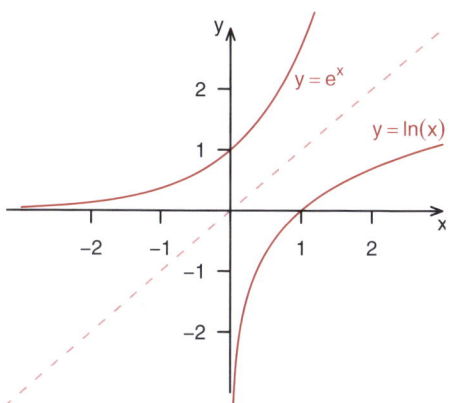

Abbildung 4.19. Natürliche Exponentialfunktion $y = e^x$ zusammen mit ihrer Umkehrfunktion $y = \ln x$

Beziehung der allgemeinen zur natürlichen Exponentialfunktion

Die allgemeine Exponentialfunktion $y = a^x$ $(a > 0)$ kann geschrieben werden als

$$y = a^x = \left(e^{\ln a}\right)^x = e^{(\ln a)x}$$

mit der Ableitung $y' = a^x \ln a$.

4.8 Logarithmusfunktionen

Definition der natürlichen Logarithmusfunktion

Die Zahl u heißt der **natürliche Logarithmus** von x, wenn $e^u = x$, in Zeichen $u = \ln x$, d.h.

$$u = \ln x \iff e^u = e^{\ln x} = x \qquad (x > 0)$$

In Worten: $\ln x$ ist derjenige Exponent, mit dem Sie die Basis e potenzieren müssen, um (den **Numerus**) x zu erhalten.

Die natürliche Logarithmusfunktion mit dem Definitionsbereich $D_f = (0, \infty)$ und dem Wertebereich $R_f = W_f = (-\infty, \infty)$ ist definiert durch

$$f(x) = \ln x \qquad (x > 0)$$

Rechenregeln für den natürlichen Logarithmus

Für $x, y > 0$, $n \in \mathbb{N}$, $p \in \mathbb{R}$ gilt:

$$\ln(xy) = \ln x + \ln y \qquad \ln \frac{x}{y} = \ln x - \ln y \qquad \ln \frac{1}{y} = -\ln y \qquad \ln x^p = p \ln x$$

$$\ln \sqrt[n]{x} = \frac{1}{n} \ln x \qquad \ln 1 = 0 \qquad \ln e = 1$$

$f(x) = \ln x$ ist streng monoton steigend. Die Umkehrfunktion ist die natürliche Exponentialfunktion, d.h.

$$x = e^{\ln x} \;\; (x > 0) \qquad \ln e^x = x \;\; (x \in \mathbb{R})$$

Definition der allgemeinen Logarithmusfunktion

Die Zahl u heißt der **Logarithmus** von x zur **Basis** a $(a > 0, a \neq 1)$, wenn $a^u = x$, in Zeichen $u = \log_a x$, d.h.

$$u = \log_a x \iff a^u = a^{\log_a x} = x \qquad (x > 0)$$

In Worten: $\log_a x$ ist derjenige Exponent, mit dem Sie a potenzieren müssen, um x zu erhalten.

Die Logarithmusfunktion zur Basis a $(a > 0, a \neq 1)$ (die allgemeine Logarithmusfunktion) mit dem Definitionsbereich $D_f = (0, \infty)$ und dem Wertebereich $R_f = W_f = (-\infty, \infty)$ ist definiert durch

$$f(x) = \log_a x \qquad (x > 0)$$

Rechenregeln für den allgemeinen Logarithmus

Für $a > 0$, $a \neq 1$, $x, y > 0$, $n \in \mathbb{N}$, $p \in \mathbb{R}$ gilt:

$$\log_a(xy) = \log_a x + \log_a y \qquad \log_a \frac{x}{y} = \log_a x - \log_a y \qquad \log_a \frac{1}{y} = -\log_a y \qquad \log_a x^p = p \log_a x$$

$$\log_a \sqrt[n]{x} = \frac{1}{n} \log_a x \qquad \log_a 1 = 0 \qquad \log_a a = 1$$

Die Logarithmusfunktion $f(x) = \log_a x$ ist streng monoton steigend, falls $a > 1$, und streng monoton fallend, falls $0 < a < 1$. Die Umkehrfunktion der Logarithmusfunktion zur Basis a ist die Exponentialfunktion mit der Basis a, d.h.

$$x = a^{\log_a x} \;\; (x > 0) \qquad \log_a a^x = x \;\; (x \in \mathbb{R})$$

Gebräuchliche Logarithmensysteme

$a = 2$ $\log_2 x = \mathrm{lb}\, x$ **binärer Logarithmus**

$a = 10$ $\log_{10} x = \mathrm{lg}\, x$ **dekadischer oder Zehnerlogarithmus**

Zusammenhänge zwischen verschiedenen Logarithmensystemen

Für $a, b, x > 0,\ a, b \neq 1$ gilt:

$$\log_a x = \log_a b \cdot \log_b x \qquad\qquad 1 = \log_a b \cdot \log_b a$$

$$\log_b x = \frac{1}{\log_a b} \log_a x \qquad\qquad \log_b a = \frac{1}{\log_a b}$$

$$\log_b x = \frac{1}{\ln b} \ln x = \frac{1}{\mathrm{lg}\, b} \mathrm{lg}\, x \qquad \mathrm{lg}\, x = \frac{1}{\ln 10} \ln x \qquad \ln x = \frac{1}{\mathrm{lg}\, e} \mathrm{lg}\, x$$

$$\log_a x = -\log_{1/a} x$$

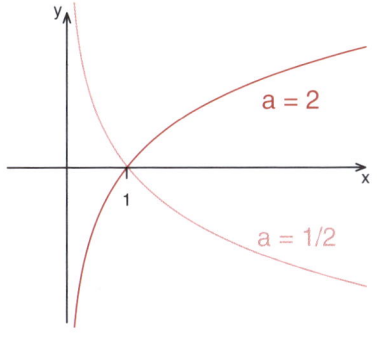

Abbildung 4.20. Graphen der allgemeinen Logarithmusfunktionen

---

4.9 Trigonometrische Funktionen

Winkelmessung in Grad und Bogenmaß

Der Winkel AOP in Abbildung 4.21 kann in Grad oder in **Bogenmaß, Radiant, rad** gemessen werden: Das Bogenmaß ist die Länge des Bogens $x \in \mathbb{R}$, wenn der Radius des Kreises 1 ist. $x > 0$ bedeutet positive Richtung, d.h. gegen den Uhrzeigersinn, $x < 0$ bedeutet negative Richtung, d.h. im Uhrzeigersinn. Die Einheit radiant oder rad wird meistens weggelassen. Der Kreis kann mehrfach umlaufen werden!

$$x = \pi/2 \quad \Rightarrow \quad P_x = (0, 1); \quad x = \pi \quad \Rightarrow \quad P_x = (-1, 0);$$
$$x = 3\pi/2 \quad \Rightarrow \quad P_x = (0, -1); \quad x = 2\pi \quad \Rightarrow \quad P_x = A = (1, 0);$$
$$P_x = P_{x \pm 2n\pi} \quad \text{für} \quad n = 1, 2, \ldots$$

$360° = 2\pi$ rad; $180° = \pi$ rad; $90° = \pi/2$ rad; $1° = \left(\frac{\pi}{180}\right)$ rad ≈ 0.017453;

1rad $= \left(\frac{180}{\pi}\right)^{°} \approx 57.296°$

Ist $a°$ das Maß eines Winkels im Gradmaß und b das Maß eines Winkels im Bogenmaß, so gilt

$$a° = \frac{180°}{\pi}b = 57.296°b \qquad b = \frac{\pi}{180°}a° = 0.017453a$$

Definition der Winkelfunktionen

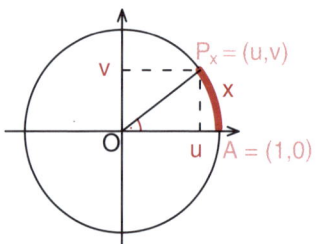

Abbildung 4.21. Einheitskreis zur Definition von Sinus ($\sin x = v$) und Cosinus ($\cos x = u$)

Mit Hilfe der Abbildung 4.21 definieren wir die **Sinus-** und **Cosinusfunktion** für $x \in \mathbb{R}$ durch

$$\sin x = v \qquad \text{und} \qquad \cos x = u$$

Für x mit $\cos x \neq 0$ ist die **Tangensfunktion** definiert durch

$$\tan x = \frac{\sin x}{\cos x}$$

Für x mit $\sin x \neq 0$ ist die **Cotangensfunktion** definiert durch

$$\cot x = \frac{\cos x}{\sin x}$$

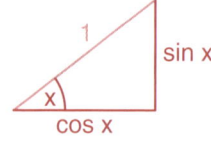 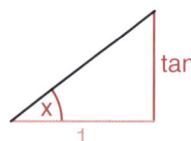 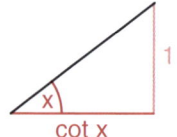

Abbildung 4.22. Winkelfunktionen im rechtwinkligen Dreieck

Elementare Beziehungen zwischen den Winkelfunktionen

$\sin^2 x + \cos^2 x = 1$; $\cot x = \frac{1}{\tan x}$; $\tan x = \frac{1}{\cot x}$; $\frac{1}{\cos^2 x} = 1 + \tan^2 x$;

$\frac{1}{\sin^2 x} = 1 + \cot^2 x$; $\lim\limits_{x\to 0} \frac{\sin x}{x} = 1$ (x in Radiant);

$\sin x < x < \tan x$, $(0 < x < \pi/2)$

Einige spezielle Werte der trigonometrischen Funktionen

Winkel x in °	0	30°	45°	60°	90°	135°	180°	270°	360°
Winkel in $c\pi$	0	$\pi/6$	$\pi/4$	$\pi/3$	$\pi/2$	$3\pi/4$	π	$3\pi/2$	2π
Winkel in rad	0	0.5236	0.7854	1.0472	1.5708	2.3562	3.1416	4.7124	6.2832
$\sin x$	0	$\frac{1}{2}$	$\frac{1}{2}\sqrt{2}$	$\frac{1}{2}\sqrt{3}$	1	$\frac{1}{2}\sqrt{2}$	0	-1	0
$\cos x$	1	$\frac{1}{2}\sqrt{3}$	$\frac{1}{2}\sqrt{2}$	$\frac{1}{2}$	0	$-\frac{1}{2}\sqrt{2}$	-1	0	1
$\tan x$	0	$\frac{1}{\sqrt{3}}$	1	$\sqrt{3}$	nd*	-1	0	nd	0
$\cot x$	nd	$\sqrt{3}$	1	$\frac{1}{\sqrt{3}}$	0	-1	nd	0	nd

4

Eigenschaften der trigonometrischen Funktionen

$y =$	$\sin x$	$\cos x$	$\tan x$	$\cot x$
Definitionsbereich	$x \in \mathbb{R}$	$x \in \mathbb{R}$	$x \in \mathbb{R} \setminus \left\{ \frac{\pi}{2} \pm n\pi \right\}$	$x \in \mathbb{R} \setminus \{ 0 \pm n\pi \}$
Wertebereich	$-1 \leq y \leq 1$	$-1 \leq y \leq 1$	$-\infty < y < \infty$	$-\infty < y < \infty$
Periode	2π	2π	π	π
Symmetrie	ungerade	gerade	ungerade	ungerade
Nullstellen	$0 \pm n\pi$	$\frac{\pi}{2} \pm n\pi$	$0 \pm n\pi$	$\frac{\pi}{2} \pm n\pi$
Polstellen	–	–	$\frac{\pi}{2} \pm n\pi$	$0 \pm n\pi$
Asymptoten	–	–	$x = \frac{\pi}{2} \pm n\pi$	$x = 0 \pm n\pi$
Maxima	$\pi/2 \pm 2n\pi$	$0 \pm 2n\pi$	–	–
Minima	$-\pi/2 \pm 2n\pi$	$\pi \pm 2n\pi$	–	–
Wendepunte	$0 \pm n\pi$	$\frac{\pi}{2} \pm n\pi$	$0 \pm n\pi$	$\frac{\pi}{2} \pm n\pi$
$f'(x) =$	$\cos x$	$-\sin x$	$1 + \tan^2 x = \dfrac{1}{\cos^2 x}$	$-1 - \cot^2 x = -\dfrac{1}{\sin^2 x}$

$n \in \mathbb{N}$

---

* nd = nicht definiert

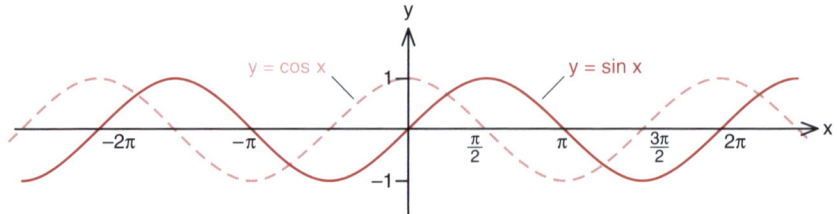

Abbildung 4.23. Graph der Sinus- und Cosinusfunktion

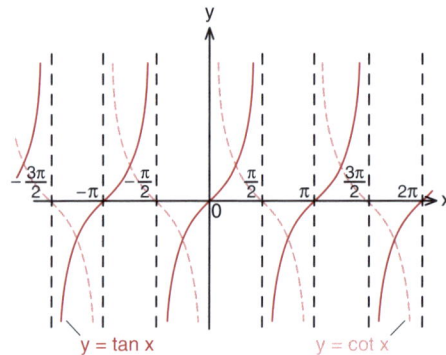

Abbildung 4.24. Graph der Tangens- und Cotangensfunktion

Winkelfunktion im Kreis mit Radius r bzw. im rechtwinkligen Dreieck

Nach Abb. 4.25 gilt:

$$\sin x = \frac{v}{r} = \frac{\text{Gegenkathete}}{\text{Hypothenuse}} \qquad \cos x = \frac{u}{r} = \frac{\text{Ankathete}}{\text{Hypothenuse}}$$

$$\tan x = \frac{v}{u} = \frac{\text{Gegenkathete}}{\text{Ankathete}} \qquad \cot x = \frac{u}{v} = \frac{\text{Ankathete}}{\text{Gegenkathete}}$$

Abbildung 4.25. Kreis mit Radius r bzw. rechtwinkliges Dreieck

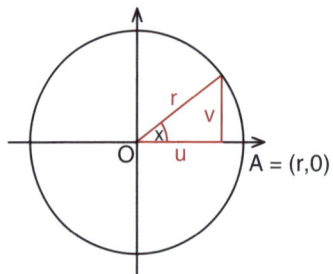

Verschiebungs- und Symmetrieeigenschaften

$x =$	$-\alpha$	$\frac{\pi}{2} - \alpha$	$\alpha \pm \frac{\pi}{2}$	$\pi - \alpha$	$\alpha \pm \pi$	$\frac{3}{2}\pi - \alpha$	$\alpha \pm \frac{3}{2}\pi$	$2\pi - \alpha$	$\alpha \pm 2\pi$
$\sin x =$	$-\sin\alpha$	$\cos\alpha$	$\pm\cos\alpha$	$\sin\alpha$	$-\sin\alpha$	$-\cos\alpha$	$\mp\cos\alpha$	$-\sin\alpha$	$\sin\alpha$
$\cos x =$	$\cos\alpha$	$\sin\alpha$	$\mp\sin\alpha$	$-\cos\alpha$	$-\cos\alpha$	$-\sin\alpha$	$\pm\sin\alpha$	$\cos\alpha$	$\cos\alpha$
$\tan x =$	$-\tan\alpha$	$\cot\alpha$	$-\cot\alpha$	$-\tan\alpha$	$\tan\alpha$	$\cot\alpha$	$-\cot\alpha$	$-\tan\alpha$	$\tan\alpha$
$\cot x =$	$-\cot\alpha$	$\tan\alpha$	$-\tan\alpha$	$-\cot\alpha$	$\cot\alpha$	$\tan\alpha$	$-\tan\alpha$	$-\cot\alpha$	$\cot\alpha$

4

Umrechnung der Winkelfunktionen

	sin	cos	tan	cot
$\sin x =$	$-$	$\pm\sqrt{1 - \cos^2 x}$	$\dfrac{\tan x}{\pm\sqrt{1 + \tan^2 x}}$	$\dfrac{1}{\pm\sqrt{1 + \cot^2 x}}$
$\cos x =$	$\pm\sqrt{1 - \sin^2 x}$	$-$	$\dfrac{1}{\pm\sqrt{1 + \tan^2 x}}$	$\dfrac{\cot x}{\pm\sqrt{1 + \cot^2 x}}$
$\tan x =$	$\dfrac{\sin x}{\pm\sqrt{1 - \sin^2 x}}$	$\dfrac{\pm\sqrt{1 - \cos^2 x}}{\cos x}$	$-$	$\dfrac{1}{\cot x}$
$\cot x =$	$\dfrac{\pm\sqrt{1 - \sin^2 x}}{\sin x}$	$\dfrac{\cos x}{\pm\sqrt{1 - \cos^2 x}}$	$\dfrac{1}{\tan x}$	

Das Vorzeichen der Quadratwurzel richtet sich nach dem Quadranten des Winkels, wie folgender Tabelle oder Abb. 4.26 zu entnehmen ist:

Quadrant	Argument	$\sin x$	$\cos x$	$\tan x$	$\cot x$
I	$0 < x < \frac{\pi}{2}$	$+$	$+$	$+$	$+$
II	$\frac{\pi}{2} < x < \pi$	$+$	$-$	$-$	$-$
III	$\pi < x < \frac{3}{2}\pi$	$-$	$-$	$+$	$+$
IV	$\frac{3}{2}\pi < x < 2\pi$	$-$	$+$	$-$	$-$

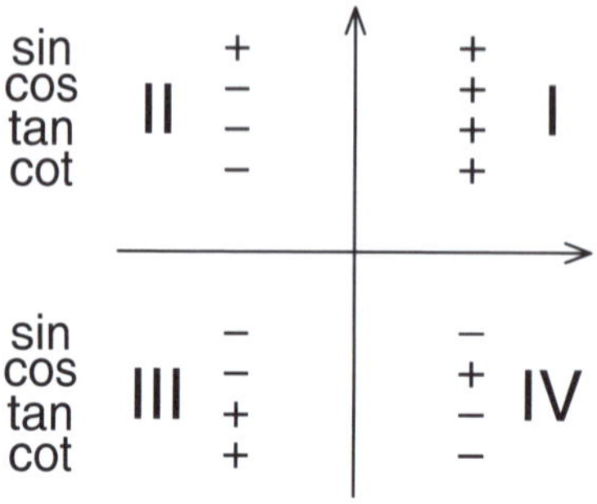

$$
\begin{array}{llll}
\sin & & + & + \\
\cos & \mathrm{II} & - & + \\
\tan & & - & + \quad \mathrm{I} \\
\cot & & - & +
\end{array}
$$

Abbildung 4.26. Vorzeichen der Winkelfunktionen

$$
\begin{array}{llll}
\sin & & - & - \\
\cos & \mathrm{III} & - & + \\
\tan & & + & - \quad \mathrm{IV} \\
\cot & & + & -
\end{array}
$$

Additionstheoreme

$$\sin(x \pm y) = \sin x \cos y \pm \cos x \sin y \qquad \cos(x \pm y) = \cos x \cos y \mp \sin x \sin y$$

$$\tan(x \pm y) = \frac{\tan x \pm \tan y}{1 \mp \tan x \tan y} \qquad \cot(x \pm y) = \frac{\cot x \cot y \mp 1}{\cot y \pm \cot x}$$

$$\sin(x + y + z) = \sin x \cos y \cos z + \cos x \sin y \cos z + \cos x \cos y \sin z - \sin x \sin y \sin z$$

$$\cos(x + y + z) = \cos x \cos y \cos z - \sin x \sin y \cos z - \sin x \cos y \sin z - \cos x \sin y \sin z$$

Additionstheoreme für Vielfache des Argumentwertes

Funktion f	$f(2x)$	$f(3x)$	$f(4x)$
sin	$2 \sin \cos x = \dfrac{2 \tan x}{1 + \tan^2 x}$	$3 \sin x - 4 \sin^3 x$	$8 \cos^3 x \sin x - 4 \cos x \sin x$
cos	$\cos^2 x - \sin^2 x = \dfrac{1 - \tan^2 x}{1 + \tan^2 x}$	$4 \cos^3 x - 3 \cos x$	$8 \cos^4 x - 8 \cos^2 x + 1$
tan	$\dfrac{2 \tan x}{1 - \tan^2 x} = \dfrac{2}{\cot x - \tan x}$	$\dfrac{3 \tan x - \tan^3 x}{1 - 3 \tan^2 x}$	$\dfrac{4 \tan x - 4 \tan^3 x}{1 - 6 \tan^2 x + \tan^4 x}$
cot	$\dfrac{\cot^2 x - 1}{2 \cot x} = \dfrac{\cot x - \tan x}{2}$	$\dfrac{\cot^3 x - 3 \cot x}{3 \cot^2 x - 1}$	$\dfrac{\cot^4 x - 6 \cot^2 x + 1}{4 \cot^3 x - 4 \cot x}$

$$\sin nx = n \sin x \cos^{n-1} x - \binom{n}{3} \sin^3 x \cos^{n-3} x + \binom{n}{5} \sin^5 x \cos^{n-5} x - \ldots$$

$$\cos nx = \cos^n x - \binom{n}{2} \sin^2 x \cos^{n-2} x + \binom{n}{4} \sin^4 x \cos^{n-4} x - \ldots$$

$$\sin \frac{x}{2} = \pm\sqrt{\frac{1 - \cos x}{2}} \quad * \qquad \tan \frac{x}{2} = \pm\sqrt{\frac{1 - \cos x}{1 + \cos x}} = \frac{\sin x}{1 + \cos x} = \frac{1 - \cos x}{\sin x}$$

$$\cos \frac{x}{2} = \pm\sqrt{\frac{1 + \cos x}{2}} \quad * \qquad \cot \frac{x}{2} = \pm\sqrt{\frac{1 + \cos x}{1 - \cos x}} = \frac{\sin x}{1 - \cos x} = \frac{1 + \cos x}{\sin x}$$

---

* Das Vorzeichen richtet sich nach dem Quadranten, siehe Abb. 4.26.

Potenzen von Winkelfunktionen

$\sin^2 x = \frac{1}{2}(1 - \cos 2x)$	$\cos^2 x = \frac{1}{2}(1 + \cos 2x)$
$\sin^3 x = \frac{1}{4}(3\sin x - \sin 3x)$	$\cos^3 x = \frac{1}{4}(3\cos x + \cos 3x)$
$\sin^4 x = \frac{1}{8}(3 - 4\cos 2x + \cos 4x)$	$\cos^4 x = \frac{1}{8}(3 + 4\cos 2x + \cos 4x)$
$\sin^{2n} x = \binom{2n}{n}\frac{1}{2^{2n}} + \frac{1}{2^{2n-1}}\sum\limits_{k=1}^{n}(-1)^k \binom{2n}{n-k}\cos 2kx$	$\cos^{2n} x = \binom{2n}{n}\frac{1}{2^{2n}} + \frac{1}{2^{2n-1}}\sum\limits_{k=1}^{n}\binom{2n}{n-k}\cos 2kx$
$\sin^{2n-1} x = \frac{1}{2^{2n-2}}\sum\limits_{k=1}^{n}(-1)^{k-1}\binom{2n-1}{n-k}\sin(2k-1)x$	$\cos^{2n-1} x = \frac{1}{2^{2n-2}}\sum\limits_{k=1}^{n}\binom{2n-1}{n-k}\cos(2k-1)x$

4

Formeln für Summen, Differenzen und Produkte

$f =$	$\sin$	$\cos$	$\tan$
$f(x) + f(y) =$	$2\sin\left(\frac{x+y}{2}\right)\cos\left(\frac{x-y}{2}\right)$	$2\cos\left(\frac{x+y}{2}\right)\cos\left(\frac{x-y}{2}\right)$	$\frac{\sin(x+y)}{\cos x \cos y}$
$f(x) - f(y) =$	$2\cos\left(\frac{x+y}{2}\right)\sin\left(\frac{x-y}{2}\right)$	$-2\sin\left(\frac{x+y}{2}\right)\sin\left(\frac{x-y}{2}\right)$	$\frac{\sin(x-y)}{\cos x \cos y}$
$f(x+y) + f(x-y) =$	$2\sin x \cos y$	$2\cos x \cos y$	
$f(x+y) - f(x-y) =$	$2\cos x \sin y$	$-2\sin x \sin y$	
$f(x)f(y)$	$\frac{1}{2}[\cos(x-y) - \cos(x+y)]$	$\frac{1}{2}[\cos(x-y) + \cos(x+y)]$	$\frac{\tan x + \tan y}{\cot x + \cot y}$
$\sin x \cos y =$		$\frac{1}{2}[\sin(x-y) + \sin(x+y)]$	

Allgemeine Sinusfunktion

Für $a > 0, A > 0$ gilt:

$y =$	Periode*	Amplitude	Frequenz[†]	Wertebereich
$\sin x$	2π	1	$\frac{1}{2\pi}$	$-1 \le y \le 1$
$\sin(ax)$	$\frac{2\pi}{a}$	1	$\frac{a}{2\pi}$	$-1 \le y \le 1$
$A\sin(ax)$	$\frac{2\pi}{a}$	A	$\frac{a}{2\pi}$	$-A \le y \le A$
$A\sin(ax+b) + B$	$\frac{2\pi}{a}$	A	$\frac{a}{2\pi}$	$-A + B \le y \le A + B$

---

[*] = Wellenlänge
[†] = Anzahl der Oszillationen pro Zeiteinheit

Der Graph von $y = A\sin(ax + b) + B$ entsteht aus dem Graphen von $y = \sin(ax)$ durch Verschiebung um $-b/a$ in x-Richtung und um B in y-Richtung.

Umkehrfunktionen der Winkelfunktionen, Arkusfunktionen

$\sin x = y$ hat für $y \in [-1, 1]$ unendlich viele Lösungen x. Die Umkehrfunktionen der trigonometrischen Funktionen existieren nur dann, wenn wir diese auf ein geeignetes Intervall einschränken, in dem sie streng monoton sind. Sie heißen **Arcus-** oder **zyklometrische Funktionen**. Der Funktionswert einer Arkusfunktion ist ein im Bogen- oder Gradmaß dargestellter Winkel.

Definition der Arkusfunktionen

- Die **Arkussinusfunktion**, $y = \arcsin x$ mit $-1 \leq x \leq 1$, ist die Umkehrfunktion der auf das Intervall $\left[-\frac{\pi}{2}, \frac{\pi}{2}\right]$ beschränkten Sinusfunktion.
- Die **Arkuscosinusfunktion**, $y = \arccos x$ mit $-1 \leq x \leq 1$, ist die Umkehrfunktion der auf das Intervall $[0, \pi]$ beschränkten Cosinusfunktion.
- Die **Arkustangensfunktion**, $y = \arctan x$ mit $-\infty < x < \infty$, ist die Umkehrfunktion der auf das Intervall $\left(-\frac{\pi}{2}, \frac{\pi}{2}\right)$ beschränkten Tangensfunktion.
- Die **Arkuscotangensfunktion**, $y = \text{arccot} x$ mit $-\infty < x < \infty$, ist die Umkehrfunktion der auf das Intervall $(0, \pi)$ beschränkten Cotangensfunktion.

Eigenschaften der Arkusfunktionen

$y =$	$\arcsin x$	$\arccos x$	$\arctan x$	$\text{arccot} x$
Definitionsbereich	$-1 \leq x \leq 1$	$-1 \leq x \leq 1$	$x \in \mathbb{R}$	$x \in \mathbb{R}$
Wertebereich	$-\frac{\pi}{2} \leq y \leq \frac{\pi}{2}$	$0 \leq y \leq \pi$	$-\frac{\pi}{2} < y < \frac{\pi}{2}$	$0 < y < \pi$
Symmetrie	ungerade	punkts. zu $\left(0, \frac{\pi}{2}\right)$	ungerade	punkts. zu $\left(0, \frac{\pi}{2}\right)$
Nullstellen	0	1	0	—
Monotonie	streng wachsend	streng fallend	streng wachsend	streng fallend
Asymptoten	—	—	$y = \pm\frac{\pi}{2}$	$y = 0, \quad y = \pi$

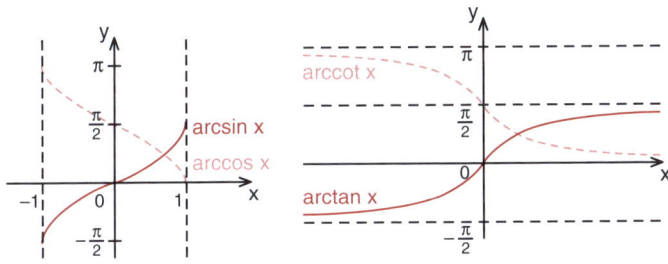

Abbildung 4.27. Graphen der Arkusfunktionen

Umrechnung der Arkusfunktionen

Für $x > 0$ gilt:				
$f(x)$	arcsin	arccos	arctan	arccot
$\arcsin x =$	–	$\arccos\sqrt{1-x^2}$	$\arctan\dfrac{x}{\sqrt{1-x^2}}$	$\text{arccot}\dfrac{\sqrt{1-x^2}}{x}$
$\arccos x =$	$\arcsin\sqrt{1-x^2}$	–	$\arctan\dfrac{\sqrt{1-x^2}}{x}$	$\text{arccot}\dfrac{x}{\sqrt{1-x^2}}$
$\arctan x =$	$\arcsin\dfrac{x}{\sqrt{1+x^2}}$	$\arccos\dfrac{1}{\sqrt{1+x^2}}$	–	$\text{arccot}\dfrac{1}{x}$
$\text{arccot}\,x =$	$\arcsin\dfrac{1}{\sqrt{1+x^2}}$	$\arccos\dfrac{x}{\sqrt{1+x^2}}$	$\arctan\dfrac{1}{x}$	–
$f(-x) =$	$-\arcsin x$	$\pi - \arccos x$	$-\arctan x$	$\pi - \text{arccot}\,x$
$f'(x) =$	$\dfrac{1}{\sqrt{1-x^2}}$	$-\dfrac{1}{\sqrt{1-x^2}}$	$\dfrac{1}{1+x^2}$	$-\dfrac{1}{1+x^2}$

$$\arcsin x + \arccos x = \frac{\pi}{2} \quad \arctan x + \text{arccot}\,x = \frac{\pi}{2} \quad \text{arccot}\,x = \frac{\pi}{2} - \arctan x$$

$$\text{arccot}\,x = \begin{cases} \arctan(1/x) & \text{falls } x > 0 \\ \arctan(1/x) + \pi & \text{falls } x < 0 \end{cases} \qquad \arctan\frac{1}{x} = \begin{cases} \frac{\pi}{2} - \arctan x & \text{falls } x > 0 \\ -\frac{\pi}{2} - \arctan x & \text{falls } x < 0 \end{cases}$$

Hyperbel- und Areafunktionen
Definitionen

Die Hyperbelfunktionen sind wie folgt definiert:

$$y = \sinh x = \frac{1}{2}\left(e^x - e^{-x}\right) \quad x \in \mathbb{R} \qquad \textbf{Hyperbelsinus (Sinus hyperbolicus)}$$

$$y = \cosh x = \frac{1}{2}\left(e^x + e^{-x}\right) \quad x \in \mathbb{R} \qquad \textbf{Hyperbelcosinus (Cosinus hyperbolicus)}$$

$$y = \tanh x = \frac{e^x - e^{-x}}{e^x + e^{-x}} \quad x \in \mathbb{R} \qquad \text{Hyperbeltangens (Tangens hyperbolicus)}$$

$$y = \coth x = \frac{e^x + e^{-x}}{e^x - e^{-x}} \quad x \neq 0 \qquad \text{Hyperbelcotangens (Cotangens hyperbolicus)}$$

Die Umkehrfunktionen der Hyperbelfunktionen sind die Areafunktionen (beim Hyperbelcosinus nimmt man nur den rechten Teil des Graphen)

$$\text{arsinh } x = \ln(x + \sqrt{x^2 + 1}) \quad x \in \mathbb{R} \qquad \text{Areasinus (Area sinus hyperbolicus)}$$

$$\text{arcosh } x = \ln(x + \sqrt{x^2 - 1}) \quad x \geq 1 \qquad \text{Areacosinus (Area cosinus hyperbolicus)}$$

$$\text{artanh } x = \frac{1}{2} \ln \frac{1 + x}{1 - x} \quad |x| < 1 \qquad \text{Areatangens (Area tangens hyperbolicus)}$$

$$\text{arcoth } x = \frac{1}{2} \ln \frac{x + 1}{x - 1} \quad |x| > 1 \qquad \text{Areacotangens (Area cotangens hyperbolicus)}$$

Eigenschaften der Hyperbelfunktionen

$y =$	$\sinh x$	$\cosh x$	$\tanh x$	$\coth x$
Definitionsbereich	$\mathbb{R}$	$\mathbb{R}$	$\mathbb{R}$	$\mathbb{R} \setminus \{0\}$
Wertebereich	$\mathbb{R}$	$[1, \infty)$	$(-1, 1)$	$(-\infty, -1) \cup (1, \infty)$
Symmetrie	ungerade	gerade	ungerade	ungerade
Nullstellen	0	–	0	–
Monotonie	streng wachsend	–	streng wachsend	–
Asymptoten	–	–	$y = \pm 1$	$y = \pm 1 \quad x = 0$
$y' =$	$\cosh x$	$\sinh x$	$1 - \tanh^2 x$	$1 - \coth^2 x$

Eigenschaften der Areafunktionen

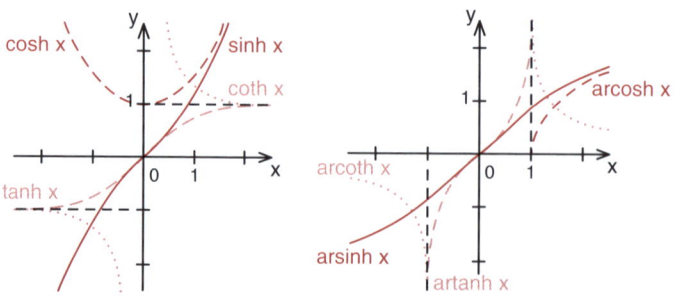

Abbildung 4.28. Graphen der Hyperbel- und Areafunktionen

$y =$	arsinh x	arcosh x	artanh x	arcoth x
Definitionsbereich	$\mathbb{R}$	$[1, \infty)$	$(-1, 1)$	$(-\infty, -1) \cup (1, \infty)$
Wertebereich	$\mathbb{R}$	$[0, \infty)$	$\mathbb{R}$	$\mathbb{R} \setminus \{0\}$
Symmetrie	ungerade	–	ungerade	ungerade
Nullstellen	0	–	0	–
Monotonie	streng wachsend	streng wachsend	streng wachsend	–
Asymptoten	–	–	$x = \pm 1$	$x = \pm 1 \quad y = 0$
$y' =$	$\dfrac{1}{\sqrt{x^2 + 1}}$	$\dfrac{1}{\sqrt{x^2 - 1}}$	$\dfrac{1}{1 - x^2}$	$-\dfrac{1}{1 - x^2}$

4

4.10 Verschiebung von Graphen

Wenn $y = f(x)$ ersetzt wird durch

$y = f(x) + c,$ wird der Graph um c Einheiten nach oben verschoben, wenn $c > 0$

$y = f(x) + c,$ wird der Graph um c Einheiten nach unten verschoben, wenn $c < 0$

$y = f(x + c),$ wird der Graph um c Einheiten nach links verschoben, wenn $c > 0$

$y = f(x + c),$ wird der Graph um c Einheiten nach rechts verschoben, wenn $c < 0$

$y = cf(x),$ wird der Graph vertikal gestreckt, wenn $c > 0$

$y = cf(x),$ wird der Graph vertikal gestreckt und and der x-Achse gespiegelt, wenn $c < 0$

$y = f(-x),$ wird der Graph an der y-Achse gespiegelt

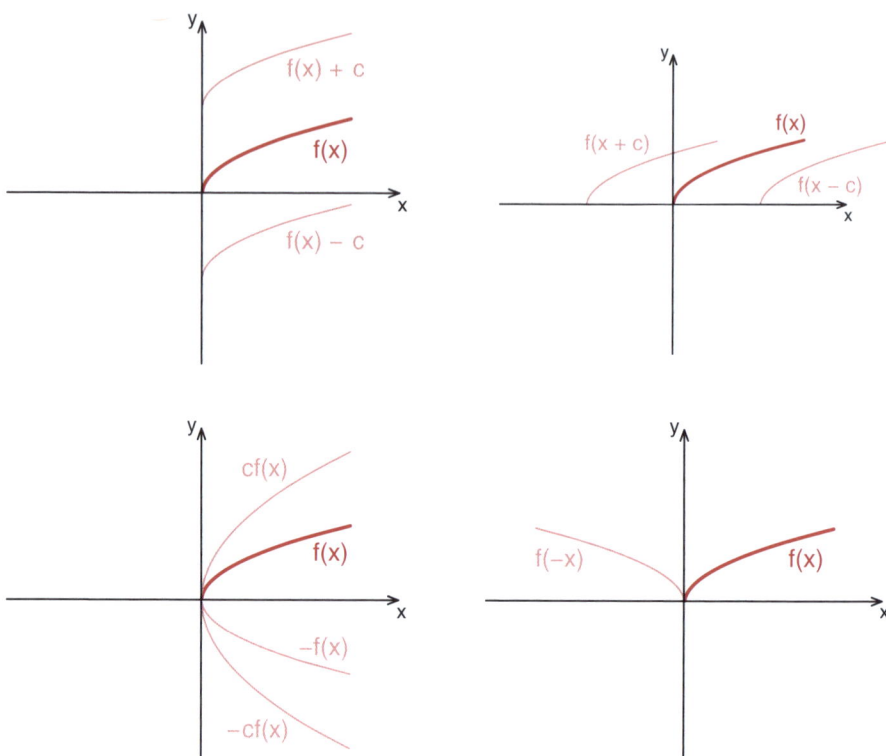

Abbildung 4.29. Verschiebung von Graphen der Funktion $f(x)$ ($c > 0$)

4.11 Verknüpfung von Funktionen

Mit den gegebenen Funktionen f und g ($D_f = D_g$) werden die folgenden Verknüpfungen definiert:

Verknüpfung	Definition	Name
$F = f + g$	$F(x) = f(x) + g(x)$	**Summe**
$F = f - g$	$F(x) = f(x) - g(x)$	**Differenz**
$F = f \cdot g$ oder fg	$F(x) = f(x)g(x)$	**Produkt**
$F = f/g$	$F(x) = f(x)/g(x)$	**Quotient**
$F = f \circ g$	$F(x) = f(g(x))$	**Verkettung**

Bei einer Verkettung heißt F eine **verkettete** Funktion, die aus g und f **zusammengesetzte, mittelbare** Funktion, g die **innere** Funktion oder der **Kern** und f die **äußere** Funktion.

4.12 Inverse Funktion

Umkehrbar eindeutige Funktion

Die Funktion mit Definitionsbereich D_f und Wertebereich W_f ist Eins zu Eins oder umkehrbar eindeutig*, wenn zu jedem $y \in W_f$ genau ein $x \in D_f$ existiert, so dass $y = f(x)$ gilt.

Äquivalente bzw. hinreichende Bedingung

f ist genau dann umkehrbar eindeutig, wenn gilt:

$$x_1, x_2 \in D_f \text{ und } x_1 \neq x_2 \quad \Rightarrow \quad f(x_1) \neq f(x_2)$$

Wenn f auf ganz D_f streng monoton wachsend oder streng monoton fallend ist, dann ist f umkehrbar eindeutig.

Definition der inversen Funktion

Sei f umkehrbar eindeutig mit Definitionsbereich A und Wertebereich B. Dann ist die **Inverse** oder **Umkehrfunktion** von f definiert durch

$$g(y) = x \iff y = f(x) \qquad (x \in A, \ y \in B)$$

Die inverse Funktion hat den Definitionsbereich $D_g = B = W_f$ und den Wertebereich $W_g = A = D_f$.

Eigenschaften der inversen Funktion

umkehrbar   umkehrbar

Wenn g invers zu f, dann ist auch f invers zu g. Statt g wird für die Inverse auch die Notation f^{-1} verwendet. Damit gilt: $\left(f^{-1}\right)^{-1} = f$

Wenn f und g invers zueinander sind, so gilt:

$g(f(x)) = x$ für alle $x \in D_f$ und $f(g(y)) = y$ für alle $y \in D_g$, d.h. in Worten: Die Inverse g macht rückgängig, was f mit x gemacht hat.

Die Graphen von

$y = f(x)$ und $y = g(x)$ sind symmetrisch zur Winkelhalbierenden $y = x$ (gleiche Einheiten auf den Koordinatenachsen vorausgesetzt).

$y = f(x)$ und $x = g(y)$ sind identisch.

---

* Siehe auch S. 45.

4.13 Graph einer Gleichung

Grundlegende Definitionen

Lösung einer Gleichung $f(x, y) = c$ ist jedes geordnete Paar (a, b) mit $f(a, b) = c$. **Lösungsmenge** einer Gleichung ist die Menge aller Lösungen. Die Darstellung aller Paare aus der Lösungsmenge in einem kartesischen Koordinatensystem heißt der **Graph** der Gleichung.

Nicht jede Kurve in der Ebene ist der Graph einer Funktion.

Test mit einer vertikalen Geraden

Der Graph einer Funktion hat die Eigenschaft, dass eine vertikale Gerade durch einen beliebigen Punkt der x-Achse höchstens einen Schnittpunkt mit dem Graphen hat.

4.14 Abstand in der Ebene, Kreise, Ellipsen und andere Kegelschnitte

Definition des Abstandes in der Ebene

Der Abstand zwischen zwei Punkten (x_1, y_1) und (x_2, y_2) in der Ebene ist

$$d = \sqrt{(x_2 - x_1)^2 + (y_2 - y_1)^2}$$

Kreis
Definition

Der Kreis mit Radius r und Mittelpunkt (x_0, y_0) ist die Menge aller Punkte (x, y), deren Abstand von (x_0, y_0) gleich r ist:

$$\sqrt{(x - x_0)^2 + (y - y_0)^2} = r$$

Kreisgleichung und weitere Eigenschaften eines Kreises

Die Gleichung eines Kreises mit Radius r und Mittelpunkt (x_0, y_0) ist
$$(x - x_0)^2 + (y - y_0)^2 = r^2$$

Die Gleichung eines Kreises mit Mittelpunkt im Ursprung $(0, 0)$ ist
$$x^2 + y^2 = r^2$$

Die **Parameterdarstellung** eines Kreises mit Mittelpunkt (x_0, y_0) und Radius r ist:
$$x = x_0 + r \cos t, \qquad y = y_0 + r \sin t \qquad 0 \le t \le 2\pi$$

Fläche: πr^2 **Umfang:** $2\pi r$

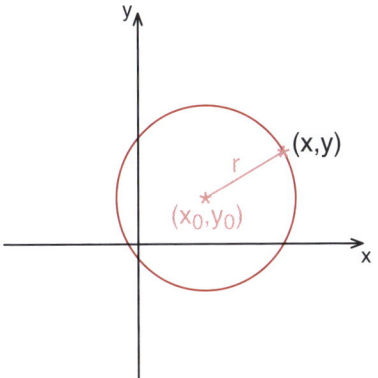

Abbildung 4.30. Kreis mit Radius r und Mittelpunkt (x_0, y_0)

4

Ellipse

Gleichung und weitere Eigenschaften

Für eine Ellipse mit Mittelpunkt (x_0, y_0) gilt:

$$\frac{(x - x_0)^2}{a^2} + \frac{(y - y_0)^2}{b^2} = 1$$

Die **Parameterdarstellung** ist: $x = x_0 + a\cos t, \quad y = y_0 + b\sin t \qquad 0 \le t \le 2\pi$

Die Gleichung einer Ellipse mit Mittelpunkt im Ursprung ist: $\frac{x^2}{a^2} + \frac{y^2}{b^2} = 1$

Die zugehörige Parameterdarstellung ist: $x = a\cos t, \quad y = b\sin t \quad 0 \le t \le 2\pi$.

Dabei ist $2a =$ die **große Achse** und $2b =$ die **kleine Achse** (wenn $a > b$), a und b heißen **Halbachsen**. Die Fläche ist: $F = \pi ab$

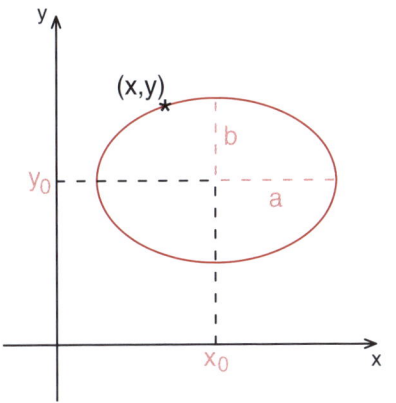

Abbildung 4.31. Ellipse mit Mittelpunkt (x_0, y_0) und den Halbachsen a und b

Ellipse als geometrischer Ort

Eine Ellipse (siehe Abb. 4.32) ist die Menge aller Punkte (x, y), deren Abstände r_1 und r_2 von zwei festen Punkten, den **Brennpunkten** $F_1\,(x_0 - e, y_0)$ und $F_2\,(x_0 + e, y_0)$, die konstante Summe $r_1 + r_2 = 2a$ haben. Es gilt: $e = \sqrt{a^2 - b^2}$ oder $a^2 = b^2 + e^2$

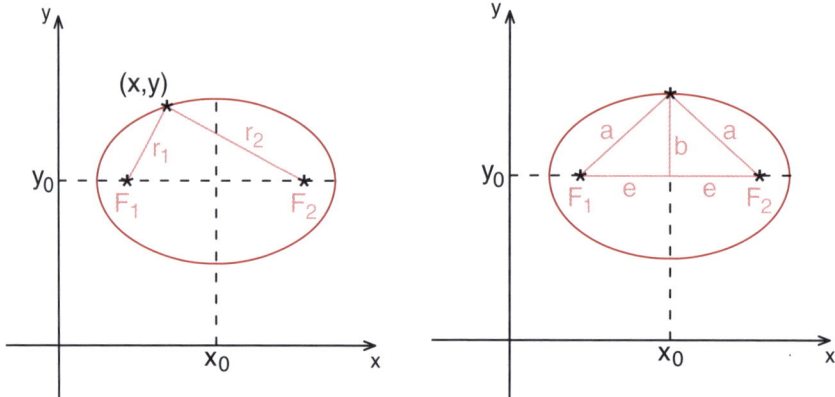

Abbildung 4.32. Ellipse mit Brennpunkten

Hyperbel
Gleichung und weitere Eigenschaften

Für eine Hyperbel mit Mittelpunkt (x_0, y_0) gilt:

$$\frac{(x - x_0)^2}{a^2} - \frac{(y - y_0)^2}{b^2} = 1$$

Die **Parameterdarstellung** des rechten Zweiges ist:

$$x = x_0 + a \cosh t, \quad y = y_0 + b \sinh t \qquad -\infty \leq t \leq \infty$$

Dabei ist $\sinh x$ der **Sinus hyperbolicus** und $\cosh x$ der **Cosinus hyperbolicus.**[*]

Die Gleichung einer Hyperbel mit Mittelpunkt im Ursprung ist: $\frac{x^2}{a^2} - \frac{y^2}{b^2} = 1$.

Die zugehörige Parameterdarstellung ist:
$$x = a \cosh t, \qquad y = b \sinh t \qquad -\infty \leq t \leq \infty$$

Eine Hyperbel hat die Asymptoten $y = y_0 \pm \frac{b}{a}(x - x_0)$.

---

[*] Siehe S. 73

Hyperbel als geometrischer Ort

Eine Hyperbel (siehe Abb. 4.35) ist die Menge aller Punkte (x, y), deren Abstände r_1 und r_2 von zwei festen Punkten, den **Brennpunkten** F_1 $(x_0 - e, y_0)$ und F_2 $(x_0 + e, y_0)$, die konstante Differenz $|r_1 - r_2| = 2a$ haben. Es gilt $e = \sqrt{a^2 + b^2}$ oder $a^2 = b^2 + e^2$.

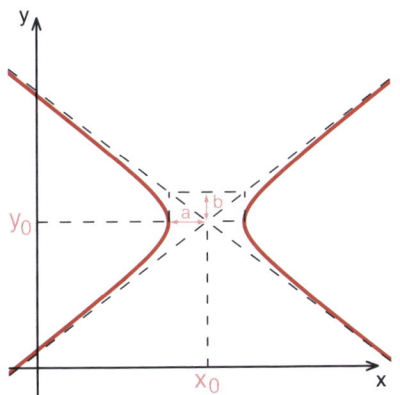

Abbildung 4.33. Hyperbel mit Mittelpunkt (x_0, y_0) und den Halbachsen a und b

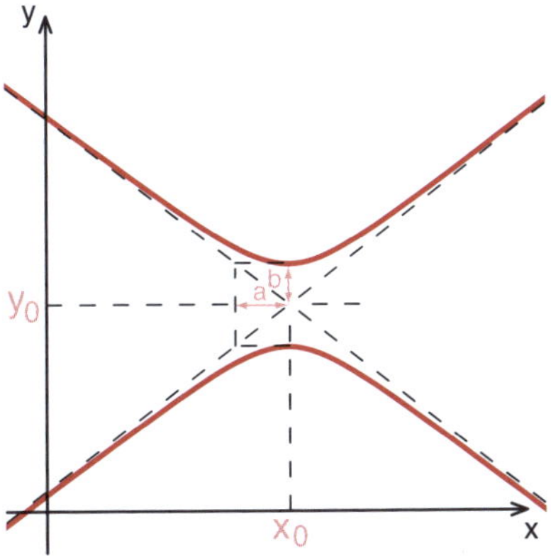

Abbildung 4.34. Hyperbel mit Mittelpunkt (x_0, y_0) und den Halbachsen a und b

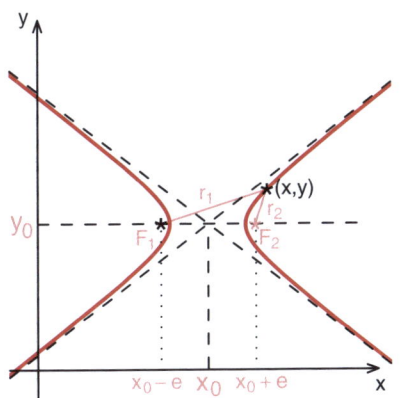

Abbildung 4.35. Hyperbel mit Mittelpunkt (x_0, y_0) und den Brennpunkten F_1 und F_2

Parabel als geometrischer Ort

Eine Parabel* ist die Menge aller Punkte, die sowohl von einer festen Geraden, der **Leitlinie** l, als auch von einem festen Punkt, dem **Brennpunkt** F, den gleichen Abstand haben. Brennpunkt und Leitlinie haben den Abstand p (p ist der **Halbparameter**).

---

* Siehe auch S. 52.

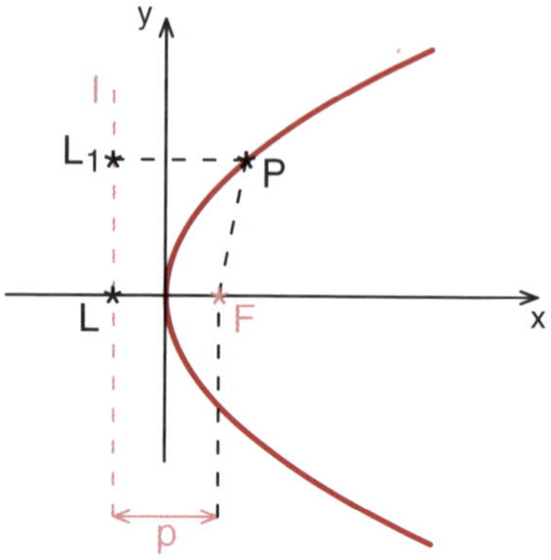

4

Abbildung 4.36. Parabel mit Scheitelpunkt in $(0, 0)$ und dem Brennpunkt F

In Abbildung 4.36 ist der Ursprung ein Punkt der Parabel. Er halbiert die Strecke $\overline{FL}$, der Abstand von F und der Leitgeraden ist $p/2$. Die Ordinate im Brennpunkt ist p. Für alle Punkte $P = (x, y)$ auf der Parabel gilt für die Abstände: $d(P, F) = d(P, L_1)$, wobei $d(P, L_1)$ der Abstand von der Leitgeraden ist:

$$d(P, F) = d(P, L_1) \iff \sqrt{\left(x - \frac{p}{2}\right)^2 + y^2} = x + \frac{p}{2} \implies y^2 = 2px$$

Gleichungen der Parabel

$y^2 = 2px$ bzw. $y^2 = -2px$	nach rechts bzw. links geöffnet
$x^2 = 2py$ bzw. $x^2 = -2py$	nach oben bzw. unten geöffnet
$(y - y_0)^2 = 2p(x - x_0)$	nach rechts geöffnet, Scheitel in (x_0, y_0)
$(x - x_0)^2 = 2p(y - y_0)$	nach oben geöffnet, Scheitel in (x_0, y_0)

Allgemeine quadratische Gleichung

Die allgemeine quadratische Gleichung ist:

$$Ax^2 + Bxy + Cy^2 + Dx + Ey + F = 0,$$

wobei nicht alle A, B und C gleich 0 sind. Der Graph ist
- eine Ellipse (möglicherweise ein Kreis), wenn $4AC > B^2$
- eine Parabel, eine Gerade oder zwei parallele Geraden, wenn $4AC = B^2$
- eine Hyperbel oder zwei Geraden, die sich schneiden, wenn $4AC < B^2$

Kapitel 5
Differentialrechnung

5.1 Steigung von Kurven, Ableitung und Tangenten

Grundlegende Definitionen

Tangente (Berührende) ist die Gerade, die den Graphen der Funktion berührt, sie ergibt sich als Grenzfall der **Sekante** (Schneidende), wenn man den Punkt Q in Abb. 5.1 auf P zubewegt.

Die Steigung der Sekante $\tan\alpha = \dfrac{f(a+h) - f(a)}{h}$ wird **Differenzen-Quotient** oder **Newton-Quotient** genannt.

Die **Steigung** einer Kurve (des Graphen einer Funktion $y = f(x)$) im Punkt $(a, f(a))$ ist die Steigung der Tangente im Punkt $(a, f(a))$. Sie wird Ableitung von f im Punkt a genannt und mit $f'(a)$ bezeichnet.

Die formale Defintion der **Ableitung** der Funktion f an der Stelle a ist:[*]

$$f'(a) = \lim_{h \to 0} \frac{f(a+h) - f(a)}{h}$$

Die **Gleichung der Tangente** im Punkt $(a, f(a))$ ist:

$$y - f(a) = f'(a)(x - a) \iff y = f(a) + f'(a)(x - a)$$

Andere **Notationen** für die Ableitung einer Funktion $y = f(x)$ sind:

$$\frac{dy}{dx} = dy/dx \quad \text{oder} \quad \frac{df(x)}{dx} = df(x)/dx \quad \text{oder} \quad \frac{d}{dx}f(x)$$

Ableitungen einer Funktion $y = f(t)$ bezüglich der Zeit t werden mit $\dot{y} = \dot{f}(t)$ bezeichnet.

---

[*] Zur Definition eines Grenzwertes siehe S. 85

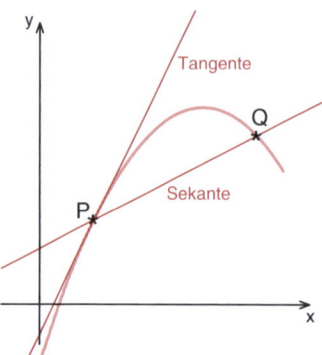

Abbildung 5.1. Graph einer Funktion mit Tangente in P und Sekante durch P und Q

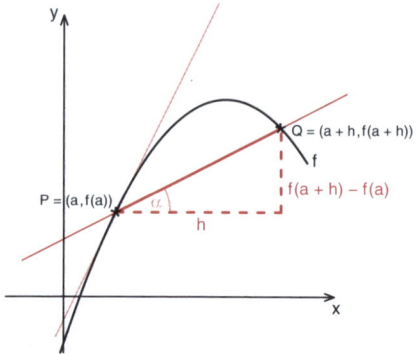

Abbildung 5.2. Tangente und Sekante mit Steigungsdreieck

5.2 Monoton wachsende und fallende Funktionen

Vorzeichen der Ableitung und Monotonieverhalten

Wenn f in einem Intervall I differenzierbar ist, so gilt:

$f'(x) \geq 0$ für alle $x \in I \iff f$ ist monoton wachsend in I

$f'(x) > 0$ für alle $x \in I \iff f$ ist streng monoton wachsend in I

$f'(x) \leq 0$ für alle $x \in I \iff f$ ist monoton fallend in I

$f'(x) < 0$ für alle $x \in I \iff f$ ist streng monoton fallend in I

$f'(x) = 0$ für alle $x \in I \iff f$ ist konstant in I

5.3 Änderungsraten

Definitionen

Die **durchschnittliche** Änderungsrate von f über dem Intervall von a bis $a + h$ ist gleich dem Newton-Quotienten, d.h. $\dfrac{f(a+h) - f(a)}{h}$, die **momentane** Änderungsrate von f in a ist $f'(a)$, die **relative** Änderungsrate von f in a ist $\dfrac{f'(a)}{f(a)}$.

Ökonomische Interpretation der Ableitung

Die Ableitung wird als Grenz- oder Marginalfunktion (z.B. Grenzkosten) bezeichnet.

$$f'(x) = \lim_{h \to 0} \frac{f(x+h) - f(x)}{h} \quad \Rightarrow \quad f'(x) \approx \frac{f(a+h) - f(a)}{h}, \text{ wenn } h \text{ klein ist.}$$

Speziell für $h = 1$ folgt $f'(x) \approx f(x+1) - f(x)$, d.h., die Grenzfunktion ist annähernd die Änderung des Funktionswertes, wenn x um eine Einheit erhöht wird.

5.4 Grenzwerte

Definition des Grenzwertes*

Es sei $f(x)$ definiert für alle x in der Nähe von a, jedoch nicht notwendig an der Stelle $x = a$. Wenn $f(x)$ gegen A strebt, wenn x gegen a strebt, so sagen wir, dass $f(x)$ den Grenzwert A hat, wenn x gegen a strebt:

$$\lim_{x \to a} f(x) = A \qquad \text{oder} \qquad f(x) \to A, \quad \text{wenn} \quad x \to a$$

$\lim_{x \to a} f(x) = A$ bedeutet, dass wir $f(x)$ so nah an A wählen können, wie wir wollen, wenn wir nur x hinreichend nah (aber nicht gleich) a wählen.

Rechenregeln für Grenzwerte

Wenn $\lim_{x \to a} f(x) = A$ und $\lim_{x \to a} g(x) = B$, dann gilt:

$$\lim_{x \to a} \big(f(x) \pm g(x)\big) = A \pm B \qquad\qquad \lim_{x \to a} \big(f(x) \cdot g(x)\big) = A \cdot B$$

$$\lim_{x \to a} \frac{f(x)}{g(x)} = \frac{A}{B} \quad \text{(falls } B \neq 0) \qquad\qquad \lim_{x \to a} \big(f(x)\big)^r = A^r \quad \text{(falls } A^r \text{ definiert ist)}$$

Wenn $f(x) = g(x)$ für alle x in der Nähe von a (aber nicht notwendig für $x = a$), dann gilt, falls einer der beiden Grenzwerte existiert:

$$\lim_{x \to a} f(x) = \lim_{x \to a} g(x)$$

$$\lim_{x \to a} \big[f_1(x) + f_2(x) + \ldots + f_n(x)\big] = \lim_{x \to a} f_1(x) + \lim_{x \to a} f_2(x) + \ldots + \lim_{x \to a} f_n(x)$$

$$\lim_{x \to a} \big[f_1(x) \cdot f_2(x) \cdot \ldots \cdot f_n(x)\big] = \lim_{x \to a} f_1(x) \cdot \lim_{x \to a} f_2(x) \cdot \ldots \cdot \lim_{x \to a} f_n(x)$$

---

* Siehe auch S. 97.

$$f(x) = c \text{ für alle } x \quad \Rightarrow \quad \lim_{x \to a} f(x) = \lim_{x \to a} c = c$$

$$f(x) = x \quad \Rightarrow \quad \lim_{x \to a} f(x) = \lim_{x \to a} x = a \quad \text{in jedem Punkt } a$$

5.5 Regeln der Differentiation

Differenzierbarkeit

Eine Funktion f heißt an der Stelle x differenzierbar, wenn der Grenzwert

$$\lim_{h \to 0} \frac{f(x + h) - f(x)}{h} = f'(x)$$

existiert.

Einfache Regeln

$f(x) = A \quad \Rightarrow \quad f'(x) = 0$	**Ableitung einer Konstanten ist Null**
$y = A + f(x) \quad \Rightarrow \quad y' = f'(x)$	**Additive Konstanten verschwinden**
$y = Af(x) \quad \Rightarrow \quad y' = Af'(x)$	**Multiplikative Konstanten bleiben erhalten**
$f(x) = x^a \quad \Rightarrow \quad f'(x) = ax^{a-1} \quad$ (a beliebige Konstante)	**Potenzregel**

Summen-, Produkt- und Quotientenregel

Die Funktionen f und g seien auf einer Menge A reeller Zahlen definiert und seien beide in x differenzierbar. Dann gilt

$\left(f(x) \pm g(x)\right)' = f'(x) \pm g'(x)$	**Summenregel**
$\left(f(x) \cdot g(x)\right)' = f'(x) \cdot g(x) + f(x) \cdot g'(x)$	**Produktregel**
$\left(\dfrac{f(x)}{g(x)}\right)' = \dfrac{f'(x) \cdot g(x) - f(x) \cdot g'(x)}{\left(g(x)\right)^2} \qquad (g(x) \neq 0)$	**Quotientenregel**

Weitere Regeln

Summenregel für n Summanden:

$$\left(f_1(x) + f_2(x) + \ldots + f_n(x)\right)' = f_1'(x) + f_2'(x) + \ldots + f_n'(x)$$

Produktregel für n Faktoren:

$$(f_1(x)f_2(x)\ldots f_n(x))' = f_1'(x)f_2(x)\ldots f_n(x) + f_1(x)f_2'(x)\ldots f_n(x) + \ldots + f_1(x)f_2(x)\ldots f_n'(x)$$

Relative Änderungsrate eines Produkts, wenn kein Faktor Null ist:

$$\frac{(fg)'}{fg} = \frac{f'}{f} + \frac{g'}{g}$$

Wenn kein Faktor Null ist, gilt: $\dfrac{(f_1(x)f_2(x)\ldots f_n(x))'}{f_1(x)f_2(x)\ldots f_n(x)} = \dfrac{f_1'(x)}{f_1(x)} + \dfrac{f_2'(x)}{f_2(x)} + \ldots + \dfrac{f_n'(x)}{f_n(x)}$

Relative Änderungsrate eines Quotienten, wenn f und g nicht Null sind:

$$F(x) = \frac{f(x)}{g(x)} \quad \Rightarrow \quad \frac{F'(x)}{F(x)} = \frac{f'(x)}{f(x)} - \frac{g'(x)}{g(x)}$$

Kettenregel

Wenn $y = f(u)$ und $u = g(x)$ differenzierbar sind, dann hat die verkettete Funktion $y = F(x) = f(g(x))$ die Ableitung

$$\frac{dy}{dx} = \frac{dy}{du} \cdot \frac{du}{dx} \qquad \text{auch} \qquad \frac{df}{dx} = \frac{df}{dg} \frac{dg}{dx}$$

oder: Wenn g differenzierbar in x_0 und f differenzierbar in $u_0 = g(x_0)$ dann ist $F(x)$ differenzierbar in x_0 und es gilt:

$$F'(x_0) = f'(u_0)g'(x_0) = f'(g(x_0))g'(x_0)$$

Anwendungen und Erweiterungen der Kettenregel

Verallgemeinerte Potenzregel:

$y = u^a$ und $u = g(x) \quad \Rightarrow \quad y' = au^{a-1}u'$
$f(x) = (g(x))^n \quad \Rightarrow \quad f'(x) = n(g(x))^{n-1}g'(x)$

Mehrfache Anwendung der Kettenregel:

$y = f(u),\, u = g(v)$ und $v = h(x) \quad \Rightarrow \quad \dfrac{dy}{dx} = \dfrac{dy}{du} \cdot \dfrac{du}{dv} \cdot \dfrac{dv}{dx}$ oder $\dfrac{df}{dx} = \dfrac{df}{dg} \cdot \dfrac{dg}{dh} \cdot \dfrac{dh}{dx}$

$f(x) = f(g_1(g_2 \ldots (g_n(x))\ldots)) \quad \Rightarrow \quad \dfrac{df}{dx} = \dfrac{df}{dg_1} \cdot \dfrac{dg_1}{dg_2} \cdot \ldots \cdot \dfrac{dg_n}{dx}$

Exponentialfunktion: $f(x) = e^{g(x)} \quad \Rightarrow \quad f'(x) = e^{g(x)}g'(x)$

Logarithmusfunktionen: $f(x) = \ln g(x) \quad \Rightarrow \quad f'(x) = \dfrac{g'(x)}{g(x)} \qquad (g(x) > 0)$

5.6 Ableitungen höherer Ordnung

Zweite Ableitung
Definition

Die Funktion f ist **zweimal differenzierbar**, wenn f' differenzierbar ist. Die zweite Ableitung ist die Ableitung von f'.

$$f'' = (f')' \qquad f''(x) = (d/dx)(d/dx)f(x) =: (d/dx)^2 f(x)$$

Andere Notationen sind:

$$f''(x) = \frac{d^2 f(x)}{dx^2} = d^2 f(x)/dx^2 \qquad \text{oder} \qquad y'' = \frac{d^2 y}{dx^2} = d^2 y/dx^2$$

Zweite Ableitung und Monotonieverhalten der ersten Ableitung

- $f''(x) \geq 0$ auf $I \iff f'$ ist monoton wachsend auf I
- $f''(x) \leq 0$ auf $I \iff f'$ ist monoton fallend auf I

Konvexe und konkave Funktionen

Die Funktion f sei stetig im Intervall I und zweimal differenzierbar im Innern von I.
- f ist **konvex**[*] auf $I \iff f''(x) \geq 0$ für alle $x \in I$
- f ist **konkav** auf $I \iff f''(x) \leq 0$ für alle $x \in I$

n-te Ableitung

Die Funktion f heißt **n-mal differenzierbar**, wenn $f', f'' = (f')', f''' := (f'')', \ldots,$ $f^{(n)} = (f^{(n-1)})'$ existieren. $f^{(n)}$ heißt die n-te Ableitung oder Ableitung n-ter Ordnung $(n = 1, 2, \ldots)$. Wir schreiben dafür

$$y^{(n)} = f^{(n)}(x) \qquad \text{oder} \qquad \frac{d^n y}{dx^n}$$

---

[*] Siehe auch S. 107

5.7 Ableitung der Exponentialfunktionen

Die natürliche Exponentialfunktion ist differenzierbar, streng monoton wachsend und konvex.

$$f(x) = e^x \quad\Longrightarrow\quad f'(x) = e^x \quad\Rightarrow\quad f^{(n)}(x) = e^x \qquad n = 1, 2, \dots$$

$$y = e^{g(x)} \quad\Longrightarrow\quad y' = e^{g(x)} g'(x)$$

$$y = a^x \quad\Longrightarrow\quad y' = a^x \ln a \qquad (a > 0)$$

$$y = a^{g(x)} \quad\Longrightarrow\quad y' = a^{g(x)} g'(x) \ln a \qquad (a > 0)$$

$$y = g(x)^{h(x)} \quad\Longrightarrow\quad y' = g(x)^{h(x)} \left(h'(x) \ln\, g(x) + h(x) \frac{g'(x)}{g(x)} \right)$$

5

5.8 Ableitung der Logarithmus-Funktionen

Die natürliche Logarithmusfunktion $g(x) = \ln x$ ist differenzierbar, streng monoton wachsend und konkav in $(0, \infty)$.

$$g(x) = \ln x \quad\Longrightarrow\quad g'(x) = \frac{1}{x}, \qquad g''(x) = -\frac{1}{x^2}$$

$$g(x) = \ln h(x) \quad\Longrightarrow\quad g'(x) = \frac{h'(x)}{h(x)} \qquad (h(x) > 0)$$

$$g(x) = \log_a x = \frac{1}{\ln a} \ln x \quad\Longrightarrow\quad g'(x) = \frac{1}{\ln a} \frac{1}{x}$$

$$g(x) = \log_a h(x) \quad\Longrightarrow\quad g'(x) = \frac{1}{\ln a} \cdot \frac{h'(x)}{h(x)} \qquad (h(x) > 0)$$

$$g(x) = \log_{a(x)} h(x) = \frac{\ln h(x)}{\ln a(x)} \qquad (a(x) > 0,\ h(x) > 0,\ a(x) \neq 1) \quad\Longrightarrow$$

$$g'(x) = \frac{\dfrac{h'(x)}{h(x)} \ln a(x) - \ln h(x) \dfrac{a'(x)}{a(x)}}{[\ln a(x)]^2}$$

Logarithmisches Differenzieren

Die Funktion $y = f(x)$ sei differenzierbar und es gelte $f(x) \neq 0$ für $x \in D_f$. Dann gilt:

$$u = \ln |y| = \ln |f(x)| \quad\Rightarrow\quad u'(x) = \frac{y'}{y} = \frac{f'(x)}{f(x)} = (\ln |f(x)|)' \quad\Rightarrow$$

$$y' = f'(x) = f(x)(\ln |f(x)|)'$$

Diese Methode ist sinnvoll, wenn $\ln|f(x)|$ einfacher zu differenzieren ist als $f(x)$ selbst, insbesondere dann, wenn $f(x)$ Produkte, Quotienten, Wurzeln, Potenzen und Kombinationen davon enthält.

5.9   Implizites Differenzieren

Implizit definierte Funktion

Man sagt, dass durch eine Gleichung in den beiden Variablen x und y die Variable y implizit als eine Funktion von x definiert wird, wenn es zu jedem x aus dem Definitionsbereich der Gleichung genau ein y gibt, so dass die Gleichung erfüllt ist.

Methode der impliziten Differentiation

Wenn y durch eine Gleichung implizit als Funktion von x definiert wird, so erhalten Sie die Ableitung y' so:

(a) Differenzieren Sie jede Seite der Gleichung nach x, betrachten Sie dabei y als Funktion von x. (Gewöhnlich werden Sie dabei die Kettenregel benutzen müssen.)

(b) Lösen Sie die resultierende Gleichung nach y' auf.

Die zweite Ableitung einer implizit definierten Funktion erhält man, indem man die in (a) oder (b) sich ergebende Gleichung noch einmal auf beiden Seiten nach x differenziert und dann nach y'' auflöst.

5.10 Differentiation der Inversen

Die Funktionen f und g seien beide differenzierbar und invers zueinander. Dann gilt:

$$g(f(x)) = x \quad \Rightarrow \quad g'(f(x))f'(x) = 1 \quad \Rightarrow \quad g'(f(x)) = \frac{1}{f'(x)} \qquad (\text{ falls } f'(x) \neq 0)$$

Wenn f stetig und streng monoton wachsend (oder streng monoton fallend) in einem Intervall I ist, dann hat f eine inverse Funktion g, die stetig und streng monoton wachsend (streng monoton fallend) im Intervall $f(I)$ ist. Wenn x_0 ein innerer Punkt von I und $f'(x_0) \neq 0$ ist, dann ist g differenzierbar in $y_0 = f(x_0)$ und

$$g'(y_0) = \frac{1}{f'(x_0)} \qquad (y_0 = f(x_0))$$

5.11 Lineare Approximationen

Wenn die Funktion f an der Stelle a differenzierbar ist, so ist der Funktionswert $f(x)$ in der Nähe von a ungefähr gleich dem y-Wert auf der Tangente.

Definition der lineraren Approximation

Die lineare Approximation an f um $x = a$ ist

$$f(x) \approx f(a) + f'(a)(x - a)$$ (für x in der Nähe von a)

Das Differential einer Funktion

Die Funktion $f(x)$ sei differenzierbar und dx sei eine beliebige Änderung in der Variablen x. Dann ist

$$dy = f'(x)\,dx$$

das Differential von $y = f(x)$, d.h. dy ist proportional zu dx mit Proportionalitätsfaktor $f'(x)$.

Beachten Sie: dy ist die Änderung des y-Wertes auf der Tangente, die tatsächliche Änderung des Funktionswertes ist:

$$\Delta y = f(x + dx) - f(x) \quad \Rightarrow \quad \Delta y \approx dy = f'(x)\,dx$$

Das Differential gibt für jede Stelle $x \in D_{f'}$ an, um wie viele Einheiten sich $f(x)$ näherungsweise ändert, wenn x um dx Einheiten geändert wird. Für $dx = 1$ ist $dy = f'(x)$, d.h. $f'(x)$ gibt näherungsweise an, um wie viele Einheiten sich $f(x)$ ändert, wenn x um eine Einheit geändert wird.

5

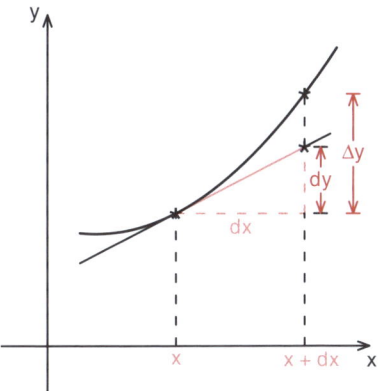

Abbildung 5.3. Differential dy und tatsächliche Funktionswertänderung Δy

5

Rechenregeln für Differentiale

Falls f und g zwei differenzierbare Funktionen von x sind, so gilt für Konstanten a und b:

$d(af + bg) = a\,df + b\,dg$ **Summenregel**

$d(fg) = g\,df + f\,dg$ **Produktregel**

$d\left(\dfrac{f}{g}\right) = \dfrac{g\,df - f\,dg}{g^2}$ $\quad(g \neq 0)$ **Quotientenregel**

$z = g(f(x)) \quad\Rightarrow\quad dz = g'(f(x))\,df$ **Kettenregel**

5.12 Polynomiale Approximationen

Quadratische Approximation

Die Funktion f sei an der Stelle a zweimal differenzierbar. Die quadratische Approximation an f um $x = a$ ist

$$f(x) \approx f(a) + f'(a)(x - a) + \frac{1}{2}f''(a)(x - a)^2 \qquad \text{(für } x \text{ in der Nähe von } a)$$

Wenn $p(x) = f(a) + f'(a)(x - a) + \frac{1}{2}f''(a)(x - a)^2$, so gilt: $f(a) = p(a)$, $f'(a) = p'(a)$ und $f''(a) = p''(a)$. Für $a = 0$ gilt: $f(x) \approx f(0) + f'(0)x + \frac{1}{2}f''(0)x^2$ für x in der Nähe von 0.

Approximation *n*-ter Ordnung

Die Funktion f sei an der Stelle a n-mal differenzierbar. Die Approximation n-ter Ordnung an f um $x = a$ ist:

$$f(x) \approx f(a) + \frac{f'(a)}{1!}(x - a) + \frac{f''(a)}{2!}(x - a)^2 + \ldots \frac{f^{(n)}(a)}{n!}(x - a)^n \quad \text{(für } x \text{ in der Nähe von } a)$$

Dabei heißt die rechte Seite der obigen Gleichung

$$p_n(x) = f(a) + \frac{f'(a)}{1!}(x - a) + \frac{f''(a)}{2!}(x - a)^2 + \ldots \frac{f^{(n)}(a)}{n!}(x - a)^n$$

das **Taylor-Polynom** oder die **Taylor-Approximation** n-ter Ordnung für f um $x = a$.

Es gilt: $f(a) = p_n(a)$, $f'(a) = p'_n(a)$, $\ldots$, $f^{(n)}(a) = p_n^{(n)}(a)$

Für $a = 0$ gilt: $f(x) \approx f(0) + \frac{1}{1!}f'(0)x + \frac{1}{2!}x^2 + \ldots + \frac{1}{n!}f^{(n)}(0)x^n$

Das Restglied

Das Restglied oder der Fehler bei der Taylor-Approximation n-ter Ordnung ist:

$$R_{n+1}(x) = f(x) - p_n(x)$$

$$f(x) = p_n(x) + R_{n+1}(x)$$

$$= f(a) + \frac{f'(a)}{1!}(x - a) + \frac{f''(a)}{2!}(x - a)^2 + \dots \frac{f^{(n)}(a)}{n!}(x - a)^n + R_{n+1}(x)$$

Lagrange'sche Form des Restglieds

Sei f in einem Intervall I, das a und x enthält, $n + 1$ mal differenzierbar. Dann gilt

$$R_{n+1}(x) = \frac{1}{(n + 1)!} f^{(n+1)}(c)(x - a)^{n+1}$$

für eine Zahl c zwischen x und a.

Abschätzung des Restglieds

Falls $|f^{(n+1)}(x)| \leq M$ für alle x aus einem Intervall I und eine Konstante M, so gilt in diesem Intervall I:

$$|R_{n+1}(x)| \leq \frac{M}{(n + 1)!} |x - a|^{n+1}$$

Taylor-Formel

$$f(x) = f(a) + \frac{f'(a)}{1!}(x - a) + \frac{f''(a)}{2!}(x - a)^2 + \dots \frac{f^{(n)}(a)}{n!}(x - a)^n + \frac{1}{(n + 1)!} f^{(n+1)}(c)(x - a)^{n+1}$$

Spezialfall: $a = 0$

$$f(x) = f(a) + \frac{f'(a)}{1!}x + \frac{f''(a)}{2!}x^2 + \dots \frac{f^{(n)}(a)}{n!}x^n + R_{n+1}(x)$$

$$R_{n+1}(x) = \frac{1}{(n + 1)!} f^{(n+1)}(c)x^{n+1} \text{ für eine Zahl } c \text{ zwischen } x \text{ und } 0$$

$$f(x) = f(a) + \frac{f'(a)}{1!}x + \frac{f''(a)}{2!}x^2 + \dots \frac{f^{(n)}(a)}{n!}x^n + \frac{1}{(n + 1)!} f^{(n+1)}(c)x^{n+1}$$

5.13 Elastizitäten

Preiselastizität der Nachfrage

Sei $x = D(p)$ die nachgefragte Menge und p der Preis. Eine Preisänderung von p auf $p + \Delta p$ bewirkt die *absolute* Änderung $\Delta x = D(p + \Delta p) - D(p)$ und *relative* Änderung $\dfrac{\Delta x}{x} = \dfrac{D(p + \Delta p) - D(p)}{D(p)}$. Die *durchschnittliche Elastizität* (auch *Bogenelastizität*) von x im Intervall $[p, p + \Delta p]$ ist

$$\frac{\Delta x}{x} \bigg/ \frac{\Delta p}{p} = \frac{p}{x}\frac{\Delta x}{\Delta p} = \frac{p}{D(p)}\frac{D(p + \Delta p) - D(p)}{\Delta p}$$

Für $\Delta p = p/100$ ergibt sich $(\Delta x/x)\cdot 100$, d.h. die prozentuale Änderung der Nachfrage bei einer 1%-igen Änderung des Preises. Für $\Delta p \to 0$ ergibt sich als Grenzwert die Elastizität (auch *Punktelastizität*) der Nachfrage $D(p)$ bezüglich p:

$$\mathrm{El}_p D(p) = \frac{p}{D(p)}\frac{dD(p)}{dp}$$

Definition der Elastizität

Die Elastizität von f bezüglich x, wobei f differenzierbar in x und $f(x) \neq 0$, ist definiert durch:

$$\mathrm{El}_x f(x) = \frac{x}{f(x)}\frac{df(x)}{dx}$$

Die Elastizität gibt näherungsweise an, um wie viel Prozent sich $f(x)$ ändert, wenn x sich um 1% ändert.

$f(x) = Ax^b$ (A und b sind Konstanten mit $A \neq 0$) $\Rightarrow$ $\mathrm{El}_x f(x) = b$, d.h. die Elastizität einer Potenzfunktion ist gleich dem Exponenten.

Rechenregeln für Elastizitäten

Es seien f und g differenzierbare Funktionen von x und A eine Konstante.

$\mathrm{El}_x A = 0$

$\mathrm{El}_x \left(\dfrac{f}{g}\right) = \mathrm{El}_x f - \mathrm{El}_x g$

$\mathrm{El}_x (f - g) = \dfrac{f\mathrm{El}_x f - g\mathrm{El}_x g}{f - g}$

$\mathrm{El}_x (f(x))^A = A \cdot \mathrm{El}_x f(x)$

$\mathrm{El}_x (fg) = \mathrm{El}_x f + \mathrm{El}_x g$

$\mathrm{El}_x (f + g) = \dfrac{f\mathrm{El}_x f + g\mathrm{El}_x g}{f + g}$

$\mathrm{El}_x f(g(x)) = \mathrm{El}_u f(u)\mathrm{El}_x u \quad (u = g(x))$

$\mathrm{El}_y f^{-1} = \dfrac{1}{\mathrm{El}_x f} \qquad (y = f(x) \quad x = f^{-1}(y))$

Elastizitäten als logarithmische Ableitungen

Es sei $x > 0$ und $y = f(x) > 0$ differenzierbar. Dann gilt:

$$\mathrm{El}_x\, y = \frac{x}{y}\frac{dy}{dx} = \frac{d\ln y}{d\ln x}$$

Man differenziere $\ln y$ nach $\ln x$.

Ökonomische Begriffsbildungen

- $|\mathrm{El}_x y| > 1$ y ist **elastisch**; y ändert sich relativ stärker als x
- $|\mathrm{El}_x y| < 1$ y ist **unelastisch**; y ändert sich relativ weniger stark als x
- $|\mathrm{El}_x y| = 1$ y ist **proportional elastisch** (ausgeglichen elastisch); die relativen Änderungen von y und x sind gleich.
- $|\mathrm{El}_x y| \to \infty$ y ist **vollkommen elastisch**; y reagiert unendlich heftig auf kleine relative Änderungen in x.
- $|\mathrm{El}_x y| \equiv 0$ y ist **vollkommen unelastisch** (starr); y reagiert überhaupt nicht auf (kleine) relative Änderungen in x.

Elastizität und Durschnittsfunktion

Die Funktion f und ihre Durchschnittsfunktion $\bar{f}(x) = \frac{f(x)}{x}$ ($x \neq 0$) seien differenzierbar. Dann gilt

$$(\bar{f}(x))' = \frac{f'(x)x - f(x)}{x^2} \quad \Rightarrow \quad (\bar{f}(x))' = 0 \iff f'(x) = \bar{f}(x)$$

Für die Elastizitäten von f und $\bar{f}$ gelten die Beziehungen

$$\mathrm{El}_x f = \frac{f'(x)}{\bar{f}(x)} \qquad f'(x) = \bar{f}(x)(1 + \mathrm{El}_x\bar{f}) \qquad \mathrm{El}_x f = 1 + \mathrm{El}_x\bar{f}$$

Ist x_0 ein lokales Extremum von $\bar{f}$, so ist $\mathrm{El}_x f(x_0) = 1$.

5.14 Stetigkeit

Eine Funktion $y = f(x)$ ist **stetig**, wenn kleine Änderungen in der unabhängigen Variablen x kleine Änderungen in der abhängigen Variablen y hervorrufen. Aus geometrischer Sicht gilt: Eine Funktion ist stetig, wenn ihr Graph zusammenhängend ist, d.h. keine Sprünge aufweist, die Funktion ist **unstetig** an einer Stelle a, wenn der Graph dort einen Sprung hat.

Stetigkeit in Form von Grenzwerten

Die Funktion f ist stetig an der Stelle $x = a$, wenn

$$\lim_{x \to a} f(x) = f(a)$$

Die Funktionen $f(x) = c$ (c sei eine Konstante) und $f(x) = x$ sind für alle x stetig.

Resultate für stetige Funktionen

Wenn f und g an der Stelle $x = a$ stetig sind, so gilt:

$f + g$ und $f - g$ sind stetig an der Stelle a.

fg und f/g (falls $g(a) \neq 0$) sind stetig an der Stelle a.

$[f(x)]^r$ ist stetig an der Stelle a, wenn $[f(a)]^r$ definiert ist. Wenn g stetig ist an der Stelle $x = a$ und f stetig ist an der Stelle $g(a)$, dann ist $(f \circ g)(x) = f(g(x))$ stetig an der Stelle $x = a$, d.h. Verkettungen (Kompositionen) von stetigen Funktionen sind stetig.

Jede Funktion, die aus stetigen Funktionen durch Kombination einer oder mehrerer der folgenden Operationen – Addition, Subtraktion, Multiplikation, Division (außer durch Null) und Verkettung – erzeugt werden kann, ist stetig.

Polynome sind überall stetig, rationale Funktionen $R(x) = \dfrac{P(x)}{Q(x)}$ sind stetig, wo $Q(x) \neq 0$.

Wenn $y = f(x)$ stetig in I, so auch $(f(x))^n$; $e^{f(x)}$ und falls $f(x) > 0$ auch $\sqrt[n]{f(x)}$ und $\ln f(x)$.

Unstetigkeitstypen

Die Funktion f besitzt an der Stelle a

- einen (endlichen) **Sprung**, wenn $\lim\limits_{x \to a^-} f(x) \neq \lim\limits_{x \to a^+} f(x)$.[*]
- eine **Unendlichkeitsstelle** oder einen **Pol**, wenn f für $x \to a^+$ und/oder $x \to a^-$ einen der uneigentlichen Grenzwerte $\pm\infty$ besitzt.
- eine **Lücke (hebbare Unstetigkeit)**, wenn $\lim\limits_{x \to a} f(x) = \lim\limits_{x \to a^+} f(x) = \lim\limits_{x \to a^-} f(x) \neq f(a)$.

---

[*] $x \to a^+$ bedeutet: $x > a$ und $x \to a$;
$x \to a^-$ bedeutet: $x < a$ und $x \to a$.

Eigenschaften stetiger Funktionen

Die Funktion f sei im abgeschlossenen Intervall $[a, b]$ stetig. Dann gilt:

f ist in $[a, b]$ beschränkt.

f nimmt in $[a, b]$ ihr Maximum und ihr Minimum (mindestens einmal) an.

f nimmt in $[a, b]$ zwischen zwei beliebigen Funktionswerten jeden Zwischenwert (mindestens einmal) an.

Ist f an der Stelle c im Innern von $[a, b]$ positiv (negativ), so gibt es eine (beidseitige) Umgebung von c, in der f überall positiv (negativ) ist.

5.15 Mehr über Grenzwerte

5

Zu Grenzwerten siehe auch S. 85.

Asymptoten

(a) Die Gerade $x = a$ heißt eine **vertikale** Asymptote für die Funktion $y = f(x)$, wenn beim Grenzübergang $x \to a, x < a$ oder $x \to a, x > a$ die Funktionswerte $f(x)$ gegen ∞ oder $-\infty$ streben.

(b) Die Gerade $y = b$ heißt eine **horizontale** Asymptote für die Funktion $y = f(x)$, wenn $\lim\limits_{x \to \infty} f(x) = b$ oder $\lim\limits_{x \to -\infty} f(x) = b$.

(c) Die nichtvertikale und nichthorizontale (also schräge) Gerade $y = ax + b$ mit $a \neq 0$ heißt Asymptote für die Funktion $y = f(x)$, wenn $f(x) - (ax + b) \to 0$, wenn $x \to \infty$ oder $x \to -\infty$. Die Bedingung ist gleichbedeutend mit $\frac{f(x)}{x} \to a$ und $f(x) - ax \to b$, wenn $x \to \infty$ oder $x \to -\infty$.

(d) Die Funktion $A(x)$ heißt Asymptote für die Funktion $y = f(x)$, wenn $f(x) - A(x) \to 0$, wenn $x \to \infty$ oder $x \to -\infty$.

Die Bedingungen in (b) und (c) bedeuten, dass der vertikale Abstand zwischen dem Punkt $(x, f(x))$ auf dem Graphen und dem Punkt (x, b) bzw. $(x, ax+b)$ auf der Geraden gegen 0 strebt.

Wenn $f(x) = P(x)/Q(x)$ eine rationale Funktion ist, in der der Grad des Zählerpolynoms $P(x)$ um eins größer ist als der Grad des Nennerpolynoms $Q(x)$, dann hat $f(x)$ eine Asymptote, die man durch Polynomdivision findet und dabei den Rest vernachlässigt.

Einseitige Grenzwerte

Man spricht von einem einseitigen Grenzwert von

links, **linksseitigem Grenzwert** oder Grenzwert von unten, wenn

$$\lim_{x \to a^-} f(x) = B \iff f(x) \to B, \quad \text{wenn } x \to a^- \iff f(x) \to B,$$

$$\text{wenn } x \to a, \, x < a$$

rechts, **rechtsseitigem Grenzwert** oder Grenzwert von oben, wenn

$$\lim_{x \to a^+} f(x) = B \iff f(x) \to B, \quad \text{wenn } x \to a^+ \iff f(x) \to B,$$

$$\text{wenn } x \to a, \, x > a$$

Der normale Grenzwert $\lim_{x \to a} f(x)$ existiert genau dann, wenn die beiden einseitigen Grenzwerte existieren und gleich sind, d.h.

$$\lim_{x \to a} f(x) = A \iff \left[\lim_{x \to a^-} f(x) = A \text{ und } \lim_{x \to a^+} f(x) = A \right]$$

Einseitige Stetigkeit

- Die auf dem Intervall $(c, a]$ definierte Funktion f heißt an der Stelle a stetig **von links**, wenn $\lim_{x \to a^-} f(x) = f(a)$.
- Die auf dem Intervall $[a, d)$ definierte Funktion f heißt an der Stelle a stetig **von rechts**, wenn $\lim_{x \to a^+} f(x) = f(a)$.

Uneigentliche Grenzwerte

Wir sprechen von einem uneigentlichen Grenzwert ∞ oder $-\infty$, wenn

- $f(x) \to \infty$, wenn $x \to a$ und schreiben auch $\lim_{x \to a} f(x) = \infty$ genau dann, wenn $f(x)$ beliebig groß gewählt werden kann, wenn nur x genügend nah an a gewählt wird.
- $f(x) \to -\infty$, wenn $x \to a$ und schreiben auch $\lim_{x \to a} f(x) = -\infty$ genau dann, wenn $f(x)$ beliebig klein gewählt werden kann, wenn nur x genügend nah an a gewählt wird.

Einseitige uneigentliche Grenzwerte werden entsprechend definiert.

Rechenregeln für uneigentliche Grenzwerte

$$f(x) \to \infty \text{ und } g(x) \to \infty, \text{ wenn } x \to a \quad \Rightarrow \quad \begin{cases} f(x) + g(x) \to \infty, & \text{wenn } x \to a \\ f(x)g(x) \to \infty, & \text{wenn } x \to a \\ f(x) - g(x) \to ?, & \text{wenn } x \to a \\ f(x)/g(x) \to ?, & \text{wenn } x \to a \end{cases}$$

Grenzwerte im Unendlichen

Wir scheiben

- $\lim\limits_{x \to \infty} f(x) = A$ oder $f(x) \to A$, wenn $x \to \infty$, wenn $f(x)$ beliebig nah an A gewählt werden kann, indem man x hinreichend groß wählt.

- $\lim\limits_{x \to -\infty} f(x) = B$ oder $f(x) \to B$, wenn $x \to -\infty$, wenn $f(x)$ beliebig nah an B gewählt werden kann, indem man x hinreichend klein wählt.

Stetigkeit und Differenzierbarkeit

Wenn f an der Stelle $x = a$ differenzierbar ist, dann ist f stetig an der Stelle $x = a$. Umkehrschluss: Ist f an der Stelle $x = a$ nicht stetig, so ist es dort auch nicht differenzierbar.

5

Strenge Definition von Grenzwerten

$\lim\limits_{x \to a} f(x) = A$ bedeutet*, dass wir $|f(x) - A|$ so klein wie möglich wählen können für alle $x \neq a$ mit hinreichend kleinem $|x - a|$.

Wir sagen, dass $f(x)$ den Grenzwert A hat oder gegen A strebt, wenn x gegen a strebt, und wir schreiben $\lim\limits_{x \to a} f(x) = A$, wenn für jede Zahl $\epsilon > 0$ eine Zahl $\delta > 0$ existiert, so dass $|f(x) - A| < \epsilon$ ist für jedes x mit $0 < |x - a| < \delta$.

Grenzwerte spezieller Funktionen

$\lim\limits_{x \to \infty} x^r = \infty$	$\lim\limits_{x \to 0} x^n = 0$	$\lim\limits_{x \to 0^+} x^r = 0$	$r \in (0, \infty), n \in \mathbb{N}$
$\lim\limits_{x \to \infty} \frac{1}{x} = 0$	$\lim\limits_{x \to -\infty} \frac{1}{x} = 0$	$\lim\limits_{x \to \infty} \frac{1}{x^r} = 0$	$\lim\limits_{x \to 0^+} \frac{1}{x^r} = \infty$	$r \in (0, \infty)$
$\lim\limits_{x \to 0^-} \frac{1}{x^n} = \begin{cases} +\infty & n \text{ gerade} \\ -\infty & n \text{ ungerade} \end{cases}$			$n \in \mathbb{N}$
$\lim\limits_{x \to \infty} e^x = \infty$	$\lim\limits_{x \to -\infty} e^{-x} = \infty$	$\lim\limits_{x \to -\infty} e^x = 0^+$	$\lim\limits_{x \to \infty} e^{-x} = 0^+$	
$\lim\limits_{x \to \infty} a^x = \infty$	$\lim\limits_{x \to -\infty} a^{-x} = \infty$	$\lim\limits_{x \to -\infty} a^x = 0^+$	$\lim\limits_{x \to \infty} a^{-x} = 0^+$	$a > 1$
$\lim\limits_{x \to 0} e^x = 1$	$\lim\limits_{x \to 0} e^{-x} = 1$	$\lim\limits_{x \to 0} a^x = 1$	$\lim\limits_{x \to 0} a^{-x} = 1$	$a > 1$
$\lim\limits_{x \to \infty} \ln x = \infty$	$\lim\limits_{x \to 1} \ln x = 0$	$\lim\limits_{x \to 0^+} \ln x = -\infty$	$\lim\limits_{x \to \infty} \frac{\ln x}{x^r} = 0$	$r \in (0, \infty)$

---

* Vgl. S. 85.

$$\lim_{x\to\infty} \log_a x = \infty \qquad \lim_{x\to 1} \log_a x = 0 \qquad \lim_{x\to 0^+} \log_a x = -\infty \qquad\qquad a > 1$$

$$\lim_{x\to\infty} \left(1 + \frac{1}{x}\right)^x = \lim_{x\to 0^+} (1+x)^{1/x} = e \qquad \lim_{x\to\infty} \left(1 - \frac{1}{x}\right)^x = \lim_{x\to 0^+} (1-x)^{1/x} = \frac{1}{e}$$

$$\lim_{x\to\infty} \left(1 + \frac{a}{x}\right)^x = \lim_{x\to 0^+} (1+ax)^{1/x} = e^a \qquad\qquad a \in \mathbb{R}$$

$$\lim_{x\to\infty} \frac{x^r}{e^x} = 0 \qquad \lim_{x\to\infty} \frac{x^r}{a^x} = 0 \qquad \lim_{x\to\infty} \frac{e^x}{x^r} = \infty \qquad \lim_{x\to\infty} \frac{a^x}{x^r} = \infty \qquad r \in (0, \infty),\, a > 1$$

$$\lim_{x\to\infty} q^x = \begin{cases} 0 & \text{für } 0 < q < 1 \\ 1 & \text{für } q = 1 \\ \infty & \text{für } q > 1 \end{cases} \qquad\qquad \lim_{x\to\infty} q^{-x} = \begin{cases} \infty & \text{für } 0 < q < 1 \\ 1 & \text{für } q = 1 \\ 0 & \text{für } q > 1 \end{cases}$$

$$\lim_{x\to 0} \frac{\sin x}{x} = 1 \qquad \lim_{x\to 0} \frac{\sin ax}{x} = a \qquad\qquad a \in \mathbb{R}$$

$$\lim_{x\to 0} \frac{e^x - 1}{x} = 1 \qquad \lim_{x\to 0} \frac{\ln(1+x)}{x} = 1 \qquad \lim_{x\to 0} \frac{a^x - 1}{x} = \ln a \qquad\qquad a \in (0, \infty)$$

5.16 Zwischenwertsatz, Newton-Verfahren, Regula falsi

Zwischenwertsatz[*]

Sei f eine auf $[a, b]$ stetige Funktion, so dass $f(a)$ und $f(b)$ verschiedene Vorzeichen haben. Dann gibt es wenigstens ein c in (a, b), so dass $f(c) = 0$.

Andere Formulierung in Kombination mit dem Extremwertsatz:[†] Eine auf dem Intervall $[a, b]$ stetige Funktion f nimmt dort ihr Maximum und ihr Minimum an. Jeder Zwischenwert zwischen dem kleinsten und dem größten Wert wird in mindestens einem Punkt des Intervalls angenommen.

Newton-Verfahren zur Bestimmung einer Nullstelle

Die Funktion f sei differenzierbar und es sei $f(c) = 0$, jedoch sei c unbekannt. Ausgehend von der ersten Näherung x_0, erhält man die $n+1$-te Näherung rekursiv aus der n-ten Näherung nach der Formel

$$x_{n+1} = x_n - \frac{f(x_n)}{f'(x_n)}, \qquad n = 0, 1, \dots$$

falls $f'(x_n) \neq 0$.

---

[*]   Siehe auch S. 97.
[†]   Siehe S. 104.

Das Newton-Verfahren führt nicht immer zu der gesuchten Nullstelle, d.h., die Folge x_n ist nicht notwendig konvergent. Mehr Informationen zur Konvergenz des Newton-Verfahrens unter www.pearson-studium.de.

Regula falsi zur Bestimmung einer Nullstelle

Die Funktion f sei auf $[x_1, x_2]$ stetig mit $f(x_1)f(x_2) < 0$, d.h. $f(x_1)$ und $f(x_2)$ haben verschiedene Vorzeichen und damit eine Nullstelle zwischen x_1 und x_2. Als erste Näherung verwendet man:

$$x_3 = \frac{x_1 f(x_2) - x_2 f(x_1)}{f(x_2) - f(x_1)}$$

Die zweite Näherung x_4 erhält man mit x_1, x_3 oder x_2, x_3 anstelle x_1, x_2, je nachdem, ob $f(x_1)f(x_3) < 0$ oder $f(x_2)f(x_3) < 0$.

5.17 Unendliche Folgen

Definition einer unendlichen Folge

Eine Funktion auf der Menge $\mathbb{N}$, die jeder natürlichen Zahl n eine reelle Zahl $s(n)$ zuordnet, definiert eine unendliche Folge. Als Notation verwendet man $s_1, s_2, s_3, \ldots$ statt $s(1), s(2), s(3), \ldots$ und $\{s_n\}_{n=1}^{\infty}$ oder $\{s_n\}$.

Konvergenz einer unendlichen Folge

Eine Folge $\{s_n\}$ konvergiert gegen eine Zahl s, wenn s_n beliebig nahe an s gewählt werden kann, indem man n hinreichend groß macht. Wir schreiben:

$$\lim_{n \to \infty} s_n = s \qquad \text{oder} \qquad s_n \to s, \text{ wenn } n \to \infty$$

Dies ist ein Spezialfall der früheren Definition für Grenzwerte[*]. Die früher gegebenen Rechenregeln für Grenzwerte von Funktionen gelten auch für Grenzwerte von Folgen. Wenn eine Folge nicht gegen eine reelle Zahl konvergiert, so **divergiert** sie.

5.18 Unbestimmte Formen und Regeln von L'Hôspital

Definition einer unbestimmten Form

Wenn $\lim\limits_{x \to a} f(x) = \lim\limits_{x \to a} g(x) = 0$, dann ist $\lim\limits_{x \to a} \dfrac{f(x)}{g(x)}$ eine **unbestimmte Form vom Typ 0/0**.

---

[*] Vgl. S. 85.

5

Regel von L'Hôspital (Einfache Version)

Wenn $f(a) = g(a) = 0$ und $g'(a) \neq 0$, dann gilt:

$$\lim_{x \to a} \frac{f(x)}{g(x)} = \frac{f'(a)}{g'(a)}$$

Beachten Sie: Zähler und Nenner sind separat nach x zu differenzieren. Falls $f'(a)/g'(a)$ ebenfalls vom Typ $0/0$ ist, so kann man noch einmal Zähler und Nenner separat differenzieren. Man fährt so lange fort, bis sich ein Grenzwert ergibt (falls es einen gibt).

Regel von L'Hôspital, abgeschwächte Voraussetzungen

Die Funktionen f und g seien in einem Intervall (α, β), das a enthält, differenzierbar, wobei sie möglicherweise in a nicht differenzierbar sind. Es gelte $f(x) \to 0$ und $g(x) \to 0$, wenn $x \to a$. Wenn $g'(x) \neq 0$ für alle $x \neq a$ in (α, β) und wenn $\lim_{x \to a} f'(x)/g'(x) = L$, dann gilt

$$\lim_{x \to a} \frac{f(x)}{g(x)} = \lim_{x \to a} \frac{f'(x)}{g'(x)} = L$$

Dies gilt unabhängig davon, ob L endlich oder $\pm\infty$ ist.

Die Regel ist erweiterbar. So kann a ein Endpunkt des Intervalls (α, β) sein und $x \to a$ kann durch $x \to a^+$ bzw. $x \to a^-$ ersetzt werden. Außerdem kann a durch ∞ oder $-\infty$ ersetzt werden. Die Regel gilt auch für unbestimmte Formen der Gestalt $\pm\infty/\pm\infty$.

Andere unbestimmte Formen können häufig durch algebraische Umformungen oder Substitutionen in die Form $0/0$ oder $\pm\infty/\pm\infty$ gebracht werden:

Unbestimmte Form	Transformation	Neue unbestimmte Form	
$0 \cdot \infty$	$f(x)g(x) = f(x) \Big/ \left(\dfrac{1}{g(x)}\right)$	$0/0$	
$\infty - \infty$	$f(x) - g(x) = \left(\dfrac{1}{g(x)} - \dfrac{1}{f(x)}\right) f(x)g(x)$	$0 \cdot \infty$	
$(0^+)^0$	$f(x)^{g(x)} = e^{g(x)\ln f(x)}$	$0 \cdot \infty$	im Exponenten
∞^0	$f(x)^{g(x)} = e^{g(x)\ln f(x)}$	$0 \cdot \infty$	im Exponenten
1^∞	$f(x)^{g(x)} = e^{g(x)\ln f(x)}$	$\infty \cdot 0$	im Exponenten

Kapitel 6
Univariate Optimierung

6.1 Globale Extrempunkte

Definition

Die Funktion f mit dem Definitionsbereich D hat einen

- **Maximumpunkt** in $c \in D \iff f(x) \leq f(c)$ für alle $x \in D$
- **Minimumpunkt** in $d \in D \iff f(x) \geq f(d)$ für alle $x \in D$

Dabei heißt $f(c)$ der **Maximalwert**, $f(d)$ der **Minimalwert**. Gilt $f(x) < f(c)$ für alle $x \in D$, so ist c ein **strikter** Maximumpunkt. Falls $f(x) > f(d)$ für alle $x \in D$, so ist d ein **strikter** Minimumpunkt. Maximum- und Minimumpunkte heißen Extrempunkte oder auch Optimalpunkte. Die zugehörigen Funktionswerte heißen Extremwerte oder Optimalwerte.

Notwendige Bedingung erster Ordnung

Die Funktion f sei differenzierbar in (a, b) und $c \in (a, b)$ sei ein Extrempunkt. Dann gilt $f'(c) = 0$, d.h. $x = c$ ist ein **stationärer Punkt** für f.

Untersuchung der ersten Ableitung auf Maximum/Minimum

Falls $f'(x) \geq 0$ für $x \leq c$ und $f'(x) \leq 0$ für $x \geq c$, so ist $x = c$ ein Maximumpunkt für f.

Falls $f'(x) \leq 0$ für $x \leq c$ und $f'(x) \geq 0$ für $x \geq c$, so ist $x = c$ ein Minimumpunkt für f.

Maximum/Minimum einer konkaven/konvexen* Funktion

> Wenn f konkav (konvex) auf einem Intervall I und c ein stationärer Punkt für f im Innern von I ist, dann ist c ein Maximumpunkt (Minimumpunkt) für f in I.

6.2   Extremwertsatz

> Wenn f stetig auf einem abgeschlossenen beschränkten Intervall $[a, b]$ ist, so existiert ein d in $[a, b]$, in dem f ein Minimum, und ein c in $[a, b]$, in dem f ein Maximum hat, so dass
>
> $$f(d) \leq f(x) \leq f(c)$$

Kandidaten für Extrempunkte

> Falls bekannt ist, dass f ein Maximum und/oder Minimum in einem beschränkten Intervall I hat, so gibt es nur die folgenden drei Typen von Extrempunkten:
>
> ■ Innere Punkte von I, in denen $f'(x) = 0$ ist
> ■ Endpunkte von I (falls sie zu I gehören)
> ■ Innere Punkte von I, in denen f' nicht existiert

Rezept zum Auffinden des Maximal- und Minimalwertes

Es sei f eine differenzierbare Funktion auf einem abgeschlossenen, beschränkten Intervall $[a, b]$.

(I) Bestimmen Sie alle stationären Punkte von f in (a, b), d.h. bestimmen Sie alle $x \in (a, b)$ mit $f'(x) = 0$.

(II) Berechnen Sie f in den Endpunkten a und b und in allen stationären Punkten.

(III) Der größte der in (II) gefundenen Funktionswerte ist der Maximalwert, der kleinste ist der Minimalwert.

---

* Siehe S. 151.

Mittelwertsatz

Wenn f auf dem abgeschlossenen beschränkten Intervall $[a, b]$ stetig und im offenen Intervall (a, b) differenzierbar ist, dann gibt es wenigstens einen inneren Punkt $x^* \in (a, b)$, so dass

$$f'(x^*) = \frac{f(b) - f(a)}{b - a}$$

6.3 Lokale Extrempunkte

Definition lokaler Extrempunkte

Die Funktion f hat ein **lokales Maximum (Minimum)** an der Stelle c, falls ein Intervall (α, β) um c herum existiert, so dass $f(x) \leq (\geq)f(c)$ für alle $x \in (\alpha, \beta)$, die im Definitionsbereich von f enthalten sind.* Die zugehörigen Funktionswerte heißen **lokale Maximum-Minimumwerte**. Man spricht von einem strikten oder strengen Maximum (Minimum), wenn in der obigen Ungleichung $<$ bzw. $>$ statt $\leq$ bzw. $\geq$ gilt.

Es gilt die gleiche notwendige Bedingung wie für globale Extrempunkte (s. S. 103) und auch die Kandidaten für lokale Extrempunkte sind dieselben (s. S. 104).

Untersuchung der ersten Ableitung auf lokale Extrempunkte

Es sei c ein stationärer Punkt für f, d.h. $f'(c) = 0$.

Falls $f'(x) \geq 0$ in einem Intervall (a, c) links von c und $f'(x) \leq 0$ in einem Intervall (c, b) rechts von c, dann ist $x = c$ ein lokaler Maximumpunkt für f.

Falls $f'(x) \leq 0$ in einem Intervall (a, c) links von c und $f'(x) \geq 0$ in einem Intervall (c, b) rechts von c, dann ist $x = c$ ein lokaler Minimumpunkt für f.

Falls $f'(x) > 0$ sowohl in einem Intervall (a, c) links von c als auch in einem Intervall (c, b) rechts von c, dann ist $x = c$ kein lokaler Extrempunkt für f. Derselbe Schluss gilt, falls $f'(x) < 0$ auf beiden Seiten von c.

Untersuchung der zweiten Ableitung

Sei f zweimal differenzierbar in einem Intervall I, und sei c ein innerer Punkt von I, d.h. c ist kein Endpunkt von I, dann gilt:

6

---

* Nach dieser Definition können auch Endpunkte des Intervalls lokale Extrempunkte sein.

$f'(c) = 0$ und $f''(c) < 0 \implies x = c$ ist ein strikter lokaler Maximumpunkt.

$f'(c) = 0$ und $f''(c) > 0 \implies x = c$ ist ein strikter lokaler Minimumpunkt.

$f'(c) = 0$ und $f''(c) = 0 \implies$?

In diesem Fall ist in folgenden Fällen eine Entscheidung möglich: Die Funktion f sei n-mal stetig differenzierbar auf I und es gelte $f'(c) = f''(c) = \ldots = f^{(n-1)}(c) = 0, f^{(n)}(c) \neq 0$. Dann liegt ein Extrempunkt vor, wenn n gerade ist, und zwar ein lokales Maximum, wenn $f^{(n)}(c) < 0$, und ein lokales Minimum, wenn $f^{(n)}(c) > 0$.

Notwendige Bedingung für lokale Extrempunkte:

c ist ein lokales Maximum für $f \implies f''(c) \leq 0$

c ist ein lokales Minimum für $f \implies f''(c) \geq 0$

6.4 Wendepunkte

Definition

Der Punkt c heißt ein Wendepunkt der Funktion f, falls ein Intervall (a, b) um c herum existiert, so dass eine der beiden folgenden Möglichkeiten gilt:

- $f''(x) \geq 0$ in (a, c) und $f''(x) \leq 0$ in (c, b) (Wechsel einer konvexen Kurve in eine konkave Kurve)
- $f''(x) \leq 0$ in (a, c) und $f''(x) \geq 0$ in (c, b) (Wechsel einer konkaven Kurve in eine konvexe Kurve).

Die Wendepunkte sind genau die relativen Extrema der ersten Ableitung f' von f und zwar ist f' im Fall (a) maximal und im Fall (b) minimal.

Untersuchung auf Wendepunkte

Es sei f eine zweimal stetig differenzierbare Funktion auf einem Intervall I und c ein innerer Punkt von I.

- Falls c ein Wendepunkt für f ist, so ist $f''(c) = 0$. (Notwendige Bedingung)
- Falls $f''(c) = 0$ und f'' an der Stelle c das Vorzeichen wechselt, so ist c ein Wendepunkt für f. (Hinreichende Bedingung)
- Falls $f''(c) = 0$ und $f'''(c) \neq 0$, so ist c ein Wendepunkt für f. (Hinreichende Bedingung)
- Falls $f''(c) = 0$ und $f'''(c) > 0$, so geht die Funktion f in c von einer konkaven in eine konvexe Funktion über.
- Falls $f''(c) = 0$ und $f'''(c) < 0$, so geht die Funktion f in c von einer konvexen in eine konkave Funktion über.

Allgemeinere (geometrische) Definition konkaver und konvexer Funktionen

- Die Funktion f heißt konkav* (konvex), falls der Streckenabschnitt, der zwei beliebige Punkte auf dem Graphen verbindet, unterhalb (oberhalb) des Graphen oder auf dem Graphen verläuft.

- Die Funktion heißt **strikt konkav (konvex)**, falls die oben erwähnten Streckenabschnitte strikt unterhalb (oberhalb) des Graphen verlaufen.

Hinreichende Bedingungen

- $f''(x) < 0$ für alle $x \in (a, b)$ $\Rightarrow$ $f(x)$ ist strikt konkav in (a, b)
- $f''(x) > 0$ für alle $x \in (a, b)$ $\Rightarrow$ $f(x)$ ist strikt konvex in (a, b)

6

---

* Siehe auch S. 88.

Kapitel 7
Integration

7.1 Unbestimmte Integrale

Definition

Falls $f(x)$ und $F(x)$ zwei Funktionen mit $F'(x) = f(x)$, so heißt F eine **Stammfunktion** von f. Der Übergang von F zu f heißt Ableiten, während der Übergang von f zu F als Integrieren (gelegentlich auch als Bilden der **Gegenableitung**) bezeichnet wird. F heißt **unbestimmtes Integral**, in Zeichen $\int f(x)\, dx$, d.h.

$$\int f(x)\, dx = F(x) + C, \qquad \text{wenn} \quad F'(x) = f(x)$$

Dabei ist C die Integrationskonstante.

Elementare Eigenschaften

Das unbestimmte Integral ist nur bis auf eine Konstante eindeutig bestimmt, es ist die Menge aller Stammfunktionen. Integration und Differentiation heben sich gegenseitig auf:

$$\frac{d}{dx} \int f(x)\, dx = f(x) \qquad \int F'(x)\, dx = F(x) + C$$

Integrationsregeln folgen aus den entsprechenden Regeln für die Differentiation. Zur Überprüfung differenziere man das vorgeschlagene (vermutete) unbestimmte Integral!

Wichtige Integrale

$$\int x^a\, dx = \frac{1}{a+1} x^{a+1} + C \qquad\qquad a \neq -1;\ \text{falls } a \in \mathbb{R}:\ x > 0;$$
$$\text{falls } a \in \mathbb{Z}:\ x \neq 0;\ \text{falls } a \in \mathbb{N}:\ x \in \mathbb{R}$$

$$\int x\, dx = \frac{1}{2} x^2 + C \qquad\qquad x \in \mathbb{R}$$

$$\int x^n \, dx = \frac{1}{n+1} x^{n+1} + C \qquad\qquad x \in \mathbb{R}; \quad n \in \mathbb{N}$$

$$\int \frac{1}{x^n} \, dx = \frac{-1}{(n-1)x^{n-1}} \qquad\qquad x \in \mathbb{R}; \quad x \neq 0; \quad n = 2, 3, \ldots$$

$$\int \sqrt{x} \, dx = \int x^{1/2} \, dx = \frac{2}{3} x \sqrt{x} + C \qquad\qquad x > 0$$

$$\int (bx + c)^a \, dx = \frac{1}{b(a+1)} (bx + c)^{a+1} + C \qquad\qquad a \neq -1; \text{ falls } a \in \mathbb{R}: x > 0;$$
$$\text{falls } a \in \mathbb{Z}: x \neq 0; \text{ falls } a \in \mathbb{N}: x \in \mathbb{R}$$

$$\int \frac{1}{x} \, dx = \ln |x| + C \qquad\qquad x \in \mathbb{R}; \quad x \neq 0$$

$$\int \frac{1}{x} \, dx = \ln x + C \qquad\qquad x > 0$$

$$\int \frac{1}{x} \, dx = \ln(-x) + C \qquad\qquad x < 0$$

$$\int \frac{1}{ax + b} \, dx = \frac{1}{a} \ln |ax + b| + C \qquad\qquad x \in \mathbb{R}; \ a \neq 0$$

$$\int \frac{1}{ax + b} \, dx = \frac{1}{a} \ln(ax + b) + C \qquad\qquad ax + b > 0; \ a \neq 0$$

$$\int \frac{1}{ax + b} \, dx = \frac{1}{a} \ln(-ax - b) + C \qquad\qquad ax + b < 0; \ a \neq 0$$

$$\int e^x \, dx = e^x + C \qquad\qquad x \in \mathbb{R}$$

$$\int e^{ax} \, dx = \frac{1}{a} e^{ax} + C \qquad\qquad x \in \mathbb{R}; \ a \neq 0$$

$$\int e^{ax+b} \, dx = \frac{1}{a} e^{ax+b} + C \qquad\qquad x \in \mathbb{R}; \ a \neq 0$$

$$\int x^n e^{ax} \, dx = \frac{1}{a} x^n e^{ax} - \frac{n}{a} \int x^{n-1} e^{ax} \, dx + C \qquad x \in \mathbb{R}; \ a \neq 0; \ n \in \mathbb{N}$$

$$\int \ln x \, dx = x \ln x - x + C \qquad\qquad x > 0$$

$$\int \ln ax \, dx = x \ln ax - x + C \qquad\qquad ax > 0$$

7

$$\int \frac{(\ln x)^n}{x}\, dx = \frac{1}{n+1}(\ln x)^{n+1} + C \qquad\qquad x > 0; \quad n \in \mathbb{N}$$

$$\int x^m (\ln x)^n\, dx =$$

$$\frac{1}{m+1}\left(x^{m+1}(\ln x)^n - n \int x^m (\ln x)^{n-1}\, dx\right) + C \qquad x > 0; \quad n, m \neq -1$$

$$\int a^x\, dx = \frac{1}{\ln a} a^x + C \qquad\qquad a > 0; \; a \neq 1$$

$$\int \sin x\, dx = -\cos x + C \qquad\qquad x \in \mathbb{R}$$

$$\int \cos x\, dx = \sin x + C \qquad\qquad x \in \mathbb{R}$$

$$\int \tan x\, dx = -\ln|\cos x| + C \qquad\qquad x \neq (2k+1)\tfrac{\pi}{2}$$

$$\int \cot x\, dx = \ln|\sin x| + C \qquad\qquad x \neq k\pi$$

$$\int \frac{1}{\cos^2 x}\, dx = \tan x + C \qquad\qquad x \neq (2k+1)\tfrac{\pi}{2}$$

$$\int \frac{1}{\sin^2 x}\, dx = -\cot x + C \qquad\qquad x \neq k\pi$$

$$\int \sin ax\, dx = -\frac{1}{a}\cos ax + C \qquad\qquad x \in \mathbb{R}; \quad a \neq 0$$

$$\int \cos ax\, dx = \frac{1}{a}\sin ax + C \qquad\qquad x \in \mathbb{R}; \quad a \neq 0$$

$$\int \tan ax\, dx = -\frac{1}{a}\ln|\cos ax| + C \qquad\qquad ax \neq (2k+1)\tfrac{\pi}{2}; \quad a \neq 0$$

$$\int \cot ax\, dx = \frac{1}{a}\ln|\sin ax| + C \qquad\qquad ax \neq k\pi; \quad a \neq 0$$

$$\int \frac{1}{a^2 + x^2}\, dx = \frac{1}{a}\arctan\frac{x}{a} + C \qquad\qquad x \in \mathbb{R}; \quad a > 0$$

$$\int \frac{1}{1 - x^2}\, dx = \ln\sqrt{\frac{1+x}{1-x}} + C = \frac{1}{2}\ln\frac{1+x}{1-x} + C \qquad |x| < 1$$

$$\int \frac{1}{x^2 - 1}\, dx = \ln\sqrt{\frac{x-1}{x+1}} + C = \frac{1}{2}\ln\frac{x-1}{x+1} + C \qquad |x| > 1$$

$$\int \frac{1}{a^2 - x^2}\, dx = \frac{1}{2a} \ln \frac{a + x}{a - x} + C \qquad\qquad |x| < a; \quad a \neq 0$$

$$\int \frac{1}{x^2 - a^2}\, dx = \frac{1}{2a} \ln \frac{x - a}{x + a} + C \qquad\qquad |x| > a; \quad a \neq 0$$

$$\int \frac{1}{\sqrt{a^2 - x^2}}\, dx = \arcsin \frac{x}{a} + C \qquad\qquad |x| < a; \quad a > 0$$

$$\int \frac{x}{\sqrt{a^2 - x^2}}\, dx = -\sqrt{a^2 - x^2} + C \qquad\qquad |x| < a; \quad a > 0$$

$$\int \sqrt{x^2 + a^2}\, dx = \frac{1}{2}\left(x\sqrt{x^2 + a^2} + a^2 \ln\left(x + \sqrt{x^2 + a^2}\right)\right) + C \qquad x \in \mathbb{R}$$

$$\int x\sqrt{x^2 + a^2}\, dx = \frac{1}{3}\sqrt{(x^2 + a^2)^3} + C \qquad\qquad x \in \mathbb{R}$$

$$\int \frac{1}{\sqrt{a^2 + x^2}}\, dx = \ln(x + \sqrt{x^2 + a^2}) + C = \operatorname{arsinh} \frac{x}{a} + C^* \qquad x \in \mathbb{R}; \quad a > 0$$

$$\int \sqrt{x^2 - a^2}\, dx = \frac{1}{2}\left(x\sqrt{x^2 - a^2} - a^2 \ln\left(x + \sqrt{x^2 - a^2}\right)\right) + C \qquad |x| > a$$

$$\int x\sqrt{x^2 - a^2}\, dx = \frac{1}{3}\sqrt{(x^2 - a^2)^3} + C \qquad\qquad |x| > a$$

$$\int \frac{1}{\sqrt{x^2 - a^2}}\, dx = \ln(x + \sqrt{x^2 - a^2}) + C = \operatorname{arcosh} \frac{x}{a} + C^* \qquad |x| > a$$

$$\int \sqrt{(ax + b)^n}\, dx = \frac{2}{a(2 + n)}\sqrt{(ax + b)^{n+2}} + C \qquad\qquad n \neq -2$$

$$\int \sqrt{a^2 - x^2}\, dx = \frac{1}{2}\left(x\sqrt{(a^2 - x^2)} + a^2 \arcsin \frac{x}{a}\right) + C \qquad |x| \leq a; \quad a > 0$$

$$\int x\sqrt{a^2 - x^2}\, dx = -\frac{1}{3}\sqrt{(a^2 - x^2)^3} + C \qquad\qquad |x| \leq a; \quad a > 0$$

Einige allgemeine Regeln

$$\int a f(x)\, dx = a \int f(x)\, dx \qquad \text{(a ist eine Konstante)}$$

$$\int [f(x) + g(x)]\, dx = \int f(x)\, dx + \int g(x)\, dx$$

$$\int [a_1 f_1(x) + \ldots + a_n f_n(x)]\, dx = a_1 \int f_1(x)\, dx + \ldots + a_n \int f_n(x)\, dx$$

7.2 Flächen und bestimmte Integrale

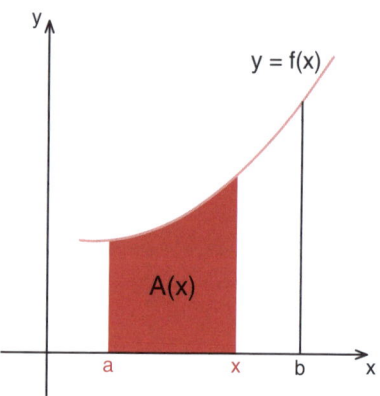

Abbildung 7.1. Flächenfunktion $A(x)$, Fläche von a bis x unter der Funktion $y = f(x)$

Um die Fläche unter dem Graphen einer stetigen und nichtnegativen Funktion f über dem Intervall $[a, b]$ zu bestimmen, definiere man die Flächenfunktion $A(x)$ als Fläche von a bis x unter der Funktion $y = f(x)$. Dann ist $A'(x) = f(x)$ und $A(x) = F(x) - F(a)$, wobei $F(x) = \int f(x)\, dx$, unabhängig davon, welches unbestimmte Integral verwendet wird.

Definition des bestimmten Integrals

Sei f eine auf dem Intervall $[a, b]$ definierte stetige Funktion. Dann heißt

$$\int_a^b f(x)\, dx = \Big[F(x)\Big]_a^b = F(b) - F(a)$$

das bestimmte Integral von f über $[a, b]$, wobei F irgendeine Funktion mit $F'(x) = f(x)$ für alle $x \in (a, b)$ ist.

- Falls $f(x) \geq 0$ über $[a, b]$, dann ist die Fläche unterhalb des Graphen von f über $[a, b]$ gleich: $\int_a^b f(x)\, dx$.

- Falls $f(x) \leq 0$, dann ist die Fläche zwischen der x-Achse und dem Graphen von f gleich: $-\int_a^b f(x)\, dx$.

Rechenregeln für bestimmte Integrale

Die Funktionen f und g seien stetig auf einem Intervall I mit $a, b, c, t \in I$, $\alpha, \beta \in \mathbb{R}$ und es sei $F'(x) = f(x)$. Dann gilt:

$$\int_a^b f(x)\,dx = -\int_b^a f(x)\,dx \qquad\qquad \int_a^a f(x)\,dx = 0$$

$$\int_a^b \alpha f(x)\,dx = \alpha \int_a^b f(x)\,dx \qquad\qquad \int_a^b f(x)\,dx = \int_a^c f(x)\,dx + \int_c^b f(x)\,dx$$

$$\int_a^b [\alpha f(x) + \beta g(x)]\,dx = \alpha \int_a^b f(x)\,dx + \beta \int_a^b g(x)\,dx$$

$$\frac{d}{dt} \int_a^t f(x)\,dx = F'(t) = f(t) \qquad\qquad \frac{d}{dt} \int_t^b f(x)\,dx = -F'(t) = -f(t)$$

Seien $a(t)$ und $b(t)$ für t aus einem Intervall T differenzierbare Funktionen mit Werten in I. Dann gilt:

$$\frac{d}{dt} \int_{a(t)}^{b(t)} f(x)\,dx = f(b(t))b'(t) - f(a(t))a'(t)$$

Seien $f(x, t)$ und $f_t'(x, t)$ stetige Funktionen auf $I \times T$ und $a(t)$, $b(t)$ differenzierbare Funktionen auf T mit Werten in I. Dann gilt die **Leibniz-Formel**:

$$\frac{d}{dt} \int_{a(t)}^{b(t)} f(x, t)\,dx = f(b(t), t)b'(t) - f(a(t), t)a'(t) + \int_{a(t)}^{b(t)} \frac{\partial f(x, t)}{\partial t}\,dx$$

Wichtige bestimmte Integrale

$$\int_0^1 x^{\alpha-1}(1 - x)^{\beta-1}\,dx = B(\alpha, \beta) = \frac{\Gamma(\alpha)\Gamma(\beta)}{\Gamma(\alpha + \beta)} \qquad\qquad \alpha > 0, \beta > 0 \;\;*$$

Definition der Betafunktion B

---

* Γ die Gammafunktion (siehe 308), für die Definition von $\int_0^\infty \ldots$ siehe die Definition uneigentlicher Integrale auf S. 118

$$\int_a^b (x - a)^{\alpha-1}(b - x)^{\beta-1}\, dx = (b - a)^{\alpha+\beta-1} B(\alpha, \beta) \qquad\qquad a < b, \alpha > 0, \beta > 0$$

$$\int_0^1 \frac{1}{\sqrt{1 - x^a}}\, dx = \frac{\sqrt{\pi}\,\Gamma\left(\frac{1}{a}\right)}{a\Gamma\left(\frac{1}{a} + \frac{1}{2}\right)} \qquad \int_0^1 \frac{1}{\sqrt{1 - x}}\, dx = 2 \qquad \int_0^1 \frac{1}{\sqrt{1 - x^2}}\, dx = \pi/2$$

$$\int_0^\infty \frac{1}{x^a(1 + x)}\, dx = \frac{\pi}{\sin(a\pi)} \quad (0 < a < 1) \qquad \int_0^\infty \frac{1}{\sqrt{x}(1 + x)}\, dx = \pi$$

$$\int_0^\infty \frac{1}{x^a(1 - x)}\, dx = -\pi \cot(a\pi) \qquad\qquad 0 < a < 1$$

$$\int_0^\infty \frac{1}{1 + x^a}\, dx = \frac{\pi}{a\sin(\pi/a)} \quad (a > 1) \qquad \int_0^\infty \frac{1}{1 + x^2}\, dx = \frac{\pi}{2}$$

$$\int_0^\infty \frac{1}{a^2 + x^2}\, dx = \frac{\pi}{2a} \quad (a > 0) \qquad \int_0^\infty \frac{1}{(a^2 + x^2)(b^2 + x^2)}\, dx = \frac{\pi}{2ab(a + b)} \quad (a, b > 0)$$

$$\int_0^\infty \frac{x^{\alpha-1}}{(ax + b)^{\alpha+\beta}}\, dx = \frac{\Gamma(\alpha)\Gamma(\beta)}{a^\alpha b^\beta \Gamma(\alpha + \beta)} \qquad\qquad a, b, \alpha, \beta > 0$$

$$\int_0^\infty \frac{x^{a-1}}{1 + x^b}\, dx = \frac{\pi}{b\sin\left(\frac{a\pi}{b}\right)} \qquad\qquad 0 < a < b$$

$$\int_0^\infty \frac{1}{ax^2 + 2bx + c}\, dx = \frac{1}{\sqrt{ac - b^2}}\left(\frac{\pi}{2} - \arctan\frac{b}{\sqrt{ac - b^2}}\right) \qquad a, ac - b^2 > 0$$

$$\int_0^{\pi/2} \sin^a x\, dx = \int_0^{\pi/2} \cos^a x\, dx = \frac{\sqrt{\pi}}{2}\frac{\Gamma\left(\frac{a+1}{2}\right)}{\Gamma\left(\frac{a+2}{2}\right)} \qquad\qquad a > -1$$

$$\int_0^{\pi/2} \sin x\, dx = \int_0^{\pi/2} \cos x\, dx = 1 \qquad \int_0^{\pi/2} \sin^2 x\, dx = \int_0^{\pi/2} \cos^2 x\, dx = \frac{\pi}{4}$$

$$\int_0^{\pi/2} \sin^{2\alpha+1} x \cos^{2\beta+1} x\, dx = \frac{\Gamma(\alpha + 1)\Gamma(\beta + 1)}{2\Gamma(\alpha + \beta + 2)} \qquad\qquad \alpha, \beta > -1$$

$$\int_0^\infty \frac{\sin ax}{x}\, dx = \frac{\pi}{2} \quad (a > 0) \qquad\qquad \int_0^\infty \frac{\sin ax}{x}\, dx = -\frac{\pi}{2} \quad (a < 0)$$

$$\int_0^\infty \frac{\sin x}{\sqrt{x}}\, dx = \int_0^\infty \frac{\cos x}{\sqrt{x}}\, dx = \sqrt{\frac{\pi}{2}} \qquad\qquad \int_0^\infty \frac{\sin^2 x}{x^2}\, dx = \frac{\pi}{2}$$

$$\int_0^\infty x^n e^{-x}\, dx = n! \qquad\qquad n = 0, 1, 2, \ldots$$

$$\int_0^\infty x^n e^{-ax}\, dx = \frac{\Gamma(n+1)}{a^{n+1}} \qquad\qquad n > -1, a > 0$$

$$\int_0^\infty x^n e^{-ax}\, dx = \frac{n!}{a^{n+1}} \qquad\qquad n = 0, 1, 2, \ldots, a > 0$$

$$\int_0^\infty e^{-ax^2}\, dx = \frac{1}{2}\sqrt{\frac{\pi}{a}} \qquad\qquad \int_{-\infty}^\infty e^{2bx - ax^2}\, dx = \sqrt{\frac{\pi}{a}}\, e^{b^2/a} \qquad\qquad a > 0$$

$$\int_{-\infty}^\infty e^{-x^2/2}\, dx = \sqrt{2\pi} \qquad\qquad \int_{-\infty}^\infty \exp\left(\frac{(x-a)^2}{2b^2}\right)\, dx = \sqrt{2\pi}\, b \qquad\qquad b > 0$$

$$\int_0^\infty x^n e^{-ax^2}\, dx = \frac{\frac{1}{2}\Gamma\left(\frac{n+1}{2}\right)}{a^{(n+1)/2}} \qquad\qquad n > -1, a > 0$$

$$\int_0^\infty x^n e^{-ax^2}\, dx = \frac{(2k-1)!!}{2^{k+1}a^k}\sqrt{\frac{\pi}{a}} \qquad\qquad n = 2k, k \in \mathbb{Z}, a > 0 \ ^*$$

$$\int_0^\infty x^n e^{-ax^2}\, dx = \frac{k!}{2a^{k+1}} \qquad\qquad n = 2k+1, k \in \mathbb{Z}, a > 0$$

Das Riemann-Integral

Sei f beschränkt in $I = [a, b]$, das in n Teile: $a = x_0 < x_1 < x_2 < \ldots < x_{n-1} < x_n = b$ zerlegt wird. Mit $\Delta x_i = x_{i+1} - x_i$; $i = 0, 1, \ldots, n-1$ und ξ_i beliebig in $[x_i, x_{i+1}]$ ist die **Riemann-Summe:** $\displaystyle\sum_{i=0}^{n-1} f(\xi_i)\Delta x_i$. Falls der Grenzwert für $n \to \infty$ (wobei $\max(\Delta x_i) \to 0$)

---

* Für $n \in \mathbb{N}$ ist $(2n-1)!! = 1 \cdot 3 \cdot 5 \cdot \ldots \cdot (2n-1)$ und $(2n)!! = 2 \cdot 4 \cdot 6 \cdot \ldots \cdot 2n$ die Semifakultät.

existiert, so heißt f **Riemann-integrierbar** und $\int_a^b f(x)\,dx = \lim\limits_{n\to\infty} \sum\limits_{i=0}^{n-1} f(\xi_i)\Delta x_i$ ist das **Riemann-Integral**.

Ökonomische Anwendungen

Förderung aus einer Ölquelle

Sei $x(t)$ Vorrat (Bestand) zur Zeit t, $x(0) = K$. Die Förderungsrate („Fluss") sei $u(t)$,

d.h. $\dot{x}(t) = -u(t) \quad \Rightarrow \quad x(t) = K - \int_0^t u(\tau)\,d\tau.$

Einkommensverteilung

Sei $F(r)$ der Anteil der Individuen mit Einkommen $\leq r$ unter insgesamt n Individuen. $nF(r)$ ist die Anzahl der Individuen mit Einkommen $\leq r$. Annahme (bei großem n): F sei differenzierbar mit stetiger Ableitung $F'(r) = f(r) \Rightarrow f(r)\Delta r \approx F(r + \Delta r) - F(r)$ für alle kleinen Δr, d.h. $f(r)\Delta r$ ist ungefähr der Anteil der Individuen mit Einkommen in $[r, r + \Delta r]$. f heißt Einkommensverteilungsfunktion (entspricht einer Dichtefunktion in der Statistik) und F ist die kumulative Verteilungsfunktion. $\int_a^b f(r)\,dr$ ist der Anteil der Individuen mit Einkommen in $[a, b]$ und $n\int_a^b f(r)\,dr$ die Anzahl der Individuen mit Einkommen in $[a, b]$. Das Gesamteinkommen der Individuen mit Einkommen in $[a, b]$ ist: $n\int_a^b rf(r)\,dr$. Das mittlere Einkommen der Individuen mit Einkommen in $[a, b]$ ist: $m = \int_a^b rf(r)\,dr \Big/ \int_a^b f(r)\,dr$.

Die Nachfrage nach einem Gut sei eine Funktion $D(p, r)$ vom Preis p und vom Einkommen r. Dann ist die Gesamtnachfrage durch alle Individuen mit Einkommen in $[a, b]$ gegeben durch: $x(p) = \int_a^b nD(p, r)f(r)\,dr$

Konsumenten- und Produzentenrente

Die Nachfragefunktion sei $P = f(Q)$, die Angebotsfunktion sei $P = g(Q)$ (siehe Abb. 7.2). Dann sind die Konsumentenrente CS und die Produzentenrente PS definiert durch:

$$CS = \int_0^{Q^*} [f(Q) - P^*]\,dQ = \int_0^{Q^*} f(Q)\,dQ - P^*Q^*$$

$$PS = \int_0^{Q^*} [P^* - g(Q)]\,dQ = P^*Q^* - \int_0^{Q^*} g(Q)\,dQ$$

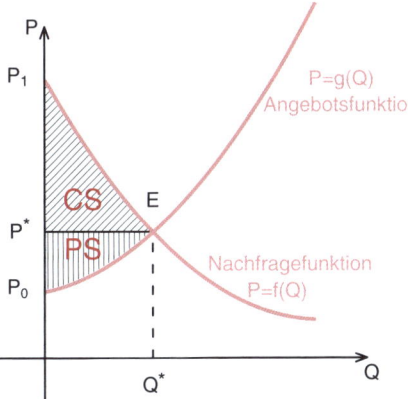

Abbildung 7.2. Konsumentenrente *CS* und Produzentenrente *PS*

7.3 Integrationsmethoden

Formel der partiellen Integration

$$\int f(x)g'(x)\, dx = f(x)g(x) - \int f'(x)g(x)\, dx$$

$$\int_a^b f(x)g'(x)\, dx = \left[f(x)g(x)\right]_a^b - \int_a^b f'(x)g(x)\, dx$$

Integration durch Substitution (Wechsel der Variablen)

Die Funktion g sei stetig differenzierbar und $f(u)$ stetig in allen Punkten u, die zum Wertebereich von g gehören. Dann gilt:

$$\int f(g(x))g'(x)\, dx = \int f(u)\, du \qquad (u = g(x))$$

Für bestimmte Integrale gilt:

$$\int_a^b f(g(x))g'(x)\, dx = \int_{g(a)}^{g(b)} f(u)\, du \qquad (u = g(x))$$

Uneigentliche Integrale

Integration über unendliche Intervalle

Die Funktion f sei stetig für alle $x \geq a$. Falls der Grenzwert $\lim\limits_{b \to \infty} \int\limits_a^b f(x)\, dx$ existiert, sagt man, dass das uneigentliche Integral $\int\limits_a^\infty f(x)\, dx$ konvergiert und definiert:

$$\int\limits_a^\infty f(x)\, dx = \lim\limits_{b \to \infty} \int\limits_a^b f(x)\, dx$$

Die Funktion f heißt integrierbar über $[a, \infty)$. Das uneigentliche Integral divergiert, wenn der Grenzwert nicht existiert. Entsprechend definiert man (falls der Grenzwert existiert):

$$\int\limits_{-\infty}^b f(x)\, dx = \lim\limits_{a \to -\infty} \int\limits_a^b f(x)\, dx$$

Falls beide Integrationsgrenzen unendlich sind, definiert man (falls beide Grenzwerte existieren):

$$\int\limits_{-\infty}^\infty f(x)\, dx = \int\limits_{-\infty}^0 f(x)\, dx + \int\limits_0^\infty f(x)\, dx$$

Im Allgemeinen ist: $\int\limits_{-\infty}^\infty f(x)\, dx \neq \lim\limits_{b \to \infty} \int\limits_{-b}^b f(x)\, dx.$

Integrale unbeschränkter Funktionen

Die Funktion f sei stetig auf $(a, b]$, wobei $f(a)$ nicht definiert ist. Wir definieren:

$$\int\limits_a^b f(x)\, dx = \lim\limits_{h \to 0^+} \int\limits_{a+h}^b f(x)\, dx$$

Entsprechend definieren wir, falls f in b nicht definiert ist:

$$\int\limits_a^b f(x)\, dx = \lim\limits_{h \to 0^+} \int\limits_a^{b-h} f(x)\, dx$$

Wenn die Grenzwerte existieren, sagt man, dass das uneigentliche Integral **konvergiert**. Falls f an beiden Grenzen nicht definiert ist, setzt man für ein beliebiges $c \in (a, b)$:

$$\int\limits_a^b f(x)\, dx = \int\limits_a^c f(x)\, dx + \int\limits_c^b f(x)\, dx$$

Das Integral auf der linken Seite konvergiert, wenn beide Integrale auf der rechten Seite konvergieren.

Vergleichstest auf Konvergenz

Die Funktionen f und g seien stetig für alle $x \geq a$ und $|f(x)| \leq g(x)$ für alle $x \geq a$.
Falls $\int\limits_{a}^{\infty} g(x)\,dx$ konvergiert, dann konvergiert $\int\limits_{a}^{\infty} f(x)\,dx$ und

$$\left| \int\limits_{a}^{\infty} f(x)\,dx \right| \leq \int\limits_{a}^{\infty} g(x)\,dx$$

7.4 Multiple Integrale

Doppelintegrale auf Produktmengen

Definition

Sei f eine stetige Funktion auf dem Rechteck $R = [a, b] \times [c, d]$. Dann wird das
Doppelintegral von f über R definiert durch

$$\int\int_{R} f(x, y)\,dx\,dy = \int\limits_{a}^{b} \left(\int\limits_{c}^{d} f(x, y)\,dy \right) dx = \int\limits_{c}^{d} \left(\int\limits_{a}^{b} f(x, y)\,dx \right) dy$$

7

Berechnung

Das Integral $\int\limits_{a}^{b} \left(\int\limits_{c}^{d} f(x, y)\,dy \right) dx$ wird wie folgt berechnet:

- Halten Sie x fest und integrieren Sie $f(x, y)$ bezüglich y von $y = c$ bis $y = d$.
  Sie erhalten $\int\limits_{c}^{d} f(x, y)\,dy$ als Funktion von x.

- Integrieren Sie jetzt $\int\limits_{c}^{d} f(x, y)\,dy$ bezüglich x von $x = a$ bis $x = b$.

Alternativ können Sie $\int\limits_{c}^{d} \left(\int\limits_{a}^{b} f(x, y)\,dx \right) dy$ auf die folgende Weise berechnen:

- Halten Sie y fest und integrieren Sie $f(x, y)$ bezüglich x von $x = a$ bis $x = b$.
  Sie erhalten $\int\limits_{a}^{b} f(x, y)\,dx$ als Funktion von y.

- Integrieren Sie jetzt $\int\limits_{a}^{b} f(x, y)\,dx$ bezüglich y von $y = c$ bis $y = d$.

Die beiden Ergebnisse stimmen überein.

Interpretation als Volumen

Falls $f(x, y) \geq 0$ für alle $(x, y) \in R$, kann das Doppelintegral als Volumen unterhalb des Graphen überhalb R interpretiert werden.

Multiple Integrale

Sei $\Omega = [a_1, b_1] \times \ldots \times [a_n, b_n]$ das kartesische Produkt der abgeschlossenen Intervalle $[a_1, b_1], \ldots, [a_n, b_n]$. Falls f eine stetige Funktion auf Ω ist, wird das multiple Integral von f über Ω definiert durch

$$\int \int \ldots \int_\Omega f(x_1, \ldots, x_{n-1}, x_n)\, dx_1 \ldots dx_{n-1}\, dx_n =$$

$$\int_{a_n}^{b_n} \left(\int_{a_{n-1}}^{b_{n-1}} \ldots \left(\int_{a_1}^{b_1} f(x_1, \ldots, x_{n-1}, x_n)\, dx_1 \right) \ldots dx_{n-1} \right) dx_n$$

Dabei wird das Integral auf der rechten Seite wie folgt berechnet:

- Integrieren Sie zunächst bezüglich x_1, indem Sie die anderen Variablen als konstant betrachten.
- Integrieren Sie dann bezüglich x_2, indem Sie die restlichen Variablen ($x_3, \ldots, x_n$) als konstant betrachten.
- Integrieren Sie dann bezüglich x_3 usw.

Das Ergebnis ist unabhängig von der Reihenfolge der Integration.

Doppelintegrale über allgemeinere Mengen

- Sei $A = \{(x, y) : a \leq x \leq b, u(x) \leq y \leq v(x)\}$, wobei $u(x)$ und $v(x)$ stetige Funktionen sind mit der Eigenschaft $u(x) \leq v(x)$ für alle $x \in [a, b]$. Es ist dann

$$\iint_A f(x, y)\, dx\, dy = \int_a^b \left(\int_{u(x)}^{v(x)} f(x, y)\, dy \right) dx$$

- Sei $B = \{(x, y) : c \leq y \leq d, p(y) \leq x \leq q(y)\}$, wobei $p(y)$ und $q(y)$ stetige Funktionen sind mit der Eigenschaft $p(y) \leq q(y)$ für alle $y \in [c, d]$. Es ist dann

$$\iint_B f(x, y)\, dx\, dy = \int_c^d \left(\int_{p(y)}^{q(y)} f(x, y)\, dx \right) dy$$

Berechnungsformel

Sei $f(x, y)$ stetig auf $R = [a, b] \times [c, d]$. Es gelte $\dfrac{\partial^2 F(x, y)}{\partial x \partial y} = f(x, y)$ für alle $(x, y) \in R$.
Dann gilt

$$\int\limits_c^d \left(\int\limits_a^b f(x, y)\, dx \right) dy = F(b, d) - F(a, d) - F(b, c) + F(a, c)$$

Wechsel der Variablen

Es sei

$$x = g(u, v), \quad y = h(u, v)$$

eine umkehrbar eindeutige stetig differenzierbare Transformation von einer offenen beschränkten Menge A' der uv-Ebene auf eine offene beschränkte Menge A der xy-Ebene. Die **Jacobi-Determinante**

$$\frac{\partial(g, h)}{\partial(u, v)} = \begin{vmatrix} \dfrac{\partial g}{\partial u} & \dfrac{\partial g}{\partial v} \\[2mm] \dfrac{\partial h}{\partial u} & \dfrac{\partial h}{\partial v} \end{vmatrix}$$

sei beschränkt auf A'. Sei f eine auf A definierte beschränkte stetige Funktion. Dann gilt

$$\int\int_A f(x, y)\, dxdy = \int\int_{A'} f(g(u, v), h(u, v)) \left| \frac{\partial(g, h)}{\partial(u, v)} \right| dudv$$

Es sei

$$\mathbf{x} = \mathbf{g}(\mathbf{u}) = (g_1(\mathbf{u}), \dots, g_n(\mathbf{u})) \qquad \mathbf{u} = (u_1, \dots, u_n)$$

eine umkehrbar eindeutige stetig differenzierbare Transformation von einer offenen beschränkten Menge A' im „$\mathbf{u}$-Raum" auf eine offene beschränkte Menge A im „$\mathbf{x}$-Raum". Die **Jacobi-Determinante**

$$J = \frac{\partial(g_1, \dots, g_n)}{\partial(u_1, \dots, u_n)} = \begin{vmatrix} \dfrac{\partial g_1}{\partial u_1} & \cdots & \dfrac{\partial g_1}{\partial u_n} \\[2mm] \vdots & \ddots & \vdots \\[2mm] \dfrac{\partial g_n}{\partial u_1} & \cdots & \dfrac{\partial g_n}{\partial u_n} \end{vmatrix}$$

sei beschränkt auf A'. Sei f eine auf A definierte beschränkte stetige Funktion. Dann gilt

$$\int \dots \int_A f(x_1, \dots, x_n)\, dx_1 \dots dx_n = \int \dots \int_{A'} f(g_1(\mathbf{u}), \dots, g_n(\mathbf{u}))\, |J|\, du_1 \dots du_n$$

7

7.5 Differentialgleichungen

Eine Differentialgleichung* ist eine Gleichung, in der eine Funktion f und ihre Ableitung f' bzw. $\dot{f}$ vorkommen.[†]

$$\dot{x}(t) = f(t) \iff x(t) = \int f(t)\, dt + C$$

Drei einfache Differentialgleichungen

Gesetz des natürlichen Wachstums:

$$\dot{x}(t) = rx(t),\ x(0) = x_0 \iff x(t) = x_0 e^{rt}$$

Wachstum gegen eine obere Schranke:

$$\dot{x}(t) = a(K - x(t)),\ x(0) = x_0 \iff x(t) = K - (K - x_0)e^{-at}$$

Logistisches Wachstum:

$$\dot{x}(t) = rx(t)\left(1 - \frac{x(t)}{K}\right),\ x(0) = x_0 \iff x(t) = \frac{K}{1 + \dfrac{K - x_0}{x_0}e^{-rt}}$$

---

[*] Differentialgleichungen werden ausführlich in Kap. 14 behandelt.
[†] Zur Punktnotation siehe S. 83.

Kapitel 8
Finanzmathematik

8.1 Zinsperioden und effektive Raten

Grundbegriffe der Prozentrechnung

1% eines Grundwertes K bedeutet ein **Hundertstel** dieses Grundwertes, entsprechend bedeuten $p\%$ von K das p-fache des einhundertsten Teils.

$$1\% = \frac{1}{100} = 0.01 \qquad p\% = \frac{p}{100} = i \text{ (oder } = r) \qquad p\% \text{ von } K = K \cdot \frac{p}{100} = K \cdot i$$

$Z = K \cdot i = K \cdot \dfrac{p}{100}$ **Prozentwert**; K **Grundwert**, Grundgröße, Basiswert, Basisgröße oder **Bezugsgröße**; p **Prozentfuß** ($= 100 \cdot i$); $i(= \dfrac{p}{100}) = p\%$ **Prozentsatz**

$$Z = K \cdot i \iff K = \frac{Z}{i} \iff i = \frac{Z}{K}$$

Vermehrter Grundwert: $K^+ = K(1 + i) \iff K = \dfrac{K^+}{1 + i}$

Verminderter Grundwert: $K^- = K(1 - i) \iff K = \dfrac{K^-}{1 - i}$

$K^* = K(1 + i)$ (vermehrter Grundwert, falls i positiv, verminderter Grundwert, falls i negativ)

Lineare Verzinsung
Definition

Bei linearer (einfacher) Verzinsung werden die Zinsen zeitanteilig berechnet und erst am Ende der Laufzeit dem Kapital zugeschlagen (bzw. mit dem Kapital verrechnet). Innerhalb der Laufzeit existiert kein Zinszuschlagstermin.

Zinsen und Endwert bei linearer Verzinsung

Ein Anfangskapital K_0 werde linear mit einem (nachschüssigen auf eine Zeiteinheit bezogenen) Zinssatz $i = \dfrac{p}{100} = p\%$ über eine Laufzeit (Kapitalüberlassungsfrist, gemessen in denselben Zeiteinheiten wie beim Zinssatz) von n Perioden verzinst. Dann sind am Ende der Kapitalüberlassungsfrist die Zinsen

$$Z_n = K_0 \cdot i \cdot n$$

fällig. Das Endkapital ist dann

$$K_n = K_0(1 + i \cdot n)$$

Die letzte Formel lässt sich nach K_0, i bzw. n auflösen:

$K_0 = \dfrac{K_n}{1 + i \cdot n}$ **Abzinsen**, d.h. Berechnung des **Barwertes** oder Anfangswertes

$i = \dfrac{1}{n}\left(\dfrac{K_n}{K_0} - 1\right)$ Berechnung des Zinssatzes

$n = \dfrac{1}{i}\left(\dfrac{K_n}{K_0} - 1\right)$ Berechnung der Laufzeit

Der Endwert einer **Zahlungsreihe** (d.h. einer Gesamtheit von unterschiedlichen und zu unterschiedlichen Zeitpunkten fälligen Zahlungen) darf durch getrenntes lineares Aufzinsen zum gemeinsamen Stichtag und Saldierung am Laufzeitende, das am Tag der letzten vorkommenden Zahlung oder später liegen muss, ermittelt werden.

Äquivalenz zweier Zahlungen

Die Zahlungen/Kapitalbeträge K_0 (fällig im Zeitpunkt 0) und K_n (fällig im Zeitpunkt n, d.h. n Zeiteinheiten später) heißen bei linearer Verzinsung (zum Zinssatz i pro Zeiteinheit) äquivalent, wenn gilt:

$$K_n = K_0(1 + i \cdot n)$$

Konvention: Stichtag bei linearer Verzinsung

Werden Zahlungsreihen mit Hilfe der linearen Verzinsung saldiert oder verglichen, soll als gemeinsamer Bewertungsstichtag der Tag der letzten vorkommenden Zahlung gewählt werden (oder es muss ausdrücklich ein anderer Stichtag) vereinbart sein.

Äquivalente Zahlungsreihen

Zwei Zahlungsreihen A, B heißen bei linearer Verzinsung zum Zinssatz i äquivalent, wenn sie – aufgezinst auf den Tag der letzten vorkommenden Zahlung – denselben Wert ergeben.

Äquivalenzprinzip der Finanzmathematik

Zwei Zahlungsreihen A, B dürfen nur dann verglichen (im Sinne der Äquivalenz), addiert oder subtrahiert werden, wenn sämtliche vorkommenden Zahlungen zuvor auf einen und denselben Stichtag transformiert wurden. Der verwendete (lineare Jahres-) Zinssatz keißt **Kalkulationszinssatz**.

Effektivzinssatz

Derjenige (nachschüssige) Zinssatz i, für den zwei Zahlungsreihen A, B äquivalent werden, heißt Effektivzinssatz des zugrunde liegenden Vorgangs.

Mittlerer Zahlungstermin, Zeitzentrum bei linearer Verzinsung

Gegeben sei eine Zahlungsreihe mit den Einzelzahlungen $K_1, K_2, \ldots, K_m$, die zu genau definierten Zeitpunkten fällig sind. Sämtliche Zahlungen sind äquivalent (d.h. ohne Zinsvor- oder -nachteile) ersetzbar durch die einmalige Zahlung $K = K_1 + \ldots + K_m$ des nominellen Gesamtbetrages. Der Fälligkeitstag (Zeitzentrum der Zahlungsreihe, mittlerer Zahlungstermin) liegt

$$t = \frac{K_1 t_1 + K_2 t_2 + \ldots + K_m t_m}{K_1 + K_2 + \ldots + K_m}$$

Zeiteinheiten vor einem zu wählenden Stichtag (= Tag der letzten Einzahlung oder später). Dabei sind $t_1, \ldots, t_m$ die Zeitspannen von $K_1, \ldots, K_m$ bis zum Stichtag. Die im mittleren Zahlungstermin geleistete Einzelzahlung $K = K_1 + \ldots + K_m$ führt zu jedem Stichtag, der nicht früher liegt als K_m, zum gleichen Endwert wie die einzelnen Zahlungen insgesamt.

Exponentielle Verzinsung oder Zinseszinsen

Definition

Bei exponentieller Verzinsung (Zinseszinsen) werden die Zinsen nach jeder Zinsperiode dem Kapital hinzugefügt und werden von da an selbst wieder verzinst. Innerhalb der Laufzeit liegen ein oder mehrere Zinszuschlagtermine. Unter einer **Zinsperiode** versteht man die Zeit zwischen zwei aufeinander folgenden Zinsauszahlungen. Die **periodische Rate** ist die Zinsrate pro Periode = jährliche Rate/Anzahl der Zinsperioden.

Zinsen, Endwert und effektiver Zinssatz

Ein Anfangskapital S_0 werde mit $r = p/100 = p\%$ Zinsen* pro Periode exponentiell verzinst. Die Zinsen nach der ersten Periode sind: $S_0 \cdot r = S_0 \cdot p/100$

Das Endkapital nach t Perioden ist dann

$$S_t = S_0(1 + r)^t \qquad \text{wobei} \qquad r = p/100$$

Diese Formel lässt sich nach $S_0, q = 1 + r, r, p$ bzw. t auflösen:

---

* In Zukunft wird r Zinsrate und p Zinssatz genannt.

$$S_0 = S_t(1 + r)^{-t} = \frac{S_t}{(1 + r)^t} \qquad \text{Abzinsen, d.h. Berechnung des Anfangswertes}$$

$$q = 1 + r = \left(\frac{S_t}{S_0}\right)^{1/t} = \sqrt[t]{\frac{S_t}{S_0}} \qquad \text{Berechnung des Aufzinsungsfaktors}$$

$$r = \left(\frac{S_t}{S_0}\right)^{1/t} - 1 = \sqrt[t]{\frac{S_t}{S_0}} - 1 \qquad \text{Berechnung der Zinsrate}$$

$$p = 100\left(\left(\frac{S_t}{S_0}\right)^{1/t} - 1\right) = 100\left(\sqrt[t]{\frac{S_t}{S_0}} - 1\right) \qquad \text{Berechnung des Zinsfußes}$$

$$t = \frac{\ln S_t - \ln S_0}{\ln(1 + r)} = \frac{\ln S_t - \ln S_0}{\ln q} \qquad \text{Berechnung der Laufzeit}$$

Die Änderungsrate (Wachstumsgeschwindigkeit) ist:

$$S'(t) = S_0(1 + r)^t \ln(1 + r) = \ln(1 + r)S_t$$

Bei n Zinsperioden pro Jahr und einer nominellen Jahreszinsrate $r_{nom} = r = p/100$ ist die relative unterjährige Periodenzinsrate, d.h. die Zinsrate pro Periode $r_p = r_{rel} = r/n$, d.h. $r_{nom} = n \cdot r_{rel}$ und $r_{rel} = \frac{r_{nom}}{n}$. Die Zinsen nach der ersten Periode sind $S_0 \cdot \frac{r}{n} = S_0 \cdot r_{rel} = S_0 \cdot \frac{r_{nom}}{n}$. Das Endkapital nach t Jahren ist:

$$S_t = S_0\left(1 + \frac{r}{n}\right)^{nt} = S_0\left(1 + \frac{r_{nom}}{n}\right)^{nt} = S_0(1 + r_{rel})^{nt}$$

Die effektive jährliche Zinsrate R ist dann:

$$R = \left(1 + \frac{r}{n}\right)^n - 1 = \left(1 + \frac{r_{nom}}{n}\right)^n - 1 = (1 + r_{rel})^n - 1$$

Effektive und konforme Zinsrate

Eine unterjährige Zinsrate r_p und eine jährliche Zinsrate heißen konform, wenn sie bei gleichem Anfangskapital zu gleichem Endkapital führen, d.h. $(1 + r_p)^n = 1 + r$ gilt. Man nennt dann $r = r_{eff}$ die effektive Zinsrate und $r_p = r_{kon}$ die konforme unterjährige Zinsrate.

Stetige Verzinsung

Definition

Man spricht von stetiger Verzinsung, wenn man die Anzahl der Zinsperioden n pro Jahr gegen unendlich gehen lässt.

Zinsen, Endkapital, Wachstum und effektiver Zinssatz bei stetiger Verzinsung

Das Anfangskapital S_0 werde mit einer jährlichen Zinsrate r stetig verzinst. Die Zinsen nach dem ersten Jahr sind dann $S_0 e^r$. Das Endkapital nach t Jahren ist

$$S(t) = S_0 e^{rt}$$

Diese Formel lässt sich nach S_0, r, p bzw. t auflösen:

$S_0 = \dfrac{S(t)}{e^{rt}} = S(t)e^{-rt}$ Berechnung des Anfangswertes (Barwertes)

$r = \dfrac{\ln S(t) - \ln S_0}{t} = \dfrac{1}{t}\ln\dfrac{S_t}{S_0}$ Berechnung der Zinsrate

$t = \dfrac{\ln S(t) - \ln S_0}{r} = \dfrac{1}{r}\ln\dfrac{S(t)}{S_0}$ Berechnung der Laufzeit

Bei stetiger Verzinsung wächst das Kapital mit der konstanten relativen Wachstumsrate $S'(t)/S(t) = r$. Das Kapital wächst jedes Jahr um den konstanten Faktor e^r, d.h. $S(t+1) = S(t)e^r$. Die Verdopplungszeit ist $t = \ln 2/r$, entsprechend ist das Kapital nach der Zeit $t = \ln q/r$ auf das q-fache angewachsen.

Die effektive Zinsrate $R = r_{eff}$ ergibt bei gleichem Anfangskapital und jährlicher diskreter Verzinsung das gleiche Endkapital wie stetige Verzinsung mit der jährlichen Rate $r = r_s$:

$$r_{eff} = e^{r_s} - 1 \iff r_s = \ln(1 + r_{eff})$$

8

Barwert

Falls der Zinssatz $p\%$ pro Jahr und $r = p/100$, so hat ein Betrag K, der in t Jahren zur Zahlung fällig ist, bei exponentieller Verzinsung den Barwert oder gegenwärtigen diskontierten Wert:

$K(1 + r)^{-t}$ bei jährlicher Verzinsung Ke^{-rt} bei stetiger Verzinsung

Äquivalenzprinzip der Finanzmathematik bei Zinseszinsen

Um eine Zahlung S_0 – bezogen auf ihren Fälligkeits- bzw. Wertstellungstermin – in eine t Zinsperioden entfernte Zukunft zu transferieren, muss man S_0 um t Zinsperioden aufzinsen (bzw. abzinsen), d.h. mit dem entsprechenden Aufzinsungsfaktor $q^t = (1 + r)^t$ bzw. Abzinsungsfaktor $q^{-t} = (1 + r)^{-t}$ multiplizieren, um die **Zeitwerte** S_t bzw. S_{-t} zu erhalten.

Umweg-Satz der exponentiellen Verzinsung

Der unter Verwendung der Zinseszinsmethode ermittelte Zeitwert S_t (im Zeitpunkt t) einer Zahlung S_0 (im Zeitpunkt 0) hängt außer von der Zinsrate r nur von der zeitlichen Differenz t zwischen den Wertstellungsterminen von S_t und S_0 ab, nicht von der Anzahl, Art oder Reihenfolge möglicher Auf-/Abzinsungsschritte, mit denen der Endtermin schließlich erreicht wird.

Äquivalenz zweier Zahlungen

Zwei Zahlungen S_0 (fällig im Zeitpunkt 0) und S_t (fällig im Abstand von t Zeitperioden bezogen auf den Zeitpunkt 0) heißen (unter Anwendung der exponentiellen Verzinsung, d.h. des Zinseszins-Prinzips, und dem Zinssatz r) äquivalent, wenn zwischen ihnen die Beziehung

$$S_t = S_0(1 + r)^t = S_0 q^t$$

besteht. Ist t positiv (negativ), so liegt S_t zeitlich um t Zinsperioden später (früher) als S_0.

Sind zwei zu verschiedenen Zeitpunkten fällige Zahlungen äquivalent bezüglich eines Zeitpunktes, so auch in Bezug auf jeden anderen Zeitpunkt.

Zwei (oder mehr) zu unterschiedlichen Zeitpunkten fällige Zahlungen dürfen nur dann zu einem (zeitbezogenen) Gesamtwert (additiv und/oder subtraktiv) zusammengefasst werden, wenn sie zuvor auf einen gemeinsamen Bezugstermin auf-/abgezinst wurden.

Ist eine Zahlungsreihe (insbesondere eine Rente) in einem Zeitpunkt zu einem Gesamtwert S zusammengefasst worden, so erhält man jeden Zeitwert derselben Zahlungsreihe (Rente) durch einmaliges Auf-/Abzinsen des bereits ermittelten Gesamtwertes S.

Äquivalenzprinzip der Finanzmathematik

Zwei Zahlungsreihen A, B dürfen nur dann verglichen, addiert oder subtrahiert werden, wenn zuvor sämtliche vorkommenden Zahlungen (mit Hilfe einer zuvor definierten Verzinsungsmethode) auf einen und denselben Stichtag auf- oder abgezinst wurden. Der dabei verwendete Zinssatz heißt **Kalkulationszinssatz** oder (im Falle der Äquivalenz) **Effektivzinssatz** (auch Rendite (bei Wertpapieren) oder interner Zinssatz (bei Investitionen)). Bei Anwendung der reinen Zinseszinsrechnung (d.h. Anfang und Ende des betrachteten Zeitintervalls sind Zinszuschlagstermine) gilt:

1) Der Zeitwert S_t (zu einem gewählten Stichtag) einer Zahlungsreihe $S_1, S_2, \ldots, S_x$ darf bei exponentieller Verzinsung durch getrenntes Auf-/Abzinsen jeder Einzelzahlung mit anschließender Saldobildung ermittelt werden:

$$S_t = S_1 q^{t_1} + S_2 q^{t_2} + \ldots + S_x q^{t_x}$$

Dabei sind $t_1, \ldots, t_x$ die in Zeitperioden gemessenen Abstände der Zahlungen $S_1, \ldots, S_x$ vom Stichtag t.

2) Beim Auf-/Abzinsen einer Zahlung (bzw. eines zuvor nach 1.) ermittelten Zeitwertes) auf einen gewählten Stichtag dürfen beliebige Verzinsungsstufen oder -umwege gemacht werden:

$$S_t = S_0 q^t = S_0 \cdot q^{t_1} \cdot q^{t_2} \cdot \ldots \cdot q^{t_x} = S_0 \cdot q^{t_1+t_2+\ldots+t_x} \qquad (t = t_1 + t_2 + \ldots + t_x)$$

3) Sind zwei Zahlungsreihen A, B bezüglich eines Stichtages (= Zinszuschlagstermin) äquivalent, so auch bezüglich jedes beliebigen anderen Stichtages, d.h. der Stichtag ist beliebig wählbar.

4) Derjenige nachschüssige Jahreszinssatz p, für den unter Beachtung der jeweils anzuwendenden Verzinsungsmethode die Äquivalenzgleichung $A = B$ wahr wird, heißt **effektiver Jahreszins** (Rendite, interner Zinssatz).

Zeitzentrum einer Zahlungsreihe bei exponentieller Verzinsung

Gegeben sei eine Zahlungsreihe mit den Einzelzahlungen $S_1, S_2, \ldots, S_m$, die zu genau definierten Zeitpunkten fällig sind. Sämtliche Zahlungen sind äquivalent (d.h. ohne Zinsvor- oder -nachteile) ersetzbar durch die einmalige Zahlung $S = S_1 + \ldots + S_m$ des nominellen Gesamtbetrages. Der Fälligkeitstag (Zeitzentrum der Zahlungsreihe, mittlerer Zahlungstermin) ist:

$$t = \frac{\ln(S_1 q^{t_1} + S_2 q^{t_2} + \ldots + S_m q^{t_m}) - \ln(S_1 + S_2 + \ldots + S_m)}{\ln q}$$

Dabei messen t bzw. $t_1, \ldots, t_m$ den Zeitabstand der Zahlung vom späteren Stichtag.

Inflation

Definition

Die Inflationsrate i_{infl} ist definiert als derjenige Prozentsatz, der in einer Volkswirtschaft die Veränderung des allgemeinen Preisniveaus gegenüber dem Vorjahr angibt. Der Inflationsfaktor ist $1 + i_{infl}$.

8

8

Inflationsbereinigung

Bei der Inflationsrate i_{infl} hat der Betrag G_{t+1} dieselbe Kaufkraft wie G_t heute, wobei

$$G_{t+1} = G_t(1 + i_{infl}) \iff G_t = \frac{G_{t+1}}{1 + i_{infl}}$$

Sind $i_{infl,1}, i_{infl,2}, \ldots$ die Inflationsraten für mehrere aufeinander folgende Zeiträume, so gilt:

$$G_n = G_0(1 + i_{infl,1}) \cdot (1 + i_{infl,2}) \cdot \ldots \cdot (1 + i_{infl,n})$$

$$G_0 = \frac{G_n}{(1 + i_{infl,1}) \cdot (1 + i_{infl,2}) \cdot \ldots \cdot (1 + i_{infl,n})}$$

Der **durchschnittliche Inflationsfaktor** ist

$$1 + \bar{i}_{infl} = \sqrt[n]{(1 + i_{infl,1}) \cdot (1 + i_{infl,2}) \cdot \ldots \cdot (1 + i_{infl,n})}$$

Es gilt:

$$G_n = G_0(1 + \bar{i}_{infl})^n \qquad G_0 = \frac{G_n}{(1 + \bar{i}_{infl})^n}$$

Exponentielle Verzinsung unter Berücksichtigung der Inflation

Der **Realwert** einer Kapitalanlage K_0 bei einer jährlichen Nominalzinsrate $r = r_{nom}$ und einer jährlichen Inflationsrate i_{infl} nach n Jahren ist:

$$K_{n,0} = \frac{K_0(1 + r_{nom})^n}{(1 + i_{infl})^n} = K_0 \frac{(1 + r_{nom})^n}{(1 + i_{infl})^n} = K_0(1 + r_{real})^n$$

Dabei ist:

$$1 + r_{real} = \frac{1 + r_{nom}}{1 + i_{infl}} \iff r_{real} = \frac{1 + r_{nom}}{1 + i_{infl}} - 1 = \frac{r_{nom} - i_{infl}}{1 + i_{infl}}$$

8.2 Geometrische Reihen

Definition*

Man spricht von einer geometrischen Reihe $\{s_n\}$, wenn $s_n = a + ak + ak^2 + \ldots + ak^{n-2} + ak^{n-1}$, d.h. jeder Summand entsteht aus dem vorhergehenden durch Multiplikation mit dem Faktor k oder der Quotient zweier aufeinander folgender Summanden ist konstant gleich k.

---

* Siehe auch S. 32.

Summenformel für eine **endliche geometrische Reihe**

$$s_n = a + ak + ak^2 + \ldots + ak^{n-2} + ak^{n-1} = a\frac{1 - k^n}{1 - k} = a\frac{k^n - 1}{k - 1} \qquad (k \neq 1)$$

Summenformel für eine unendliche geometrische Reihe

$$a + ak + ak^2 + \ldots + ak^{n-1} + \ldots = \sum_{n=1}^{\infty} ak^{n-1} = \sum_{n=0}^{\infty} ak^n = \frac{a}{1 - k} \qquad \text{falls } |k| < 1$$

Die Reihe divergiert, falls $|k| \geq 1$.

8.3   Gesamtbarwert

Barwert einer Zahlungsreihe[†]

Für eine Zahlungsreihe

$$a_1 \text{ nach 1 Jahr, } a_2 \text{ nach 2 Jahren, } \ldots, a_n \text{ nach } n \text{ Jahren}$$

ist der heutige Wert (Barwert), d.h. der Gesamtwert aller n Zahlungen, gegeben durch:

$$P_n = \frac{a_1}{1 + r} + \frac{a_2}{(1 + r)^2} + \ldots + \frac{a_n}{(1 + r)^n} = \sum_{i=1}^{n} \frac{a_i}{(1 + r)^i}$$

8

Definition einer Annuität oder Rente

Eine Annuität oder Rente ist eine Folge von gleichen Zahlungen ($a_1 = a_2 \ldots = a_n = a$) zu festen Zeitperioden.

[†] Siehe auch S. 204.

Barwert und zukünftiger Wert einer Annuität

- Der Barwert einer Annuität oder Rente über n Perioden mit Zahlungsbetrag a und Zinsrate $r = p/100$ pro Periode ist:

$$P_n = \frac{a}{1+r} + \frac{a}{(1+r)^2} + \ldots + \frac{a}{(1+r)^n} = \frac{a}{r}\left[1 - \frac{1}{(1+r)^n}\right]$$

- Der zukünftige Wert dieser Annuität unmittelbar nach der letzten Einzahlung ist mit $q = 1 + r$:

$$F_n = a + a(1+r) + a(1+r)^2 + \ldots + a(1+r)^{n-1} = \frac{a}{r}\left[(1+r)^n - 1\right] = a \cdot \frac{q^n - 1}{q - 1}$$

- Der Barwert einer ewigen Rente ist:

$$P_\infty = \lim_{n \to \infty} P_n = \frac{a}{r} \quad (r > 0)$$

Man erhält den Zeitwert der Annuität zu jedem beliebigem Stichtag, indem man zunächst den Endwert F_n berechnet und dann entsprechend weit auf- oder abzinst mit dem Faktor $q = 1 + r$.

End- und Barwerte von nach- und vorschüssigen Renten

Alle Formeln galten bisher für nachschüssige Renten, d.h. Zahlungen am Ende der Zinsperiode. Bei vorschüssigen Renten sind die Zahlungen zu Beginn der Periode fällig.

Die End- und Barwerte von nach- und vorschüssigen Renten bei n Zahlungen der Höhe R sind:

- **Endwert einer nachschüssigen Rente**: $R_n = F_n = R \cdot \dfrac{q^n - 1}{q - 1} = R \cdot s_n$

  mit dem **nachschüssigen Rentenendwertfaktor** $s_n = \dfrac{q^n - 1}{q - 1}$

- **Barwert einer nachschüssigen Rente**: $R_0 = P_n = R \cdot \dfrac{q^n - 1}{q - 1} \cdot \dfrac{1}{q^n} = R \cdot a_n$

  mit dem **nachschüssigen Rentenbarwertfaktor** $a_n = \dfrac{q^n - 1}{q - 1} \cdot \dfrac{1}{q^n}$

- **Endwert einer vorschüssigen Rente**: $R_n' = R \cdot \dfrac{q^n - 1}{q - 1} \cdot q = R \cdot s_n'$

  mit dem **vorschüssigen Rentenendwertfaktor** $s_n' = \dfrac{q^n - 1}{q - 1} \cdot q$

- **Barwert einer vorschüssigen Rente**: $R_0' = R \cdot \dfrac{q^n - 1}{q - 1} \cdot \dfrac{1}{q^{n-1}} = R \cdot a_n'$

  mit dem **vorschüssigen Rentenbarwertfaktor** $a_n' = \dfrac{q^n - 1}{q - 1} \cdot \dfrac{1}{q^{n-1}}$

Barwert und zukünftiger Wert eines stetigen Einkommensstromes

- Der Barwert oder gegenwärtige diskontierte Wert (zur Zeit 0) eines stetigen Einkommensstromes mit der Rate $f(t)$ pro Jahr über dem Zeitintervall $[0, T]$ bei stetiger Verzinsung zur Rate r pro Jahr ist

$$PDV = \int_0^T f(t)e^{-rt}\, dt$$

- Der zukünftige Wert zur Zeit T ist

$$FDV = \int_0^T f(t)e^{r(T-t)}\, dt$$

- Der diskontierte Wert zu einer beliebigen Zeit $s \in [0, T]$ des Einkommensstromes über das Intervall $[s, T]$ ist

$$DV = \int_{t=s}^T f(t)e^{-r(t-s)}\, dt$$

8.4   Hypothekenrückzahlungen

8

Kredit* als nachschüssige bzw. vorschüssige Annuität

Ein Kredit der Höhe K werde wie eine (nachschüssige) Annuität über n Perioden mit der Zinsrate $r = p/100$ zurückgezahlt, wobei die erste Zahlung a nach einer Periode und der Rest nach gleich langen Perioden zurückgezahlt wird. Zwischen dem Kredit K, dem Zahlungsbetrag a und der Laufzeit n gelten dann die folgenden Beziehungen:

$$K = \frac{a}{r}\left(1 - \frac{1}{(1+r)^n}\right) \iff a = K\frac{r(1+r)^n}{(1+r)^n - 1} = \frac{rK}{1 - (1+r)^{-n}} \iff$$

$$n = \frac{\ln a - \ln(a - rK)}{\ln(1 + r)}$$

Erfolgen die Zahlungen zu Beginn der Periode, d.h., handelt es sich um eine vorschüssige Annuität, so wird diese behandelt wie eine nachschüssige Annuität mit einer Anfangszahlung a zu Beginn der ersten Periode und n weiteren Zahlungen. Es gelten dann die folgenden Beziehungen:

$$K = a\left(1 + \frac{1}{r}\left(1 - \frac{1}{(1+r)^n}\right)\right) \iff$$

---

* Siehe auch S. 205.

$$a = K \frac{r(1+r)^n}{(1+r)^{n+1} - 1} = \frac{rK}{1 + r - (1+r)^{-n}} \iff$$

$$n = \frac{\ln a - \ln(a(1+r) - rK)}{\ln(1+r)}$$

Annuität als Summe von Zins- und Tilgungsleistungen

Die Annuität A_t (Zahlung zur Zeit t, nicht notwendig konstant) setze sich zusammen aus Zinsen Z_t plus Tilgung T_t, d.h.

$$A_t = Z_t + T_t \qquad (t = 1, 2, 3, \ldots)$$

Alle Zahlungen erfolgen am Ende einer Zinsperiode. Die Restschuld nach t Zinsperioden werde mit K_t, $t = 1, 2, \ldots$ bezeichnet, $K_0 = K$. Dann gilt für eine periodische Zinsrate r:

$$Z_t = K_{t-1} r \qquad K_t = K_{t-1}(1+r) - A_t = K_{t-1} - T_t \qquad T_1 + T_2 + \ldots + T_n = K_0$$

Entwicklung der Restschuld bei einer konstanten Annuität

Ein Kredit K_0 werde mit einer konstanten Annuität A in n Zahlungen am Ende der jeweiligen Zinsperioden und beginnend nach der ersten Zinsperiode zurückgezahlt*. Dann gilt mit einer periodischen Zinsrate r und $q = 1 + r \neq 1$ für die Restschuld K_m unmittelbar nach der m-ten Zahlung

$$K_m = K_0 q^m - A \frac{q^m - 1}{q - 1} \qquad (m \leq n)$$

Der Kredit ist genau dann vollständig getilgt, wenn

$$K_0 q^n = A \frac{q^n - 1}{q - 1} \iff n = \frac{\ln A - \ln(A - K_0(q - 1))}{\ln q} = \frac{\ln A - \ln T_1}{\ln q}$$

Zahlungsbetrag und Laufzeit einer Annuität bei gegebenem Zins- und Tilgungssatz

Ein Kredit K_0 werde mit einer konstanten Annuität A in n Zahlungen am Ende der jeweiligen Zinsperioden und beginnend nach der ersten Zinsperiode zurückgezahlt. Die Höhe der Annuität errechnet sich nach der Formel

$$A = K_0(r + r_T)$$

Dabei ist r die periodische Zinsrate, mit der die jeweilige Restschuld zu verzinsen ist, während r_T die Tilgungrate, bezogen auf die Anfangsschuld, ist. Dann gilt für die Laufzeit

$$n = \frac{\ln(r + r_T) - \ln r_t}{\ln(1 + r)} = \frac{\ln(1 + r/r_T)}{\ln(1 + r)}$$

---

* Siehe auch Kapitalabbau auf S. 136.

Mit dem Restschuldanteil $k = K_m/K_0$ und dem Laufzeitverhältnis $t = m/n$ gilt

$$t = t(k) = \frac{\ln(1 - k)r/r_T + 1)}{\ln(1 + r/r_T)} \qquad k = k(t) = 1 - \frac{r_T}{r}\left(\left(1 + \frac{r}{r_T}\right)^t - 1\right)$$

8.5 Investitionsprojekte

Grundlegende Definitionen

Gegeben sei eine Investition mit der Zahlungsreihe $R_0, R_1, \ldots, R_T$, wobei $R_t = e_t - a_t$ der Rückfluss im Zeitpunkt t (Saldo der Einzahlungen e_t und Auszahlungen a_t in der Periode t). Es werde die Kalkulationszinsrate r und $q = 1 + r$ verwendet.

Der **Kapitalwert** C_0 **der Investition** ist der auf den Zeitpunkt $t = 0$ abgezinste Wert sämtlicher Rückflüsse der Investition:

$$C_0 = R_0 + \frac{R_1}{1 + r} + \frac{R_2}{(1 + r)^2} + \ldots + \frac{R_T}{(1 + r)^T} = \sum_{t=0}^{T} R_t q^{-t} = \sum_{t=0}^{T} e_t q^{-t} - \sum_{t=0}^{T} a_t q^{-t}$$

Diejenige Kalkulationszinsrate r^*, für die der Kapitalwert einer Investition Null wird, heißt **interne Zinsrate** oder **interne Ertragsrate** (Effektivzinsrate, Rendite) der Investition.

Eine **Normalinvestition** ist eine Zahlungsreihe, die mit einer Auszahlung beginnt, nur einen Vorzeichenwechsel aufweist und das Deckungskriterium erfüllt, d.h. die nominelle Summe der Einzahlungen ist größer als die nominelle Summe der Auszahlungen.

Eigenschaften der Kapitalwertfunktion

Es gilt $C_0 = (EV_I - EV_U)q^{-T}$, d.h., der Kapitalwert entspricht der auf den Zeitpunkt $t = 0$ abgezinsten Endvermögensdifferenz $EV_I - EV_U$, d.h der Differenz aus den Endvermögen bei Investition und Endvermögen bei Unterlassung, d.h. Anlage zur Kalkulationszinsrate r.

Die interne Zinsrate r^* ist Lösung der Gleichung $C_0(r) = 0$, d.h. Nullstelle der Kapitalwertfunktion $C_0 = C_0(r)$. Die Nullstelle ist eindeutig bestimmt.

Die Kapitalwertfunktion $C_0(r)$ ist um die einzige Nullstelle herum (beginnend bei $r = 0\%$) streng monoton fallend und es gilt $C_0(0) > 0$.

8.6 Kapitalaufbau bzw. -abbau

Zu einem Anfangskapital K_0 werde, beginnend nach einer Zinsperiode, eine Rente der Höhe R über n Perioden hinzugezahlt. Bei einer Zinsrate r pro Periode gilt dann mit $q = r + 1$ für den Kontostand K_m am Ende der m-ten Zinsperiode:

$$K_m = K_0 q^m + R \frac{q^m - 1}{q - 1}$$

Wird die Rente nicht hinzugezahlt, sondern abgehoben, so gilt unter den gleichen Bedingungen für den Kontostand K_m am Ende der m-ten Zinsperiode:

$$K_m = K_0 q^m - R \frac{q^m - 1}{q - 1}$$

Das Konto ist genau dann nach der n-ten Abhebung verzehrt, wenn

$$K_0 q^n = R \frac{q^n - 1}{q - 1} \iff n = \frac{\ln R - \ln(R - K_0(q - 1))}{\ln q}$$

8.7 Renten mit veränderlichen Raten

Arithmetisch veränderliche Raten

Es gelte für die jährliche Zahlungsreihe $R_1, R_2, \ldots, R_n$ für eine Konstante d:

$$R_1 = R \qquad R_t = R_{t-1} + d \qquad \text{oder} \qquad R_t - R_{t-1} = d \qquad (t = 2, \ldots, n)$$

Dann gilt für den Endwert K_n am Tag der n-ten und letzten Rente bei einer Zinsrate r und $q = r + 1 \neq 1$:

$$K_n = R \frac{q^n - 1}{q - 1} + \frac{d}{q - 1} \left(\frac{q^n - 1}{q - 1} - n \right) = \left(R + \frac{d}{q - 1} \right) \frac{q^n - 1}{q - 1} - \frac{nd}{q - 1}$$

Für $q = 1$, d.h. $r = 0$ gilt:

$$K_n = nR + \frac{n(n - 1)}{2} d$$

Für den Barwert (eine Zinsperiode vor der ersten Rate) einer ewigen arithmetisch veränderlichen Rente gilt, falls $q = 1 + r \neq 1$, d.h. $r \neq 0$:

$$K_0^\infty = \frac{R}{q - 1} + \frac{d}{(q - 1)^2} = \frac{R}{r} + \frac{d}{r^2}$$

Geometrisch veränderliche Raten

Es gelte für die jährliche Zahlungsreihe $R_1, R_2, \ldots, R_n$ für eine Konstante $c = 1 + r_{dyn}$ (Dynamik-Faktor):

$$R_1 = R \qquad R_t = R_{t-1} c \qquad \text{oder} \qquad \frac{R_t}{R_{t-1}} = c \qquad (t = 2, \ldots, n)$$

Dann gilt für den Endwert K_n am Tag der n-ten und letzten Rente bei einer Zinsrate r und $q = 1 + r \neq c = 1 + r_{dyn}$:

$$K_n = Rc^{n-1} \cdot \frac{\left(\frac{q}{c}\right)^n - 1}{\frac{q}{c} - 1} = R \frac{q^n - c^n}{q - c}$$

Für $q = c$, d.h. $r = r_{dyn}$ gilt:

$$K_n = nRq^{n-1} = nRc^{n-1}$$

Für den Barwert (eine Zinsperiode vor der ersten Rate) einer ewigen geometrisch veränderlichen Rente gilt, falls $c < q$, d.h. $r_{dyn} < r$:

$$K_0^\infty = \frac{R}{q - c} = \frac{R}{r - r_{dyn}}$$

8

Kapitel 9
Funktionen mehrerer Variablen

9.1 Funktionen von zwei Variablen, Ableitungen, Darstellungen

Definition des Begriffes Funktion von zwei Variablen

Eine Funktion von zwei Variablen x und y mit **Definitionsbereich** D ist eine Regel, die jedem Punkt $(x, y) \in D$ eine eindeutige reelle Zahl $z = f(x, y)$ zuordnet. Dabei heißen x und y unabhängige (exogene) Variablen und z heißt abhängige (endogene) Variable. Der Definitionsbereich ist die Menge der möglichen Werte (x, y) der unabhängigen Variablen. Der **Wertebereich** ist die Menge der Werte der abhängigen Variablen, die man erhält, wenn (x, y) im Definitionsbereich variieren.

Wenn nichts anderes vereinbart ist, ist der Definitionsbereich einer Funktion, die durch eine Formel definiert wird, der größte Bereich, in dem die Formel einen sinnvollen und eindeutigen Wert liefert. Für zwei Variablen ist D ein Bereich in der (x, y)-Ebene.

9

Partielle Ableitungen mit zwei Variablen
Definition

Falls $z = f(x, y)$, bezeichnet $\frac{\partial z}{\partial x}$ die partielle Ableitung nach x, d.h. die Ableitung von $f(x, y)$ nach x, wenn y konstant gehalten wird, und $\frac{\partial z}{\partial y}$ bezeichnet die partielle Ableitung nach y, d.h. die Ableitung von $f(x, y)$ nach y, wenn x konstant gehalten wird.

Andere Notationen sind:

- $\dfrac{\partial f}{\partial x} = \dfrac{\partial z}{\partial x} = z'_x = f'_x(x, y) = f'_1(x, y) = \dfrac{\partial f(x, y)}{\partial x}$ partielle Ableitung nach x

- $\dfrac{\partial f}{\partial y} = \dfrac{\partial z}{\partial y} = z'_y = f'_y(x, y) = f'_2(x, y) = \dfrac{\partial f(x, y)}{\partial y}$ partielle Ableitung nach y

Formal werden die partiellen Ableitungen wie folgt definiert:

$$f'_1(x, y) = \lim_{h \to 0} \frac{f(x + h, y) - f(x, y)}{h} \qquad f'_2(x, y) = \lim_{k \to 0} \frac{f(x, y + k) - f(x, y)}{k}$$

Approximativ gilt:

$$f_1'(x, y)dx \approx f(x + dx, y) - f(x, y) \qquad f_2'(x, y)dy \approx f(x, y + dy) - f(x, y)$$

Für $dx = dy = 1$ folgt:

- Die partielle Ableitung $f_1'(x, y)$ ist ungefähr gleich der Änderung in $f(x, y)$, die aus einer Erhöhung von x um eine Einheit resultiert, wenn y dabei konstant gehalten wird.

- Die partielle Ableitung $f_2'(x, y)$ ist ungefähr gleich der Änderung in $f(x, y)$, die aus einer Erhöhung von y um eine Einheit resultiert, wenn x dabei konstant gehalten wird.

Partielle Ableitungen zweiter Ordnung

Definition

Die partiellen Ableitungen zweiter Ordnung werden als partielle Ableitungen der partiellen Ableitung erster Ordnung definiert, wobei wir verschiedene Notationen angeben:

$$\frac{\partial}{\partial x}\left(\frac{\partial f}{\partial x}\right) = \frac{\partial^2 f}{\partial x^2} = f_{xx}'' = f_{11}'' \qquad \frac{\partial}{\partial y}\left(\frac{\partial f}{\partial x}\right) = \frac{\partial^2 f}{\partial y \partial x} = f_{xy}'' = f_{12}''$$

$$\frac{\partial}{\partial x}\left(\frac{\partial f}{\partial y}\right) = \frac{\partial^2 f}{\partial x \partial y} = f_{yx}'' = f_{21}'' \qquad \frac{\partial}{\partial y}\left(\frac{\partial f}{\partial y}\right) = \frac{\partial^2 f}{\partial y^2} = f_{yy}'' = f_{22}''$$

Youngs Theorem

Wenn die partiellen Ableitungen zweiter Ordnung stetig sind, dann gilt:

$$\frac{\partial^2 f}{\partial y \partial x} = \frac{\partial^2 f}{\partial x \partial y}$$

9

Geometrische Darstellung

Punkte im Raum sind darstellbar durch Tripel reeller Zahlen, wobei drei paarweise orthogonale Koordinatenachsen: x-Achse, y-Achse, z-Achse verwendet werden: $x = 0$ ist die Koordinatenebene, die von der y- und z-Achse aufgespannt wird, d.h. die yz-Ebene. Weitere Ebenen sind: die xy-Ebene, in der $z = 0$ ist, die xz-Ebene, in der $y = 0$ ist. Jeder Punkt im Raum hat Koordinaten (x_0, y_0, z_0) und jedes Tripel beschreibt einen Punkt im Raum.

Graphen und Höhenlinien

Der Graph einer Funktion von zwei Variablen, die auf einem Definitionsbereich D in der xy-Ebene definiert ist, ist die Menge aller Punkte $(x, y, f(x, y))$ im Raum, wenn (x, y) in D variiert.

Eine Höhenlinie oder **Niveaulinie** von f zur Höhe c entsteht, wenn der Graph der Funktion $z = f(x, y)$ mit einer horizontalen Ebene parallel zur xy-Ebene geschnitten wird. Die Projektion der Schnittfläche auf die xy-Ebene ergibt die Höhenlinie. Bei Produktionsfunktionen spricht man von **Isoquanten** statt Höhenlinien, bei Nutzenfunktionen von **Indifferenzkurven**, in analoger Weise von Isokosten- und Isogewinnkurven.

Geometrische Interpretation der partiellen Ableitungen

Die partielle Ableitung $f'_x(x_0, y_0)$ ist die Ableitung von $z = f(x, y_0)$ nach x im Punkt $x = x_0$ und ist die Steigung der Tangente an die Kurve K_y, die sich ergibt, wenn man auf dem Graphen von f die Variable y konstant gleich y_0 hält, es ist ein Maß für die Steilheit an der Stelle $(x_0, y_0, f(x_0, y_0))$ in Richtung der positiven x-Achse. Ensprechend ist $f'_y(x_0, y_0)$ ein Maß für die Steilheit an der Stelle $(x_0, y_0, f(x_0, y_0))$ in Richtung der positiven y-Achse (man halte auf dem Graphen von f die Variable x konstant gleich x_0).

9.2 Flächen und Abstand

Graph einer Gleichung

Eine Gleichung $g(x, y, z)$ in drei Variablen kann durch eine Punktmenge im Raum dargestellt werden, die der **Graph** der Gleichung genannt wird und aus allen Tripeln besteht, die die Gleichung erfüllen. Gewöhnlich bildet der Graph eine **Fläche** im Raum.

Allgemeine Gleichung einer Ebene im Raum

Definition

Falls a, b und c nicht alle Null sind, ist

$$ax + by + cz = d$$

die allgemeine Gleichung einer Ebene im Raum.

Der Graph schneidet die xy-Ebene, wenn $z = 0$ ist: Die Schnittmenge $ax + by = d$ ist eine Gerade, wenn a und b nicht beide Null sind. Entsprechend schneidet der Graph die beiden anderen Achsen in Geraden.

Abstand im Raum

Der Abstand zwischen zwei Punkten (x_1, y_1, z_1) und (x_2, y_2, z_2) ist definiert durch:

$$d = \sqrt{(x_2 - x_1)^2 + (y_2 - y_1)^2 + (z_2 - z_1)^2}$$

Gleichung einer Kugel

Die Gleichung einer Kugel mit Mittelpunkt (a, b, c) und Radius r ist:

$$(x - a)^2 + (y - b)^2 + (z - c)^2 = r^2$$

9.3 Funktionen von mehreren Variablen, Ableitungen

Grundlegende Definitionen

Ein **n-Vektor** $x = (x_1, x_2, \ldots, x_n)$ ist eine geordnete Reihenfolge von n reellen Zahlen.*

Eine **Funktion f von n Variablen** $x_1, \ldots, x_n$ mit **Definitionsbereich** D ist eine Regel, die jedem n-Vektor $x = (x_1, \ldots, x_n) \in D$ genau eine reelle Zahl $f(x) = f(x_1, \ldots, x_n)$ zuordnet.

Spezielle Funktionen

- $f(x_1, x_2, \ldots, x_n) = a_1 x_1 + a_2 x_2 + \ldots + a_n x_n + b$, wobei $a_1, a_2, \ldots, a_n$ und b Konstanten sind, ist eine **lineare Funktion** in n Variablen.
- $F(x_1, x_2, \ldots, x_n) = A x_1^{a_1} x_2^{a_2} \ldots x_n^{a_n}$ ($A, a_1, \ldots, a_n$ sind Konstanten; $A > 0$), definiert für $x_1 > 0, x_2 > 0, \ldots, x_n > 0$, heißt **Cobb-Douglas-Funktion**.
  Für die Cobb-Douglas-Funktion gilt: $\ln F = \ln A + a_1 \ln x_1 + a_2 \ln x_2 + \ldots + a_n \ln x_n$, d.h. die Cobb-Douglas-Funktion ist **log-linear** oder ln-linear.

9

Stetigkeit

Definition

Eine Funktion von n Variablen ist stetig, wenn kleine Änderungen in einer oder allen unabhängigen Variablen zu kleinen Änderungen des Funktionswertes führen.

Eine wichtige Regel für stetige Funktionen

Jede Funktion von n Variablen, die durch Kombination der Operationen der Addition, Subtraktion, Multiplikation, Division und Verkettung aus stetigen Funktionen konstruiert werden kann, ist überall dort stetig, wo sie definiert ist.

---

* Für eine genaue Definition siehe S. 170.

Euklidischer *n*-dimensionaler Raum: Grundlegende Definitionen

Der Euklidische *n*-dimensionale Raum $\mathbb{R}^n$ ist die Menge aller *n*-Vektoren $(x_1, x_2, \ldots, x_n)$. Falls $z = f(x_1, x_2, \ldots, x_n) = f(\mathbf{x})$, so ist der **Graph** von f die Menge aller Punkte $(\mathbf{x}, f(\mathbf{x})) \in \mathbb{R}^{n+1}$, für die $\mathbf{x} \in D$. Der Graph wird auch **Fläche** oder **Hyperfläche** im $\mathbb{R}^{n+1}$ genannt. Für eine Konstante $z = z_0$ wird die Menge aller Punkte im $\mathbb{R}^n$ mit $f(\mathbf{x}) = z_0$ eine **Fläche zum Niveau** oder **zur Höhe** z_0 von f genannt. Wenn $f(\mathbf{x})$ eine lineare Funktion ist, ergibt sich für $n = 3$ eine Ebene, für $n > 3$ eine Hyperebene. In der Produktiostheorie spricht man von **Isoquanten** statt Höhenflächen.

Partielle Ableitungen mit mehreren Variablen

Grundlegende Definitionen

Falls $z = f(x_1, x_2, \ldots, x_n)$, dann bedeutet $\partial f / \partial x_i$, für $i = 1, 2, \ldots, n$ die partielle Ableitung von $f(x_1, x_2, \ldots, x_n)$ nach x_i, wenn alle anderen Variablen $x_j (j \neq i)$ konstant gehalten werden. Andere Notationen sind:

$$\frac{\partial f}{\partial x_i} = \frac{\partial z}{\partial x_i} = \partial z / \partial x_i = z'_i = f'_i(x_1, x_2, \ldots, x_n)$$

Formal wird die partielle Ableitung wie folgt definiert:

$$\frac{\partial z}{\partial x_i} = \lim_{h \to 0} \frac{f(x_1, \ldots, x_i + h, \ldots, x_n) - f(x_1, \ldots, x_i, \ldots, x_n)}{h}$$

Wenn der Grenzwert nicht existiert, sagen wir, dass $\frac{\partial z}{\partial x_i}$ nicht existiert oder dass z an dieser Stelle nicht partiell nach x_i differenzierbar ist.

Für jede der *n* partiellen Ableitungen erster Ordnung gibt es *n* partielle Ableitungen zweiter Ordnung $\frac{\partial}{\partial x_j} \left(\frac{\partial f}{\partial x_i} \right) = \frac{\partial^2 f}{\partial x_j \partial x_i} = f''_{ij} = z''_{ij}$, insgesamt n^2, angeordnet in der so genannten **Hesse-Matrix**:

$$f''(\mathbf{x}) = \begin{pmatrix} f''_{11}(\mathbf{x}) & f''_{12}(\mathbf{x}) & \cdots & f''_{1n}(\mathbf{x}) \\ f''_{21}(\mathbf{x}) & f''_{22}(\mathbf{x}) & \cdots & f''_{2n}(\mathbf{x}) \\ \vdots & \vdots & \ddots & \vdots \\ f''_{n1}(\mathbf{x}) & f''_{n2}(\mathbf{x}) & \cdots & f''_{nn}(\mathbf{x}) \end{pmatrix}$$

Dabei heißen $f''_{ii}(\mathbf{x})$ direkte partielle Ableitungen, und f''_{ij} $i \neq j$ gemischte oder gekreuzte partielle Ableitungen.

Falls $z = f(x_1, x_2, \ldots, x_n)$ stetige partielle Ableitungen erster Ordnung in D hat, heißt f **stetig differenzierbar** in D und f wird eine C^1-Funktion genannt. Wenn alle partiellen Ableitung bis zur Ordnung k existieren und stetig sind, wird f eine C^k-Funktion genannt.

Approximation

Die partielle Ableitung $\partial z/\partial x_i = \partial f/\partial x_i$ ist annähernd gleich der Änderung in $z = f(x_1, x_2, \ldots, x_n)$, die durch einen Anstieg von x_i um eine Einheit verursacht wird, während alle anderen x_j ($j \neq i$) konstant gehalten werden.

$$f_i'(x_1, \ldots, x_n) \approx f(x_1, \ldots, x_{i-1}, x_i + 1, x_{i+1}, \ldots, x_n) - f(x_1, \ldots, x_{i-1}, x_i, x_{i+1}, \ldots, x_n)$$

Youngs Theorem

Alle partiellen Ableitungen m-ter Ordnung seien stetig. Wenn zwei von ihnen bezüglich jeder der Variablen die gleiche Anzahl von Differentiationen verlangen, dann sind sie notwendigerweise gleich.

9.4 Partielle Elastizitäten

Definition der partiellen Elastizitäten bei zwei Variablen

Die partielle Elastizität von $z = f(x, y)$ bezüglich x und y ist definiert durch:

$$\text{El}_x z = \frac{x}{z} \frac{\partial z}{\partial x}, \qquad \text{El}_y z = \frac{y}{z} \frac{\partial z}{\partial y}$$

$\text{El}_x z$ ist die Elastizität von z bezüglich x, wenn y konstant gehalten wird, und $\text{El}_y z$ ist die Elastizität von z bezüglich y, wenn x konstant gehalten wird. $\text{El}_x z$ ist annähernd die prozentuale Änderung in z, die durch einen 1%-igen Anstieg in x verursacht wird, entsprechend ist $\text{El}_y z$ zu interpretieren. Wenn alle Variablen positiv sind, gilt:

$$\text{El}_x z = \frac{\partial \ln z}{\partial \ln x}, \quad \text{El}_y z = \frac{\partial \ln z}{\partial \ln y}$$

Definition der partiellen Elastizitäten bei *n* Variablen

Die partielle Elastizität von $z = f(\mathbf{x})$ bezüglich x_i ist definiert als Elastizität von z bezüglich x_i, wenn alle anderen Variablen konstant gehalten werden:

$$\text{El}_i z = \frac{x_i}{f(\mathbf{x})} \frac{\partial f(\mathbf{x})}{\partial x_i} = \frac{x_i}{z} \frac{\partial z}{\partial x_i} = \frac{\partial \ln z}{\partial \ln x_i}$$

Die letzte Gleichheit verlangt, dass alle Variablen positiv sind. Andere Notationen sind:

$$\text{El}_i f(\mathbf{x}), \; \text{El}_{x_i} z, \; \hat{z}_i, \; \epsilon_i, \; e_i$$

9

9.5   Kettenregel

Kettenregel bei zwei Variablen, die jeweils von einer Variablen abhängen

Wenn $z = F(x, y)$ mit $x = f(t)$ und $y = g(t)$, dann ist die **totale Ableitung** von z nach t:

$$\frac{dz}{dt} = F_1'(x, y)\frac{dx}{dt} + F_2'(x, y)\frac{dy}{dt} = \frac{\partial z}{\partial x}\frac{dx}{dt} + \frac{\partial z}{\partial y}\frac{dy}{dt}$$

Die zweite Ableitung von z nach t ist:

$$\frac{d^2z}{dt^2} = \frac{\partial z}{\partial x}\frac{d^2x}{dt^2} + \frac{\partial z}{\partial y}\frac{d^2y}{dt^2} + \frac{\partial^2 z}{\partial x^2}\left(\frac{dx}{dt}\right)^2 + 2\frac{\partial^2 z}{\partial x \partial y}\left(\frac{dx}{dt}\right)\left(\frac{dy}{dt}\right) + \frac{\partial^2 z}{\partial y^2}\left(\frac{dy}{dt}\right)^2$$

Ist insbesondere $z = F(x, y(x))$, so ist die Ableitung von z nach x:

$$\frac{dz}{dx} = \frac{dF}{dx} = \frac{\partial F}{\partial x} + \frac{\partial F}{\partial y}\frac{dy}{dx} = \frac{\partial z}{\partial x} + \frac{\partial z}{\partial y}\frac{dy}{dx}$$

Kettenregel bei zwei Variablen, die jeweils von zwei Variablen abhängen

Wenn $z = F(x, y)$ mit $x = f(t, s)$ und $y = g(t, s)$, dann gilt:

$$\frac{\partial z}{\partial t} = F_1'(x, y)\frac{\partial x}{\partial t} + F_2'(x, y)\frac{\partial y}{\partial t} = \frac{\partial z}{\partial x}\frac{\partial x}{\partial t} + \frac{\partial z}{\partial y}\frac{\partial y}{\partial t}$$

$$\frac{\partial z}{\partial s} = F_1'(x, y)\frac{\partial x}{\partial s} + F_2'(x, y)\frac{\partial y}{\partial s} = \frac{\partial z}{\partial x}\frac{\partial x}{\partial s} + \frac{\partial z}{\partial y}\frac{\partial y}{\partial s}$$

Kettenregel für *n* Variablen

Wenn $z = F(x_1, \ldots, x_n)$ mit $x_1 = f_1(t_1, \ldots, t_m), \ldots, x_n = f_n(t_1, \ldots, t_m)$, dann gilt:

$$\frac{\partial z}{\partial t_j} = \frac{\partial z}{\partial x_1}\frac{\partial x_1}{\partial t_j} + \frac{\partial z}{\partial x_2}\frac{\partial x_2}{\partial t_j} + \ldots + \frac{\partial z}{\partial x_n}\frac{\partial x_n}{\partial t_j}, \qquad j = 1, 2, \ldots, m$$

9.6 Implizites Differenzieren

Steigung einer Höhenlinie

Falls durch die Gleichung $F(x, y) = c$ für eine differenzierbare Funktion F und eine Konstante c die Variable y implizit als differenzierbare Funktion von x definiert wird, so gilt:

$$y' = \frac{dy}{dx} = -\frac{F_1'(x, y)}{F_2'(x, y)} = -\frac{\partial F/\partial x}{\partial F/\partial y} \qquad (F_2'(x, y) = \partial F/\partial y \neq 0)$$

Entsprechend gilt für x als differenzierbare Funktion von y:

$$x' = \frac{dx}{dy} = -\frac{F_2'(x, y)}{F_1'(x, y)} = -\frac{\partial F/\partial y}{\partial F/\partial x} \qquad (F_1'(x, y) = \partial F/\partial x \neq 0)$$

Für die zweite Ableitung gilt (falls $F_2' \neq 0$):

$$y'' = \frac{d^2 y}{dx^2} = -\frac{1}{(F_2')^3}\left[F_{11}''\left(F_2'\right)^2 - 2F_{12}''F_1'F_2' + F_{22}''\left(F_1'\right)^2\right] = \frac{1}{(F_2')^3}\begin{vmatrix} 0 & F_1' & F_2' \\ F_1' & F_{11}'' & F_{12}'' \\ F_2' & F_{21}'' & F_{22}'' \end{vmatrix}$$

Falls durch die Gleichung $F(x, y, z) = c$ für eine Konstante c die Variable $z = f(x, y)$ implizit als eine Funktion von (x, y) definiert wird, die $F(x, y, z) = F(x, y, f(x, y)) = c$ für alle (x, y) in ihrem Definitionsbereich A erfüllt, so gilt, falls F und f differenzierbar sind:

$$F(x, y, z) = c \implies z_x' = -\frac{F_x'}{F_z'}, \quad z_y' = -\frac{F_y'}{F_z'} \qquad (F_z' \neq 0)$$

Entsprechend gilt unter analogen Voraussetzungen:

$$F(x_1, \ldots, x_n, z) = c \implies z_{x_i}' = \frac{\partial z}{\partial x_i} = -\frac{F_{x_i}'}{F_z'} = -\frac{\partial F/\partial x_i}{\partial F/\partial z} \qquad (F_z' \neq 0)$$

9

9.7 Substitutionselastizität

Grenzrate der Substitution
Definition

Die Grenzrate der Substitution (GRS) von y für x ist definiert durch

$$R_{yx} = \frac{F_1'(x, y)}{F_2'(x, y)}$$

Interpretation

Es ist $R_{yx} = -y' \approx -\Delta y/\Delta x$, d.h. das Negative der Steigung der Höhenlinie $F(x, y) = c$. Falls $\Delta x = -1$, ist $R_{yx} \approx \Delta y$, d.h. ungefähr die Menge, die von y substituiert werden muss, um auf der gleichen Höhenlinie zu bleiben, wenn eine Einheit von x entfernt wurde.

Substitutionselastizität
Definition

Wenn $F(x, y) = c$, dann ist die Substitutionselastizität zwischen y und x:

$$\sigma_{yx} = \mathrm{El}_{R_{yx}} \left(\frac{y}{x} \right)$$

Interpretation

σ_{yx} ist die Elastizität des Bruches y/x bezüglich der GRS, d.h. die approximative prozentuale Änderung in y/x, wenn wir uns entlang der Höhenlinie $F(x, y) = c$ so weit bewegen, dass R_{yx} um 1% anwächst.

$$\sigma_{yx} = \frac{-F_1' F_2' (x F_1' + y F_2')}{xy \left[(F_2')^2 F_{11}'' - 2 F_1' F_2' F_{12}'' + (F_1')^2 F_{22}'' \right]} \qquad F(x, y) = c$$

9.8 Homogene und homothetische Funktionen

Homogene Funktionen von zwei Variablen
Definition

Die in einem Definitionsbereich D definierte Funktion f von zwei Variablen x und y heißt homogen vom Grad $k \in \mathbb{R}$, wenn für alle $(x, y) \in D$ gilt:

$$f(tx, ty) = t^k f(x, y) \qquad \text{für alle } t > 0$$

Vorauszusetzen ist: Für $(x, y) \in D$ gilt auch $(tx, ty) \in D$ für alle $t > 0$.

Die Cobb-Douglas-Funktion $F(x, y) = Ax^a y^b$ ist homogen vom Grad $a + b$. Ein Polynom ist genau dann homogen vom Grad k, wenn die Summe der Exponenten in jedem Term gleich k ist.

Eigenschaften homogener Funktionen

Die Funktion f sei homogen vom Grad k. Dann gilt unter der Voraussetzung, dass die erwähnten Ableitungen existieren:

$f(x, y)$ ist genau dann homogen vom Grad k, wenn
$$x f_1'(x, y) + y f_2'(x, y) = k f(x, y) \qquad \textbf{Eulers Theorem}$$

$f_1'(x, y)$ und $f_2'(x, y)$ sind beide homogen vom Grad $k - 1$

$f(x, y) = x^k f(1, y/x) = y^k f(x/y, 1) \qquad$ (für $x > 0, y > 0$)

$x^2 f_{11}''(x, y) + 2xy f_{12}''(x, y) + y^2 f_{22}''(x, y) = k(k-1) f(x, y)$

Geometrische Aspekte homogener Funktionen

- Eine homogene Funktion vom Grad k ist vollständig bestimmt, wenn ihr Wert in einem Punkt auf jedem Strahl durch den Ursprung bekannt ist: Ein Strahl vom Ursprung durch $(x_0, y_0) \neq (0, 0)$ besteht aus allen Punkten: $(tx_0, ty_0): t \in \mathbb{R}$. Wenn $f(x_0, y_0) = c$, so folgt $f(tx_0, ty_0) = t^k c$.

- Der Graph einer homogenen Funktion vom Grad $k = 1$ wird durch die Geraden durch den Ursprung erzeugt.

- Wenn für eine homogene Funktion nur eine ihrer Höhenlinien bekannt ist, dann sind es auch alle anderen.

- Die Tangenten an die Höhenlinien entlang jedes Strahls sind parallel.

Substitutionselastizität

Wenn $F(x, y)$ homogen vom Grad 1 ist, dann gilt für die Substitutionselastizität: $\sigma_{yx} = F_1' F_2' / F F_{12}''$.

Allgemeine homogene Funktionen
Definition

Sei f eine Funktion von n Variablen auf einem **Konus** D, d.h. $(x_1, x_2, \ldots, x_n) \in D$ und $t > 0 \implies (tx_1, tx_2, \ldots, tx_n) \in D$. Die Funktion f heißt homogen vom Grad $k \in \mathbb{R}$ auf D, falls

$$f(tx_1, tx_2, \ldots, tx_n) = t^k f(x_1, x_2, \ldots, x_n) \qquad \text{für alle } t > 0.$$

Die Cobb-Douglas-Funktion $f(x_1, \ldots, x_n) = A x_1^{a_1} x_2^{a_2} \ldots x_n^{a_n}$ mit $A > 0; x_i > 0$ ist homogen vom Grad $k = a_1 + a_2 + \ldots + a_n$.

9

Eigenschaften homogener Funktionen

Die Funktion f sei homogen vom Grad k. Dann gilt unter der Voraussetzung, dass die erwähnten Ableitungen existieren:

f ist genau dann homogen vom Grad k, wenn $\displaystyle\sum_{i=1}^{n} x_i f_i'(\mathbf{x}) = k f(\mathbf{x})$.   **Eulers Theorem**

Die Summe der partiellen Elastizitäten ist gleich k: $\displaystyle\sum_{i=1}^{n} \text{El}_i f(\mathbf{x}) = k$

$f_i'(\mathbf{x})$ ist homogen vom Grad $k - 1$, $i = 1, 2, \ldots, n$

$$\sum_{i=1}^{n} \sum_{j=1}^{n} x_i x_j f_{ij}''(\mathbf{x}) = k(k-1) f(\mathbf{x})$$

Ökonomische Anwendungen: Skalenertrag

Sei f eine Produktionsfunktion, für festes $\boldsymbol{v} = (v_1, v_2, \ldots, v_n)$ gibt $\varphi(t) = \dfrac{f(t\boldsymbol{v})}{t}$ den durchschnittlichen Skalenertrag an.

- Ist f homogen vom Grad $k = 1$, so ist $\varphi(t) = f(\boldsymbol{v})$, d.h. die Funktion f hat **konstante Skalenerträge**. ($\varphi'(t) = 0$)
- Ist f homogen vom Grad $k < 1$, so hat f abnehmende Skalenerträge. ($\varphi'(t) < 0$)
- Ist f homogen vom Grad $k > 1$, so hat f zunehmende Skalenerträge. ($\varphi'(t) > 0$)

Definition der Skalenelastizität

Die Skalenelastizität oder Niveauelastizität einer Funktion f ist definiert durch

$$\mathrm{El}_t f = \frac{t}{f} \frac{df(t\boldsymbol{v})}{dt}$$

Interpretation der Skalenelastizität

- Die Skalenelastizität ist ein Maß für die relative Änderung des Outputs, wenn sämtliche Inputfaktoren um denselben Prozentsatz geändert werden.
- Sie gibt an, um wie viel Prozent sich der Output approximativ ändert, wenn das Produktionsniveau um 1% geändert wird.
- Die Skalenelastizität ist die Summe aller partiellen Elastizitäten und somit für homogene Funktionen gleich dem Homogenitätsgrad.

Homothetische Funktionen

Definition

Sei f eine Funktion von n Variablen $\boldsymbol{x} = (x_1, x_2, \ldots, x_n)$, definiert auf einem Konus K. Dann heißt f homothetisch, wenn gilt:

$$\boldsymbol{x}, \boldsymbol{y} \in K, \ f(\boldsymbol{x}) = f(\boldsymbol{y}), \ t > 0 \quad \Rightarrow \quad f(t\boldsymbol{x}) = f(t\boldsymbol{y})$$

Eigenschaften

- Jede homogene Funktion f eines beliebigen Grades ist homothetisch.
- Allgemeiner gilt: Wenn $F(\boldsymbol{x}) = H(f(\boldsymbol{x}))$, wobei H strikt monoton wachsend und f homogen vom Grad k ist, dann ist $F(\boldsymbol{x})$ homothetisch.
- Umgekehrt: Wenn $F(\boldsymbol{x})$ eine stetige homothetische Funktion ist, die auf dem durch $x_i \geq 0, i = 1, \ldots, n$ gegebenen Konus K definiert ist, so dass $F(t\boldsymbol{x}_0)$ eine strikt wachsende Funktion von t für jedes $\boldsymbol{x}_0 \in K$ ist, dann kann F in der Form $F(\boldsymbol{x}) = H(f(\boldsymbol{x}))$ geschrieben werden, wobei f homogen vom Grad $k = 1$ ist.
- Sei $F(\boldsymbol{x})$ eine differenzierbare Produktionsfunktion, definiert für alle $(x_1, \ldots, x_n)$ mit $x_i \geq 0$, und es sei $F(\boldsymbol{x}) = H(f(\boldsymbol{x}))$, d.h. F sei homothetisch. Dann sind die Grenzraten der Substitution $h_{ji}(\boldsymbol{x}) = \dfrac{\partial F(\boldsymbol{x})}{\partial x_i} \bigg/ \dfrac{\partial F(\boldsymbol{x})}{\partial x_j}$, $\quad i, j = 1, 2, \ldots, n$ homogen vom Grad $k = 0$.

9.9 Lineare Approximation und Differentiale

Lineare Approximation

Die lineare Approximation von $f(x, y)$ um (x_0, y_0) ist

$$f(x, y) \approx f(x_0, y_0) + f_1'(x_0, y_0)(x - x_0) + f_2'(x_0, y_0)(y - y_0)$$

Die lineare Approximation von $f(\mathbf{x}) = f(x_1, x_2, \ldots, x_n)$ um $\mathbf{x}^0 = (x_1^0, \ldots, x_n^0)$ ist

$$f(\mathbf{x}) \approx f(\mathbf{x}^0) + f_1'(\mathbf{x}^0)(x_1 - x_1^0) + \ldots + f_n'(\mathbf{x}^0)(x_n - x_n^0)$$

Die **Tangentialebene** an den Graphen der Funktion $z = f(x, y)$ in dem Punkt (x_0, y_0, z_0) mit $z_0 = f(x_0, y_0)$ hat die Gleichung

$$z - z_0 = f_1'(x_0, y_0)(x - x_0) + f_2'(x_0, y_0)(y - y_0)$$

Die Funktion $f(x, y)$ wird approximiert durch die lineare Funktion $z = f(x_0, y_0) + f_1'(x_0, y_0)(x - x_0) + f_2'(x_0, y_0)(y - y_0)$, deren Graph eine Ebene, die Tangentialebene ist, die durch den Punkt (x_0, y_0, z_0) mit $z_0 = f(x_0, y_0)$ auf dem Graphen von f verläuft.

Differentiale

Definition

Sei $z = f(x, y)$ eine differenzierbare Funktion und seien dx und dy beliebige reelle Zahlen. Das Differential von $z = f(x, y)$ an der Stelle (x, y), das mit dz oder df bezeichnet wird, ist definiert durch:

$$dz = f_1'(x, y)\, dx + f_2'(x, y)\, dy$$

Für eine Funktion $z = f(x_1, x_2, \ldots, x_n)$ definiert man das Differential $dz = df$ entsprechend:

$$dz = df = f_1'\, dx_1 + f_2'\, dx_2 + \ldots + f_n'\, dx_n$$

Wenn x auf $x + dx$ und y auf $y + dy$ geändert wird, dann ist die aktuelle Änderung des Funktionswertes der **Zuwachs**: $\Delta z = f(x + dx, y + dy) - f(x, y)$ und es gilt:

$$\Delta z \approx dz = f_1'(x, y)\, dx + f_2'(x, y)\, dy \qquad \text{(wenn } |dx| \text{ und } |dy| \text{ klein sind)}$$

Entsprechend ist für eine Funktion von n Variablen: $dz = df = f_1'\, dx_1 + f_2'\, dx_2 + \ldots + f_n'\, dx_n \approx \Delta z$, wenn $|dx_1|, \ldots, |dx_n|$ alle klein sind, wobei Δz der tatsächliche Zuwachs von z ist, wenn $(x_1, \ldots, x_n)$ auf $(x_1 + dx_1, \ldots, x_n + dx_n)$ geändert wird.

Anschaulich folgt man der Tangentialebene und nicht dem Graphen der Funktion, wenn man das Differential anstelle des Zuwachses verwendet. Das Differential wird auch das **vollständige** oder **totale Differential** genannt. Das totale Differential gibt näherungsweise an, um wie viele Einheiten sich f ändert, wenn sich gleichzeitig x_1 um dx_1, x_2 um dx_2, $\ldots$, x_n um dx_n ändert. Das i-te **partielle Differential** ist definiert

9

durch $df_{x_i} = \frac{\partial f}{\partial x_i} dx_i$ und gibt näherungsweise die Änderung von f an, wenn sich x_i um dx_i ändert und alle anderen Variablen konstant bleiben.

Rechenregeln für Differentiale

Es seien f und g differenzierbare Funktionen, während a und b Konstanten sind. Dann gilt:

$$d(af + bg) = a\,df + b\,dg \qquad\qquad \textbf{Summenregel}$$

$$d(fg) = g\,df + f\,dg \qquad\qquad \textbf{Produktregel}$$

$$d\left(\frac{f}{g}\right) = \frac{g\,df - f\,dg}{g^2} \qquad (g \neq 0) \qquad\qquad \textbf{Quotientenregel}$$

$$z = g(f(\mathbf{x})) \quad \Rightarrow \quad dz = g'(f(\mathbf{x}))\,df \qquad\qquad \textbf{Kettenregel}$$

Es sei $z = F(x, y)$, wobei $x = f(t, s)$ und $y = g(t, s)$. Dann gilt: $dz = z'_t\,dt + z'_s\,ds = F'_1(x, y)\,dx + F'_2(x, y)\,dy$, d.h., das Differential von z hat dieselbe Form, egal ob x und y freie Variable sind oder ob sie von anderen Variablen t und s abhängen, d.h., es gilt die **Invarianz des Differentials.** Es gilt ein entsprechendes Resultat für Funktionen von n Variablen.

9.10 Gleichungssysteme

- Ein simultanes Gleichungssystem mit n Variablen $x_1, x_2, \ldots, x_n$ hat n **Freiheitsgrade**, wenn es keine Restriktionen gibt.

- Für jede „unabhängige" Restriktion der Gestalt $f_i(x_1, x_2, \ldots, x_n) = 0$ $(i = 1, \ldots, m)$ reduziert sich die Anzahl der Freiheitsgrade um 1.[*]

- Bei $m < n$ Restriktionen verbleiben im Allgemeinen $n - m$ Freiheitsgrade (**Abzählregel**).

- Wenn $m > n$, gibt es keine Lösung, das System ist **inkonsistent**.

- Ein System von Gleichungen mit n Variablen hat k Freiheitsgrade, wenn es eine Menge von k Variablen gibt, die frei gewählt werden können, während die restlichen $n - k$ Variablen eindeutig bestimmt sind, sobald den k freien Variablen spezielle Werte zugeordnet wurden.

- Es gilt die grobe Regel: Ein System von Gleichungen hat im Allgemeinen keine eindeutige Lösung, es sei denn, es gibt genauso viele Gleichungen wie Unbekannte.

- Ein Gleichungssystem der Gestalt $f_i(x_1, x_2, \ldots, x_n, y_1, y_2, \ldots, y_m) = 0$; $i = 1, \ldots, m$, wobei $x_1, \ldots, x_n$ die exogenen Variablen und $y_1, \ldots, y_m$ die endogenen Variablen sind, heißt ein strukturelles Gleichungssystem. Nach der Abzählregel hat es im Allgemeinen n Freiheitsgrade. Durch Auflösen nach $y_1, \ldots, y_m$ erhält man die **reduzierte Form** des Gleichungssystems: $y_i = \varphi_i(x_1, \ldots, x_n)$; $i = 1, \ldots, m$.

---

[*] Mit „unabhängiger" Restriktion ist gemeint: Jede weitere Restriktion ist eine neue Restriktion, die noch nicht in der anderen enthalten ist, d.h. durch diese impliziert wird.

Kapitel 10
Multivariate Optimierung

10.1 Zwei Variablen

Globale Extrempunkte

Stationärer Punkt

Die Funktion $z = f(x, y)$ sei definiert auf $S \subset \mathbb{R}^2$. Der Punkt (x_0, y_0) mit $f_i'(x_0, y_0) = 0$; $i = 1, 2$ heißt ein stationärer Punkt von f.

Notwendige Bedingungen für innere Extrempunkte

Eine differenzierbare Funktion $z = f(x, y)$ kann nur dann ein Maximum oder Minimum in einem inneren Punkt $(x_0, y_0) \in S$ annehmen, wenn (x_0, y_0) ein stationärer Punkt ist. (**Bedingungen erster Ordnung**)

Hinreichende Bedingung für ein Maximum und ein Minimum

Eine Menge $S \subset \mathbb{R}^2$ ist **konvex**, wenn für jedes Paar von Punkten P und Q in S alle Punkte der Verbindungstrecke zwischen P und Q auch in S liegen.

Es sei (x_0, y_0) ein stationärer Punkt für eine C^2-Funktion $f(x, y)$ in einer konvexen Menge S. Dann ist (x_0, y_0) ein
(a) Maximumpunkt für $f(x, y)$ in S, falls für alle $(x, y) \in S$:
$$f_{11}''(x, y) \leq 0, f_{22}''(x, y) \leq 0 \text{ und } f_{11}''(x, y)f_{22}''(x, y) - \left(f_{12}''(x, y)\right)^2 \geq 0$$
(b) Minimumpunkt für $f(x, y)$ in S, falls für alle $(x, y) \in S$:
$$f_{11}''(x, y) \geq 0, f_{22}''(x, y) \geq 0 \text{ und } f_{11}''(x, y)f_{22}''(x, y) - \left(f_{12}''(x, y)\right)^2 \geq 0$$

Die Bedingungen sind hinreichend, nicht notwendig. Eine C^2-Funktion, die die Bedingungen in (a) erfüllt, wird **konkav** genannt, während sie **konvex** genannt wird, wenn sie die Ungleichungen in (b) erfüllt. f ist genau dann konkav, wenn $-f$ konvex ist.

Lokale Extrempunkte

Definition

Der Punkt (x_0, y_0) ist ein **lokaler Maximumpunkt** von f in S, wenn $f(x, y) \leq f(x_0, y_0)$ für alle $(x, y) \in S$, die hinreichend nah an (x_0, y_0) liegen, d.h. genauer, wenn es eine Zahl $r > 0$ gibt, so dass $f(x, y) \leq f(x_0, y_0)$ für alle $(x, y) \in S$, die innerhalb eines Kreises mit Mittelpunkt (x_0, y_0) und Radius r liegen. Wenn die Ungleichung strikt ist für $(x, y) \neq (x_0, y_0)$, dann ist (x_0, y_0) ein **strikter lokaler Maximumpunkt**. Analog wird ein **lokaler Minimumpunkt** und ein **strikter lokaler Minimumpunkt** definiert.

In einem lokalen Extrempunkt im Innern des Definitionsbereiches einer differenzierbaren Funktion sind alle partiellen Ableitungen erster Ordnung gleich 0.

Sattelpunkt

Ein stationärer Punkt (x_0, y_0), der weder ein lokaler Maximumpunkt noch ein lokaler Minimumpunkt ist, wird ein Sattelpunkt von f genannt, d.h., ein Sattelpunkt (x_0, y_0) ist ein stationärer Punkt mit der Eigenschaft, dass es Punkte (x, y) beliebig nahe an (x_0, y_0) gibt mit $f(x, y) < f(x_0, y_0)$ und dass es dort auch Punkte (x, y) mit $f(x, y) > f(x_0, y_0)$ gibt.

Stationäre Punkte fallen in drei Kategorien: (a) Lokale Maximumpunkte, (b) Lokale Minimumpunkte und (c) Sattelpunkte.

Untersuchung der zweiten Ableitungen auf lokale Extrema

Sei $f(x, y)$ eine Funktion mit stetigen partiellen Ableitungen zweiter Ordnung in einem Definitionsbereich S und sei (x_0, y_0) ein stationärer Punkt für f im Inneren von S. Dann ist (x_0, y_0) ein

(i) (strikter) lokaler Maximumpunkt, falls

$$f_{11}''(x_0, y_0) < 0 \quad \text{und} \quad f_{11}''(x_0, y_0)f_{22}''(x_0, y_0) - \left(f_{12}''(x_0, y_0)\right)^2 > 0$$

(ii) (strikter) lokaler Minimumpunkt, falls

$$f_{11}''(x_0, y_0) > 0 \quad \text{und} \quad f_{11}''(x_0, y_0)f_{22}''(x_0, y_0) - \left(f_{12}''(x_0, y_0)\right)^2 > 0$$

(iii) ein Sattelpunkt, falls

$$f_{11}''(x_0, y_0)f_{22}''(x_0, y_0) - \left(f_{12}''(x_0, y_0)\right)^2 < 0$$

(iv) ein lokaler Maximumpunkt, ein lokaler Minimumpunkt oder ein Sattelpunkt, falls

$$f_{11}''(x_0, y_0)f_{22}''(x_0, y_0) - \left(f_{12}''(x_0, y_0)\right)^2 = 0$$

Beachten Sie: Wenn $f_{11}''(x_0, y_0) < 0$ und $f_{11}''(x_0, y_0)f_{22}''(x_0, y_0) - \left(f_{12}''(x_0, y_0)\right)^2 > 0$, dann ist auch $f_{22}''(x_0, y_0) < 0$. Die Bedingungen in (i), (ii) und (iii) werden **lokale Bedingungen zweiter Ordnung** genannt. Sie sind hinreichend, jedoch nicht notwendig.

Der Extremwertsatz

Grundlegende Definitionen

- Ein Punkt (a, b) wird ein **innerer Punkt** der Menge $S \subset \mathbb{R}^2$ genannt, wenn ein Kreis mit Mittelpunkt (a, b) existiert, so dass alle Punkte, die strikt innerhalb des Kreises liegen, in S liegen.
- Eine Menge wird **offen** genannt, wenn sie nur aus inneren Punkten besteht.
- Der Punkt (a, b) wird ein **Randpunkt** einer Menge S genannt, wenn jeder Kreis mit Mittelpunkt (a, b) sowohl Punkte aus S als auch aus S^c enthält.
- Eine Menge, die alle ihre Randpunkte enthält, wird **abgeschlossen** genannt.
- Eine Menge $S \subset \mathbb{R}^2$ ist **beschränkt**, wenn S in einem hinreichend großen Kreis enthalten ist, sie wird **kompakt** genannt, wenn sie abgeschlossen und beschränkt ist.

Wenn $g(x, y)$ eine stetige Funktion und c eine reelle Zahl ist, so sind die Mengen

$$\{(x, y): g(x, y) \geq c\}, \quad \{(x, y): g(x, y) \leq c\}, \quad \{(x, y): g(x, y) = c\} \text{ alle abgeschlossen,}$$

$$\{(x, y): g(x, y) > c\}, \quad \{(x, y): g(x, y) < c\}, \quad \{(x, y): g(x, y) \neq c\} \text{ alle offen.}$$

Extremwertsatz

Wenn f stetig in einer abgeschlossenen, beschränkten Menge $S \subset \mathbb{R}^2$ ist, dann existiert sowohl ein Punkt $(a, b) \in S$, in dem f ein Minimum hat, als auch ein Punkt $(c, d) \in S$, in dem f ein Maximum hat, d.h. für alle $(x, y) \in S$ gilt:

$$f(a, b) \leq f(x, y) \leq f(c, d)$$

Die Bedingungen sind hinreichend, jedoch nicht notwendig!

Rezept zum Auffinden des Maximal- und Minimalwertes

Sei $f(x, y)$ eine differenzierbare Funktion, die auf einer abgeschlossenen, beschränkten Menge $S \subset \mathbb{R}^2$ definiert ist.
  (I) Bestimmen Sie alle stationären Punkte von $f(x, y)$ im Innern von S.
  (II) Berechnen Sie den größten und den kleinsten Wert von f auf dem Rand von S und die zugehörigen Punkte. (Wenn es angebracht ist, den Rand in mehrere Teilstücke zu unterteilen, so bestimmen Sie den größten und den kleinsten Wert in jedem Teilstück des Randes.)

(III) Berechnen Sie die Werte der Funktion in allen Punkten, die Sie in (I) und (II) gefunden haben. Der größte Funktionswert ist der Maximalwert von f in S. Der kleinste Funktionswert ist der Minimalwert von f in S.

10.2 Mehrere Variablen

Grundlegende Definitionen

■ Wenn $f(x) = f(x_1, \ldots, x_n)$ eine Funktion von n Variablen ist, die auf $S \subset \mathbb{R}^n$ definiert ist, dann ist $c = (c_1, \ldots, c_n)$ ein **globaler Maximumpunkt** für f in S, wenn $f(x) \le f(c)$ für alle $x \in S$. Der Punkt c maximiert die Funktion f auf S genau dann, wenn c die Funktion $-f$ auf S minimiert, d.h. Maximierungsprobleme können in Minimierungsprobleme umgewandelt werden und umgekehrt.

■ Der **Abstand** zwischen den Punkten $x = (x_1, \ldots, x_n)$ und $y = (y_1, \ldots, y_n)$ ist definiert durch

$$\|x - y\| = \sqrt{(x_1 - y_1)^2 + (x_2 - y_2)^2 + \ldots + (x_n - y_n)^2}$$

■ Wenn $y = 0$, dann ist $\|x - y\| = \|x\| = \sqrt{x_1^2 + x_2^2 + \ldots + x_n^2}$ der Abstand zwischen x und dem Ursprung und wird die **Norm** von x genannt.

■ Eine **offene n-Kugel** mit Mittelpunkt $a = (a_1, a_2, \ldots, a_n)$ und Radius r ist die Menge aller Punkte $x = (x_1, \ldots, x_n)$, so dass $\|x - a\| < r$.

■ Ein Punkt a wird ein **innerer Punkt** der Menge $S \subset \mathbb{R}^2$ genannt, wenn eine offene n-Kugel mit Mittelpunkt a existiert, so dass alle Punkte, die strikt innerhalb der n-Kugel liegen, in S liegen.

■ Eine Menge wird **offen** genannt, wenn sie nur aus inneren Punkten besteht.

■ Der Punkt a wird ein **Randpunkt** einer Menge S genannt, wenn jeder Kreis mit Mittelpunkt a sowohl Punkte aus S als auch aus S^c enthält.

■ Eine Menge, die alle ihre Randpunkte enthält, wird **abgeschlossen** genannt.

■ Eine Menge $S \subset \mathbb{R}^n$ ist **beschränkt**, wenn S in einer hinreichend großen n-Kugel enthalten ist, sie wird **kompakt** genannt, wenn sie abgeschlossen und beschränkt ist.

■ Wenn A eine beliebige Menge in $\mathbb{R}^n$ ist, so ist das **Innere** von A die Menge der inneren Punkte in A.

■ Ein **stationärer Punkt** für eine Funktion f von n Variablen ist ein Punkt, in dem alle partiellen Ableitungen $f_i'(x) = 0$; $i = 1, \ldots, n$.

Wenn $g(x)$ eine stetige Funktion und c eine reelle Zahl ist, so sind die Mengen

$\{x : g(x) \ge c\}, \quad \{x : g(x) \le c\}, \quad \{x : g(x = c\}$ alle abgeschlossen,
$\{x : g(x) > c\}, \quad \{x : g(x) < c\}, \quad \{x : g(x \ne c\}$ alle offen.

Wenn A offen ist, so ist das Innere von A die Menge A selbst.

Notwendige Bedingungen erster Ordnung

Die Funktion f sei definiert auf $S \subset \mathbb{R}^n$ und $\boldsymbol{c} = (c_1, \ldots, c_n)$ sei ein innerer Punkt in S, in dem f differenzierbar ist. Eine notwendige Bedingung für einen Maximum- oder Minimumpunkt in $\boldsymbol{c}$ ist, dass $\boldsymbol{c}$ ein stationärer Punkt von f ist, d.h. $\boldsymbol{x} = \boldsymbol{c}$ erfüllt die n Gleichungen

$$f_i'(\boldsymbol{x}) = 0, \qquad i = 1, \ldots, n \qquad \textbf{(Bedingungen erster Ordnung)}$$

Extremwertsatz

Wenn f stetig auf einer abgeschlossenen, beschränkten Menge $S \subset \mathbb{R}^n$ ist, dann existiert sowohl ein Punkt $\boldsymbol{d} \in S$, in dem f ein Minimum hat, als auch ein Punkt $\boldsymbol{c} \in S$, in dem f ein Maximum hat, d.h. für alle $\boldsymbol{x} \in S$ gilt:

$$f(\boldsymbol{d}) \leq f(\boldsymbol{x}) \leq f(\boldsymbol{c})$$

Der Maximum- und Minimumpunkt (wenn es diese gibt) müssen entweder im Innern von S oder auf dem Rand von S liegen. Wenn f differenzierbar ist, muss jeder Maximum- oder Minimumpunkt im Innern die Bedingungen erster Ordnung erfüllen. Zum Auffinden des Maximal- und Minimalwertes einer Funktion von n Variablen, die auf einer abgeschlossenen beschränkten Menge definiert ist, kann also dasselbe Rezept wie für zwei Variablen verwendet werden (siehe S. 153).

Maximierung einer transformierten Funktion

Die Maximierung einer Funktion ist äquivalent zur Maximierung einer strikt monoton wachsenden Transformation dieser Funktion, d.h. die Maximumpunkte sind dieselben, die Maximalwerte sind verschieden!

Sei $f(\boldsymbol{x}) = f(x_1, \ldots, x_n)$ definiert auf einer Menge $S \subset \mathbb{R}^n$ und sei F eine Funktion einer Variablen, die auf dem Wertebereich von f definiert ist. Definieren Sie g auf S durch

$$g(\boldsymbol{x}) = F(f(\boldsymbol{x}))$$

Dann gilt:

Wenn F monoton wachsend ist und $\boldsymbol{c}$ die Funktion f auf S maximiert (minimiert), dann maximiert (minimiert) $\boldsymbol{c}$ auch g auf S.

Wenn F strikt monoton wachsend ist, dann maximiert (minimiert) $\boldsymbol{c}$ die Funktion f auf S genau dann, wenn $\boldsymbol{c}$ die Funktion g auf S maximiert (minimiert).

10

10.3 Komparative Statik und das Envelope-Theorem

Die Optimalwertfunktion

Die Funktion f hänge von einer einzigen Variablen x und einem einzigen Parameter r ab. Es werde $f(x, r)$ bezüglich x maximiert, wobei r konstant gehalten wird. Der Wert von x, der $f(x, r)$ maximiert, wird von r abhängen und werde mit $x^*(r)$ bezeichnet. Die Optimalwertfunktion ist dann

$$f^*(r) = f(x^*(r), r)$$

Wenn f einen Extrempunkt in einem inneren Punkt hat, dann gilt:

$$\frac{df^*(r)}{dr} = f_2'(x^*(r), r)$$

Die Verallgemeinerung auf $\mathbf{x} = (x_1, \ldots, x_n)$ und $\mathbf{r} = (r_1, \ldots, r_k)$ ist:

Das Envelope-Theorem

Wenn $f^*(\mathbf{r}) = \max_{\mathbf{x}} f(\mathbf{x}, \mathbf{r})$ die Optimalwertfunktion und wenn $\mathbf{x}^*(\mathbf{r})$ der Wert von $\mathbf{x}$ ist, der $f(\mathbf{x}, \mathbf{r})$ maximiert, dann ist

$$\frac{\partial f^*(\mathbf{r})}{\partial r_j} = \left[\frac{\partial f(\mathbf{x}, \mathbf{r})}{\partial r_j}\right]_{\mathbf{X}=\mathbf{X}^*(\mathbf{r})}, \qquad j = 1, \ldots, k$$

Dieselbe Gleichheit gilt, wenn wir $f(\mathbf{x}, \mathbf{r})$ bezüglich $\mathbf{x}$ minimieren.

10.4 Optimierung unter Nebenbedingungen

Die Methode der Lagrange-Multiplikatoren, zwei Variablen

Um die einzig möglichen Lösungen des Problems

Maximiere (minimiere) $f(x, y)$ unter der Nebenbedingung $g(x, y) = c$

zu finden, gehen Sie wie folgt vor:

(I) Schreiben Sie die **Lagrange-Funktion**

$$\mathcal{L}(x, y) = f(x, y) - \lambda(g(x, y) - c)$$

auf, wobei λ der **Lagrange-Multiplikator** ist.

(II) Differenzieren Sie $\mathcal{L}$ nach x und y und setzen Sie die partiellen Ableitungen gleich 0.

(III) Die zwei Gleichungen in (II) ergeben zusammen mit der Nebenbedingung die drei Gleichungen

$$\mathcal{L}_1'(x, y) = f_1'(x, y) - \lambda g_1'(x, y) = 0$$

$$\mathcal{L}_2'(x, y) = f_2'(x, y) - \lambda g_2'(x, y) = 0$$

$$g(x, y) = c$$

(IV) Lösen Sie die drei Gleichungen gleichzeitig für die drei Unbekannten x, y und λ.

Die Methode kann scheitern, wenn $g_1'(x, y) = g_2'(x, y) = 0$.
Gelegentlich findet man auch $\mathcal{L}(x, y, \lambda)$, d.h. die Lagrange-Funktion wird als Funktion von x, y und λ betrachtet. Differentiation nach λ ergibt $\partial \mathcal{L} / \partial \lambda = -[g(x, y) - c]$. Durch Nullsetzen ergibt sich die Nebenbedingung.

Ökonomische Interpretation des Lagrange-Multiplikators

Die Optimalwertfunktion

Es seien x^* und y^* die Werte von x und y, die $f(x, y)$ unter der Nebenbedingung $g(x, y) = c$ maximieren (minimieren). Im Allgemeinen sind x^* und y^* abhängig von c. Dann ist

$$f^*(c) = f(x^*(c), y^*(c))$$

die Optimalwertfunktion.

Lagrange-Multiplikator als Änderungsrate der Optimalwertfunktion

10

Auch $\lambda = \lambda(c)$ ist eine Funktion von c. Wenn $x^* = x^*(c)$ und $y^* = y^*(c)$ differenzierbare Funktionen von c sind, ist:

$$\frac{df^*(c)}{dc} = \lambda(c)$$

D.h. der Lagrange-Multiplikator ist die Rate, mit der sich der optimale Wert der Zielfunktion bezüglich Änderungen in der Konstanten c ändert.

Lagrange-Multiplikator als Schattenpreis

Für kleine Änderungen dc in c gilt: $f^*(c + dc) - f^*(c) \approx \lambda(c)\, dc$. In ökonomischen Anwendungen ist c oft der verfügbare Vorrat einer Ressource und $f(x, y)$ der Nutzen oder Gewinn, so dass $\lambda(c)\, dc$ für $dc > 0$ ungefähr der Zuwachs des Nutzens oder des Gewinns und λ der Schattenpreis ist.

Lagrange-Theorem

Seien $f(x, y)$ und $g(x, y)$ Funktionen mit stetigen partiellen Ableitungen in einem Bereich $A \subset \mathbb{R}^2$ und (x_0, y_0) ein innerer Punkt von A und ein lokaler Extrempunkt für $f(x, y)$ unter der Nebenbedingung $g(x, y) = c$ ist. Ferner seien $g_1'(x_0, y_0)$ und $g_2'(x_0, y_0)$ nicht beide 0. Dann existiert eine eindeutige Zahl λ, so dass die Lagrange-Funktion

$$\mathcal{L}(x, y) = f(x, y) - \lambda(g(x, y) - c)$$

einen stationären Punkt in (x_0, y_0) hat.

Hinreichende Bedingungen

Das Lagrange-Theorem gibt notwendige Bedingungen für die Lösung des Optimierungsproblems. Die folgenden Bedingungen sind hinreichende Bedingungen.

Es sei (x_0, y_0) ein stationärer Punkt für die Lagrange-Funktion $\mathcal{L}(x, y)$.

Wenn die Lagrange-Funktion konkav* ist, dann löst (x_0, y_0) das Maximierungsproblem.

Wenn die Lagrange-Funktion konvex ist, dann löst (x_0, y_0) das Minimierungsproblem.

Lokale Bedingungen zweiter Ordnung

10

Gesucht sind lokale Extrempunkte von $f(x, y)$ unter der Nebenbedingung $g(x, y) = c$.

Der Punkt (x_0, y_0) erfülle die Bedingungen erster Ordnung

$$f_1'(x, y) = \lambda g_1'(x, y), \qquad f_2'(x, y) = \lambda g_2'(x, y)$$

und es sei

$$D(x, y) = \left(f_{11}'' - \lambda g_{11}''\right)\left(g_2'\right)^2 - 2\left(f_{12}'' - \lambda g_{12}''\right) g_1' g_2' + \left(f_{22}'' - \lambda g_{22}''\right)\left(g_1'\right)^2$$

Dann gilt:

Wenn $D(x_0, y_0) < 0$, dann löst (x_0, y_0) das lokale Maximierungsproblem.

Wenn $D(x_0, y_0) > 0$, dann löst (x_0, y_0) das lokale Minimierungsproblem.

---

* Siehe S. 151.

Es gilt

$$D(x, y) = - \begin{vmatrix} 0 & g_1'(x, y) & g_2'(x, y) \\ g_1'(x, y) & f_{11}''(x, y) - \lambda g_{11}''(x, y) & f_{12}''(x, y) - \lambda g_{12}''(x, y) \\ g_2'(x, y) & f_{21}''(x, y) - \lambda g_{21}''(x, y) & f_{22}''(x, y) - \lambda g_{22}''(x, y) \end{vmatrix}$$

und $D(x, y)$ heißt **berandete Hesse-Determinante**.

Mehrere Variablen, eine Nebenbedingung

Die Funktion $f(x_1, \ldots, x_n)$ soll unter der Nebenbedingung $g(x_1, \ldots, x_n) = c$ maximiert (minimiert) werden. Die **Lagrange-Funktion** ist dann:

$$\mathcal{L}(x_1, \ldots, x_n) = f(x_1, \ldots, x_n) - \lambda(g(x_1, \ldots, x_n) - c)$$

mit dem **Lagrange-Multiplikator** λ. Nullsetzen der partiellen Ableitungen ergibt:

$$\mathcal{L}_i' = f_i'(x_1, \ldots, x_n) - \lambda g_i'(x_1, \ldots, x_n) = 0, \qquad i = 1, \ldots, n$$

Diese n Gleichungen bilden zusammen mit der Nebenbedingung $n + 1$ Gleichungen, die nach den $n + 1$ Unbekannten $x_1, \ldots, x_n$ und λ aufzulösen sind.

Die Methode wird im Allgemeinen keine korrekten notwendigen Bedingungen liefern, wenn im stationären Punkt der Lagrange-Funktion alle partiellen Ableitungen $g_i'(x_1, \ldots, x_n) = 0$ sind.

Mehrere Variablen und mehrere Nebenbedingungen

Die Funktion $f(x_1, \ldots, x_n)$ soll unter den Nebenbedingungen $g_j(x_1, \ldots, x_n) = c_j$, $j = 1, \ldots, m$ maximiert (minimiert) werden. Die **Lagrange-Funktion** ist dann:

$$\mathcal{L}(x_1, \ldots, x_n) = f(x_1, \ldots, x_n) - \sum_{j=1}^{m} \lambda_j (g_j(x_1, \ldots, x_n) - c_j)$$

10

mit den m **Lagrange-Multiplikatoren** λ_j zur j-ten Nebenbedingung. Nullsetzen der partiellen Ableitungen ergibt:

$$\frac{\partial \mathcal{L}}{\partial x_i} = \frac{\partial f(x_1, \ldots, x_n)}{\partial x_i} - \sum_{j=1}^{m} \lambda_j \frac{\partial g_j(x_1, \ldots, x_n)}{\partial x_i} = 0, \qquad i = 1, 2, \ldots, n$$

Diese n Gleichungen sind zusammen mit den m Nebenbedingungen nach den $n + m$ Unbekannten $x_1, \ldots, x_n, \lambda_1, \ldots, \lambda_m$ aufzulösen.

10.5 Komparative Statik

Die Optimalwertfunktion

Definition

Es seien $x_1^*, \ldots, x_n^*$ die Werte von $x_1, \ldots, x_n$, die die notwendigen Bedingungen für die Maximierung (Minimierung) von $f(x_1, \ldots, x_n)$ unter den Nebenbedingungen $g_j'(x_1, \ldots, x_n) = c_j$, $\quad j = 1, \ldots, m$ erfüllen. Im Allgemeinen hängen $\mathbf{x}^* = (x_1^*, \ldots x_n^*)$ von $\mathbf{c} = (c_1, \ldots, c_m)$ ab. Dann ist die Optimalwertfunktion gegeben durch:

$$f^*(\mathbf{c}) = f(\mathbf{x}^*(\mathbf{c})) = f(x_1^*(\mathbf{c}), \ldots, x_n^*(\mathbf{c}))$$

Interpretation der Lagrange-Multiplikatoren

Auch die Lagrange-Multiplikatoren $\lambda_j = \lambda_j(\mathbf{c})$, $j = 1, \ldots, m$ sind Funktionen von $\mathbf{c}$. Falls $x_i^* = x_i^*(\mathbf{c})$, $i = 1, \ldots, n$ differenzierbare Funktionen von $c_1, \ldots, c_m$ sind, gilt:

$$\frac{\partial f^*(\mathbf{c})}{\partial c_j} = \lambda_j(\mathbf{c}), \qquad j = 1, \ldots, m$$

Der Lagrange-Multiplikator λ_j für die j-te Nebenbedingung ist die Rate, mit der sich der Optimalwert der Zielfunktion bezüglich Änderungen in der Konstanten c_j ändert. λ_j ist der **Schattenpreis** (Grenzwert), der einer Einheit der Ressource j zugeschrieben wird. Wenn wir $\mathbf{c} = (c_1, \ldots, c_m)$ um $\mathbf{dc} = (dc_1, \ldots, dc_m)$ ändern und diese Änderungen klein im Absolutbetrag sind, so gilt

$$f^*(\mathbf{c} + \mathbf{dc}) - f^*(\mathbf{c}) \approx \lambda_1(\mathbf{c})\, dc_1 + \ldots + \lambda_m(\mathbf{c})\, dc_m$$

Das Envelope-Theorem

Sei $\mathbf{x} = (x_1, \ldots, x_n)$ und $\mathbf{r} = (r_1, \ldots, r_k)$ und es soll $f(\mathbf{x}, \mathbf{r})$ unter den Nebenbedingungen $g_j(\mathbf{x}, \mathbf{r})$, $j = 1, \ldots, m$ maximiert (minimiert) werden. Es seien $\lambda_j = \lambda_j(\mathbf{r})$, $j = 1, \ldots, m$ die Lagrange-Multiplikatoren, die man aus den Bedingungen erster Ordnung erhält und es sei $\mathcal{L}(\mathbf{x}, \mathbf{r}) = f(\mathbf{x}, \mathbf{r}) - \sum_{j=1}^{m} \lambda_j g_j(\mathbf{x}, \mathbf{r})$ die Lagrange-Funktion. Dann gilt:

$$\frac{\partial f^*(\mathbf{r})}{\partial r_i} = \left[\frac{\partial \mathcal{L}(\mathbf{x}, \mathbf{r})}{\partial r_i} \right]_{\mathbf{x} = \mathbf{x}^*(\mathbf{r})}, \qquad i = 1, \ldots, k$$

10.6 Nichtlineare Programmierung

Zwei Variablen, eine Nebenbedingung

Es soll $f(x, y)$ unter der Nebenbedingung $g(x, y) \leq c$ maximiert werden. $S = \{(x, y) : g(x, y) \leq c\}$ heißt die **zulässige** oder **mögliche** Menge. (Minimierung kann man behandeln, indem man $-f(x, y)$ maximiert.)

Rezept zur Lösung

A. Man bilde die Lagrange-Funktion:
$$\mathcal{L}(x, y) = f(x, y) - \lambda(g(x, y) - c)$$

B. Man setze die partiellen Ableitungen gleich Null:
$$\mathcal{L}'_1(x, y) = f'_1(x, y) - \lambda g'_1(x, y) = 0$$
$$\mathcal{L}'_2(x, y) = f'_2(x, y) - \lambda g'_2(x, y) = 0$$

C. Man beachte die komplementäre Schlaffheitsbedingung:
$$\lambda \geq 0 \, (= 0, \quad \text{falls } g(x, y) < c)$$

D. Man beachte die Nebenbedingung:
$$g(x, y) \leq c$$

Bestimmen Sie alle (x, y) zusammen mit den zugehörigen Werten von λ, die die Bedingungen B, C und D erfüllen. Dies sind die Lösungskandidaten. Wenigstens einer von ihnen löst das Problem, wenn es eine Lösung gibt.

Bedingung C impliziert: $g(x, y) = c$, falls $\lambda > 0$. Äquivalent zu C ist:
$$\lambda \geq 0, \quad \lambda \cdot [g(x, y) - c] = 0.$$

Beachten Sie: $\lambda = 0$ und $g(x, y) = c$ ist möglich. Die Ungleichungen $\lambda \geq 0$ und $g(x, y) \leq c$ sind komplementär in dem Sinne, dass höchstens eine „schlaff" sein darf, d.h., *höchstens eine darf mit Ungleichung gelten* oder *wenigstens eine muss eine Gleichheit sein*. Bedingungen B und C sind die **Kuhn-Tucker-Bedingungen**. Es sind im Wesentlichen notwendige Bedingungen, die jedoch keinesfalls hinreichend sind.

Hinreichende Kuhn-Tucker-Bedingungen

Der Punkt (x_0, y_0) erfülle die Bedingungen B, C und D. Wenn die Lagrange-Funktion konkav* ist, löst (x_0, y_0) das Optimierungsproblem.

---

* Siehe S. 151.

10

Mehr Variablen und mehrere Nebenbedingungen

Die Funktion $f(\boldsymbol{x}) = f(x_1, \ldots, x_n)$ soll unter den Nebenbedingungen $g_j(\boldsymbol{x}) \leq c_j$, $j = 1, \ldots, m$ maximiert werden. $S = \{\boldsymbol{x} = (x_1, \ldots, x_n) : g_j(\boldsymbol{x}) \leq c_j\}$ ist die **zulässige** oder **mögliche** Menge. Minimierung von $f(\boldsymbol{x})$ ist äquivalent zur Maximierung von $-f(\boldsymbol{x})$. Die Ungleichheitsbedingung: $g_j(\boldsymbol{x}) \geq c_j$ ist äquivalent zu $-g_j(\boldsymbol{x}) \leq -c_j$ und die Gleichheit $g_j(\boldsymbol{x}) = c_j$ ist äquivalent zu $g_j(\boldsymbol{x}) \leq c_j$ und $-g_j(\boldsymbol{x}) \leq -c_j$.

Rezept zur Lösung

A. Man bilde die Lagrange-Funktion:

$$\mathcal{L}(\boldsymbol{x}) = f(\boldsymbol{x}) - \sum_{j=1}^{m} \lambda_j (g_j(\boldsymbol{x}) - c_j)$$

B. Man setze die partiellen Ableitungen gleich Null:

$$\frac{\partial \mathcal{L}(\boldsymbol{x})}{\partial x_i} = \frac{\partial f(\boldsymbol{x})}{\partial x_i} - \sum_{j=1}^{m} \lambda_j \frac{\partial g_j(\boldsymbol{x})}{\partial x_i} = 0, \qquad i = 1, \ldots, n$$

C. Man beachte die komplementären Schlaffheitsbedingungen:

$$\lambda_j \geq 0 \ (= 0, \quad \text{falls } g_j(\boldsymbol{x}) < c_j), \qquad j = 1, \ldots, m$$

D. Man beachte die Nebenbedingungen:

$$g_j(\boldsymbol{x}) \leq c_j, \qquad j = 1, \ldots, m$$

Bestimmen Sie alle $\boldsymbol{x}$ zusammen mit den zugehörigen Werten von $\lambda_1, \ldots, \lambda_m$, die die Bedingungen B, C und D erfüllen. Dies sind die Lösungskandidaten. Wenigstens einer von ihnen löst das Problem, wenn es eine Lösung gibt.

Nichtnegativitätsbedingungen an die Variablen

Die Funktion $f(\boldsymbol{x})$ soll unter den Nebenbedingungen $g_j(\boldsymbol{x}) \leq c_j$, $j = 1, \ldots, m$ und $x_i \geq 0$, $i = 1, \ldots, n$ maximiert werden. Die notwendigen Bedingungen sind:

$$\frac{\partial f(\boldsymbol{x})}{\partial x_i} - \sum_{j=1}^{m} \lambda_j \frac{\partial g_j(\boldsymbol{x})}{\partial x_i} \leq 0 \ (= 0, \quad \text{falls } x_i > 0)$$

$$\lambda_j \geq 0 \ (= 0, \quad \text{falls } g_j(\boldsymbol{x}) < c_j), \qquad j = 1, \ldots, m$$

Eigenschaften der Optimalwertfunktion

Für die Optimalwertfunktion $f^*(\boldsymbol{c}) = \max\{f(\boldsymbol{x}) : g_j(\boldsymbol{x}) \leq c_j, j = 1, \ldots, m\}$ gilt:

- $f^*(\boldsymbol{c})$ ist nichtfallend in jeder Variablen $c_1, \ldots, c_m$
- Wenn $\partial f^*(\boldsymbol{c})/\partial c_j$ existiert, so ist es gleich $\lambda_j(\boldsymbol{c})$, $j = 1, \ldots, m$.

Kapitel 11
Matrizen und Vektoralgebra

11.1 Systeme linearer Gleichungen

Grundlegende Definitionen

Ein allgemeines lineares Gleichungssystem mit n Variablen $x_1, \ldots, x_n$ und m Gleichungen ist gegeben durch:

$$a_{11}x_1 + a_{12}x_2 + \ldots + a_{1n}x_n = b_1$$
$$a_{21}x_1 + a_{22}x_2 + \ldots + a_{2n}x_n = b_2$$
$$\vdots \qquad\qquad\qquad \vdots$$
$$a_{m1}x_1 + a_{m2}x_2 + \ldots + a_{mn}x_n = b_m$$

$a_{11}, a_{12}, \ldots, a_{mn}$ heißen die **Koeffizienten** des Systems und $b_1, \ldots, b_m$ die **rechten Seiten**. a_{ij} ist der Koeffizient der j-ten Variablen x_j in der i-ten Gleichung. Eine **Lösung** des Gleichungssystems ist ein n-Tupel $(s_1, s_2, \ldots, s_n)$, so dass $x_1 = s_1$, $x_2 = s_2, \ldots, x_n = s_n$ das Gleichungssystem erfüllen. Wenn das System mindestens eine Lösung hat, heißt es **konsistent**, andernfalls **inkonsistent**.

Ein lineares Gleichungssystem hat entweder genau eine Lösung oder unendlich viele Lösungen oder keine Lösung.

11.2 Matrizen und Matrizenoperationen

Die Koeffizienten eines allgemeinen linearen Gleichungssystems werden als Matrix angeordnet:

$$A = \begin{pmatrix} a_{11} & a_{12} & \ldots & a_{1n} \\ a_{21} & a_{22} & \ldots & a_{2n} \\ \vdots & \vdots & & \vdots \\ a_{m1} & a_{m2} & \ldots & a_{mn} \end{pmatrix}$$

Dabei ist eine Matrix eine rechteckige Anordnung von Zahlen in Zeilen und Spalten.

Grundlegende Definitionen

- $A = \left(a_{ij}\right)_{m \times n} = \left(a_{ij}\right)$ ist eine $m \times n$ Matrix (eine Matrix der **Ordnung** $m \times n$) mit m **Zeilen** und n **Spalten** und mn **Elementen**.

- Eine Matrix mit einer Zeile ist ein **Zeilenvektor**, mit einer Spalte ein **Spaltenvektor**, beide sind **Vektoren**.

- Falls $m = n$, heißt A **quadratisch** von der Ordnung n; die Elemente $a_{11}, a_{22}, \ldots, a_{nn}$ bilden dann die **Hauptdiagonale**.

- Es seien $A = \left(a_{ij}\right)$ und $B = \left(b_{ij}\right)$ zwei $m \times n$ Matrizen.

  - Zwei Matrizen A und B heißen **gleich**, wenn $a_{ij} = b_{ij}$ für alle $i = 1, \ldots, m$ und alle $j = 1, \ldots, n$, d.h. zwei Matrizen sind gleich, wenn sie dieselbe Ordnung haben und wenn alle entsprechenden Elemente gleich sind, andernfalls sind sie nicht gleich und man schreibt $A \neq B$.

  - Die Summe der Matrizen A und B ist definiert durch

$$A + B = \left(a_{ij}\right)_{m \times n} + \left(b_{ij}\right)_{m \times n} = \left(a_{ij} + b_{ij}\right)_{m \times n}$$

  Zwei Matrizen derselben Ordnung werden addiert, indem man die entsprechenden Elemente addiert.

  - Wenn $\alpha \in \mathbb{R}$, so ist αA definiert durch

$$\alpha A = \alpha \left(a_{ij}\right)_{m \times n} = \left(\alpha a_{ij}\right)_{m \times n}$$

  Um eine Matrix mit einem Skalar zu multiplizieren, muss man jedes Element mit diesem Skalar multiplizieren.

Rechenregeln für Matrizenaddition und Multiplikation mit Skalaren

A, B und C seien $m \times n$ Matrizen, $\alpha, \beta \in \mathbb{R}$ und $\mathbf{0}$ sei die Nullmatrix der Ordnung $m \times n$, die nur aus Nullen besteht. Dann gilt:

$(A + B) + C = A + (B + C) = A + B + C$	$A + B = B + A$
$A + \mathbf{0} = \mathbf{0} + A = A$	$A + (-A) = \mathbf{0}$
$(\alpha + \beta)A = \alpha A + \beta A$	$\alpha(A + B) = \alpha A + \alpha B$

11.3 Matrizenmultiplikation

Definition

Das Matrizenprodukt $C = AB$ zweier Matrizen $A = \left(a_{ij}\right)_{m \times n}$ und $B = \left(b_{ij}\right)_{n \times p}$ ist die $m \times p$ Matrix $C = \left(c_{ij}\right)_{m \times p}$, deren Element in der i-ten Zeile und j-ten Spalte das innere Produkt

$$c_{ij} = \sum_{r=1}^{n} a_{ir} b_{rj} = a_{i1} b_{1j} + a_{i2} b_{2j} + \ldots + a_{in} b_{nj}$$

der i-ten Zeile von A und der j-ten Spalte von B ist, d.h., jede Komponente a_{ir} in der i-ten Zeile wird mit der entsprechenden Komponente b_{rj} in der j-ten Spalte multipliziert und alle Produkte werden addiert.

Visualisierung der Matrizenmultiplikation

$$\begin{pmatrix} a_{11} & \cdots & a_{1h} & \cdots & a_{1n} \\ \vdots & & \vdots & & \vdots \\ \boxed{a_{i1} \ \cdots \ a_{ih} \ \cdots \ a_{in}} \\ \vdots & & \vdots & & \vdots \\ a_{m1} & \cdots & a_{mh} & \cdots & a_{mn} \end{pmatrix} \cdot \begin{pmatrix} b_{11} & \cdots & \boxed{b_{1j}} & \cdots & b_{1p} \\ \vdots & & \vdots & & \vdots \\ b_{k1} & \cdots & \boxed{b_{kj}} & \cdots & b_{kp} \\ \vdots & & \vdots & & \vdots \\ b_{n1} & \cdots & \boxed{b_{nj}} & \cdots & b_{np} \end{pmatrix} = \begin{pmatrix} c_{11} & \cdots & c_{1j} & \cdots & c_{1p} \\ \vdots & & \vdots & & \vdots \\ c_{i1} & \cdots & \boxed{c_{ij}} & \cdots & c_{ip} \\ \vdots & & \vdots & & \vdots \\ c_{m1} & \cdots & c_{mj} & \cdots & c_{mp} \end{pmatrix}$$

Falk'sches Schema zur Matrizenmultiplikation

Man schreibe den linken Faktor A links unten, den rechten Faktor B rechts oben. Im Kreuzungspunkt der i-ten Zeile von A und der j-ten Spalte von B steht dann deren Skalarprodukt als Element c_{ij}.

$$\begin{pmatrix} b_{11} & \cdots & \boxed{b_{1j}} & \cdots & b_{1p} \\ \vdots & & \vdots & & \vdots \\ b_{k1} & \cdots & \boxed{b_{kj}} & \cdots & b_{kp} \\ \vdots & & \vdots & & \vdots \\ b_{n1} & \cdots & \boxed{b_{nj}} & \cdots & b_{np} \end{pmatrix}$$

$$\begin{pmatrix} a_{11} & \cdots & a_{1h} & \cdots & a_{1n} \\ \vdots & & \vdots & & \vdots \\ \boxed{a_{i1} \ \cdots \ a_{ih} \ \cdots \ a_{in}} \\ \vdots & & \vdots & & \vdots \\ a_{m1} & \cdots & a_{mh} & \cdots & a_{mn} \end{pmatrix} = \begin{pmatrix} c_{11} & \cdots & c_{1j} & \cdots & c_{1p} \\ \vdots & & \vdots & & \vdots \\ c_{i1} & \cdots & \boxed{c_{ij}} & \cdots & c_{ip} \\ \vdots & & \vdots & & \vdots \\ c_{m1} & \cdots & c_{mj} & \cdots & c_{mp} \end{pmatrix}$$

11

Achtung: Das Matrizenprodukt AB ist nur dann definiert, wenn die Anzahl der Spalten in A gleich der Anzahl der Zeilen in B ist. Beachten Sie: Wenn AB definiert ist, ist nicht notwendig auch BA definiert. Selbst wenn beide definiert sind, ist im Allgemeinen $AB \neq BA$.

Gleichungssysteme in Matrizenform

Das allgemeine lineare Gleichungssystem* kann mit

$$
A = \begin{pmatrix} a_{11} & a_{12} & \cdots & a_{1n} \\ a_{21} & a_{22} & \cdots & a_{2n} \\ \vdots & \vdots & & \vdots \\ a_{m1} & a_{m2} & \cdots & a_{mn} \end{pmatrix}, \qquad x = \begin{pmatrix} x_1 \\ x_2 \\ \cdots \\ x_n \end{pmatrix}, \qquad b = \begin{pmatrix} b_1 \\ b_2 \\ \cdots \\ b_n \end{pmatrix}
$$

geschrieben werden als $Ax = b$.

Rechenregeln für die Matrizenmultiplikation

Es seien A, B und C Matrizen. Unter der Voraussetzung, dass alle Produkte definiert sind, gilt:

$(AB)C = A(BC) = ABC$ **Assoziativgesetz**

$A(B + C) = AB + AC$ **linksseitiges Distributivgesetz**

$(A + B)C = AC + BC$ **rechtsseitiges Distributivgesetz**

Achtung:

- $AB \neq BA$, d.h., Matrizenmultiplikation ist nicht kommutativ.
- $AB = 0$ impliziert nicht, dass entweder A oder B gleich 0 ist.
- $AB = AC$ und $A \neq 0$ implizieren nicht, dass $B = C$.

Potenzen von quadratischen Matrizen

Die n-te Potenz einer quadratischen Matrix A ist definiert durch: $A^n = AA \ldots A$, d.h. A wird n-mal mit sich selbst multipliziert.

Für eine $m \times m$ Diagonalmatrix gilt:

$$
D = \begin{pmatrix} d_1 & 0 & \cdots & 0 \\ 0 & d_2 & \cdots & 0 \\ \vdots & \vdots & \ddots & \vdots \\ 0 & 0 & \cdots & d_m \end{pmatrix} \implies D^n = \begin{pmatrix} d_1^n & 0 & \cdots & 0 \\ 0 & d_2^n & \cdots & 0 \\ \vdots & \vdots & \ddots & \vdots \\ 0 & 0 & \cdots & d_m^n \end{pmatrix}
$$

---

* Siehe S. 163.

Einheitsmatrix

Definition

Die Einheitsmatrix der Ordnung n ist definiert durch: $I = I_n = \begin{pmatrix} 1 & 0 & \cdots & 0 \\ 0 & 1 & \cdots & 0 \\ \vdots & \vdots & \ddots & \vdots \\ 0 & 0 & \cdots & 1 \end{pmatrix}_{n \times n}$

Multiplikation mit der Einheitsmatrix

Es gilt $AI_n = A$ für jede $m \times n$ Matrix A und $I_n B = B$ für jede $n \times m$ Matrix B und $AI_n = I_n A = A$ für jede $n \times n$ Matrix A.

11.4 Die transponierte Matrix

Definition

Die zu der $m \times n$ Matrix A transponierte $n \times m$ Matrix A' oder A^t entsteht aus A, indem man Zeilen und Spalten vertauscht:

$$A = \begin{pmatrix} a_{11} & a_{12} & \cdots & a_{1n} \\ a_{21} & a_{22} & \cdots & a_{2n} \\ \vdots & \vdots & & \vdots \\ a_{m1} & a_{m2} & \cdots & a_{mn} \end{pmatrix} \quad \Rightarrow \quad A' = \begin{pmatrix} a_{11} & a_{21} & \cdots & a_{m1} \\ a_{12} & a_{22} & \cdots & a_{m2} \\ \vdots & \vdots & & \vdots \\ a_{1n} & a_{2n} & \cdots & a_{mn} \end{pmatrix}$$

D.h. $A' = \left(a'_{ij} \right)$, wobei $a'_{ij} = a_{ji}$.

Rechenregeln für das Transponieren

Es seien A und B Matrizen und $\alpha \in \mathbb{R}$, so dass alle folgenden Operationen definiert sind. Dann gilt:

$$(A')' = A \qquad (A + B)' = A' + B' \qquad (\alpha A)' = \alpha A' \qquad (AB)' = B'A'$$

Symmetrische Matrizen

Quadratische Matrizen, die symmetrisch bezüglich der Hauptdiagonalen sind, werden symmetrisch genannt, d.h. A ist genau dann symmetrisch, wenn $A = A' \iff a_{ij} = a_{ji}$ für alle $i, j = 1, 2, \ldots, n$.

11

11.5 Gauß'sche Elimination

Elementare Umformungen eines linearen Gleichungssystems[*]

Bei den folgenden elementaren Umformungen eines linearen Gleichungssystems ändert sich die Lösungsmenge nicht:

Z1: Multiplikation (Division) einer Zeile mit (durch) eine Zahl $c \neq 0$.

Z2: Addition (Subtraktion) einer Zeile zu (von) einer anderen Zeile.

Z3: Vertauschen zweier Zeilen.

Mit Z1 und Z2 zusammen erhält man

Z4: Addition des Vielfachen einer Zeile zu einer anderen Zeile.

S1: Vertauschen zweier Spalten. (Dabei muss man sich merken, welche Variablen vertauscht wurden!)

Z1–Z4 zusammmen nennt man **elementare Zeilenumformungen**.

Treppenstufenform

Ein Gleichungssystem hat eine Treppenstufenform oder Zeilenstufenform, wenn alle Koeffizienten von x_i unterhalb der i-ten Zeile Null sind

$$A = \begin{pmatrix} a_{11} & a_{12} & a_{13} & \dots & a_{1n} \\ 0 & a_{22} & a_{23} & \dots & a_{2n} \\ 0 & 0 & a_{33} & \dots & a_{3n} \\ 0 & 0 & 0 & \dots & a_{4n} \\ \vdots & \vdots & \vdots & & \\ 0 & 0 & 0 & & \end{pmatrix}$$

Ein **führender** Eintrag ist die erste Variable in einer Zeile, deren Koeffizient von Null verschieden ist.

Gauß'sches Eliminationsverfahren oder Gauß-Jordan-Methode

(1) Erzeugen Sie eine Treppenstufenform mit 1 als Koeffizienten für jeden führenden Eintrag.

(2) Erzeugen Sie Nullen über jedem führenden Eintrag.

(3) Man erhält die allgemeine Lösung, indem man die Unbekannten, die als führende Einträge auftreten, durch diejenigen Unbekannten ausdrückt, die nicht als führende Einträge auftreten. Die letzteren Unbekannten (wenn es welche gibt) können frei gewählt werden. Die Anzahl der Unbekannten, die frei gewählt werden können (möglicherweise 0), ist gleich der Anzahl der Freiheitsgrade des Systems.

---

[*] Zur Lösung von linearen Gleichungssystemen siehe auch S. 183, 188 und 189.

Auf Schritt (2) kann manchmal verzichtet werden, insbesondere dann, wenn die Anzahl der Freiheitsgrade 0 ist. Man löst dann zunächst die unterste Gleichung, setzt dann die Lösung in die darüberstehende Gleichung ein usw. In der Praxis wendet man das Verfahren auf die erweiterte Koeffizientenmatrix an. Ergibt sich dabei eine Zeile mit Nullen als Koeffizienten der Variablen, während die zugehörige rechte Seite nicht Null ist, so ist das Gleichungssystem nicht lösbar (inkonsistent).

Mit den Schritten (1) und (2) werden in den Spalten **Einheitsvektoren** e_i erzeugt, die an der i-ten Stelle eine 1 und sonst Nullen haben. Die Maximalzahl der in der linken Seite des Gleichungssystems erzeugbaren (unterschiedlichen) Einheitsvektoren nennt man den **Rang** $rg(A)^*$ der Matrix A. Das durch die Schritte (1) und (2) erzeugte Gleichungssystem nennt man ein **kanonisches Gleichungssystem**. Es hat die Gestalt:

$$
\begin{array}{ccccc|ccc|c}
x_1 & x_2 & \dots & x_k & & x_{k+1} & \dots & x_n & b \\
\hline
1 & 0 & \dots & 0 & & & & & b_1 \\
0 & 1 & \dots & 0 & & & & & b_2 \\
\vdots & \vdots & \ddots & \vdots & & & R & & \vdots \\
0 & 0 & \dots & 1 & & & & & b_k \\
\hline
0 & 0 & \dots & 0 & & 0 & \dots & 0 & b_{k+1} \\
\vdots & \vdots & & \vdots & & \vdots & & \vdots & \vdots \\
0 & 0 & \dots & 0 & & 0 & \dots & 0 & b_m
\end{array}
$$

Lösbarkeit eines linearen Gleichungssystems

Die Lösbarkeit hängt von $b_{k+1}, \dots, b_m$ ab.

- Wenn mindestens einer der Werte $b_{k+1}, \dots, b_m$ von Null verschieden ist, gibt es keine Lösung.
- Falls $b_{k+1} = b_{k+2} = \dots = b_m = 0$, können die letzten $n-k$ Zeilen gestrichen werden. Man erhält ein Gleichungssystem mit k Gleichungen in n Variablen.
  - Falls $n > k$, gibt es unendlich viele Lösungen. $n - k$ Variablen können frei gewählt werden.
  - Falls $n = k$, gibt es eine eindeutige Lösung $x_1 = b_1, x_2 = b_2, \dots, x_n = b_n$.

Das lineare Gleichungssystem $Ax = b$ aus m Gleichungen mit n Variablen ist

- **eindeutig lösbar**, wenn nach Streichen aller im Verlauf des Gauß'schen Eliminationsverfahrens auftretender Nullzeilen ein widerspruchsfreies kanonisches System mit n Gleichungen und n Variablen übrig bleibt.

---

* Siehe auch S. 188.

- **mehrdeutig lösbar** (mit unendlichen vielen Lösungen), wenn nach Streichen aller im Verlauf des Gauß'schen Eliminationsverfahrens auftretender Nullzeilen ein widerspruchsfreies kanonisches System mit weniger Gleichungen als Variablen übrig bleibt.
- **nicht lösbar**, wenn im Verlauf der elementaren Zeilenoperationen eine Nullzeile mit nicht verschwindender rechter Seite auftritt.

Basis- und Nichtbasisvariablen, Basislösung

In einem kanonischen Gleichungssystem nennt man die zu den k Einheitsvektoren gehörenden Variablen Basisvariablen, alle übrigen Nichtbasisvariablen.

Wählt man für sämtliche Nichtbasisvariablen den Wert Null, so nennt man die sich ergebende spezielle Lösung eine Basislösung.

Die obige Form des kanonischen Gleichungssystems lässt sich meist nur durch Vertauschen von Spalten erreichen. Man spricht auch dann von einem kanonischen Gleichungssystem, wenn man die Spalten nicht vertauscht, d.h. immer dann, wenn man k verschiedene Einheitsvektoren und darunter Nullzeilen erzeugt hat.

Pivotisieren

In der k-ten Spalte von A soll der Einheitsvektor e_i (mit 1 an der i-ten Stelle, d.h. 1 statt $a_{ik} \neq 0$ und sonst Nullen) erzeugt werden. a_{ik} heißt das **Pivotelement**, die k-te Spalte heißt **Pivotspalte**, die i-te Zeile **Pivotzeile**.

- Alle Elemente a_{jp}, b_j außerhalb der Pivotzeile und Pivotspalte werden ersetzt durch $a_{jp} - \dfrac{a_{jk}a_{ip}}{a_{ik}}$ bzw. $b_j - \dfrac{a_{jk}b_i}{a_{ik}}$.

- Alle Elemente a_{ip}, b_i der Pivotzeile werden ersetzt durch $\dfrac{a_{ip}}{a_{ik}}$ bzw. $\dfrac{b_i}{a_{ik}}$.

11.6 Vektoren

Grundlegende Definitionen

Eine Matrix mit einer Zeile ist ein Zeilenvektor, mit einer Spalte ein Spaltenvektor, beide sind Vektoren. Für einen $1 \times n$ Zeilenvektor schreiben wir: $\boldsymbol{a} = (a_1, a_2, \ldots, a_n)$ mit den Komponenten oder Koordinaten a_i, $i = 1, 2, \ldots, n$ als i-ter Komponente oder i-ter Koordinate. $\boldsymbol{a}$ ist ein n-Vektor oder ein Vektor der Dimension n, verkörpert durch einen Punkt im $\mathbb{R}^n$. Zwischen den n-Vektoren $\boldsymbol{a}$ und $\boldsymbol{b}$ sind die folgenden Operationen definiert, wenn $t, s \in \mathbb{R}$:

$a = b$, wenn $a_i = b_i$, $i = 1, \ldots, n$	Gleichheit
$a + b = (a_1 + b_1, \ldots, a_n + b_n)$	Summe
$ta = (ta_1, \ldots, ta_n)$	Multiplikation mit einem Skalar
$a - b = a + (-1)b = (a_1 - b_1, \ldots, a_n - b_n)$	Differenz
$ta + sb = (ta_1 + sb_1, \ldots, ta_n + sb_n)$	Linearkombination
$a \cdot b = a_1 b_1 + a_2 b_2 + \ldots + a_n b_n = \sum_{i=1}^{n} a_i b_i \in \mathbb{R}$	Inneres Produkt

Das innere Produkt (auch Skalarprodukt oder Punktprodukt) ist ein Skalar (Zahl) und kein Vektor!

Rechenregeln für das innere Produkt

Falls a, b und c jeweils n-Vektoren sind und $\alpha \in \mathbb{R}$ ein Skalar ist, so gilt:

$a \cdot b = b \cdot a$ $\qquad\qquad$ $a \cdot (b + c) = a \cdot b + a \cdot c$

$(\alpha a) \cdot b = a \cdot (\alpha b) = \alpha(a \cdot b)$ $\qquad$ $a \cdot a > 0 \iff a \neq 0$

Geometrische Interpretation von Vektoren

Definition

Für zwei Punkte $P = (p_1, p_2)$ und $Q = (q_1, q_2)$ Punkte in der xy-Ebene heißt die Strecke von P nach Q mit dem Startpunkt P und dem Endpunkt Q der **geometrische Vektor** oder die gerichtete Strecke $\overrightarrow{PQ}$. Zwei geometrische Vektoren, die dieselbe Richtung und dieselbe Länge haben, sind gleich. $a = (a_1, a_2) = \overrightarrow{PQ} = (q_1 - p_1, q_2 - p_2)$, d.h., ein Vektor kann aufgefasst werden als geordnetes Paar (a_1, a_2) oder gerichtete Strecke $\overrightarrow{PQ}$ (siehe Abb. 11.1).

Interpretation der Vektoroperationen

Die Vektoren $a = (a_1, a_2)$ und $b = (b_1, b_2)$ beginnen beide im Ursprung $(0, 0)$ des Koordinatensystems.

- $a + b$ ist die Diagonale in dem durch die Seiten a und b bestimmten Parallelogramm (siehe Abb. 11.2 und 11.3).
- $a - b$ verläuft von der Pfeilspitze des Vektors b zur Pfeilspitze des Vektors a. Es ist $b + (a - b) = a = (a - b) + b$ (siehe Abb. 11.4).
- ta ist für $t > 0$ der Vektor mit derselben Richtung wie a und der t-fachen Länge von a, für $t < 0$ ist die Richtung entgegengesetzt und die Länge wird mit $|t|$ multipliziert.

11

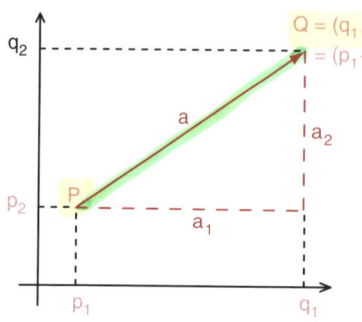

Abbildung 11.1. Geometrischer Vektor $a = \overrightarrow{PQ}$

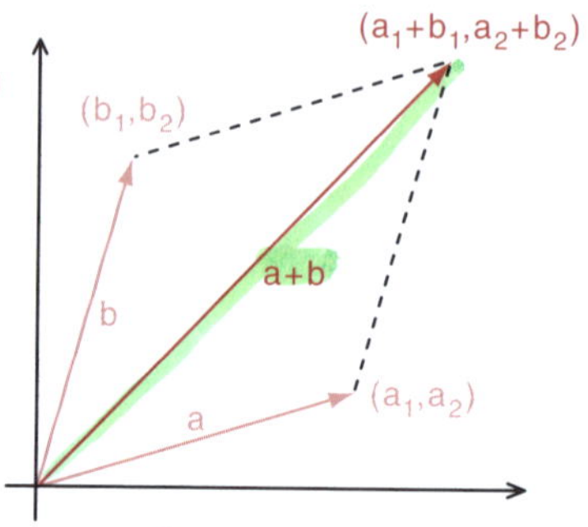

Abbildung 11.2. Vektorsumme $a + b$ als Diagonale im Parallelogramm

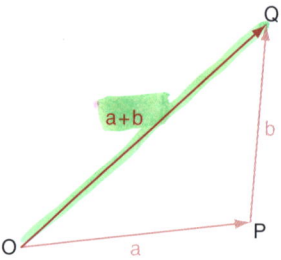

Abbildung 11.3. Vektorsumme $a + b$

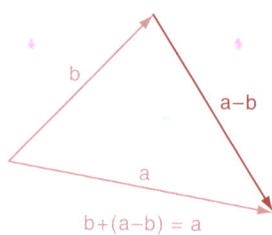

Abbildung 11.4. Der Vektor $a - b$

3- und n-dimensionaler Raum

In der Ebene, d.h. im 2-dimensionalen Raum $\mathbb{R}^2$, ist ein Punkt oder Vektor gleich einem Paar (a_1, a_2) von reellen Zahlen. Analog ist ein Punkt oder Vektor im 3-dimensionalen Raum $\mathbb{R}^3$ ein Tripel von reellen Zahlen (a_1, a_2, a_3), interpretierbar als geometrischer Vektor im $\mathbb{R}^3$. Das Parallelogrammgesetz für die Summe zweier Vektoren gilt wie im $\mathbb{R}^2$, auch die Interpretation für die Multiplikation mit einem Skalar bleibt erhalten.

Länge von Vektoren

Definition

Die Länge oder die Norm von $a = (a_1, a_2, \ldots, a_n)$ ist

$$\|a\| = \sqrt{a \cdot a} = \sqrt{a_1^2 + a_2^2 + \ldots + a_n^2}$$

D.h. $\|a\|$ ist die Entfernung des Punktes $(a_1, a_2, \ldots, a_n)$ vom Ursprung $(0, 0, \ldots, 0)$.

Wichtige Ungleichungen

$$(a \cdot b)^2 \leq \|a\|^2 \cdot \|b\|^2 \iff |a \cdot b| \leq \|a\| \cdot \|b\| \qquad \text{Cauchy-Schwarz-Ungleichung}$$

$$\|a + b\| \leq \|a\| + \|b\| \qquad\qquad\qquad \text{Dreiecksungleichung für Normen}$$

Orthogonalität

Im $\mathbb{R}^2$ oder $\mathbb{R}^3$ ist der Winkel ϑ zwischen den Vektoren a und b (siehe Abb. 11.5) genau dann ein rechter Winkel (= 90°), d.h. die Vektoren sind **orthogonal**, in Zeichen $a \perp b$, wenn

$$\|a\|^2 + \|b\|^2 = \|a - b\|^2 \iff a \cdot b = 0$$

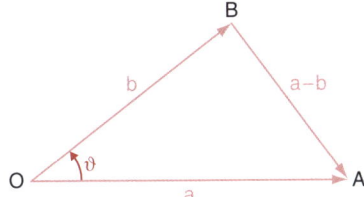

Abbildung 11.5. Winkel ϑ zwischen den Vektoren a und b

Orthogonalität im $\mathbb{R}^n$

Im $\mathbb{R}^n$ sind die Vektoren a und b per Definition genau dann orthogonal, wenn $a \cdot b = 0$. Der Winkel ϑ zwischen ihnen wird definiert durch:

$$\cos \vartheta = \frac{a \cdot b}{\|a\| \cdot \|b\|} \qquad (\vartheta \in [0, \pi])$$

Es gilt: $-1 \leq \vartheta \leq 1$ und $\cos \vartheta = 0 \iff a \cdot b = 0 \iff \vartheta = \pi/2$.

In der Statistik ist für $x = (x_1, \ldots, x_n)$ und $y = (y_1, \ldots, y_n)$ mit $a = (x_1 - \bar{x}, \ldots, x_n - \bar{x})$ und $b = (y_1 - \bar{y}, \ldots, y_n - \bar{y})$, wobei $\bar{x} = \frac{1}{n} \sum_{i=1}^{n} x_i$ und $\bar{y} = \frac{1}{n} \sum_{i=1}^{n} y_i$ die Mittelwerte sind, $\cos \vartheta$ der **Korrelationskoeffizient** ρ, ein Maß für die Korrelation der Daten. Wenn $\rho = 1$ ($\rho = -1$), existiert eine Konstante $\alpha > 0$ ($\alpha < 0$), so dass $x_i - \bar{x} = \alpha(y_i - \bar{y})$. In beiden Fällen sind die Variablen **vollständig korreliert**. Für $\rho > 0$ sind die Variablen **positiv korreliert**, für $\rho < 0$ sind sie **negativ korreliert**.

11

11.7 Geraden und Ebenen

Gerade im *n*-dimensionalen Raum

Definition

Die Gerade L in $\mathbb{R}^n$ durch die Punkte $\boldsymbol{a} = (a_1, \ldots, a_n)$ und $\boldsymbol{b} = (b_1, \ldots, b_n)$ ist die Menge aller Punkte $\boldsymbol{x} = (x_1, \ldots, x_n)$ mit

$$\boldsymbol{x} = (1 - t)\boldsymbol{a} + t\boldsymbol{b} = \boldsymbol{a} + t(\boldsymbol{b} - \boldsymbol{a}) \qquad t \in \mathbb{R}.$$

Für die Koordinaten gilt $x_i = (1 - t)a_i + tb_i = a_i + t(b_i - a_i) \quad (i = 1, \ldots, n)$

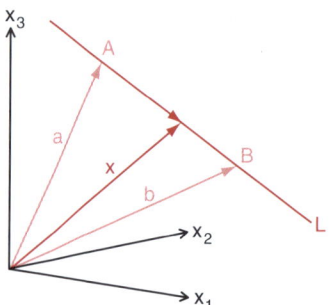

Abbildung 11.6. Gerade L durch die Punkte A und B

Punkt-Richtungsform

Die Gerade mit dem Ortsvektor $\boldsymbol{p} = (p_1, \ldots, p_n)$ und dem Richtungsvektor $\boldsymbol{a} = (a_1, \ldots, a_n)$, d.h. die Gerade durch den Punkt $\boldsymbol{p}$ in derselben Richtung wie $\boldsymbol{a}$ ist:

$$\boldsymbol{x} = \boldsymbol{p} + t\boldsymbol{a} \qquad t \in \mathbb{R}$$

Für die Komponenten des Vektors $\boldsymbol{x}$ gilt:

$$x_i = p_i + ta_i \qquad i = 1, \ldots, n$$

Zwei-Punkte-Formel

Gegeben seien zwei Punkte $\boldsymbol{y} = (y_1, \ldots, y_n)$ und $\boldsymbol{z} = (z_1, \ldots, z_n)$ auf der Geraden. Dann gilt für die Gleichung der Geraden durch $\boldsymbol{y}$ und $\boldsymbol{z}$

$$\boldsymbol{x} = \boldsymbol{y} + t(\boldsymbol{z} - \boldsymbol{y}) \qquad t \in \mathbb{R}$$

Für die Komponenten des Vektors $\boldsymbol{x}$ gilt:

$$x_i = y_i + t(z_i - y_i) \qquad i = 1, \ldots, n$$

Hyperebenen

Grundlegende Definitionen, Normalenform der Ebenengleichung

- Im $\mathbb{R}^3$ ist der Vektor $p = (p_1, p_2, p_3)$ **Normale** zu einer Ebene $\mathcal{P}$, wenn p normal (orthogonal oder senkrecht) zu jeder Geraden in der Ebene ist, d.h. wenn $x = (x_1, x_2, x_3) \in \mathcal{P}$, so ist

$$p \cdot (x - a) = 0 \quad \text{oder} \quad (p_1, p_2, p_3)(x_1 - a_1, x_2 - a_2, x_3 - a_3) = 0$$

D.h. $p_1 x_1 + p_2 x_2 + p_3 x_3 - (p_1 a_1 + p_2 a_2 + p_3 a_3) = 0$. Dies ist die **allgemeine Gleichung einer Ebene** durch (a_1, a_2, a_3). Die Koeffizienten (p_1, p_2, p_3) von x_1, x_2, x_3 bilden einen von Null verschiedenen Vektor, der normal zu der Ebene ist.

- Die **Hyperebene** H im $\mathbb{R}^n$ durch $a = (a_1, \ldots, a_n)$, die orthogonal zu dem Nichtnullvektor $p = (p_1, \ldots, p_n)$ ist, ist die Menge aller Punkte $x = (x_1, \ldots, x_n)$ mit

$$p \cdot (x - a) = 0 \iff p \cdot x = A := p \cdot a$$

- Die **Hesse'sche Normalform** ist

$$\frac{p \cdot x - A}{\|p\|} = 0$$

Ersetzt man p durch sp mit $s \neq 0$, so ergibt sich die gleiche Hyperebene. Die Koordinatendarstellung der Hyperebene ist:

$$p_1(x_1 - a_1) + p_2(x_2 - a_2) + \ldots + p_n(x_n - a_n) = 0$$

oder

$$p_1 x_1 + p_2 x_2 + \ldots + p_n x_n = A \quad \text{mit} \quad A = p_1 a_1 + p_2 a_2 + \ldots + p_n a_n$$

Andere Darstellungen der Ebenengleichung im $\mathbb{R}^3$

- Eine Ebene im $\mathbb{R}^3$ durch einen Punkt $a = (a_1, a_2, a_3)$ wird festgelegt durch den Ortsvektor a und zwei linear unabhängige Richtungsvektoren y und z, die die Ebene „aufspannen". Die **Punktrichtungsgleichung** (auch Parameterform) der Ebene ist gegeben durch

$$x = a + ty + sz \qquad -\infty < t, s < \infty$$

Für die Koordinaten gilt

$$x_i = a_i + ty_i + sz_i \qquad i = 1, 2, 3$$

- Der Normalenvektor zu dieser Ebene ist gegeben durch $p = y \times z$, wobei $y \times z = (y_2 z_3 - y_3 z_2)e_1 + (y_3 z_1 - y_1 z_3)e_2 + (y_1 z_2 - y_2 z_1)e_3$ das Vektorprodukt von y und z ist. Dabei sind $e_1 = (1, 0, 0)'$, $\ldots$, $e_3 = (0, 0, 1)'$ die Einheitsvektoren.

11

- Eine Ebene im $\mathbb{R}^3$ kann auch durch drei Punkte, die nicht alle auf einer Geraden liegen, festgelegt werden. Sind a_1, a_2, a_3 die Ortsvektoren dieser Punkte, so ist die Dreipunktform der Ebenengleichung gegeben durch

$$x = a_1 + t(a_2 - a_1) + s(a_3 - a_1) \qquad -\infty < t, s < \infty$$

11.8 Determinanten

Determinanten der Ordnung 2

Das Gleichungssystem

$$\begin{aligned} a_{11}x_1 + a_{12}x_2 &= b_1 \\ a_{21}x_1 + a_{22}x_2 &= b_2 \end{aligned}, \qquad A = \begin{pmatrix} a_{11} & a_{12} \\ a_{21} & a_{22} \end{pmatrix}$$

mit der Koeffizientenmatrix A hat die Lösung:

$$x_1 = \frac{b_1 a_{22} - b_2 a_{12}}{a_{11} a_{22} - a_{21} a_{12}}, \qquad x_2 = \frac{b_2 a_{11} - b_1 a_{21}}{a_{11} a_{22} - a_{21} a_{12}}$$

Der Nenner $a_{11}a_{22} - a_{21}a_{12}$ muss $\neq 0$ sein, d.h., er bestimmt, ob es eine eindeutige Lösung gibt.

Definition der Determinante

$$|A| = \det(A) = \begin{vmatrix} a_{11} & a_{12} \\ a_{21} & a_{22} \end{vmatrix} = a_{11}a_{22} - a_{21}a_{12}$$

heißt Determinante von A. Es ist eine Determinante der Ordnung 2.

Geometrisch ist jede der beiden Gleichungen eine Gerade. Wenn $|A| \neq 0$, schneiden sich die beiden Geraden in (x_1, x_2). Wenn $|A| = 0$, hat das Gleichungssystem entweder keine Lösung (die Geraden verlaufen parallel) oder unendlich viele Lösungen (die beiden Geraden fallen zusammen).

Cramer'sche Regel

Falls $|A| \neq 0$, ist die Lösung des Gleichungssystems:

$$x_1 = \frac{\begin{vmatrix} b_1 & a_{12} \\ b_2 & a_{22} \end{vmatrix}}{|A|}, \qquad x_2 = \frac{\begin{vmatrix} a_{11} & b_1 \\ a_{21} & b_2 \end{vmatrix}}{|A|}$$

Geometrische Interpretation

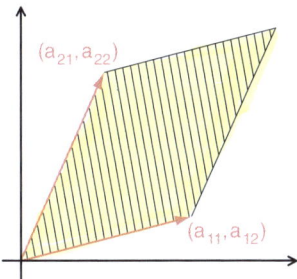

Abbildung 11.7. Determinante ist Fläche des schraffierten Parallelogramms.

Determinanten der Ordnung 3

Definition

Für eine 3 × 3-Matrix ist die Determinante (der Ordnung 3) gegeben durch:

$$|A| = \begin{vmatrix} a_{11} & a_{12} & a_{13} \\ a_{21} & a_{22} & a_{23} \\ a_{31} & a_{32} & a_{33} \end{vmatrix}$$

$$= a_{11}a_{22}a_{33} - a_{11}a_{23}a_{32} + a_{12}a_{23}a_{31} - a_{12}a_{21}a_{33} + a_{13}a_{21}a_{32} - a_{13}a_{22}a_{31}$$

Entwicklung nach Co-Faktoren

Es gilt

$$|A| = a_{11}(a_{22}a_{33} - a_{23}a_{32}) - a_{12}(a_{21}a_{33} - a_{23}a_{31}) + a_{13}(a_{21}a_{32} - a_{22}a_{31})$$

Dies ist gleichbedeutend mit:

$$|A| = a_{11}\begin{vmatrix} a_{22} & a_{23} \\ a_{32} & a_{33} \end{vmatrix} - a_{12}\begin{vmatrix} a_{21} & a_{23} \\ a_{31} & a_{33} \end{vmatrix} + a_{13}\begin{vmatrix} a_{21} & a_{22} \\ a_{31} & a_{32} \end{vmatrix}$$

D.h., die Berechnung einer Determinante der Ordnung 3 wird auf die Berechnung von Determinanten der Ordnung 2 zurückgeführt.

11

Cramer'sche Regel

Die Lösung des Gleichungssystems

$$a_{11}x_1 + a_{12}x_2 + a_{13}x_3 = b_1$$
$$a_{21}x_1 + a_{22}x_2 + a_{23}x_3 = b_2$$
$$a_{31}x_1 + a_{32}x_2 + a_{33}x_3 = b_3$$

ist gegeben durch:

$$x_1 = \frac{\begin{vmatrix} b_1 & a_{12} & a_{13} \\ b_2 & a_{22} & a_{23} \\ b_3 & a_{32} & a_{33} \end{vmatrix}}{|A|}, \qquad x_2 = \frac{\begin{vmatrix} a_{11} & b_1 & a_{13} \\ a_{21} & b_2 & a_{23} \\ a_{31} & b_3 & a_{33} \end{vmatrix}}{|A|}, \qquad x_3 = \frac{\begin{vmatrix} a_{11} & a_{12} & b_1 \\ a_{21} & a_{22} & b_2 \\ a_{31} & a_{32} & b_3 \end{vmatrix}}{|A|}$$

Beachten Sie, dass der Vektor der rechten Seiten von der ersten Spalte der Determinante im Zähler zur dritten Spalte der Determinante verschoben wird. Die entsprechende Spalte von A wird jeweils gestrichen. Die Determinante kann als Volumen der von den drei Vektoren (a_{i1}, a_{i2}, a_{i3}), $i = 1, 2, 3$ aufgespannten „Box" interpretiert werden.

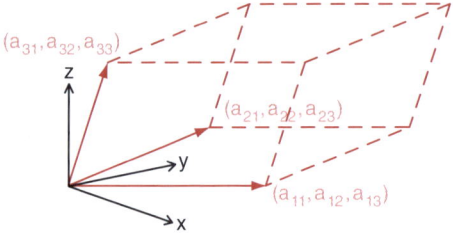

Abbildung 11.8. Determinante ist Volumen der aufgespannten „Box".

Regel von Sarrus

Für 3 × 3-Matrizen (und nur für diese) kann die folgende Regel verwendet werden:

■ Schreiben Sie die Determinanten zweimal hintereinander auf, lassen Sie jedoch bei der zweiten Determinante die dritte Spalte weg.

$$\begin{vmatrix} a_{11} & a_{12} & a_{13} & a_{11} & a_{12} \\ a_{21} & a_{22} & a_{23} & a_{21} & a_{22} \\ a_{31} & a_{32} & a_{33} & a_{31} & a_{32} \end{vmatrix}$$

■ Multiplizieren Sie entlang der drei nach rechts abfallenden Linien und geben Sie diesen Produkten ein Pluszeichen: $a_{11}a_{22}a_{33} + a_{12}a_{23}a_{31} + a_{13}a_{21}a_{32}$

■ Multiplizieren Sie entlang der drei nach rechts aufsteigenden Linien und geben Sie diesen Produkten ein Minuszeichen: $-a_{11}a_{23}a_{32} - a_{12}a_{21}a_{33} - a_{13}a_{22}a_{31}$

■ Die Summe aller sechs Terme ist $|A|$.

Determinanten der Ordnung n

Definition

$$A = \left(a_{ij}\right)_{n \times n} \implies |A| = \begin{vmatrix} a_{11} & a_{12} & \cdots & a_{1n} \\ a_{21} & a_{22} & \cdots & a_{2n} \\ \vdots & \vdots & \ddots & \vdots \\ a_{n1} & a_{n2} & \cdots & a_{nn} \end{vmatrix} = \sum (\pm) a_{1r_1} a_{2r_2} \dots a_{nr_n}$$

Die zweiten Indizes $r_1, r_2, \dots, r_n$ sind eine Vertauschung oder Permutation der Zahlen $1, 2, \dots, n$. Es gibt $n!$ Permutationen der Zahlen $1, 2, \dots, n$. Die Summe ist über alle diese Permutationen zu bilden.

$|A|$ ist eine Summe von $n!$ Termen, wobei gilt:

■ Jeder Term ist das Produkt von n Elementen der Matrix, mit einem Element aus jeder Zeile und einem Element aus jeder Spalte. Ferner muss jedes Produkt aus genau n Faktoren, in dem jede Zeile und jede Spalte genau einmal repräsentiert ist, in dieser Summe erscheinen.

■ Das Vorzeichen jedes Terms erhält man durch die folgende **Vorzeichenregel**: Markieren Sie in der Matrix alle Elemente, die in diesem Term auftauchen. Verbinden Sie alle möglichen Paare dieser Elemente durch Linien. Diese Linien werden dann entweder nach rechts fallen oder steigen. Wenn die Anzahl der steigenden Linien gerade ist, erhält der entsprechende Term ein Pluszeichen, wenn sie ungerade ist, ein Minuszeichen.

Determinanten von Dreiecksmatrizen

Man spricht von einer oberen Dreiecksmatrix, wenn alle Elemente unterhalb der Hauptdiagonalen Null sind, entsprechend von einer unteren Dreiecksmatrix, wenn alle Elemente oberhalb der Hauptdiagonalen Null sind. Für die Determinanten gilt:

$$\begin{vmatrix} a_{11} & a_{12} & \ldots & a_{1n} \\ 0 & a_{22} & \ldots & a_{2n} \\ \vdots & \vdots & \ddots & \vdots \\ 0 & 0 & \ldots & a_{nn} \end{vmatrix} = a_{11} \cdot a_{22} \cdot \ldots \cdot a_{nn} \qquad \begin{vmatrix} a_{11} & 0 & \ldots & 0 \\ a_{21} & a_{22} & \ldots & 0 \\ \vdots & \vdots & \ddots & \vdots \\ a_{n1} & a_{n2} & \ldots & a_{nn} \end{vmatrix} = a_{11} \cdot a_{22} \cdot \ldots \cdot a_{nn}$$

Rechenregeln für Determinanten

Für eine $n \times n$ Matrix A gilt:

Wenn alle Elemente in einer Zeile oder Spalte von A gleich 0 sind, dann ist $|A| = 0$.

$|A'| = |A|$, wobei A' die Transponierte von A ist.

Wenn alle Elemente in einer einzelnen Zeile oder Spalte von A mit einer Zahl α multipliziert werden, wird die Determinante mit α multipliziert.

Wenn zwei Zeilen oder zwei Spalten einer Matrix vertauscht werden, wechselt die Determinante das Vorzeichen, der Absolutwert bleibt unverändert.

Wenn zwei Zeilen oder Spalten von A proportional sind, dann ist $|A| = 0$.

Der Wert der Determinante von A bleibt unverändert, wenn das Vielfache einer Zeile (oder einer Spalte) zu einer anderen Zeile (oder einer anderen Spalte) von A addiert wird.

Wenn B ebenfalls eine $n \times n$ Matrix ist, so gilt: $|AB| = |A| \cdot |B|$.

Für $\alpha \in \mathbb{R}$ gilt: $|\alpha A| = \alpha^n |A|$

Achtung: $|A + B| \neq |A| + |B|$ (im Allgemeinen)

Entwicklung nach Co-Faktoren

Die Entwicklung von $|A|$ nach den Elementen der i-ten Zeile ist:

$$|A| = a_{i1}C_{i1} + a_{i2}C_{i2} + \ldots + a_{ij}C_{ij} + \ldots + a_{in}C_{in}$$

Die Entwicklung von A nach den Elementen der j-ten Spalte ist:

$$|A| = a_{1j}C_{1j} + a_{2j}C_{2j} + \ldots + a_{ij}C_{ij} + \ldots + a_{nj}C_{nj}$$

Den Co-Faktor C_{ij} von a_{ij} erhält man, indem man

- die **Streichungsmatrix** bildet, d.h. die Matrix, in der die i-te Zeile und j-te Spalte von A gestrichen ist.
- die Determinante der Streichungsmatrix, d.h. den so genannten **Minor** bildet.
- den Minor mit $(-1)^{i+j}$ multipliziert.

$$C_{ij} = (-1)^{i+j} \begin{vmatrix} a_{11} & \cdots & a_{1,j-1} & a_{1j} & a_{1,j+1} & \cdots & a_{1n} \\ a_{21} & \cdots & a_{2,j-1} & a_{2j} & a_{2,j+1} & \cdots & a_{2n} \\ \vdots & & \vdots & \vdots & \vdots & & \vdots \\ a_{i1} & \cdots & a_{i,j-1} & a_{ij} & a_{i,j+1} & \cdots & a_{in} \\ \vdots & & \vdots & \vdots & \vdots & & \vdots \\ a_{n1} & \cdots & a_{n,j-1} & a_{nj} & a_{n,j+1} & \cdots & a_{nn} \end{vmatrix}$$

Entwicklung einer Determinante nach (anderen) Co-Faktoren

Für die Entwicklung einer Determinante nach den Cofaktoren der eigenen bzw. einer anderen Zeile (oder Spalte) gilt:

$$a_{i1}C_{i1} + a_{i2}C_{i2} + \ldots + a_{in}C_{in} = |A|$$

$$a_{i1}C_{k1} + a_{i2}C_{k2} + \ldots + a_{in}C_{kn} = 0 \qquad (k \neq i)$$

$$a_{1j}C_{1j} + a_{2j}C_{2j} + \ldots + a_{nj}C_{nj} = |A|$$

$$a_{1j}C_{1k} + a_{2j}C_{2k} + \ldots + a_{nj}C_{nk} = 0 \qquad (k \neq j)$$

11.9 Die Inverse einer Matrix

Grundlegende Definitionen

Eine $n \times n$ Matrix A ist **invertierbar**, wenn es eine $n \times n$ Matrix A^{-1} gibt, so dass

$$AA^{-1} = A^{-1}A = I$$

A^{-1} heißt die **Inverse** von A.

Eine quadratische Matrix wird **singulär** genannt, wenn $|A| = 0$ ist, und **nichtsingulär**, wenn $|A| \neq 0$ ist.

Existenz einer Inversen

Die Matrix A hat genau dann eine Inverse, wenn $|A| \neq 0$, d.h. genau dann, wenn sie nichtsingulär ist. Die Inverse ist eindeutig bestimmt. Nur quadratische Matrizen können eine Inverse haben. A ist die Inverse von A^{-1}, d.h., zwei Matrizen sind immer gegenseitig invers.

$$A = \begin{pmatrix} a & b \\ c & d \end{pmatrix}, \quad |A| = ad - bc \neq 0 \quad \Rightarrow$$

$$A^{-1} = \frac{1}{ad - bc} \begin{pmatrix} d & -b \\ -c & a \end{pmatrix} = \frac{1}{|A|} \begin{pmatrix} d & -b \\ -c & a \end{pmatrix}$$

$AX = I \quad \Rightarrow \quad X = A^{-1}$ und $YA = I \quad \Rightarrow \quad Y = A^{-1}$, d.h., eine der beiden Definitionsgleichungen ist hinreichend!

Rechenregeln für inverse Matrizen

A, B und C seien invertierbare $n \times n$ Matrizen. Dann gilt:

- A^{-1} ist invertierbar und $(A^{-1})^{-1} = A$.
- AB ist invertierbar und $(AB)^{-1} = B^{-1}A^{-1}$.
- Die Transponierte A' ist invertierbar und $(A')^{-1} = (A^{-1})'$.
- $(cA)^{-1} = c^{-1}A^{-1}$ für jede Zahl $c \neq 0$.
- Die Inverse einer symmetrischen Matrix ist symmetrisch.
- Die zweite Eigenschaft lässt sich auf mehrere Faktoren erweitern: $(ABC)^{-1} = C^{-1}B^{-1}A^{-1}$.

11

Lösung von Gleichungen durch Matrizeninversion

Gegeben seien eine $n \times n$ Matrix A und eine beliebige Matrix B. Falls $|A| \neq 0$ und es Matrizen X und Y mit geeigneter Ordnung gibt, so gilt:

$$AX = B \iff X = A^{-1}B \quad \text{und} \quad YA = B \iff Y = BA^{-1}$$

Bestimmung der Inversen mit Hilfe der Adjungierten

Sei $C^+ = (C_{ij})$ die Matrix der Co-Faktoren. Die Transponierte davon wird als **Adjungierte** von A bezeichnet, d.h.

$$\text{adj}(A) = \left(C^+\right)' = \begin{pmatrix} C_{11} & \cdots & C_{k1} & \cdots & C_{n1} \\ C_{12} & \cdots & C_{k2} & \cdots & C_{n2} \\ \vdots & & \vdots & & \vdots \\ C_{1n} & \cdots & C_{kn} & \cdots & C_{nn} \end{pmatrix}$$

Falls $|A| \neq 0$, gilt:

$$A^{-1} = \frac{1}{|A|} \cdot \text{adj}(A)$$

Bestimmung der Inversen durch elementare Zeilenumformungen

Man bilde mit der $n \times n$ Matrix A und der Einheitsmatrix I die $n \times 2n$-Matrix

$$(A:I) = \left(\begin{array}{cccc|cccc} a_{11} & a_{12} & \cdots & a_{1n} & 1 & 0 & \cdots & 0 \\ a_{21} & a_{22} & \cdots & a_{2n} & 0 & 1 & \cdots & 0 \\ \vdots & \vdots & \ddots & \vdots & \vdots & \vdots & \ddots & \vdots \\ a_{n1} & a_{n2} & \cdots & a_{nn} & 0 & 0 & \cdots & 1 \end{array} \right)$$

11

Durch elementare Zeilenumformungen* transformiere man diese Matrix in die $n \times 2n$ Matrix $(I:B)$, in der links die $n \times n$ Matrix I steht. Dann ist die Inverse $A^{-1} = B$, d.h. die rechts stehende Matrix. Wenn diese Transformation nicht möglich ist, ist A nicht invertierbar.

Inverse einer Diagonalmatrix

$$A = \begin{pmatrix} a_{11} & 0 & \cdots & 0 \\ 0 & a_{22} & \cdots & 0 \\ \vdots & \vdots & \ddots & \vdots \\ 0 & 0 & \cdots & a_{nn} \end{pmatrix} \implies A^{-1} = \begin{pmatrix} 1/a_{11} & 0 & \cdots & 0 \\ 0 & 1/a_{22} & \cdots & 0 \\ \vdots & \vdots & \ddots & \vdots \\ 0 & 0 & \cdots & 1/a_{nn} \end{pmatrix} \qquad a_{ii} \neq 0$$

---

* Siehe S. 168.

11.10 Cramer'sche Regel

Für das allgemeine lineare Gleichungssystem* mit n linearen Gleichungen und n Unbekannten

$$a_{11}x_1 + a_{12}x_2 + \ldots + a_{1n}x_n = b_1$$
$$a_{21}x_1 + a_{22}x_2 + \ldots + a_{2n}x_n = b_2$$
$$\vdots \qquad\qquad \vdots$$
$$a_{n1}x_1 + a_{n2}x_2 + \ldots + a_{nn}x_n = b_n$$

definieren wir

$$D_j = \begin{vmatrix} a_{11} & \ldots & a_{1j-1} & b_1 & a_{1j+1} & \ldots & a_{1n} \\ a_{21} & \ldots & a_{2j-1} & b_2 & a_{2j+1} & \ldots & a_{2n} \\ \vdots & \vdots & \vdots & \vdots & \vdots & \vdots & \vdots \\ a_{n1} & \ldots & a_{nj-1} & b_n & a_{nj+1} & \ldots & a_{nn} \end{vmatrix} \qquad j = 1, \ldots, n$$

d.h., die j-te Spalte aus A wird durch den Vektor der rechten Seiten ersetzt. Das Gleichungssystem hat genau dann eine eindeutige Lösung, wenn die Koeffizientenmatrix A nichtsingulär ($|A| \neq 0$) ist. Die Lösung ist dann

$$x_j = \frac{D_j}{|A|} \qquad j = 1, \ldots, n$$

Homogene Gleichungssysteme

Definition

Wenn im allgemeinen linearen Gleichungssystem $Ax = b$ mit n Gleichungen und n Unbekannten die rechte Seite $b = (b_1, \ldots, b_n) = (0, \ldots, 0) = 0$ ist, heißt das System homogen, d.h.

$$Ax = 0$$

Das homogene Gleichungssystem hat immer die **triviale Lösung**:
$x_1 = x_2 = \ldots = x_n = 0$.

Nichttriviale Lösungen homogener Gleichungssysteme

Das homogene lineare Gleichungssystem mit n Gleichungen und n Unbekannten hat genau dann nichttriviale Lösungen, wenn die Koeffizientenmatrix $A = (a_{ij})_{n \times n}$ singulär ist, d.h. wenn $|A| = 0$ ist.

11

---

* Zur Lösung von linearen Gleichungssystemen siehe auch S. 168, 188 und 189.

11.11 Das Leontief-Modell

Mit den Outputgrößen $\mathbf{x}' = (x_1, x_2, \ldots, x_n)$, den Input-Koeffizienten $a_{11}, a_{12}, \ldots, a_{nn}$ und den Endnachfragegrößen $\mathbf{b}' = (b_1, b_2, \ldots, b_n)$ ist das Leontief-Modell gegeben durch:

$$
\begin{aligned}
x_1 &= a_{11}x_1 + a_{12}x_2 + \ldots + a_{1n}x_n + b_1 \\
x_2 &= a_{21}x_1 + a_{22}x_2 + \ldots + a_{2n}x_n + b_2 \\
&\vdots \\
x_n &= a_{n1}x_1 + a_{n2}x_2 + \ldots + a_{nn}x_n + b_n
\end{aligned}
\iff
\begin{aligned}
(1 - a_{11})x_1 - a_{12}x_2 - \ldots - a_{1n}x_n &= b_1 \\
-a_{21}x_1 + (1 - a_{22})x_2 - \ldots - a_{2n}x_n &= b_2 \\
&\vdots \\
-a_{n1}x_1 - a_{n2}x_2 + \ldots + (1 - a_{nn})x_n &= b_n
\end{aligned}
$$

In Matrixschreibweise gilt:

$$\mathbf{x} = A\mathbf{x} + \mathbf{b} \iff (I_n - A)\mathbf{x} = \mathbf{b}$$

Mit dem Stückpreis p_i des Gutes i gilt

$$a_{1j}p_1 + a_{2j}p_2 + \ldots + a_{nj}p_n \qquad\qquad\qquad \text{Stückkosten für Gut } j$$

$$p_j - a_{1j}p_1 - a_{2j}p_2 - \ldots - a_{nj}p_n =: v_j \qquad\qquad \text{Stückgewinn für Gut } j$$

Mit $\mathbf{p}' = (p_1, p_2, \ldots, p_n)$ und $\mathbf{v}' = (v_1, v_2, \ldots, v_n)$ ist

$$\mathbf{p} - A'\mathbf{p} = \mathbf{v} \iff (I_n - A')\mathbf{p} = \mathbf{v} \iff \mathbf{p}'(I_n - A) = \mathbf{v}'$$

11.12 Partitionierte Matrizen

Definition

Falls für die $m \times n$-Matrix A die folgende Zerlegung gilt

$$
A = \left(
\begin{array}{ccc|ccc}
a_{11} & \cdots & a_{1s} & a_{1,s+1} & \cdots & a_{1n} \\
\vdots & \ddots & \vdots & \vdots & \ddots & \vdots \\
a_{r1} & \cdots & a_{rs} & a_{r,s+1} & \cdots & a_{rn} \\
\hline
a_{r+1,1} & \cdots & a_{r+1,s} & a_{r+1,s+1} & \cdots & a_{r+1,n} \\
\vdots & \ddots & \vdots & \vdots & \ddots & \vdots \\
a_{m1} & \cdots & a_{ms} & a_{m,s+1} & \cdots & a_{mn}
\end{array}
\right)
= \begin{pmatrix} A_{11} & A_{12} \\ A_{21} & A_{22} \end{pmatrix},
$$

wobei A_{11} eine $r \times s$-, A_{12} eine $r \times (n - s)$-, A_{21} eine $(m - r) \times s$- und A_{22} eine $(m - r) \times (n - s)$-Matrix ist, spricht man von einer partitionierten Matrix.

Es ist eine weitere Zerlegung möglich:

$$A = \begin{pmatrix} A_{11} & A_{12} & \dots & A_{1q} \\ A_{21} & A_{22} & \dots & A_{2q} \\ \vdots & \vdots & \ddots & \vdots \\ A_{p1} & A_{p2} & \dots & A_{pq} \end{pmatrix}$$

Rechenregeln für partitionierte Matrizen

Sind $A, A_{11}, A_{22}, \dots, A_{qq}$ quadratisch ($p = q$) und $A_{ij} = 0$ für alle $i \neq j$, ergibt sich eine **Blockdiagonalmatrix**. Falls alle A_{ii} invertierbar sind, gilt:

$$A = \begin{pmatrix} A_{11} & 0 & \dots & 0 \\ 0 & A_{22} & \dots & 0 \\ \vdots & \vdots & \ddots & \vdots \\ 0 & 0 & \dots & A_{qq} \end{pmatrix} \Rightarrow A^{-1} = \begin{pmatrix} A_{11}^{-1} & 0 & \dots & 0 \\ 0 & A_{22}^{-1} & \dots & 0 \\ \vdots & \vdots & \ddots & \vdots \\ 0 & 0 & \dots & A_{qq}^{-1} \end{pmatrix}$$

Falls die Ordnungen der entsprechenden Summanden übereinstimmen, gilt für die Summe:

$$\begin{pmatrix} A_{11} & A_{12} \\ A_{21} & A_{22} \end{pmatrix} + \begin{pmatrix} B_{11} & B_{12} \\ B_{21} & B_{22} \end{pmatrix} = \begin{pmatrix} A_{11} + B_{11} & A_{12} + B_{12} \\ A_{21} + B_{21} & A_{22} + B_{22} \end{pmatrix}$$

Für die Multiplikation mit einem Skalar $\alpha \in \mathbb{R}$ gilt:

$$\alpha \begin{pmatrix} A_{11} & A_{12} \\ A_{21} & A_{22} \end{pmatrix} = \begin{pmatrix} \alpha A_{11} & \alpha A_{12} \\ \alpha A_{21} & \alpha A_{22} \end{pmatrix}$$

Falls die Untermatrizen geeignete Ordnungen haben, gilt für das Produkt:

$$\begin{pmatrix} A_{11} & A_{12} \\ A_{21} & A_{22} \end{pmatrix} \begin{pmatrix} B_{11} & B_{12} \\ B_{21} & B_{22} \end{pmatrix} = \begin{pmatrix} A_{11}B_{11} + A_{12}B_{21} & A_{11}B_{12} + A_{12}B_{22} \\ A_{21}B_{11} + A_{22}B_{21} & A_{21}B_{12} + A_{22}B_{22} \end{pmatrix}$$

Für die Transponierte gilt:

$$\begin{pmatrix} A_{11} & A_{12} \\ A_{21} & A_{22} \end{pmatrix}' = \begin{pmatrix} A_{11}' & A_{21}' \\ A_{12}' & A_{22}' \end{pmatrix}$$

11

Inverse einer partitionierten Matrix

Sei $A = \begin{pmatrix} A_{11} & A_{12} \\ A_{21} & A_{22} \end{pmatrix}$ eine invertierbare $n \times n$ Matrix. Ferner sei A_{11} eine invertierbare $r \times r$-Matrix. Dann gilt:

$$\begin{pmatrix} A_{11} & A_{12} \\ A_{21} & A_{22} \end{pmatrix}^{-1} = \begin{pmatrix} A_{11}^{-1} + A_{11}^{-1}A_{12}\Delta^{-1}A_{21}A_{11}^{-1} & -A_{11}^{-1}A_{12}\Delta^{-1} \\ -\Delta^{-1}A_{21}A_{11}^{-1} & \Delta^{-1} \end{pmatrix},$$

wobei $\Delta = A_{22} - A_{21}A_{11}^{-1}A_{12}$

Falls A und A_{22} invertierbar sind, gilt:

$$\begin{pmatrix} A_{11} & A_{12} \\ A_{21} & A_{22} \end{pmatrix}^{-1} = \begin{pmatrix} \tilde{\Delta}^{-1} & -\tilde{\Delta}^{-1}A_{12}A_{22}^{-1} \\ -A_{22}^{-1}A_{21}\tilde{\Delta}^{-1} & A_{22}^{-1} + A_{22}^{-1}A_{21}\tilde{\Delta}^{-1}A_{12}A_{22}^{-1} \end{pmatrix},$$

wobei $\tilde{\Delta} = A_{11} - A_{12}A_{22}^{-1}A_{21}$

Determinante einer partitionierten Matrix

Für die Determinante einer partitionierten Matrix gilt, falls die jeweils vorkommenden inversen Matrizen existieren:

$$\begin{vmatrix} A_{11} & A_{12} \\ A_{21} & A_{22} \end{vmatrix} = |A_{11}| \cdot |A_{22} - A_{21}A_{11}^{-1}A_{12}| = |A_{22}| \cdot |A_{11} - A_{12}A_{22}^{-1}A_{21}|$$

Spezielle dreieckige Partitionierungen

Falls die Matrizen A_{11} und A_{22} invertierbar sind:

$$\begin{pmatrix} A_{11} & A_{12} \\ 0 & A_{22} \end{pmatrix}^{-1} = \begin{pmatrix} A_{11}^{-1} & -A_{11}^{-1}A_{12}A_{22}^{-1} \\ 0 & A_{22}^{-1} \end{pmatrix} \qquad \begin{vmatrix} A_{11} & A_{12} \\ 0 & A_{22} \end{vmatrix} = |A_{11}| \cdot |A_{22}|$$

$$\begin{pmatrix} A_{11} & 0 \\ A_{21} & A_{22} \end{pmatrix}^{-1} = \begin{pmatrix} A_{11}^{-1} & 0 \\ -A_{22}^{-1}A_{21}A_{11}^{-1} & A_{22}^{-1} \end{pmatrix} \qquad \begin{vmatrix} A_{11} & 0 \\ A_{21} & A_{22} \end{vmatrix} = |A_{11}| \cdot |A_{22}|$$

11.13 Lineare Unabhängigkeit

Grundlegende Definitionen

Die n Vektoren $a_1, a_2, \ldots, a_n$ im $\mathbb{R}^m$ heißen **linear abhängig**, wenn es Zahlen $c_1, c_2, \ldots, c_n$ gibt, die nicht alle 0 sind, so dass

$$c_1 a_1 + c_2 a_2 + \ldots + c_n a_n = \mathbf{0}$$

Falls diese Gleichung nur gilt, wenn $c_1 = c_2 = \ldots = c_n = 0$, so heißen die Vektoren **linear unabhängig**. Der Vektor $b = c_1 a_1 + c_2 a_2 + \ldots + c_n a_n$ heißt eine **Linearkombination** der Vektoren $a_1, a_2, \ldots, a_n$.

Charakterisierung linear unabhängiger Vektoren

Eine Linearkombination linear unabhängiger Vektoren kann nur dann der Nullvektor sein, wenn alle Koeffizienten in der Linearkombination Null sind.
Die n Vektoren $a_1, a_2, \ldots, a_n$ sind linear abhängig, wenn wenigstens einer von ihnen als Linearkombination der anderen Vektoren geschrieben werden kann.
Die n Vektoren $a_1, a_2, \ldots, a_n$ sind genau dann linear unabhängig, wenn keiner von ihnen als Linearkombination der anderen geschrieben werden kann.

Im $\mathbb{R}^2$ gilt:
Zwei Vektoren a_1 und a_2 sind genau dann linear abhängig, wenn $a_1 = c a_2$ für ein $c \in \mathbb{R}$, d.h. wenn a_1 ein skalares Vielfaches von a_2 ist, d.h. wenn die Punkte a_1 und a_2 auf derselben Geraden durch den Urspung liegen. Je drei Vektoren sind linear abhängig.

Im $\mathbb{R}^3$ gilt:
Seien a_1 und a_2 zwei Vektoren mit $a_2 \neq c a_1$, d.h. sie sind linear unabhängig. Alle Linearkombinationen $c_1 a_1 + c_2 a_2$ bilden die von a_1 und a_2 **aufgespannte Ebene**. Jeder Vektor in dieser Ebene ist linear abhängig von a_1 und a_2. Falls a_3 nicht in der von a_1 und a_2 aufgespannten Ebene liegt, sind a_1, a_2 und a_3 linear unabhängig. Drei Vektoren sind linear abhängig, wenn sie alle in derselben Ebene liegen, sie sind linear unabhängig, wenn es keine Ebene gibt, die alle drei Vektoren enthält. Vier Vektoren sind stets linear abhängig.

Im $\mathbb{R}^m$ gilt:
Zwei Vektoren a_1 und a_2 sind genau dann linear abhängig, wenn sie proportional zueinander sind, d.h. wenn $a_1 = c a_2$. Wenn $c \neq 0$, sind die beiden Vektoren parallel.

11

Lineare Abhängigkeit und lineare Gleichungssysteme[*]
Grundlegende Definitionen

Das allgemeine lineare Gleichungssystem mit m Gleichungen und n Unbekannten kann geschrieben werden als

$$a_{11}x_1 + a_{12}x_2 + \ldots + a_{1n}x_n = b_1$$
$$\vdots \qquad\qquad\qquad \vdots \quad \Longleftrightarrow \quad x_1 a_1 + \ldots + x_n a_n = b$$
$$a_{m1}x_1 + a_{m2}x_2 + \ldots + a_{mn}x_n = b_m$$

Dabei sind $a_1, \ldots, a_n$ die Spaltenvektoren der Koeffizientenmatrix und b ist der Vektor der rechten Seiten. Es gilt $A = (a_1, \ldots, a_n)$.

Lineare Abhängigkeit und Lösbarkeit des Gleichungssystems

Wenn das Gleichungssystem mehr als eine Lösung hat, sind die Vektoren $a_1, \ldots, a_n$ linear abhängig.

Äquivalent dazu ist: Wenn die Vektoren $a_1, \ldots, a_n$ linear unabhängig sind, hat das Gleichungssystem höchstens eine Lösung.

Die n Spaltenvektoren der $n \times n$ Matrix $A = (a_1, \ldots, a_n)$ sind genau dann linear unabhängig, wenn $|A| \neq 0$.

Äquivalent dazu ist die Aussage: Die n Spaltenvektoren der $n \times n$ Matrix $A = (a_1, \ldots, a_n)$ sind genau dann linear abhängig, wenn $|A| = 0$.

Orthogonalität und lineare Unabhängigkeit

Falls die n Vektoren $a_1, \ldots, a_n$ im $\mathbb{R}^m$ ($n \leq m$) paarweise orthogonal sind, d.h. $a_i \perp a_j$ ($\Longleftrightarrow a_i \cdot a_j = 0$) für alle $i \neq j$, so sind sie linear unabhängig.

Der Rang einer Matrix
Definition

Der Rang einer Matrix A, bezeichnet mit $r(A)$, ist die Maximalzahl linear unabhängiger Spaltenvektoren in A. Falls A die Nullmatrix $\mathbf{0}$ ist, so setzen wir $r(A) = 0$.

---

[*] Zur Lösung von linearen Gleichungssystemen siehe auch S. 168, 183 und 189.

Eigenschaften des Ranges

Der Rang einer Matrix A ist gleich der Ordnung des größten Minors von A, der verschieden von 0 ist. Einen **Minor** der Ordnung k von A erhält man, indem man alle bis auf k Zeilen und k Spalten der Matrix streicht und von der sich ergebenden $k \times k$-Matrix die Determinante bildet. Wenn A eine quadratische Matrix der Ordnung n ist, so ist der größte Minor von A gleich $|A|$, so dass gilt $r(A) = n \iff |A| \neq 0$.

Es gilt: $r(A) = r(A')$, so dass der Rang von A auch gleich der Maximalzahl linear unabhängiger Zeilenvektoren ist.

Der Rang einer Matrix wird durch die folgenden elementaren Umformungen[*] nicht verändert:
- Vertauschung zweier Zeilen (Spalten)
- Multiplikation jedes Elements einer Zeile (Spalte) mit einem Skalar $\alpha \neq 0$
- Addition des α-fachen der i-ten Zeile (Spalte) zur j-ten Zeile (Spalte), wobei $i \neq j$

Jede Matrix lässt sich mit elementaren Zeilenumformungen in Zeilenstufenform bringen und man schreibt $A \sim B$, wenn B durch elementare Zeilenumformungen aus A hervorgeht. Die Anzahl r von Zeilen $\neq \mathbf{0}$ ist eindeutig bestimmt und ist gleich dem Rang $r(A)$.

Wenn A eine $m \times n$-Matrix ist, so ist $r(A) \leq \min(m, n)$. Ist $r(A) = m$ bzw. $r(A) = n$, so heißt A **zeilen-** bzw. **spaltenregulär**. Ist $r(A) = n$ für eine quadratische Matrix der Ordnung n, so heißt A **regulär**, andernfalls **singulär**. Damit ist eine Matrix genau dann regulär, wenn sie nichtsingulär (d.h. $|A| \neq 0$), d.h. genau dann, wenn sie invertierbar ist.

Falls B und C weitere Matrizen sind, so dass die folgenden Operationen erlaubt sind, so gilt:

$r(A + B) \leq r(A) + r(B)$ $\qquad\qquad\qquad$ $r(AB) \leq \min(r(A), r(B))$
$r(A) = r(A')$ $\qquad\qquad\qquad\qquad\qquad\quad$ $r(A'A) = r(AA') = r(A)$
$r(A) = r(AB) = r(CA)$, falls B und C regulär sind.

Lösbarkeit linearer Gleichungssysteme[†]

Erweiterte Koeffizientenmatrix

Für das allgemeine lineare Gleichungssystem $Ax = b$ mit m Gleichungen und n Unbekannten ist A die Koeffizientenmatrix und A_b die erweiterte Koeffizientenmatrix, wobei

---

[*] Siehe auch S. 168.
[†] Zur Lösung von linearen Gleichungssystemen siehe auch S. 168, 183 und 188.

$$A = \begin{pmatrix} a_{11} & a_{12} & \dots & a_{1n} \\ a_{21} & a_{22} & \dots & a_{2n} \\ \vdots & \vdots & & \vdots \\ a_{m1} & a_{m2} & \dots & a_{mn} \end{pmatrix} \qquad A_b = \begin{pmatrix} a_{11} & a_{12} & \dots & a_{1n} & b_1 \\ a_{21} & a_{22} & \dots & a_{2n} & b_2 \\ \vdots & \vdots & & \vdots & \vdots \\ a_{m1} & a_{m2} & \dots & a_{mn} & b_m \end{pmatrix}$$

Es gilt: $r(A) \leq r(A_b) \leq r(A) + 1$

Lösbarkeit, Freiheitsgrade

Eine notwendige und hinreichende Bedingung für die Konsistenz eines linearen Gleichungssystems (d.h. für die Existenz mindestens einer Lösung) ist $r(A) = r(A_b)$.

Das System habe Lösungen und $r(A) = r(A_b) = k < m$. Wählen Sie k Gleichungen des Systems, die zu k linear unabhängigen Zeilen gehören. Jede Lösung dieser Gleichungen erfüllt auch die restlichen $m - k$ (überflüssigen) Gleichungen.

Das System habe Lösungen und $r(A) = r(A_b) = k < n$. Dann gibt es $n - k$ Variablen, die frei gewählt werden können, während die restlichen k Variablen eindeutig bestimmt sind durch die Wahl der $n - k$ freien Variablen. Das System hat $n - k$ **Freiheitsgrade**.

11.14   Spur einer Matrix

Definition

Für eine $n \times n$-Matrix $A = (a_{ij})$ ist die Spur (englisch: trace) von A definiert durch

$$\text{tr}(A) = \sum_{i=1}^{n} a_{ii}$$

Rechenregeln für die Spur

Wenn A, B und C so gewählt sind, dass alle Operationen definiert sind, so gilt:

$\text{tr}(A') = \text{tr}(A)$ $\text{tr}(A + B) = \text{tr}(A) + \text{tr}(B)$

$\text{tr}(\alpha A) = \alpha \text{tr}(A) \qquad \alpha \in \mathbb{R}$ $\text{tr}(AB) = \text{tr}(BA)$

$\text{tr}(B^{-1}AB) = \text{tr}(A)$ $\text{tr}(ABC) = \text{tr}(BCA) = \text{tr}(CAB)$

$\text{tr}\begin{pmatrix} A_{11} & A_{12} \\ A_{21} & A_{22} \end{pmatrix} = \text{tr}(A_{11}) + \text{tr}(A_{22})$ $\text{tr}(AB) \neq \text{tr}(A)\text{tr}(B)$ (i. Allg.)

$\text{tr}(I) = n$

11.15 Eigenwerte und Eigenvektoren

Definition

Falls A eine $n \times n$-Matrix, so heißt λ ein Eigenwert von A, wenn es einen Vektor $x \neq 0$ in $\mathbb{R}^n$ gibt, so dass

$$Ax = \lambda x$$

Dabei heißt x ein Eigenvektor von A (assoziiert zu λ). Eigenwerte und Eigenvektoren heißen auch charakteristische Wurzeln (Werte) bzw. charakteristische Vektoren.

Wenn x ein zu λ gehöriger Eigenvektor ist, dann auch αx für jeden Skalar $\alpha \neq 0$. Es gilt $Ax = \lambda x \iff (A - \lambda I)x = 0$, wobei I die Einheitsmatrix der Ordnung n. Es gibt Lösung $x \neq 0 \iff |A - \lambda I| = 0$, wobei $A = \left(a_{ij} \right)_{n \times n}$.

Charakteristische Gleichung

Die charakteristische Gleichung oder die Eigenwertgleichung von A ist:

$$p(\lambda) = |A - \lambda I| = \begin{vmatrix} a_{11} - \lambda & a_{12} & \cdots & a_{1n} \\ a_{21} & a_{22} - \lambda & \cdots & a_{2n} \\ \vdots & \vdots & \ddots & \vdots \\ a_{n1} & a_{n2} & \cdots & a_{nn} - \lambda \end{vmatrix} = 0$$

$p(\lambda)$ ist Polynom vom Grad n, das nach dem Fundamentalsatz der Algebra genau n Wurzeln oder Nullstellen (reelle oder komplexe) hat. Mehrfache Nullstellen sind entsprechend ihrer Vielfachheit zu zählen. Ist λ ein Eigenwert, so ist mit diesem λ die folgende Gleichung zu lösen:

$$(A - \lambda I)x = 0 \iff \begin{array}{l} (a_{11} - \lambda)x_1 + a_{12}x_2 + \ldots + a_{1n}x_n = 0 \\ a_{21}x_1 + (a_{22} - \lambda)x_2 + \ldots + a_{2n}x_n = 0 \\ \cdots\cdots\cdots \quad \cdots\cdots\cdots \quad \cdots\cdots\cdots \\ a_{n1}x_1 + a_{n2}x_2 + \ldots + (a_{nn} - \lambda)x_n = 0 \end{array}$$

Ein zu λ assoziierter Eigenvektor ist eine nichttriviale Lösung $(x_1, \ldots, x_n)$ dieses Gleichungssystems.

Eigenwerte für Matrizen der Ordnung 2

Falls $A = \begin{pmatrix} a_{11} & a_{12} \\ a_{21} & a_{22} \end{pmatrix}$, so ist die charakteristische Gleichung

$$p(\lambda) = |A - \lambda I| = \lambda^2 - (a_{11} + a_{22})\lambda + (a_{11}a_{22} - a_{12}a_{21}) = 0$$

Falls λ_1 und λ_2 Eigenwerte sind, so gilt:

$$\lambda_1 + \lambda_2 = a_{11} + a_{22} = \operatorname{tr}(A) \qquad \lambda_1\lambda_2 = a_{11}a_{22} - a_{12}a_{21} = |A|$$

11

Die Eigenwerte sind reell, wenn A symmetrisch ist. Für 2×2-Matrizen mit reellen Eigenwerten gilt:

- Beide Eigenwerte sind positiv $\iff$ $|A| > 0$ und tr $(A) = a_{11} + a_{22} > 0$
- Beide Eigenwerte sind negativ $\iff$ $|A| > 0$ und tr $(A) = a_{11} + a_{22} < 0$
- Die zwei Eigenwerte haben entgegengesetztes Vorzeichen $\iff$ $|A| < 0$
- 0 ist ein Eigenwert $\iff$ $|A| = 0$. Der andere Eigenwert ist dann $a_{11} + a_{22}$.

Eigenwerte für Matrizen der Ordnung n

Das charakteristische Polynom ist

$$p(\lambda) = |A - \lambda I| = (-\lambda)^n + b_{n-1}(-\lambda)^{n-1} + \ldots + b_1(-\lambda) + b_0$$

Die Nullstellen sind die Eigenwerte $\lambda_1, \lambda_2, \ldots, \lambda_n$ und es gilt dann

$$p(\lambda) = (-1)^n(\lambda - \lambda_1)(\lambda - \lambda_2)\ldots(\lambda - \lambda_n)$$

$$b_0 = |A| = \lambda_1 \lambda_2 \ldots \lambda_n \qquad b_{n-1} = \text{tr } (A) = a_{11} + a_{22} + \ldots + a_{nn} = \lambda_1 + \lambda_2 + \ldots + \lambda_n$$

b_k ist die Summe aller Hauptabschnittsdeterminanten oder Hauptminoren[*] von A der Ordnung $n - k$.

Eine quadratische Matrix erfüllt ihre eigene charakteristische Gleichung, d.h.

$$(-A)^n + b_{n-1}(-A)^{n-1} + \ldots + b_1(-A) + b_0 I = 0 \qquad \textbf{Cayley-Hamilton}$$

Weiter gilt:

- λ ist Eigenwert von A $\iff$ λ ist Eigenwert von A'.
- $|A| \neq 0$ $\implies$ $\lambda \neq 0$ und $1/\lambda$ ist Eigenwert von A^{-1}.
- A symmetrisch $\implies$ $\lambda_i \in \mathbb{R}$.
- Die Eigenwerte einer Diagonalmatrix und einer Dreiecksmatrix sind die Diagonalelemente.
- A positiv definit $\implies$ $\lambda_i > 0$ $i = 1, \ldots, n$.
- A positiv semidefinit mit $r(A) = p < n$ $\implies$ $\lambda_1, \ldots, \lambda_p > 0$ und $\lambda_{p+1} = \ldots = \lambda_n = 0$.
- Wenn A und B beides invertierbare $n \times n$-Matrizen sind, so haben AB und BA dieselben Eigenwerte.
- A und P seien $n \times n$-Matrizen und P sei invertierbar. Dann haben A und $P^{-1}AP$ dieselben Eigenwerte.

---

[*] Siehe S. 194.

Diagonalisierung

Definition

Die Matrix A ist diagonalisierbar, wenn es eine invertierbare $n \times n$ Matrix P und eine Diagonalmatrix D gibt, so dass

$$P^{-1}AP = D$$

Charakterisierung diagonalisierbarer Matrizen

Eine $n \times n$-Matrix A ist genau dann diagonalisierbar, wenn sie n linear unabhängige Eigenvektoren $x_1, \ldots, x_n$ hat. In diesem Fall ist

$$P^{-1}AP = \text{diag}\,(\lambda_1, \ldots, \lambda_n)$$

Dabei ist P die Matrix mit $x_1, \ldots, x_n$ als Spalten und $\lambda_1, \ldots, \lambda_n$ sind die zugehörigen Eigenwerte.

Orthogonale Matrizen

Eine Matrix $P = (x_1, \ldots, x_n)$ heißt **orthogonal**, wenn $P' = P^{-1}$, d.h. $P'P = I$, d.h. genau dann wenn die Spaltenvektoren x_i orthonormiert sind, d.h. $x_i'x_i = 1 \iff \|x_i\| = 1$ und $x_i'x_j = 0$ $(i \neq j)$, d.h. die Spaltenvektoren haben die Länge 1 und sind paarweise orthogonal.

Für orthogonale Matrizen A und B gleicher Ordnung gilt: A^{-1}, A', AB und BA sind orthogonal, $|A| = \pm 1$.

Spektraltheorem für symmetrische Matrizen

Wenn $A = (a_{ij})_{n \times n}$ symmetrisch ist, gilt:
- Alle n Eigenwerte $\lambda_1, \ldots, \lambda_n$ sind reell.
- Eigenvektoren, die zu verschiedenen Eigenwerten gehören, sind orthogonal.
- Es existiert eine orthogonale Matrix P (d.h. $P' = P^{-1}$), so dass

$$P^{-1}AP = \begin{pmatrix} \lambda_1 & 0 & \cdots & 0 \\ 0 & \lambda_2 & \cdots & 0 \\ \vdots & \vdots & \ddots & \vdots \\ 0 & 0 & \cdots & \lambda_n \end{pmatrix}$$

  Die Spalten $v_1, \ldots, v_n$ der Matrix P sind Eigenvektoren der Länge 1 zu den Eigenwerten $\lambda_1, \lambda_2, \ldots, \lambda_n$.
- $A = P\text{diag}\,(\lambda_1, \ldots, \lambda_n)P^{-1}$ und für $m \in \mathbb{N}$: $A^m = P\text{diag}\,(\lambda_1^m, \ldots, \lambda_n^m)P^{-1}$ (Allgemein gilt: Wenn P und D $n \times n$-Matrizen sind, so ist $(PDP^{-1})^m = PD^mP^{-1}$).

11

11.16 Quadratische Formen

Grundlegende Definitionen

Eine quadratische Form in n Variablen ist eine Funktion Q der Gestalt

$$Q(x_1, x_2, \ldots, x_n) = \sum_{i=1}^{n} \sum_{j=1}^{n} a_{ij} x_i x_j = a_{11} x_1^2 + a_{12} x_1 x_2 + \ldots + a_{ij} x_i x_j + \ldots + a_{nn} x_n^2$$

Dabei sind a_{ij} Konstante. Mit $\boldsymbol{x} = (x_1, x_2, \ldots, x_n)'$ und $\boldsymbol{A} = (a_{ij})$ ist

$$Q(x_1, \ldots, x_n) = Q(\boldsymbol{x}) = \boldsymbol{x}' \boldsymbol{A} \boldsymbol{x}$$

Die quadratische Form ändert sich nicht, wenn man a_{ij} und a_{ji} ersetzt durch $\frac{1}{2}(a_{ij} + a_{ji})$ für alle i und j. Dadurch wird $\boldsymbol{A}$ symmetrisch und $\boldsymbol{A}$ heißt die zu Q assoziierte symmetrische Matrix und Q heißt eine **symmetrische quadratische Form**.

Eine quadratische Form $Q(\boldsymbol{x}) = \boldsymbol{x}' \boldsymbol{A} \boldsymbol{x}$ sowie die assoziierte symmetrische Matrix $\boldsymbol{A}$ heißen **positiv definit, positiv semidefinit, negativ definit** oder **negativ semidefinit** je nachdem, ob

$$Q(\boldsymbol{x}) > 0, \quad Q(\boldsymbol{x}) \geq 0, \quad Q(\boldsymbol{x}) < 0, \quad Q(\boldsymbol{x}) \leq 0$$

für alle $\boldsymbol{x} \neq \boldsymbol{0}$. Die quadratische Form ist **indefinit**, falls es Vektoren $\boldsymbol{x}^*$ und $\boldsymbol{y}^*$ gibt, so dass $Q(\boldsymbol{x}^*) < 0$ und $Q(\boldsymbol{y}^*) > 0$, d.h., wenn sie sowohl positive als auch negative Werte annimmt.

$Q(x_1, x_2) = a_{11} x_1^2 + 2a_{12} x_1 x_2 + a_{22} x_2^2$ ist positiv semidefinit

$$\Longleftrightarrow a_{11} \geq 0, \ a_{22} \geq 0 \ \text{ und } \ \begin{vmatrix} a_{11} & a_{12} \\ a_{12} & a_{22} \end{vmatrix} = a_{11} a_{22} - a_{12}^2 \geq 0$$

und positiv definit

$$\Longleftrightarrow a_{11} > 0 \ \text{und} \ \begin{vmatrix} a_{11} & a_{12} \\ a_{12} & a_{22} \end{vmatrix} = a_{11} a_{22} - a_{12}^2 > 0$$

(Hier ist die Bedingung $a_{22} > 0$ überflüssig, sie folgt aus den beiden anderen.)

Hauptminor oder Hauptabschnittsdeterminante

Sei $\boldsymbol{A} = (a_{ij})$ eine $n \times n$-Matrix. Ein Hauptminor oder eine Hauptabschnittsdeterminante der Ordnung k ist dann die Determinante der Matrix, die man erhält, wenn man alle bis auf k Zeilen und k Spalten mit der gleichen Nummer streicht. Eine Hauptabschnittsdeterminante enthält immer genau k Elemente der Hauptdiagonalen. Auch $|\boldsymbol{A}|$ ist eine Hauptabschnittsdeterminante. Eine Hauptabschnittsdeterminante ist eine führende Hauptabschnittsdeterminante der Ordnung k ($1 \leq k \leq n$), wenn sie aus den k ersten („führenden") Zeilen und Spalten von $|\boldsymbol{A}|$ besteht.

Die führenden Hauptabschnittsdeterminanten sind

$$D_k = \begin{vmatrix} a_{11} & a_{12} & \dots & a_{1k} \\ a_{21} & a_{22} & \dots & a_{2k} \\ \vdots & \vdots & \ddots & \vdots \\ a_{k1} & a_{k2} & \dots & a_{kk} \end{vmatrix}, \qquad k = 1, 2, \dots, n$$

Achtung: In vielen deutschen Büchern wird nicht zwischen Hauptabschnittsdeterminanten und führenden Hauptabschnittsdeterminanten unterschieden. Gemeint sind dann fast immer führende Hauptabschnittsdeterminanten!

Mit Δ_k bezeichnen wir eine beliebige Hauptabschnittsdeterminante der Ordnung k.

Definitheit quadratischer Formen

Die symmetrische quadratische Form

$$Q(\boldsymbol{x}) = \sum_{i=1}^{n} \sum_{j=1}^{n} a_{ij} x_i x_j \qquad (a_{ij} = a_{ji})$$

mit der assoziierten Matrix $\boldsymbol{A} = (a_{ij})_{n \times n}$ ist

positiv definit	$\Longleftrightarrow$	$D_k > 0$	für $k = 1, \dots n$
positiv semidefinit	$\Longleftrightarrow$	alle $\Delta_k \geq 0$	für $k = 1, \dots n$
negativ definit	$\Longleftrightarrow$	$(-1)^k D_k > 0$	für $k = 1, \dots n$
negativ semidefinit	$\Longleftrightarrow$	alle $(-1)^k \Delta_k \geq 0$	für $k = 1, \dots n$

Q ist negativ (semi)definit $\Longleftrightarrow$ $-Q$ ist positiv (semi)definit.

Die Eigenwerte $\lambda_1, \dots, \lambda_n$ von $\boldsymbol{A}$ sind reell und es gilt: Q ist

positiv definit	$\Longleftrightarrow$	$\lambda_1 > 0, \dots, \lambda_n > 0$
positiv semidefinit	$\Longleftrightarrow$	$\lambda_1 \geq 0, \dots, \lambda_n \geq 0$
negativ definit	$\Longleftrightarrow$	$\lambda_1 < 0, \dots, \lambda_n < 0$
negativ semidefinit	$\Longleftrightarrow$	$\lambda_1 \leq 0, \dots, \lambda_n \leq 0$
indefinit	$\Longleftrightarrow$	$\boldsymbol{A}$ hat positive und negative Eigenwerte

11

Quadratische Formen unter linearen Nebenbedingungen

Definition

Wir betrachten die quadratische Form

$$Q(\mathbf{x}) = \sum_{i=1}^{n} \sum_{j=1}^{n} a_{ij} x_i x_j \qquad (a_{ij} = a_{ji})$$

unter den m linearen homogenen Nebenbedingungen

$$
\begin{aligned}
b_{11}x_1 + b_{12}x_2 + \ldots + b_{1n}x_n &= 0 \\
b_{21}x_1 + b_{22}x_2 + \ldots + b_{2n}x_n &= 0 \\
&\;\;\vdots \\
b_{m1}x_1 + b_{m2}x_2 + \ldots + b_{mn}x_n &= 0
\end{aligned}
\qquad \Longleftrightarrow \qquad \mathbf{Bx} = \mathbf{0}, \quad \text{wobei } \mathbf{B} = \left(b_{ij}\right)_{m \times n}
$$

Q ist positiv (negativ) definit unter den linearen Nebenbedingungen, falls $Q(\mathbf{x}) > 0$ (< 0) für alle $\mathbf{x} \neq \mathbf{0}$, die die Nebenbedingungen $\mathbf{Bx} = \mathbf{0}$ erfüllen.

$$
B_k = \begin{vmatrix}
0 & \ldots & 0 & b_{11} & \ldots & b_{1k} \\
\vdots & \ddots & \vdots & \vdots & & \vdots \\
0 & \ldots & 0 & b_{m1} & \ldots & b_{mk} \\
b_{11} & \ldots & b_{m1} & a_{11} & \ldots & a_{1k} \\
\vdots & & \vdots & \vdots & \ddots & \vdots \\
b_{1k} & \ldots & b_{mk} & a_{k1} & \ldots & a_{kk}
\end{vmatrix}
$$

$k = 1, \ldots, n$ ist die $(m + k)$-te Hauptabschnittsdeterminante der $(m+n) \times (m+n)$-Matrix $\begin{pmatrix} \mathbf{0}_{m \times m} & \mathbf{B} \\ \mathbf{B}' & \mathbf{A} \end{pmatrix}$.

Positive und negative Definitheit

Die quadratische Form $Q(\mathbf{x})$ ist genau dann positiv definit unter den linearen Nebenbedingungen $\mathbf{Bx} = \mathbf{0}$, wobei angenommen wird, dass die m ersten Spalten in $\mathbf{B}$ linear unabhängig sind, wenn

$$(-1)^m B_k > 0, \qquad k = m + 1, \ldots, n$$

Die entsprechende notwendige Bedingung für negative Definitheit ist

$$(-1)^k B_k > 0, \qquad k = m + 1, \ldots, n$$

Kapitel 12
Lineare Programmierung

Grundlegende Definitionen

Die **lineare Zielfunktion** (das Kriterium)

$$z = c_1 x_1 + c_2 x_2 + \ldots + c_n x_n$$

mit gegebenen Konstanten $c_1, \ldots, c_n$ soll maximiert (oder minimiert) werden unter den m **Nebenbedingungen in Ungleichheitsform**

$$a_{i1} x_1 + \ldots + a_{in} x_n \leq b_i$$

mit gegebenen Konstanten $a_{ij}, i = 1, \ldots, m; j = 1, \ldots, n$ und $b_k, k = 1, \ldots, m$. Gewöhnlich werden auch **Nichtnegativitätsbedingungen** gestellt: $x_1 \geq 0, \ldots, x_n \geq 0$. Die Menge der $\boldsymbol{x} = (x_1, \ldots, x_n)$, die die Nebenbedingungen und die Nichtnegativitätsbedingungen erfüllen, heißt die **zulässige Menge**, ein konvexes Polyeder im nichtnegativen Oktanten des $\mathbb{R}^n$.

Graphische Lösung bei zwei Variablen

Allgemeines Vorgehen bei zwei Variablen:

- Aufstellen des mathematischen Modells:
  - Zielfunktion: $z = c_1 x_1 + c_2 x_2$
  - Nebenbedingungen: $a_{i1} x_1 + a_{i2} x_2 \leq b_i$
  - Nichtnegativitätsbedingungen: $x_1, x_2 \geq 0$
- Graphische Darstellung des zulässigen Lösungsbereiches B als Menge aller (x_1, x_2), die gleichzeitig alle Nebenbedingungen und die Nichtnegativitätsbedingungen erfüllen. Ist B leer, so gibt es keine Lösung.
- Graphische Darstellung einer beliebigen Zielfunktion: $x_2 = -\frac{c_1}{c_2} x_1 + \frac{z}{c_2}$ (z beliebig) Parallelverschiebung dieser Geraden in Richtung wachsender z-Werte (bei Maximierungsproblemen) bzw. sinkender z-Werte (bei Minimierungsproblemen), bis das zulässige Maximum bzw. Minimum in (mindestens) einem Eckpunkt des zulässigen Bereiches B erreicht ist.

12

- Hat die Zielfunktion schließlich genau einen Eckpunkt mit B gemeinsam, so bilden die Koordinaten dieses Eckpunktes die eindeutige optimale Lösung.
- Fällt die optimale Zielfunktionsgerade mit der Grenze einer Nebenbedingung zusammen, so gibt es unendlich viele optimale Lösungen, nämlich alle zwischen den Eckpunkten der Nebenbedingungsgeraden liegenden Punkte (x_1, x_2).
- Lässt sich die Zielfunktionsgerade beliebig weit innerhalb des zulässigen Bereichs in Richtung „besserer" Zielfunktionswerte verschieben, so gibt es keine endliche optimale Lösung.

12.2 Dualitätstheorie

Grundlegende Definitionen

Das allgemeine LP-Problem

$$\max c_1 x_1 + \ldots + c_n x_n \quad \text{unter} \quad \begin{cases} a_{11} x_1 + \ldots + a_{1n} x_n \leq b_1 \\ \ldots \ldots \ldots \\ a_{m1} x_1 + \ldots + a_{mn} x_n \leq b_m \end{cases}$$

mit Nichtnegativitätsbedingungen $x_1 \geq 0, \ldots, x_n \geq 0$ heißt das **primäre** Problem und

$$\min b_1 u_1 + \ldots + b_m u_m \quad \text{unter} \quad \begin{cases} a_{11} u_1 + \ldots + a_{m1} u_m \geq c_1 \\ \ldots \ldots \ldots \\ a_{1n} u_1 + \ldots + a_{mn} u_m \geq c_n \end{cases}$$

mit Nichtnegativitätsbedingungen $u_1, \ldots, u_m \geq 0$ heißt das **duale** Problem. Mit den Koeffizientenmatrizen

$$A = \begin{pmatrix} a_{11} & a_{12} & \ldots & a_{1n} \\ a_{21} & a_{22} & \ldots & a_{2n} \\ \vdots & \vdots & & \vdots \\ a_{m1} & a_{m2} & \ldots & a_{mn} \end{pmatrix} \quad \text{und} \quad A' = \begin{pmatrix} a_{11} & a_{21} & \ldots & a_{m1} \\ a_{12} & a_{22} & \ldots & a_{m2} \\ \vdots & \vdots & & \vdots \\ a_{1n} & a_{2n} & \ldots & a_{mn} \end{pmatrix}$$

und den Vektoren

$$x = \begin{pmatrix} x_1 \\ \vdots \\ x_n \end{pmatrix}, \quad c = \begin{pmatrix} c_1 \\ \vdots \\ c_n \end{pmatrix}, \quad b = \begin{pmatrix} b_1 \\ \vdots \\ b_m \end{pmatrix}, \quad u = \begin{pmatrix} u_1 \\ \vdots \\ u_m \end{pmatrix}$$

lassen sich beide Probleme in Matrixform so schreiben:

Primäres Problem: $\quad \max c'x \quad$ unter Nebenbedingung $\quad Ax \leq b, \ x \geq 0$

Duales Problem: $\quad \min u'b \quad$ unter Nebenbedingung $\quad u'A \geq c', \ u \geq 0$

$u'A \geq c' \iff A'u \geq c$

$Ax \leq b, \ x \geq 0$ und $u'A \geq c', \ u \geq 0 \implies u'b \geq u'(Ax) = (u'A)x \geq c'x$

Grundlegende Resultate

Wenn $(x_1, \ldots, x_n)$ zulässig ist für das primäre Problem und $(u_1, \ldots, u_m)$ zulässig ist für das duale Problem, dann ist

$$b_1 u_1 + \ldots + b_m u_m \geq c_1 x_1 + \ldots + c_n x_n$$

Der Wert der Zielfunktion im dualen Problem ist mindestens genau so groß wie der Wert der Zielfunktion im primären Problem.

Wenn $(x_1^*, \ldots, x_n^*)$ zulässig ist für das primäre Problem und $(u_1^*, \ldots, u_m^*)$ zulässig ist für das duale Problem und

$$c_1 x_1^* + \ldots + c_n x_n^* = b_1 u_1^* + \ldots + b_m u_m^* \, ,$$

dann löst $(x_1^*, \ldots, x_n^*)$ das primäre Problem und $(u_1^*, \ldots, u_m^*)$ das duale Problem.

Dualitätstheorem

Wenn das primäre Problem eine endliche optimale Lösung hat, dann hat auch das duale Problem eine endliche optimale Lösung und die entsprechenden Werte der Zielfunktion sind gleich. Wenn das primäre Problem keine beschränkte optimale Lösung hat, dann hat auch das duale Problem keine zulässige Lösung.

Allgemeine ökonomische Interpretation

Man denke an ein Unternehmen mit n verschiedenen Aktivitäten (Prozessen) im Produktionsprozess, wobei m verschiedene Ressourcen als Input verwendet werden. Die Konstanten a_{ij} sind die Anzahl der Einheiten der Ressource i, die benötigt werden, um den Prozess j auf dem Niveau einer Einheit laufen zu lassen. $\boldsymbol{a}_j = (a_{1j}, a_{2j}, \ldots, a_{mj})'$ ist der Vektor der gesamten Ressourcen-Anforderungen für eine Einheit des Outputs des j-ten Prozesses. Falls die Aktivitäten auf den Niveaus $x_1, x_2, \ldots, x_n$ gefahren werden, ist die gesamte Ressourcen-Anforderung:

$$x_1 \boldsymbol{a}_1 + x_2 \boldsymbol{a}_2 + \ldots + x_n \boldsymbol{a}_n$$

Die verfügbaren Ressourcen seien $b_1, b_2, \ldots, b_m$. Die zulässigen Aktivitätsniveaus sind diejenigen, die die Nebenbedingungen $a_{i1} x_1 + \ldots + a_{in} x_n \leq b_i$ erfüllen. Das Entgelt (der Wert) für eine Einheit der Aktivität j sei c_j. Der Gesamtwert aller n Aktivitäten auf den Niveaus $x_1, \ldots, x_n$ ist dann $c_1 x_1 + \ldots + c_n x_n$. Das LP-Problem des Unternehmens ist: *Finde die Niveaus der n Aktivitäten, die den Gesamtwert unter den gegebenen Ressourcenbeschränkungen maximieren.* Sei u_j der Preis, oft Schattenpreis einer Einheit der Ressource j. Die Gesamt(schatten)-Kosten für Aktivität j auf Einheitsniveau sind: $a_{1j} u_1 + a_{2j} u_2 + \ldots + a_{mj} u_m$ und der (Schatten)-Gewinn ist

12

$c_j - (a_{1j}u_1 + a_{2j}u_2 + \ldots + a_{mj}u_m) \leq 0$. Die Zielfunktion $Z = b_1u_1 + \ldots + b_mu_m$ misst den (Schatten)-Wert des Anfangsbestandes aller Ressourcen. Das duale LP-Problem ist: *Unter allen möglichen Schattenpreisen $u_1, \ldots, u_m \geq 0$, für die der Gewinn jeder Aktivität auf Einheitsniveau ≤ 0 ist, sind diejenigen Preise zu bestimmen, die zusammen den (Schatten)-Wert der Anfangsressourcen minimieren.* Eine Änderung der Ressourcenbeschränkungen von $(b_1, \ldots, b_m)$ in $(b_1 + \Delta b_1, \ldots, b_m + \Delta b_m)$ mit hinreichend kleinen $\Delta b_1, \ldots, \Delta b_m$ bewirkt eine Änderung des Optimalwertes der Zielfunktion $z = c_1x_1 + \ldots + c_nx_n$ um $\Delta z^* = u_1^* \Delta b_1 + \ldots + u_m^* \Delta b_m$.

Komplementäre Schlaffheit

Das primäre Problem habe eine Lösung $\boldsymbol{x}^* = (x_1^*, \ldots, x_n^*)$ und das duale Problem habe eine Lösung $\boldsymbol{u}^* = (u_1^*, \ldots, u_m^*)$. Dann gilt für alle $i = 1, \ldots, n$ und $j = 1, \ldots, m$:

$$a_{1i}u_1^* + \ldots + a_{mi}u_m^* \geq c_i \quad (a_{1i}u_1^* + \ldots + a_{mi}u_m^* = c_i, \text{ falls } x_i^* > 0)$$

$$a_{j1}x_1^* + \ldots + a_{jn}x_n^* \leq b_j \quad (a_{j1}x_1^* + \ldots + a_{jn}x_n^* = b_j, \text{ falls } u_j^* > 0)$$

Wenn umgekehrt alle $\boldsymbol{x}^*$ und $\boldsymbol{u}^*$ nichtnegative Komponenten haben und die obigen Bedingungen erfüllen, dann löst $\boldsymbol{x}^*$ das primäre und $\boldsymbol{u}^*$ das duale Problem.

Ökonomische Interpretation der beiden Bedingungen

Wenn die optimale Lösung des primären Problems verlangt, dass der Prozess i aktiv ist ($x_i^* > 0$), dann ist der (Schatten)-Gewinn dieser Aktivität auf dem Einheitsniveau gleich 0.

Falls der Schattenpreis der Ressource j positiv ist ($u_j^* > 0$), dann wird der gesamte Vorrat der Ressource j im Optimum verbraucht.

12.3 Simplexverfahren

Umwandlung der Nebenbedingungen in Gleichungssystem durch Schlupfvariablen

Die Lösung des LP-Problems liegt in einem Eckpunkt des zulässigen Bereichs B. Das Simplexverfahren berechnet sukzessive Eckpunktkoordinaten des zulässigen Bereichs derart, dass

■ stets nur zulässige Eckpunkte berechnet werden,

■ ein neu berechneter Eckpunkt stets einen besseren und schließlich den optimalen Zielfunktionswert liefert.

Das allgemeine LP-Problem

$$\max z = c_1 x_1 + \ldots + c_n x_n \quad \text{unter} \quad \begin{cases} a_{11} x_1 + \ldots + a_{1n} x_n & \leq & b_1 \\ \cdots \cdots \cdots \\ a_{m1} x_1 + \ldots + a_{mn} x_n & \leq & b_m \end{cases}$$

mit Nichtnegativitätsbedingungen $x_1 \geq 0, \ldots, x_n \geq 0$ und $b_1 \geq 0, \ldots, b_m \geq 0$ wird in ein LP-Problem mit Nebenbedingungen in Gleichheitsform umgewandelt durch Einführung von Schlupfvariablen $y_1, \ldots, y_m$:

$$\max z = c_1 x_1 + \ldots + c_n x_n \quad \text{unter} \quad \begin{cases} a_{11} x_1 + \ldots + a_{1n} x_n + y_1 & = & b_1 \\ \cdots \cdots \cdots \\ a_{m1} x_1 + \ldots + a_{mn} x_n + y_m & = & b_m \end{cases}$$

mit Nichtnegativitätsbedingungen $x_1 \geq 0, \ldots, x_n \geq 0, y_1 \geq 0, \ldots, y_m \geq 0$. In Matrixnotatation lautet das Problem:

$$\max z = \mathbf{c}'\mathbf{x} \quad \text{unter Nebenbedingung} \quad \mathbf{Ax = b}, \ \mathbf{x \geq 0}, \ \mathbf{b \geq 0}$$

Dabei ist

$$\mathbf{x} = \begin{pmatrix} x_1 \\ \vdots \\ x_n \\ y_1 \\ \vdots \\ y_m \end{pmatrix}, \quad \mathbf{c} = \begin{pmatrix} c_1 \\ \vdots \\ c_n \\ 0 \\ \vdots \\ 0 \end{pmatrix}, \quad \mathbf{b} = \begin{pmatrix} b_1 \\ \vdots \\ b_m \end{pmatrix}, \quad \mathbf{A} = \begin{pmatrix} a_{11} & a_{12} & \ldots & a_{1n} & 1 & 0 & \ldots & 0 \\ a_{21} & a_{22} & \ldots & a_{2n} & 0 & 1 & \ldots & 0 \\ \vdots & \vdots & & \vdots & \vdots & \vdots & \ddots & \vdots \\ a_{m1} & a_{m2} & \ldots & a_{mn} & 0 & 0 & \ldots & 1 \end{pmatrix}$$

Das Restriktions-Gleichungssystem $\mathbf{Ax = b}$ ist ein kanonisches Gleichungssystem mit Basisvariablen $y_1, \ldots, y_m$ (Schlupfvariablen) und Nichtbasisvariablen $x_1, \ldots, x_n$ (Problemvariablen).

Zulässige Basislösungen

Jeder Eckpunkt des zulässigen Bereichs eines LP-Problems ist gleichzeitig zulässige Basislösung des Restriktions-Gleichungssystems und umgekehrt, wobei eine Basislösung genau dann zulässig ist, wenn sie sämtliche Nichtnegativitätsbedingungen erfüllt. Man erhält eine zulässige Basislösung, indem man $\mathbf{x} = (0, \ldots, 0, b_1, b_2, \ldots, b_m)'$ setzt.

Ablauf des Simplexverfahrens

Das **Simplexverfahren** besteht darin, ausgehend von der ersten zulässigen Basislösung mit Hilfe von Pivotoperationen[*] weitere Basislösungen (= Ecken) zu erzeugen, die den Zielfunktionswert verbessern und zulässig sind.

---

[*] Siehe S. 170.

Ausgangstableau:

	x_1	x_2	$\ldots$	x_n	y_1	y_2	$\ldots$	y_m	z	b
y_1	a_{11}	a_{12}	$\ldots$	a_{1n}	1	0	$\ldots$	0	0	b_1
y_2	a_{21}	a_{22}	$\ldots$	a_{2n}	0	1	$\ldots$	0	0	b_2
$\vdots$	$\vdots$	$\vdots$	$\ddots$	$\vdots$	$\vdots$	$\vdots$	$\ddots$	$\vdots$	$\vdots$	$\vdots$
y_m	a_{m1}	a_{m2}	$\ldots$	a_{mn}	0	0	$\ldots$	1	0	b_m
z	$-c_1$	$-c_2$	$\ldots$	$-c_n$	0	0	$\ldots$	0	1	0

Im Ausgangstableau sind die Schlupfvariablen y_i Basisvariable, die Problemvariablen x_i (gleich Null gesetzt) Nichtbasisvariable. Die Zielfunktion wurde umgeformt zu $-c_1 x_1 - c_2 x_2 - \ldots - c_n x_n + z = 0$ als letzte Zeile in das Tableau aufgenommen, z ist eine Basisvariable. Links vor dem Tableau stehen die Namen der Basisvariablen.

Optimalitätskriterium

Enthält die Zielfunktionszeile eines zulässigen Simplextableaus noch negative Koeffizienten, so kann der Zielfunktionswert vergrößert werden, indem man eine (zu einem negativen Zielfunktionskoeffizienten gehörende) Nichtbasisvariable durch einen Pivotschritt zur Basisvariablen macht (Basistausch).

Enthält die Zielfunktionszeile nur nichtnegative Elemente, so kann z nicht mehr vergrößert werden. Für die aus dem Tableau ablesbare zulässige Basislösung wird die Zielfunktion maximal.

Häufig wählt man diejenige Spalte als Pivotspalte, die den betragsmäßig größten negativen Zielfunktionskoeffizienten aufweist.

Engpassbedingung, Zulässigkeitsbedingung

Eine Basislösung, die (mit einem Pivotschritt) aus einer vorgegebenen zulässigen Basislösung durch Erzeugung eines Einheitsvektors in der k-ten Spalte entsteht, ist wiederum zulässig, wenn das Pivotelement a_{ik} (> 0) in derjenigen Zeile gewählt wird, für die sich der kleinste nichtnegative Wert b_i / a_{ik} der neuen Basisvariablen x_k ergibt ($i = 1, \ldots, m$), d.h. man wählt als Pivotzeile diejenige Zeile i, für die b_i / a_{ik} minimal wird.

Kapitel 13
Differenzengleichungen

13.1 Differenzengleichungen erster Ordnung

Definition

Es seien $t = 0, 1, 2, \ldots$ verschiedene diskrete Zeitpunkte und $x_t = x(t)$ eine Funktion von t. Wenn $f(t, x)$ eine Funktion ist, die für alle nichtnegativen ganzen Zahlen t und alle $x \in \mathbb{R}$ definiert ist, so ist

$$x_{t+1} = f(t, x_t), \quad t = 0, 1, 2, \ldots$$

eine **Differenzengleichung erster Ordnung** in x_t.

Allgemeiner ist $F(t, x_t, x_{t+1}) = 0$ eine Differenzengleichung erster Ordnung und wenn sie eine Lösung hat, ist $x_{t+1} = f(t, x_t)$, welches dann **Rekurrenzrelation** genannt wird.

Rekurrenzrelation

Falls $x_{t+1} = f(t, x_t)$ ist, so gilt $\Delta x_t = x_{t+1} - x_t = f(t, x_t) - x_t =: g(t, x_t) \quad \Rightarrow \quad x_{t+1} = x_t + g(t, x_t)$

Falls x_0 gegeben, so gilt: $x_1 = f(0, x_0) \quad \Rightarrow \quad x_2 = f(1, x_1) = f(1, f(0, x_0)) \quad \Rightarrow$
$x_3 = f(2, x_2) = f(2, f(1, f(0, x_0))) \quad \Rightarrow \quad \cdots$

Existenz- und Eindeutigkeitssatz

Sei $x_{t+1} = f(t, x_t), t = 0, 1, 2, \ldots$, wobei f für alle Werte der Variablen definiert sei. Wenn x_0 ein beliebiger Anfangswert ist, existiert eine eindeutig bestimmte Funktion x_t, die Lösung der Gleichung ist und den Anfangswert x_0 für $t = 0$ hat.

Differenzengleichungen erster Ordnung mit konstanten Koeffizienten

Die lineare Differenzengleichung

$$x_{t+1} = ax_t + b_t \qquad t = 0, 1, 2, \ldots$$

hat die Lösung

$$x_t = a^t x_0 + \sum_{k=1}^{t} a^{t-k} b_{k-1} \qquad t = 0, 1, 2, \ldots$$

Für $b_t = b$ gilt

$$x_{t+1} = ax_t + b \iff x_t = a^t \left(x_0 - \frac{b}{1-a} \right) + \frac{b}{1-a} \qquad a \neq 1$$

Für $a = 1$ gilt

$$x_{t+1} = x_t + b \iff x_t = x_0 + tb$$

Gleichgewichtszustand oder stationärer Zustand

Falls für die Differenzengleichung $x_{t+1} = ax_t + b$, $(a \neq 1)$, gilt: $x_0 = \frac{b}{1-a}$ oder $x_s = \frac{b}{1-a}$, so gilt: $x_t = \frac{b}{1-a}$ für alle $t \geq s$.

Die Konstante $x^* = \frac{b}{1-a}$ heißt ein Gleichgewichts- oder stationärer Zustand für die Differenzengleichung $x_{t+1} = ax_t + b$.

Globale asymptotische Stabilität

Mit der Definition $x^* = \frac{b}{1-a}$ gilt:

$$x_t = ax_{t-1} + b \iff x_t - x^* = a(x_{t-1} - x^*) \iff x_t - x^* = a^t(x_0 - x^*)$$

Für $|a| < 1$ gilt: $x_t \to x^* = \frac{b}{1-a}$ für $t \to \infty$. Die Gleichung heißt in diesem Fall global asymptotisch stabil. Für $|a| > 1$ gilt: $|x_t| \to \infty$ für $t \to \infty$.

Gegenwärtiger diskontierter Wert[†]

Es sei a_t das Guthaben (der Vermögensstand) auf einem Konto, c_t seien die für Konsum abgehobenen Beträge und y_t die Einzahlungen, jeweils zur Zeit oder in der Periode t. Die Zinsrate pro Periode sei eine Konstante r. Dann gilt: $a_{t+1} = (1 + r)a_t + (y_{t+1} - c_{t+1})$, d.h. wir haben eine lineare Differenzengleichung mit der

---

[†] Siehe auch S. 131.

Lösung für $t = 1, 2, \ldots$

$$a_t = (1+r)^t a_0 + \sum_{k=1}^{t}(1+r)^{t-k}(y_k - c_k) \iff (1+r)^{-t}a_t = a_0 + \sum_{k=1}^{t}(1+r)^{-k}(y_k - c_k)$$

D.h., wenn jetzt $t = 0$ ist, so ist der gegenwärtige diskontierte Wert (Barwert) des Vermögens zur Zeit t gleich dem Anfangswert a_0 plus dem Gesamtbarwert aller zukünftigen Einzahlungen minus dem Gesamtbarwert aller zukünftigen Auszahlungen. Für $a_0 = a_t = 0$ folgt:

$$\sum_{k=1}^{t}(1+r)^{-k}c_k = \sum_{k=1}^{t}(1+r)^{-k}y_k$$

Hypothekenrückzahlung[†]

Ein Kredit der Höhe K werde wie eine Annuität über n Perioden mit der Zinsrate $r = p/100$ zurückgezahlt, wobei die Zahlung a jeweils am Ende von insgesamt n gleich langen Perioden erfolge. Für die Restschuld b_t am Ende der Periode t gilt die lineare Differenzengleichung mit konstanten Koeffizienten:

$$b_{t+1} = (1+r)b_t - a \text{ mit } b_0 = K \text{ und } b_n = 0$$

mit der Lösung:

$$b_t = (1+r)^t\left(K - \frac{a}{r}\right) + \frac{a}{r}$$

Mit $b_n = 0$ folgt:

$$K = \frac{a}{r}[1 - (1+r)^{-n}] = a\sum_{t=1}^{n}(1+r)^{-t} \qquad a = \frac{rK}{1 - (1+r)^{-n}} = \frac{rK(1+r)^n}{(1+r)^n - 1}$$

Lineare Differenzengleichungen mit variablen Koeffizienten

Für die Differenzengleichung $x_t = a_t x_{t-1} + b_t$ $(t = 1, 2, \ldots)$ gilt:

$$x_1 = a_1 x_0 + b_1$$
$$x_2 = a_2 x_1 + b_2 = a_2(a_1 x_0 + b_1) + b_2 = a_2 a_1 x_0 + a_2 b_1 + b_2$$
$$x_t = \left(\prod_{s=1}^{t} a_s\right)x_0 + \left(\prod_{s=2}^{t} a_s\right)b_1 + \left(\prod_{s=3}^{t} a_s\right)b_2 + \ldots + \left(\prod_{s=t}^{t} a_s\right)b_{t-1} + b_t$$
$$= \left(\prod_{s=1}^{t} a_s\right)x_0 + \sum_{k=1}^{t}\left(\prod_{s=k+1}^{t} a_s\right)b_k$$

Dabei ist $\displaystyle\prod_{s=t+1}^{t} a_s = 1$ zu setzen.

[†] Siehe auch S. 133.

Gegenwärtiger diskontierter Wert bei variablen Zinsraten

Es sei a_t das Guthaben (Vermögensstand) auf einem Konto, c_t seien die für Konsum abgehobenen Beträge und y_t die Einzahlungen, jeweils zurzeit oder in der Periode t. Die Zinsrate in Periode t sei r_t. Dann gilt:

$$a_t = (1 + r_t)a_{t-1} + y_t - c_t \quad (t = 1, 2, \ldots)$$

D.h., wir haben eine lineare Differenzengleichung mit variablen Koeffizienten und der Lösung

$$a_t = \left[\prod_{s=1}^{t}(1 + r_s) \right] a_0 + \sum_{k=1}^{t} \left[\prod_{s=k+1}^{t} (1 + r_s) \right] (y_k - c_k)$$

Mit dem Diskontierungsfaktor $D_t = \dfrac{1}{\prod\limits_{s=1}^{t}(1 + r_s)} = \prod\limits_{s=1}^{t}(1 + r_s)^{-1}$ folgt

$$D_t a_t = a_0 + \sum_{k=1}^{t} D_k(y_k - c_k)$$

Falls $y_k = c_k = 0$ folgt

$$a_t = a_0/D_t = a_0 \prod_{k=1}^{t}(1 + r_k)$$

Mit dem Zinsfaktor $R_k = \dfrac{D_k}{D_t} = \prod\limits_{s=k+1}^{t} (1 + r_s)$ folgt

$$a_t = R_0 a_0 + \sum_{k=1}^{t} R_k(y_k - c_k)$$

13.2 Differenzengleichungen zweiter Ordnung

Definition

Falls $f(t, x_t, x_{t+1})$ für alle möglichen Werte der Variablen (t, x_t, x_{t+1}) definiert ist, so ist

$$x_{t+2} = f(t, x_t, x_{t+1}) \qquad (t = 0, 1, \ldots)$$

eine Differenzengleichung zweiter Ordnung.

Existenz- und Eindeutigkeitssatz

Sei $x_{t+2} = f(t, x_t, x_{t+1})$, $t = 0, 1, \ldots$, wobei f für alle Werte der Variablen definiert sei. Wenn x_0 und x_1 beliebige Anfangswerte sind, so existiert eine eindeutig bestimmte Funktion x_t, die Lösung der Gleichung ist und die Anfangswerte x_0 für $t = 0$ und x_1 für $t = 1$ hat.

Lineare Gleichungen

Definition

Die allgemeine lineare Differenzengleichung zweiter Ordnung ist

$$x_{t+2} + a_t x_{t+1} + b_t x_t = c_t \,,$$

wobei a_t, b_t und c_t gegebene Funktionen von t sind. Die zugehörige homogene Gleichung ist

$$x_{t+2} + a_t x_{t+1} + b_t x_t = 0 \,.$$

Lösungen

Die **homogene Gleichung** $x_{t+2} + a_t x_{t+1} + b_t x_t = 0$ hat die allgemeine Lösung

$$x_t = A u_t^{(1)} + B u_t^{(2)} \,,$$

wobei $u_t^{(1)}$ und $u_t^{(2)}$ zwei linear unabhängige Lösungen und A und B beliebige Konstanten sind. $u_t^{(1)}$ und $u_t^{(2)}$ sind genau dann linear unabhängig, wenn

$$\begin{vmatrix} u_0^{(1)} & u_0^{(2)} \\ u_1^{(1)} & u_1^{(2)} \end{vmatrix} \neq 0$$

Die **nichthomogene Gleichung** $x_{t+2} + a_t x_{t+1} + b_t x_t = c_t$ hat die allgemeine Lösung

$$x_t = A u_t^{(1)} + B u_t^{(2)} + u_t^* \,,$$

wobei $A u_t^{(1)} + B u_t^{(2)}$ die allgemeine Lösung der zugehörigen homogenen Gleichung und u_t^* eine Lösung der nichthomogenen Gleichung ist. Mit

$$D_t = u_t^{(1)} u_{t+1}^{(2)} - u_{t+1}^{(1)} u_t^{(2)}$$

kann die allgemeine Lösung mit beliebigen Konstanten A und B geschrieben werden als

$$x_t = A u_t^{(1)} + B u_t^{(2)} - u_t^{(1)} \sum_{k=1}^{t} \frac{c_{k-1} u_k^{(2)}}{D_k} + u_t^{(2)} \sum_{k=1}^{t} \frac{c_{k-1} u_k^{(1)}}{D_k}$$

Lineare Gleichungen zweiter Ordnung mit konstanten Koeffizienten

Charakteristische Gleichung

Für die lineare homogene Differenzengleichung $x_{t+2} + a x_{t+1} + b x_t = 0$ mit $b \neq 0$ heißt

$$m^2 + am + b = 0$$

die charakteristische Gleichung der Differenzengleichung.

13

Allgemeine Lösung der homogenen Gleichung

Mit den Lösungen

$$m_1 = -\frac{1}{2}a + \frac{1}{2}\sqrt{a^2 - 4b} \qquad m_2 = -\frac{1}{2}a - \frac{1}{2}\sqrt{a^2 - 4b}$$

der charakteristischen Gleichung für $a^2 - 4b \geq 0$ ist die allgemeine Lösung von

$$x_{t+2} + ax_{t+1} + bx_t = 0 \qquad (b \neq 0)$$

gegeben durch:

$x_t = Am_1^t + Bm_2^t$, falls $a^2 - 4b > 0$.

$x_t = (A + Bt)m^t$, $m = m_1 = m_2 = -\frac{1}{2}a$, falls $a^2 - 4b = 0$.

$x_t = r^t(A\cos\theta t + B\sin\theta t)$, $r = \sqrt{b}$, $\cos\theta = -\dfrac{a}{2\sqrt{b}}$, $\theta \in [0, \pi]$, falls $a^2 - 4b < 0$.

In diesem Fall gilt auch $x_t = Cr^t\cos(\theta t + \omega)$ mit beliebigen Konstanten ω und C.

Für gegebene Anfangswerte x_0 und x_1 sind die Konstanten A und B in allen drei Fällen eindeutig bestimmt.

Ist in der nichthomogenen Gleichung

$$x_{t+2} + ax_{t+1} + bx_t = c \qquad (b \neq 0),$$

die rechte Seite $c_t = c$ konstant, so ist $u_t^* = \dfrac{c}{1 + a + b}$ eine spezielle Lösung, falls $1 + a + b \neq 0$.

Globale asymptotische Stabilität

Die nichthomogene Gleichung

$$x_{t+2} + ax_{t+1} + bx_t = c_t$$

heißt global asymptotisch stabil, falls für die allgemeine Lösung der zugehörigen homogenen Gleichung gilt

$$Au_t^{(1)} + Bu_t^{(2)} \to 0 \qquad (t \to \infty)$$

für alle Werte von A und B. Dies gilt genau dann, wenn $u_t^{(1)} \to 0$ und $u_t^{(2)} \to 0$ für $t \to \infty$ oder wenn eine der beiden folgenden äquivalenten Bedingungen erfüllt ist:

■ Die Absolutbeträge der Lösungen der charakteristischen Gleichung $m^2 + am + b = 0$ sind strikt kleiner als 1.

■ $|a| < 1 + b$ und $b < 1$.

13.3 Gleichungen höherer Ordnung

Definition

Falls $f(t, x_t, x_{t+1}, \ldots, x_{t+n-1})$ für alle möglichen Werte der Variablen definiert ist, so ist

$$x_{t+n} = f(t, x_t, x_{t+1}, \ldots, x_{t+n-1}) \qquad (t = 0, 1, \ldots)$$

eine Differenzengleichung n-ter Ordnung.

Eindeutigkeit der Lösung

Die Lösung der Differenzengleichung n-ter Ordnung ist eindeutig bestimmt durch die Werte, die x_t in den ersten n Perioden $0, 1, \ldots, n-1$ annimmt.

Lineare Gleichungen

Die allgemeine Lösung der **homogenen Differenzengleichung**

$$x_{t+n} + a_1(t)x_{t+n-1} + \ldots + a_{n-1}(t)x_{t+1} + a_n(t)x_t = 0 \,,$$

wobei $a_n(t) \neq 0$, ist gegeben durch

$$x_t = C_1 u_t^{(1)} + \ldots + C_n u_t^{(n)} \,,$$

wobei $u_t^{(1)}, \ldots, u_t^{(n)}$ linear unabhängige Lösungen der Gleichung und $C_1, \ldots, C_n$ beliebige Konstanten sind.

$$u_t^{(1)}, \ldots u_t^{(n)} \text{ sind linear unabhängig} \iff \begin{vmatrix} u_0^{(1)} & \cdots & u_0^{(n)} \\ u_1^{(1)} & \cdots & u_1^{(n)} \\ \vdots & \ddots & \vdots \\ u_{n-1}^{(1)} & \cdots & u_{n-1}^{(n)} \end{vmatrix} \neq 0$$

Die allgemeine Lösung der **nichthomogenen Differenzengleichung**

$$x_{t+n} + a_1(t)x_{t+n-1} + \ldots + a_{n-1}(t)x_{t+1} + a_n(t)x_t = b_t \,,$$

wobei $a_n(t) \neq 0$, ist gegeben durch

$$x_t = C_1 u_t^{(1)} + \ldots + C_n u_t^{(n)} + u_t^* \,,$$

wobei $C_1 u_t^{(1)} + \ldots + C_n u_t^{(n)}$ die allgemeine Lösung der zugehörigen homogenen Gleichung und u_t^* eine spezielle Lösung der nichthomogenen Gleichung ist.

13

Lineare Gleichungen n-ter Ordnung mit konstanten Koeffizienten

Charakteristische Gleichung

Für die lineare homogene Differenzengleichung $x_{t+n} + a_1 x_{t+n-1} + \ldots + a_{n-1} x_{t+1} + a_n x_t = 0$ heißt

$$m^n + a_1 m^{n-1} + \ldots + a_{n-1} m + a_n = 0$$

die charakteristische Gleichung der Differenzengleichung.

Lösungen der charakteristischen Gleichung

Die charakteristische Gleichung hat n Lösungen m_i. Falls diese alle reell und verschieden sind, ist die allgemeine Lösung der homogenen Gleichung

$$x_t = C_1 m_1^t + C_2 m_2^t + \ldots + C_n m_n^t$$

Andernfalls sind die reellen und komplexen Lösungen mit ihren Vielfachheiten zu bestimmen:

- Eine reelle Lösung m_i mit der Vielfachheit 1 ergibt die Lösung m_i^t.
- Eine reelle Lösung m_j mit der Vielfachheit $p > 1$ ergibt die Lösungen $m_j^t, t m_j^t, \ldots t^{p-1} m_j^t$.
- Ein Paar komplexer Lösungen $\alpha \pm i\beta$, jeweils mit der Vielfachheit 1, ergibt die Lösungen $r^t \cos \theta t, r^t \sin \theta t$, wobei für $r = \sqrt{\alpha^2 + \beta^2}$ und $\theta \in [0, \pi]$ gilt: $\cos \theta = \alpha/r, \sin \theta = \beta/r$.
- Ein Paar komplexer Lösungen $\alpha \pm i\beta$, jeweils mit der Vielfachheit $q > 1$, ergibt die Lösungen $u, v, tu, tv, \ldots, t^{q-1} u, t^{q-1} v$ mit $u = r^t \cos \theta t$ und $v = r^t \sin \theta t$, wobei für $r = \sqrt{\alpha^2 + \beta^2}$ und $\theta \in [0, \pi]$ gilt: $\cos \theta = \alpha/r, \sin \theta = \beta/r$.

Globale asymptotische Stabilität

Die allgemeine lineare Differenzengleichung n-ter Ordnung $x_{t+n} + a_1 x_{t+n-1} + \ldots + a_{n-1} x_{t+1} + a_n x_t = b_t$ heißt global asymptotisch stabil, falls für die allgemeine Lösung der zugehörigen homogenen Gleichung gilt: $C_1 u_t^{(1)} + \ldots + C_n u_t^{(n)} \to 0$ für $n \to \infty$ für alle Werte der Konstanten $C_1, \ldots, C_n$. Dies gilt genau dann, wenn $u_i(t) \to 0$ ($i = 1, \ldots, n$) für $t \to \infty$ $\iff$ $|m_i| < 1$ für alle Lösungen m_i der charakteristischen Gleichung. Dies gilt genau dann, wenn

$$\left| \begin{array}{c|c} 1 & a_n \\ \hline a_n & 1 \end{array} \right| > 0, \quad \left| \begin{array}{cc|cc} 1 & 0 & a_n & a_{n-1} \\ a_1 & 1 & 0 & a_n \\ \hline a_n & 0 & 1 & a_1 \\ a_{n-1} & a_n & 0 & 1 \end{array} \right| > 0, \ldots,$$

$$\left| \begin{array}{cccc|cccc} 1 & 0 & \ldots & 0 & a_n & a_{n-1} & \ldots & a_1 \\ a_1 & 1 & \ldots & 0 & 0 & a_n & \ldots & a_2 \\ \vdots & \vdots & \ddots & \vdots & \vdots & \vdots & \ddots & \vdots \\ a_{n-1} & a_{n-2} & \ldots & 1 & 0 & 0 & \ldots & a_n \\ \hline a_n & 0 & \ldots & 0 & 1 & a_1 & \ldots & a_{n-1} \\ a_{n-1} & a_n & \ldots & 0 & 0 & 1 & \ldots & a_{n-2} \\ \vdots & \vdots & \ddots & \vdots & \vdots & \vdots & \ddots & \vdots \\ a_1 & a_2 & \ldots & a_n & 0 & 0 & \ldots & 1 \end{array} \right| > 0$$

13.4 Systeme von Differenzengleichungen

Definition

Ein System von Differenzengleichungen erster Ordnung in Normalform ist gegeben durch

$$x_1(t + 1) = f_1(t, x_1(t), \ldots, x_n(t))$$

$$\vdots \qquad \vdots \qquad\qquad \vdots \qquad\qquad t = 0, 1, \ldots$$

$$x_n(t + 1) = f_n(t, x_1(t), \ldots, x_n(t))$$

Eindeutigkeit, lineare Systeme

Die Lösung des Gleichungssystems ist eindeutig durch die Anfangswerte

$$x_1(0), \ldots, x_n(0)$$

bestimmt, falls die Funktionen $f_1, \ldots, f_n$ für alle Werte der Variablen definiert sind. Für lineare Funktionen ergibt sich das Gleichungssystem

$$x_1(t + 1) = a_{11}(t)x_1(t) + \ldots + a_{1n}(t)x_n(t) + b_1(t)$$

$$\vdots \qquad \vdots \qquad\qquad\qquad \vdots \qquad\qquad t = 0, 1, \ldots$$

$$x_n(t + 1) = a_{n1}(t)x_1(t) + \ldots + a_{nn}(t)x_n(t) + b_n(t)$$

oder in Matrizenschreibweise

$$\mathbf{x}(t + 1) = \mathbf{A}(t)\mathbf{x}(t) + \mathbf{b}(t) \qquad t = 0, 1, \ldots$$

13

Dabei ist

$$x(t) = \begin{pmatrix} x_1(t) \\ \vdots \\ x_n(t) \end{pmatrix}, \qquad A(t) = \begin{pmatrix} a_{11}(t) & \cdots & a_{1n}(t) \\ \vdots & \ddots & \vdots \\ a_{n1}(t) & \cdots & a_{nn}(t) \end{pmatrix}, \qquad b(t) = \begin{pmatrix} b_1(t) \\ \vdots \\ b_n(t) \end{pmatrix}$$

Falls $A(t) = A$ konstant ist, so gilt $x(t + 1) = Ax(t) + b(t)$ genau dann, wenn

$$x(t) = A^t x(0) + A^{t-1} b(0) + A^{t-2} b(1) + \ldots + b(t - 1)$$

Insbesondere gilt $x(t + 1) = Ax(t)$ genau dann, wenn $x(t) = A^t x(0)$, wobei $A^0 = I$.

Globale asymptotische Stabilität

Definition

Das System von linearen Differenzengleichungen $x(t + 1) = Ax(t) + b(t)$ ist global asymptotisch stabil, falls die allgemeine Lösung des zugehörigen homogenen Systems $x(t + 1) = Ax(t) \to 0$, d.h. $A^t x(0) \to 0$ für $t \to \infty$ für jede Wahl des Anfangsvektors $x(0) = x_0$.

Äquivalente Bedingungen

Es gilt $A^t x_0 \to 0$ für alle $x_0 \in \mathbb{R}^n \iff A^t \to 0$. Das gilt genau dann, wenn alle Eigenwerte von A dem Betrag nach kleiner als 1 sind, d.h., das System von linearen Differenzengleichungen $x(t + 1) = Ax(t) + b(t)$ ist genau dann global asymptotisch stabil, wenn alle Eigenwerte von A dem Betrag nach strikt kleiner als 1 sind.

Falls das System $x(t + 1) = Ax(t) + b$ global asymptotisch stabil ist, so konvergiert jede Lösung $x(t)$ gegen den konstanten Vektor $(I - A)^{-1} b$.

Falls $A = (a_{ij})$ eine $n \times n$-Matrix mit

$$\sum_{j=1}^{n} |a_{ij}| < 1 \qquad \text{für alle } i = 1, \ldots, n,$$

so sind alle Eigenwerte von A dem Betrag nach strikt kleiner als 1.

13

13.5 Stabilität nichtlinearer Differenzengleichungen

Definition

Ein Gleichgewichs- oder stabiler Zustand für die Differenzengleichung erster Ordnung $x_{t+1} = f(x_t)$, wobei $f : I \to I$ definiert sei auf einem Intervall $I \subset \mathbb{R}$ ist eine Zahl x^* mit $x^* = f(x^*)$, d.h., die konstante Funktion $x_t = x^*$ ist eine Lösung.

Ein Gleichgewichtszustand ist lokal asymptotisch stabil, falls ein $\epsilon > 0$ existiert, so dass gilt: $|x_0 - x^*| < \epsilon \implies \lim_{t \to \infty} x_t = x^*$, d.h., jede Lösung, die in der Nähe von x^* startet, konvergiert gegen x^*. Ein Gleichgewichtszustand ist lokal instabil, falls ein $\epsilon > 0$ existiert, so dass für jedes x mit $0 < |x - x^*| < \epsilon \implies |f(x) - x^*| > |x - x^*|$, d.h., jede Lösung, die in der Nähe von x^* startet, entfernt sich von x^*.

Hinreichende Bedingungen

Sei x^* ein Gleichgewichtszustand für $x_{t+1} = f(x_t)$ und sei $f \in C^1$, d.h. stetig differenzierbar in einem offenen Intervall um x^*.

- Falls $|f'(x^*)| < 1$, so ist x^* lokal asymptotisch stabil.
- Falls $|f'(x^*)| > 1$, so ist x^* lokal instabil.
- Falls $|f'(x)| < 1$ für alle $x \in I$, so ist x^* global asymptotisch stabil.

Periodische Lösung

Ein Zyklus oder eine periodische Lösung mit Periode 2 von $x_{t+1} = f(x_t)$ ist eine Lösung mit $x_{t+2} = x_t$ für alle t aber $x_{t+1} \neq x_t$, d.h. $x_1 \neq x_0$, aber $x_0 = x_2 = x_4 = \ldots$ und $x_1 = x_3 = x_5 = \ldots$.

$x_{t+1} = f(x_t)$ besitzt genau dann einen Zyklus der Periode 2, wenn es zwei verschiedene Zahlen ξ_1 und ξ_2 gibt mit $f(\xi_1) = \xi_2$ und $f(\xi_2) = \xi_1$. Ein Zyklus heißt lokal asymptotisch stabil, falls jede Lösung in der Nähe von ξ_1 oder ξ_2 gegen den Zyklus konvergiert. Falls $|f'(\xi_1)f'(\xi_2)| < 1$, so ist der Zyklus lokal asymptotisch stabil. Falls $|f'(\xi_1)f'(\xi_2)| > 1$, so ist der Zyklus lokal instabil.

13

Kapitel 14
Differentialgleichungen

14.1 Differentialgleichungen erster Ordnung in einer Variablen

Allgemeine Definitionen

Eine **Differentialgleichung** ist eine Gleichung, in der die Unbekannte eine Funktion und keine Zahl ist. Außerdem enthält die Gleichung eine oder mehrere der Ableitungen der Funktion.

Eine **gewöhnliche Differentialgleichung** ist eine Differentialgleichung, in der die Unbekannte eine Funktion einer einzigen Variablen ist. Eine **partielle Differentialgleichung** ist eine Differentialgleichung, in der die Unbekannte eine Funktion von mindestens zwei Variablen ist und in der mindestens eine partielle Ableitung der Funktion vorkommt. Eine Differentialgleichung **erster Ordnung** enthält nur Ableitungen erster Ordnung.

Eine Differentialgleichung erster Ordnung wird als

$$\dot{x} = F(t, x)$$

geschrieben, wobei F eine gegebene Funktion von zwei Variablen ist und $x = x(t)$ ist die unbekannte Funktion. Eine **Lösung** in einem Intervall $I \subset \mathbb{R}$ ist eine differenzierbare Funktion φ, definiert auf I, so dass $x = \varphi(t)$ die Gleichung erfüllt, d.h. $\dot{\varphi}(t) = F(t, \varphi(t))$ für alle $t \in I$. Der Graph einer Lösung heißt eine **Lösungskurve** oder eine **Integralkurve**. Die Menge aller Lösungen heißt die **allgemeine Lösung**, während eine einzelne Funktion, die die Gleichung erfüllt, eine **spezielle** oder **partikuläre Lösung** heißt.

$\dot{x} = f(t)$ ist eine Differentialgleichung mit der Lösung $x = \int f(t)\, dt + C$

Separierbare Differentialgleichungen
Definition
Die Differentialgleichung $\dot{x} = F(t, x)$ heißt separierbar oder separabel, falls $F(t, x) = f(t)g(x)$, d.h. $\dot{x} = f(t)g(x)$.

Lösungsmethode
Die folgende Methode ist gültig in jedem Intervall I, in dem $g(x) \neq 0$.

14

- Schreiben Sie $\dot{x} = f(t)g(x)$ als $\dfrac{dx}{dt} = f(t)g(x)$

- Trennen Sie die Variablen: $\dfrac{dx}{g(x)} = f(t)\,dt$

- Integrieren Sie beide Seiten: $\displaystyle\int \dfrac{dx}{g(x)} = \int f(t)\,dt$

- Bestimmen Sie (wenn möglich) beide Integrale. Sie erhalten eine Lösung (möglicherweise in impliziter Form). Lösen Sie (wenn möglich) nach x auf.

- Zusätzlich ergibt jede Nullstelle $x = a$ von $g(x)$ die konstante Lösung $x(t) \equiv a$.

Die eindeutige Lösung des Anfangswertproblems

$$\dot{x} = f(t)g(x), \qquad x(t_0) = x_0$$

erhält man, indem man die folgende Gleichung nach x auflöst:

$$\int_{x_0}^{x} \dfrac{d\xi}{g(\xi)} = \int_{t_0}^{t} f(s)\,ds$$

Lineare Differentialgleichungen erster Ordnung

Definition

Eine lineare Differentialgleichung erster Ordnung ist eine Differentialgleichung der Gestalt

$$\dot{x} + a(t)x = b(t),$$

wobei $a(t)$ und $b(t)$ stetige Funktionen von t in einem gewissen Intervall sind und $x = x(t)$ ist die unbekannte Funktion.

Lösungen

- $\dot{x} + ax = b \ (a \neq 0) \iff x = Ce^{-at} + \dfrac{b}{a}$, wobei C eine Konstante ist. Für $C = 0$ ist $x(t) = b/a$ und b/a heißt ein **Gleichgewichts-** oder **stationärer Zustand** für die Gleichung. Falls $a > 0$, gilt $x(t) \to b/a$ für $t \to \infty$, d.h. die Gleichung ist **stabil**.

- $\dot{x} + ax = b(t) \iff x = Ce^{-at} + e^{-at}\displaystyle\int e^{at}b(t)\,dt$

- $\dot{x} + a(t)x = b(t) \iff x = e^{-\int a(t)\,dt}\left(C + \displaystyle\int e^{\int a(t)\,dt}b(t)\,dt\right)$

- $\dot{x} + a(t)x = b(t),\ x(t_0) = x_0 \iff x = x_0 e^{-\int_{t_0}^{t} a(\xi)\,d\xi} + \displaystyle\int_{t_0}^{t} b(s)e^{-\int_{s}^{t} a(\xi)\,d\xi}\,ds$

14

Exakte Gleichungen und integrierende Faktoren

Definition

Die Differentialgleichung

$$f(t, x) + g(t, x)\dot{x} = 0$$

mit stetig differenzierbaren Funktion f und g heißt **exakt**, falls

$$f'_x(t, x) = g'_t(t, x)$$

Lösung

Die Gleichung ist genau dann exakt, wenn es eine Funktion $h(t, x)$ gibt mit

$$h'_t(t, x) = f(t, x) \quad \text{und} \quad h'_x(t, x) = g(t, x)$$

Es gilt dann

$$h(t, x) = \int_{t_0}^{t} f(\tau, x)\, d\tau + \int_{x_0}^{x} g(t_0, \xi)\, d\xi$$

Lösungen der Differentialgleichung sind alle Funktionen $x = x(t)$ mit $h(t, x) = C$ für eine Konstante C.

Integrierender Faktor

Die Funktion $\beta(t, x)$ wird integrierender Faktor für die Differentialgleichung

$$f(t, x) + g(t, x)\dot{x} = 0$$

genannt, falls die Differentialgleichung

$$\beta(t, x)f(t, x) + \beta(t, x)g(t, x)\dot{x} = 0$$

exakt ist. Das gilt genau dann, wenn

$$\beta'_x(t, x)f(t, x) + \beta(t, x)f'_x(t, x) = \beta'_t(t, x)g(t, x) + \beta(t, x)g'_t(t, x)$$

Integrierende Faktoren in zwei Spezialfällen

- Falls $\dfrac{f'_x - g'_t}{g}$ eine Funktion von t allein ist, ist $\beta(t) = \exp\left(\displaystyle\int \dfrac{f'_x - g'_t}{g}\, dt\right)$ ein integrierender Faktor.
- Falls $\dfrac{g'_t - f'_x}{f}$ eine Funktion von x allein ist, ist $\beta(x) = \exp\left(\displaystyle\int \dfrac{g'_t - f'_x}{f}\, dx\right)$ ein integrierender Faktor.

14

Autonome Gleichungen
Definitionen

Die Differentialgleichung

$$\dot{x} = F(x)$$

heißt **unabhängig** (autonom). Ein Punkt a heißt **Gleichgewichtszustand** oder **stationärer Zustand** für die obige Gleichung, falls $F(a) = 0$. In diesem Fall ist $x(t) \equiv a$ eine Lösung. Falls $x(t_0) = a$ für ein t_0, dann ist $x(t) = a$ für alle t.

Ein Gleichgewichtszustand a heißt **global asymptotisch stabil**, falls Folgendes gilt: Wenn $x(t)$ eine Lösung von $\dot{x} = F(x)$ mit $x(t_0) = x_0$, dann konvergiert $x(t)$ gegen den Punkt a für jeden Startpunkt (t_0, x_0).

Ein Gleichgewichtszustand heißt **lokal asymptotisch stabil**, falls gilt: Falls $x(t)$ in der Nähe von a startet, dann konvergiert $x(t)$ immer gegen den Punkt a, andernfalls heißt er **lokal asymptotisch instabil**.

Charakterisierung von stationären Zuständen

- Falls $F(a) = 0$ und $F'(a) < 0$, ist a ist ein lokal asymptotisch stabiles Gleichgewicht.
- Falls $F(a) = 0$ und $F'(a) > 0$, ist a ist ein lokal asymptotisch instabiles Gleichgewicht.
- Falls $F(a) = 0$ und $F'(a) = 0$, kann nichts geschlossen werden.
- Falls F stetig differenzierbar, ist jede Lösung von $\dot{x} = F(x)$ entweder konstant oder strikt monoton auf dem Intervall, auf dem es definiert ist.
- Sei $x = x(t)$ eine Lösung von $\dot{x} = F(x)$, wobei F stetig ist. Falls $x(t) \to a$ für $t \to \infty$, so ist a ein Gleichgewichtszustand, d.h. $F(a) = 0$.

Existenz und Eindeutigkeit
Lokale Lösungen

Sei

$$\dot{x} = F(t, x),$$

wobei $F(t, x)$ und $F'_x(t, x)$ stetig seien in einer offenen Menge A in der tx-Ebene. Für einen beliebigen Punkt $(t_0, x_0) \in A$ existiert genau eine „lokale" Lösung der Gleichung durch den Punkt (t_0, x_0), d.h. mit $x(t_0) = x_0$.

Seien $F(t, x)$ und $F'_x(t, x)$ stetig in

$$\Gamma = \{(t, x) : |t - t_0| \leq a, \quad |x - x_0| \leq b\}$$

und sei

$$M = \max_{(t,x) \in \Gamma} |F(t, x)|, \quad r = \min(a, b/M)$$

Dann hat die Gleichung

$$\dot{x} = F(t, x), \quad x(t_0) = x_0$$

eine eindeutige Lösung $x(t)$ auf $(t_0 - r, t_0 + r)$ und $|x(t) - x_0| \leq b$ in diesem Intervall.

14

Globaler Existenz- und Eindeutigkeitssatz

Seien $F(t, x)$ und $F'_x(t, x)$ stetig für alle (t, x) und es gebe stetige Funktionen $a(t)$ und $b(t)$, so dass

$$|F(t, x)| \leq a(t)|x| + b(t) \quad \text{für alle } (t, x)$$

Für einen beliebigen Punkt (t_0, x_0) existiert eine eindeutige auf $(-\infty, \infty)$ definierte Lösung des Anfangswertproblems

$$\dot{x} = F(t, x), \quad x(t_0) = x_0$$

Falls die obige Ungleichung ersetzt wird durch

$$xF(t, x) \leq a(t)|x|^2 + b(t) \quad \text{für alle } x \text{ und für alle } t \geq t_0,$$

so existiert eine eindeutige Lösung, die auf $[t_0, \infty)$ definiert ist.

14.2 Differentialgleichungen zweiter Ordnung

Definition

Eine Differentialgleichung zweiter Ordnung wird als

$$\ddot{x} = F(t, x, \dot{x})$$

geschrieben, wobei F eine gegebene Funktion, $x = x(t)$ die unbekannte Funktion, $\dot{x} = \frac{dx}{dt}$ und $\ddot{x} = \frac{d^2x}{dt^2}$. Eine Lösung auf einem Intervall I ist eine zweimal differenzierbare Funktion, die die Gleichung erfüllt.

Einfache Spezialfälle
- Falls $\ddot{x} = k$ für eine Konstante k, so ist $x(t) = \frac{1}{2}kt^2 + At + B$ eine Lösung.
- Falls $\ddot{x} = F(t, \dot{x})$, d.h. die Gleichung enthält kein x, so setze man $u = \dot{x}$ und man erhält mit $\dot{u} = F(t, u)$ eine Differentialgleichung erster Ordnung mit der Lösung $x(t) = \int u(t) + C$.

Lineare Differentialgleichungen
Definition

Die allgemeine lineare Differentialgleichung ist

$$\ddot{x} + a(t)\dot{x} + b(t)x = f(t),$$

wobei $a(t)$, $b(t)$ und $f(t)$ stetige Funktionen von t in einem Intervall I sind. Für $f(t) = 0$ ergibt sich die homogene Gleichung

$$\ddot{x} + a(t)\dot{x} + b(t)x = 0 \, .$$

Lösungen

Die **homogene Differentialgleichung**

$$\ddot{x} + a(t)\dot{x} + b(t)x = 0$$

hat die allgemeine Lösung $x = Au_1(t) + Bu_2(t)$, wobei $u_1(t)$ und $u_2(t)$ zwei Lösungen sind, die nicht proportional sind und A und B sind zwei Konstanten.

Die **nichthomogene Differentialgleichung**

$$\ddot{x} + a(t)\dot{x} + b(t)x = f(t)$$

hat die allgemeine Lösung

$$x = Au_1(t) + Bu_2(t) + u^*(t) \, ,$$

wobei $Au_1(t) + Bu_2(t)$ die allgemeine Lösung der zugehörigen homogenen Gleichung und $u^*(t)$ eine spezielle Lösung der nichthomogenen Gleichung ist.

Lineare Differentialgleichungen mit konstanten Koeffizienten

Charakteristische Gleichung

Für die homogene lineare Differentialgleichung

$$\ddot{x} + a\dot{x} + bx = 0$$

heißt

$$r^2 + ar + b = 0$$

die charakteristische Gleichung.

Lösung der homogenen Gleichung

Mit den Lösungen $r_{1,2} = -\dfrac{1}{2}a \pm \sqrt{\dfrac{1}{4}a^2 - b}$ der charakteristischen Gleichung gilt für die allgemeine Lösung der homogenen linearen Differentialgleichung

$$\ddot{x} + a\dot{x} + bx = 0$$

14

$$x = Ae^{r_1 t} + Be^{r_2 t}, \quad \text{falls } \frac{1}{4}a^2 - b \geq 0$$

$$x = (A + Bt)e^{rt}, \quad r = r_1 = r_2 = -\frac{1}{2}a, \quad \text{falls } \frac{1}{4}a^2 - b = 0$$

$$x = e^{\alpha t}(A \cos \beta t + B \sin \beta t), \quad \alpha = -\frac{1}{2}a, \ \beta = \sqrt{b - \frac{1}{4}a^2}, \quad \text{falls } \frac{1}{4}a^2 - b < 0$$

Lösung der nichthomogenen Gleichung

Die nichthomogene Gleichung

$$\ddot{x} + a\dot{x} + bx = f(t),$$

wobei $f(t)$ eine beliebige stetige Funktion ist, hat die allgemeine Lösung

$$x = x(t) = Au_1(t) + Bu_2(t) + u^*(t),$$

wobei $Au_1(t) + Bu_2(t)$ die allgemeine Lösung der zugehörigen homogenen Gleichung ist und $u^* = u^*(t)$ eine spezielle Lösung der nichthomogenen Gleichung.

Einige spezielle Lösungen der nichthomogenen Gleichung

- $f(t) = c$ (konstant): $\ddot{x} + a\dot{x} + bx = c$ hat eine spezielle Lösung $u^* = c/b$.
- $f(t)$ Polynom vom Grad n: Man setze $u^* = A_n t^n + A_{n-1} t^{n-1} + \ldots + A_1 t + A_0$ in die linke Seite der Differentialgleichung ein und bestimme dann die Koeffizienten durch Vergleich der Koeffizienten auf der linken Seite und rechten Seite der Gleichung.
- $f(t) = pe^{qt}$: $\ddot{x} + a\dot{x} + bx = pe^{qt}$ hat die spezielle Lösung $u^* = \dfrac{p}{q^2 + aq + b} e^{qt}$, falls $q^2 + aq + b \neq 0$. Falls q einfache Wurzel (Lösung) von $q^2 + aq + b$, bestimme man eine Konstante B, so dass Bte^{qt} eine Lösung ist. Falls q doppelte Wurzel von $q^2 + aq + b = 0$, bestimme man eine Konstante C, so dass $Ct^2 e^{qt}$ eine Lösung ist.
- $f(t) = p \sin rt + q \cos rt$:   Man setze $u^* = A \sin rt + B \cos rt$ in die linke Seite der Gleichung ein und bestimme die Konstanten A und B durch Koeffizientenvergleich. Falls $f(t)$ selbst eine Lösung der homogenen Gleichung ist, so ist $u^* = At \sin rt + Bt \cos rt$ eine spezielle Lösung für geeignet gewählte Koeffizienten A und B.

Eulers Differentialgleichung

Setzt man in der Euler'schen Differentialgleichung

$$t^2 \ddot{x} + at\dot{x} + bx = 0 \qquad t > 0$$

$t = e^s \iff s = \ln t$, so erhält man mit

$$\frac{d^2 x}{ds^2} + (a - 1)\frac{dx}{ds} + bx = 0$$

eine gewöhnliche Differentialgleichung zweiter Ordnung mit konstanten Koeffizienten.

Stabilität für lineare Gleichungen
Definition

Die Gleichung
$$\ddot{x} + a(t)\dot{x} + b(t)x = f(t)$$

heißt global asymptotisch stabil, falls für jede Lösung der zugehörigen homogenen Gleichung $Au_1(t) + Bu_2(t) \to 0$ für $t \to \infty$ für alle Werte der Konstanten A und B. Dies gilt genau dann, wenn $u_1(t) \to 0$ und $u_2(t) \to 0$ für $t \to \infty$.

Globale asymptotische Stabilität

Die Gleichung $\ddot{x} + a\dot{x} + bx = f(t)$ ist genau dann global asymptotisch stabil, wenn $a > 0$ und $b > 0$ oder genau dann, wenn beide Lösungen der charakteristischen Gleichung $r^2 + ar + br$ negative Realteile haben. (Realteil einer komplexen Zahl $r = \alpha + \beta i$ ist α, Realteil einer rellen Zahl ist die Zahl selbst.)

Für die lineare Gleichung $\ddot{x} + a\dot{x} + bx = c$ mit konstanten Koeffizienten ist $x^* = c/b$ ein Gleichgewichtszustand. Falls $a > 0$ und $b > 0$, konvergieren alle Lösungen gegen x^*, d.h. $x^* = c/b$ ist global asymptotisch stabil.

Simultane Gleichungen in der Ebene
System mit zwei Unbekannten und zwei Gleichungen

Ein System mit zwei Unbekannten und zwei Gleichungen ist gegeben durch:

$$\dot{x} = f(t, x, y) \qquad \dot{y} = g(t, x, y)$$

Dabei seien f, g, f'_x, f'_y, g'_x und g'_y stetig. $x = x(t)$ und $y = y(t)$ seien die Unbekannten. Eine Lösung ist ein Paar differenzierbarer Funktionen $(x(t), y(t))$, das auf einem Intervall I definiert ist und beide Gleichungen erfüllt.

Eindeutigkeit der Lösung

Unter diesen Annahmen gibt es für $t_0 \in I$ und gegebene Zahlen x_0 und y_0 genau eine Lösung $(x(t), y(t))$ mit $x(t_0) = x_0$ und $y(t_0) = y_0$.

Eine Lösungsmethode

- Man benutze die erste Gleichung, um y als Funktion $y = h(t, x, \dot{x})$ von t, x und $\dot{x}$ auszudrücken.
- Man differenziere diese Gleichung nach t und setze die Ausdrücke für y und $\dot{y}$ in die zweite Gleichung ein. Man erhält eine Gleichung zweiter Ordnung für $x = x(t)$.
- Wenn $x(t)$ bestimmt ist, erhält man $y(t) = h(t, x(t), \dot{x}(t))$.

14

Rekursive Systeme

Falls

$$\dot{x} = f(t, x, y), \qquad \dot{y} = g(t, y)$$

d.h., eine der Variablen variiert unabhängig von der anderen, kann das System rekursiv in zwei Schritten gelöst werden:

- Lösen Sie die Gleichung $\dot{y} = g(t, y)$ als gewöhnliche Differentialgleichung erster Ordnung, um $y(t)$ zu erhalten.
- Setzen Sie den Wert für $y = y(t)$ in die Gleichung $\dot{x} = f(t, x, y)$ ein, um eine weitere Differentialgleichung erster Ordnung in $x(t)$ zu erhalten.

Unabhängige (autonome) Systeme

Falls

$$\dot{x} = f(x, y), \qquad \dot{y} = g(x, y)$$

d.h., die Funktionen f und g hängen nicht explizit von t ab, betrachten Sie y um einen Punkt mit $\dot{x} \neq 0$ als Funktion von x und gehen in folgenden Schritten vor:

- Lösen Sie $\dfrac{dy}{dx} = \dfrac{\dot{y}}{\dot{x}} = \dfrac{g(x, y)}{f(x, y)}$, um $y = \varphi(x)$ zu erhalten.
- Lösen Sie $\dot{x} = f(x, \varphi(x))$, um $x(t)$ zu erhalten.
- Setzen Sie $y(t) = \varphi(x(t))$.

Lineare Systeme mit konstanten Koeffizienten

Für das lineare System mit konstanten Koeffizienten

$$\dot{x} = a_{11}x + a_{12}y + b_1(t) \qquad \dot{y} = a_{21}x + a_{22}y + b_2(t) \qquad (a_{12} \neq 0)$$

erhalten wir die Lösungen
- $x(t) = Au_1(t) + Bu_2(t) + u^*(t)$

  mit beliebigen Konstanten A und B als Lösung der Differentialgleichung zweiter Ordnung

  $$\ddot{x} - (a_{11} + a_{22})\dot{x} + (a_{11}a_{22} - a_{12}a_{21})x = a_{12}b_2(t) - a_{22}b_1(t) + \dot{b}_1(t) \iff$$

  $$\ddot{x} - \operatorname{tr}(A)\dot{x} + |A|x = a_{12}b_2(t) - a_{22}b_1(t) + \dot{b}_1(t),$$

  wobei $A = \begin{pmatrix} a_{11} & a_{12} \\ a_{21} & a_{22} \end{pmatrix}$

14

- $y(t) = P(A, B)u_1(t) + Q(A, B)u_2(t) + \frac{1}{a_{12}}[\dot{u}^*(t) - a_{11}u^*(t) - b_1(t)]$,

  wobei die Funktionen $P(A, B)$ und $Q(A, B)$ wie folgt bestimmt werden. Wenn λ_1 und λ_2 die Wurzeln der charakteristischen Gleichung $r^2 - (a_{11} + a_{22})r + (a_{11}a_{22} - a_{12}a_{21}) = 0$ sind, so gilt:

  - Wenn λ_1 und λ_2 reell und verschieden sind und $u_1(t) = e^{\lambda_1 t}$, $u_2(t) = e^{\lambda_2 t}$, so ist $P(A, B) = A(\lambda_1 - a_{11})/a_{12}$ und $Q(A, B) = B(\lambda_2 - a_{11})/a_{12}$.
  - Wenn $\lambda_1 = \lambda_2$ eine doppelte reelle Wurzel ist und $u_1(t) = e^{\lambda_1 t}$, $u_2(t) = te^{\lambda_1 t}$, so ist $P(A, B) = (\lambda_1 A + B - a_{11}A)/a_{12}$ und $Q(A, B) = B(\lambda_1 - a_{11})/a_{12}$.
  - Wenn $\lambda_1 = \alpha + i\beta$ und $\lambda_2 = \alpha - i\beta$, $\beta \neq 0$ und $u_1(t) = e^{\alpha t}\cos\beta t$, $u_2(t) = e^{\alpha t}\sin\beta t$, dann ist $P(A, B) = [\alpha A + \beta B - a_{11}A]/a_{12}$ und $Q(A, B) = [\alpha B - \beta A - a_{11}B]/a_{12}$.

Anmerkung: y muss die Differentialgleichung

$$\ddot{y} - (a_{11} + a_{22})\dot{y} + (a_{11}a_{22} - a_{12}a_{21})y = a_{21}b_1(t) - a_{11}b_2(t) + \dot{b}_2(t)$$

mit derselben charakteristischen Gleichung wie oben erfüllen.

Für das zugehörige homogene System

$$\begin{aligned}\dot{x} &= a_{11}x + a_{12}y \\ \dot{y} &= a_{21}x + a_{22}y\end{aligned} \quad \Longleftrightarrow \quad \begin{pmatrix} \dot{x} \\ \dot{y} \end{pmatrix} = \begin{pmatrix} a_{11} & a_{12} \\ a_{21} & a_{22} \end{pmatrix} \begin{pmatrix} x \\ y \end{pmatrix}$$

ist die allgemeine Lösung gegeben durch

$$\begin{pmatrix} x \\ y \end{pmatrix} = Ae^{\lambda_1 t} \begin{pmatrix} v_1 \\ v_2 \end{pmatrix} + Be^{\lambda_2 t} \begin{pmatrix} u_1 \\ u_2 \end{pmatrix}$$

mit beliebigen Konstanten A und B, falls die Matrix $A = \begin{pmatrix} a_{11} & a_{12} \\ a_{21} & a_{22} \end{pmatrix}$ zwei verschiedene reelle Eigenwerte λ_1 und λ_2 mit den zugehörigen linear unabhängigen Eigenvektoren $\begin{pmatrix} v_1 \\ v_2 \end{pmatrix}$ und $\begin{pmatrix} u_1 \\ u_2 \end{pmatrix}$ hat.

Gleichgewichtspunkte für lineare Systeme

Die Gleichgewichtspunkte für das lineare System

$$\begin{aligned}\dot{x} &= a_{11}x + a_{12}y + b_1 \\ \dot{y} &= a_{21}x + a_{22}y + b_2\end{aligned} \quad \Longleftrightarrow \quad \begin{pmatrix} \dot{x} \\ \dot{y} \end{pmatrix} = A \begin{pmatrix} x \\ y \end{pmatrix} + \begin{pmatrix} b_1 \\ b_2 \end{pmatrix}$$

14

sind bestimmt durch das Gleichungssystem, das man für $\dot{x} = \dot{y} = 0$ erhält, d.h. durch

$$a_{11}x + a_{12}y + b_1 = 0 \qquad \text{oder} \qquad a_{11}x + a_{12}y = -b_1$$
$$a_{21}x + a_{22}y + b_2 = 0 \qquad\qquad a_{21}x + a_{22}y = -b_2$$

Falls $|A| \neq 0$, hat dieses System eine eindeutige Lösung (x^*, y^*), die Gleichgewichtspunkt oder Gleichgewichtszustand genannt wird und nach der Cramer'schen Regel gegeben ist durch

$$x^* = \frac{a_{12}b_2 - a_{22}b_1}{|A|}, \qquad y^* = \frac{a_{21}b_1 - a_{11}b_2}{|A|}.$$

Das Paar $(x(t), y(t)) = (x^*, y^*)$ mit $(\dot{x}(t), \dot{y}(t)) = (0, 0)$ ist dann eine Lösung. Wenn das System im Gleichgewichtspunkt (x^*, y^*) ist, so war es immer dort und wird immer dort bleiben. Ein Gleichgewichtspunkt (x^*, y^*) heißt **global asymptotisch stabil**, falls jede Lösung für $t \to \infty$ gegen (x^*, y^*) konvergiert.

Äquivalente Bedingungen für globale asymptotische Stabilität

Sei $|A| \neq 0$. Dann ist der Gleichgewichtspunkt (x^*, y^*) genau dann global asymptotisch stabil, falls

$$\text{tr}(A) = a_{11} + a_{22} < 0 \quad \text{und} \quad |A| = a_{11}a_{22} - a_{12}a_{21} > 0$$

oder genau dann, wenn die Realteile beider Eigenwerte von A negativ sind.

Verhalten in der Nähe von Gleichgewichtspunkten

- Falls beide Eigenwerte von A negative Realteile haben, ist (x^*, y^*) global asymptotisch stabil.
- Falls beide Eigenwerte von A positive Realteile haben, gilt $\|(x(t), y(t))\| \to \infty$ für $t \to \infty$. (Siehe S. 172 für die Definition der Norm $\|\ \|$.)
- Falls die Eigenwerte reell sind mit entgegengesetzten Vorzeichen, $\lambda_1 < 0$ und $\lambda_2 > 0$, so ist (x^*, y^*) ein Sattelpunkt. Nur Lösungen der Gestalt: $x(t) = Ae^{\lambda_1 t} + x^*$, $y(t) = A(\lambda_1 - a_{11})e^{\lambda_1 t}/a_{12} + y^*$ konvergieren gegen (x^*, y^*).
- Wenn beide Eigenwerte rein imaginär $(\lambda_{1,2} = \pm i\beta)$ sind, so ist (x^*, y^*) ein Zentrum. Die Lösungskurven sind periodisch mit derselben Periode, sie sind Ellipsen oder Kreise.

Stabilität unabhängiger nichtlinearer Systeme
Lösungsverhalten und Gleichgewichtspunkte

Eine Lösung $(x(t), y(t))$ eines nichtlinearen unabhängigen Systems

$$\dot{x} = f(x, y) \qquad \dot{y} = g(x, y)$$

beschreibt eine Kurve oder einen Pfad in der xy-Ebene, bestehend aus allen Punkten $\{(x(t), y(t)): t \in I\}$, wobei I das Definitionsintervall ist. Wenn $(x(t), y(t))$ eine Lösung ist, so auch $(x(t + a), y(t + a))$ für jede Konstante a. $(x(t), y(t))$ und $(x(t + a), y(t + a))$ haben denselben Pfad. Für ein autonomes System ist $(\dot{x}(t), \dot{y}(t))$ eindeutig bestimmt im Punkt $(x(t), y(t))$.

Ein Punkt $E = (a, b)$ mit $f(a, b) = g(a, b) = 0$ heißt ein **Gleichgewichtspunkt** oder **stationärer Punkt** für das autonome System.

Im Gleichgewichtspunkt ist $\dot{x} = \dot{y} = 0$, d.h. wenn ein System in E ist, dann war es immer da und wird dort immer bleiben. Die Gleichgewichtspunkte sind die Schnittpunkte der Kurven $f(x, y) = 0$ und $g(x, y) = 0$, d.h. der Nullkurven des Systems.

Ein Gleichgewichtspunkt (a, b) heißt **lokal asymptotisch stabil**, falls für jeden Pfad $(x(t), y(t))$, der in der Nähe von (a, b) startet, gilt $(x(t), y(t)) \to (a, b)$ für $t \to \infty$. Er heißt **global asymptotisch stabil**, falls jede Lösung gegen (a, b) konvergiert.

Bedingungen für lokale und globale asymptotische Stabilität

Lyapunovs Theorem: Der Gleichgewichtspunkt (a, b) für das System

$$\dot{x} = f(x, y), \qquad \dot{y} = g(x, y),$$

wobei f und g stetig differenzierbar seien, ist lokal asymptotisch stabil, falls Folgendes gilt:

Für die Jacobi-Matrix

$$A = \begin{pmatrix} f_1'(a, b) & f_2'(a, b) \\ g_1'(a, b) & g_2'(a, b) \end{pmatrix}$$

ist

$$\text{tr}(A) = f_1'(a, b) + g_2'(a, b) < 0$$

und

$$|A| = f_1'(a, b)g_2'(a, b) - f_2'(a, b)g_1'(a, b) > 0,$$

d.h., beide Eigenwerte von A haben negative Realteile.

Olechs Theorem: Der Gleichgewichtspunkt (a, b) ist global asymptotisch stabil, falls mit der Matrix

$$A(x, y) = \begin{pmatrix} f_1'(x, y) & f_2'(x, y) \\ g_1'(x, y) & g_2'(x, y) \end{pmatrix}$$

die folgenden drei Bedingungen erfüllt sind:

$\text{tr}(A(x, y)) = f_1'(x, y) + g_2'(x, y) < 0$ für alle $(x, y) \in \mathbb{R}^2$

$|A(x, y)| = f_1'(x, y)g_2'(x, y) - f_2'(x, y)g_1'(x, y) > 0$ für alle $(x, y) \in \mathbb{R}^2$

$f_1'(x, y)g_2'(x, y) \neq 0$ für alle $(x, y) \in \mathbb{R}^2$ oder $f_2'(x, y)g_1'(x, y) \neq 0$ für alle $(x, y) \in \mathbb{R}^2$

14

Lokale Sattelpunkte

Sei (a, b) ein Gleichgewichtspunkt für das System

$$\dot{x} = f(x, y) \qquad \dot{y} = g(x, y),$$

wobei f und g stetig differenzierbar seien. Für die Jacobi-Matrix

$$A = \begin{pmatrix} f_1'(a, b) & f_2'(a, b) \\ g_1'(a, b) & g_2'(a, b) \end{pmatrix}$$

gelte

$$|A| = f_1'(a, b)g_2'(a, b) - f_2'(a, b)g_1'(a, b) < 0,$$

d.h., die Eigenwerte von A sind reelle Zahlen $\neq 0$ mit entgegengesetzten Vorzeichen. Dann gibt es für jeden Startpunkt t_0 genau zwei Lösungspfade $(x_1(t), y_1(t))$ und $(x_2(t), y_2(t))$, definiert auf $[t_0, \infty)$, die aus entgegengesetzten Richtungen gegen (a, b) konvergieren. Für $t \to \infty$ stimmt die Tangente an beiden Pfaden überein mit der Geraden durch (a, b) mit derselben Richtung wie der Eigenvektor zum negativen Eigenwert von A. Solch ein Gleichgewicht heißt **lokaler Sattelpunkt**.

14.3 Differentialgleichungen höherer Ordnung

Lineare Differentialgleichungen
Definitionen

Eine Differentialgleichung n-ter Ordnung kann in der Form

$$\frac{d^n x}{dt^n} = F\left(t, x, \frac{dx}{dt}, \dots, \frac{d^{n-1} x}{dt^{n-1}}\right) = F\left(t, x, \dot{x}, \dots, x^{(n-1)}\right)$$

geschrieben werden, wobei F eine gegebene Funktion von $n + 1$ Variablen und $x = x(t)$ ist die unbekannte Funktion. Es ist $x^{(n-1)} = d^{n-1} x / dt^{n-1}$. Falls F eine lineare Funktion von x und den Ableitungen nach t bis zur Ordnung $n - 1$ ist, so wird die Gleichung in der Form

$$\frac{d^n x}{dt^n} + a_1(t)\frac{d^{n-1} x}{dt^{n-1}} + \dots + a_{n-1}(t)\frac{dx}{dt} + a_n(t)x = f(t)$$

geschrieben, wobei $a_1(t), \dots, a_n(t)$ und $f(t)$ gegebene stetige Funktionen sind. Man erhält die zugehörige **homogene Gleichung**, wenn die rechte Seite 0 ist.

$$\frac{d^n x}{dt^n} + a_1(t)\frac{d^{n-1} x}{dt^{n-1}} + \dots + a_{n-1}(t)\frac{dx}{dt} + a_n(t)x = 0$$

Die m Funktionen $u_1(t), \ldots, u_m(t)$ sind **linear abhängig**, falls Konstanten $C_1, \ldots, C_m$ existieren, die nicht alle 0 sind, so dass

$$C_1 u_1(t) + \ldots + C_m u_m(t) = 0 \qquad \text{für alle } t$$

Wenn $u_1(t), \ldots, u_m(t)$ nicht linear abhängig sind, heißen sie **linear unabhängig**, d.h., die obige Gleichung gilt nur dann, wenn $C_1 = \ldots = C_m = 0$.

Lösungen

Wenn $u_1(t), \ldots, u_n(t)$ Lösungen der homogenen Gleichung sind, so ist auch $C_1 u_1(t) + \ldots + C_n u_n(t)$ für alle Werte der Konstanten $C_1, \ldots, C_n$ eine Lösung.

Die **homogene Gleichung** hat die allgemeine Lösung

$$x = x(t) = C_1 u_1(t) + \ldots + C_n u_n(t),$$

wobei $u_1(t), \ldots, u_n(t)$ n linear unabhängige Lösungen der homogenen Gleichung und $C_1, \ldots C_n$ beliebige Konstanten sind.

Die **nichthomogene Gleichung** hat die allgemeine Lösung

$$x = x(t) = C_1 u_1(t) + \ldots + C_n u_n(t) + u^*(t),$$

wobei $C_1 u_1(t) + \ldots + C_n u_n(t)$ die allgemeine Lösung der zugehörigen homogenen Gleichung ist und $u^*(t)$ ist eine spezielle Lösung der nichthomogenen Gleichung.

Existenz- und Eindeutigkeitssatz für lineare Gleichungen: $a_1(t), \ldots, a_n(t)$ und $f(t)$ seien alle stetig auf einem offenen Intervall (α, β) ($\alpha = -\infty$ und/oder $\beta = \infty$ sind nicht ausgeschlossen.) $x_0, x_0^{(1)}, \ldots, x_0^{(n-1)}$ seien n gegebene Zahlen und es sei $t_0 \in (\alpha, \beta)$. Dann hat die inhomogene Gleichung genau eine Lösung $x(t)$ auf dem Intervall (α, β) mit

$$x(t_0) = x_0, \qquad \frac{dx(t_0)}{dt} = x_0^{(1)}, \qquad \ldots, \qquad \frac{d^{n-1}x(t_0)}{dt^{n-1}} = x_0^{(n-1)}$$

Lineare Differentialgleichungen mit konstanten Koeffizienten
Definitionen

Die **allgemeine lineare Differentialgleichung** mit konstanten Koeffizienten hat die Form

$$\frac{d^n x}{dt^n} + a_1 \frac{d^{n-1}x}{dt^{n-1}} + \ldots + a_{n-1} \frac{dx}{dt} + a_n x = f(t).$$

Die zugehörige **homogene Gleichung** ist

$$\frac{d^n x}{dt^n} + a_1 \frac{d^{n-1}x}{dt^{n-1}} + \ldots + a_{n-1} \frac{dx}{dt} + a_n x = 0.$$

14

Die zugehörige **charakteristische Gleichung** ist

$$r^n + a_1 r^{n-1} + \ldots + a_{n-1} r + a_n = 0$$

Das **charakteristische Polynom** ist

$$p(r) = r^n + a_1 r^{n-1} + \ldots + a_{n-1} r + a_n$$

Lösungen

Die allgemeine Lösung der **inhomogenen Gleichung** ist

$$x = x(t) = C_1 u_1(t) + \ldots + C_n u_n(t) + u^*(t),$$

wobei $u_1(t), \ldots, u_n(t)$ linear unabhängige Lösungen der homogenen Gleichung, $C_1, \ldots, C_n$ beliebige Konstanten und $u^*(t)$ eine spezielle Lösung der inhomogenen Gleichung sind.

Das **charakteristische Polynom** hat genau n Wurzeln, reelle oder komplexe, vorausgesetzt jede Wurzel wird entsprechend ihrer Vielfachheit gezählt. Wenn es n verschiedene reelle Wurzeln $r_1, \ldots, r_n$ gibt, so sind $e^{r_1 t}, e^{r_2 t}, \ldots, e^{r_n t}$ linear unabhängige Lösungen der homogenen Gleichung. Die allgemeine Lösung der **homogenen Gleichung** sind

$$x(t) = C_1 e^{r_1 t} + C_2 e^{r_2 t} + \ldots + C_n e^{r_n t}$$

Allgemein geht man so vor:

- Bestimmen Sie alle Lösungen der charakteristischen Gleichung und notieren Sie jeweils die Vielfachheit.
- Eine reelle Lösung r mit der Vielfachheit 1 ergibt die Lösung e^{rt}.
- Eine reelle Lösung r mit der Vielfachheit p ergibt die p linear unabhängigen Lösungen $e^{rt}, t e^{rt}, \ldots, t^{p-1} e^{rt}$.
- Ein Paar komplexer Lösungen $r = \alpha + i\beta, \bar{r} = \alpha - i\beta$ mit der Vielfachheit 1 ergibt die zwei linear unabhängigen Lösungen $e^{\alpha t} \cos \beta t$, $e^{\alpha t} \sin \beta t$. (Komplexe Lösungen erscheinen immer als konjugiert komplexe Paare.)
- Ein Paar komplexer Lösungen $r = \alpha + i\beta, \bar{r} = \alpha - i\beta$, jeweils mit der Vielfachheit q, ergibt die $2q$ linear unabhängigen Lösungen

$$e^{\alpha t} \cos \beta t, \ e^{\alpha t} \sin \beta t, \ \ldots, \ t^{q-1} e^{\alpha t} \cos \beta t, \ t^{q-1} e^{\alpha t} \sin \beta t$$

Mit diesem Verfahren findet man immer n linear unabhängige Lösungen der homogenen Gleichung.

Stabilität linearer Differentialgleichungen

Definition

Eine lineare Differentialgleichung heißt global asymptotisch stabil, falls die allgemeine Lösung $C_1 u_1(t) + \ldots + C_n u_n(t)$ der zugehörigen homogenen Gleichung gegen 0 konvergiert für $t \to \infty$, unabhängig von den Werten der Konstanten $C_1, \ldots, C_n$.

Äquivalente Bedingungen

Eine Gleichung ist genau dann asymptotisch stabil, wenn $u_j(t) \to 0$ für $t \to \infty$ für alle j.

Eine notwendige und hinreichende Bedingung der globalen asymptotischen Stabilität der Gleichung mit konstanten Koeffizienten

$$\frac{d^n x}{dt^n} + a_1 \frac{d^{n-1} x}{dt^{n-1}} + \ldots + a_{n-1} \frac{dx}{dt} + a_n x = f(t)$$

ist, dass jede Wurzel der charakteristischen Gleichung $r^n + a_1 r^{n-1} + \ldots + a_n = 0$ einen negativen Realteil hat.

Alle Nullstellen des Polynoms

$$a_0 r^n + a_1 r^{n-1} + \ldots + a_n \quad (a_0 > 0)$$

haben genau dann einen negativen Realteil, wenn alle Hauptminoren der folgenden $n \times n$-Matrix positiv sind:

$$A = \begin{pmatrix} a_1 & a_3 & a_5 & \ldots & 0 & 0 \\ a_0 & a_2 & a_4 & \ldots & 0 & 0 \\ 0 & a_1 & a_3 & \ldots & 0 & 0 \\ \vdots & \vdots & \vdots & \ddots & \vdots & \vdots \\ 0 & 0 & 0 & \ldots & a_{n-1} & 0 \\ 0 & 0 & 0 & \ldots & a_{n-2} & a_n \end{pmatrix}$$

Spezialfälle:

- $\dot{x} + a_1 x = f(t)$ ist genau dann global asymptotisch stabil, wenn $a_1 > 0$.
- $\ddot{x} + a_1 \dot{x} + a_2 x = f(t)$ ist genau dann global asymptotisch stabil, wenn $a_1 > 0$ und $a_2 > 0$.
- $\dddot{x} + a_1 \ddot{x} + a_2 \dot{x} + a_3 x = f(t)$ ist genau dann global asymptotisch stabil, wenn $a_1 > 0$, $a_3 > 0$ und $a_1 a_2 - a_3 > 0$.

14

Systeme von Differentialgleichungen

Definition

Ein Normalsystem von Differentialgleichungen erster Ordnung ist gegeben durch

$$\frac{dx_1}{dt} = f_1(t, x_1, \ldots, x_n)$$

$$\vdots \quad \vdots \qquad \vdots$$

$$\frac{dx_n}{dt} = f_n(t, x_1, \ldots, x_n)$$

Ist $\boldsymbol{F}(t, \boldsymbol{x})$ ein Vektor mit den Komponenten $f_i(t, \boldsymbol{x}) = f_i(t, x_1(t), \ldots, x_n(t))$, so kann das System geschrieben werden als:

$$\dot{\boldsymbol{x}} = \boldsymbol{F}(t, \boldsymbol{x})$$

Eine Lösung ist eine Menge von Funktionen $x_1 = x_1(t), \ldots, x_n = x_n(t)$, die alle Gleichungen erfüllen. Geometrisch beschreibt eine Lösung eine Kurve im $\mathbb{R}^n$, dem Phasenraum. Der Vektor $\dot{\boldsymbol{x}}(t) = (\dot{x}_1(t), \ldots, \dot{x}_n(t))$ ist der zugehörige Geschwindigkeitsvektor.

Ein System gewöhnlicher Differentialgleichungen kann gewöhnlich in ein Normalsystem transformiert werden.

Eindeutigkeit der Lösung

Wenn f_i und $\partial f_i / \partial x_j$ stetig für alle (i, j), so gibt es genau einen Lösungsvektor von Funktionen $x_1(t), \ldots, x_n(t)$ mit vorgegebenen Anfangswerten $\boldsymbol{x}(t_0) = (x_1(t_0), \ldots, x_n(t_0))$.

Lineare Systeme

Definition

Ein lineares Differentialgleichungssystem ist gegeben durch

$$\dot{x}_1 = a_{11}(t)x_1 + \ldots + a_{1n}(t)x_n + b_1(t)$$

$$\vdots \quad \vdots \qquad \vdots$$

$$\dot{x}_n = a_{n1}(t)x_1 + \ldots + a_{nn}(t) + b_n(t)$$

oder in Matrixform

$$\dot{\boldsymbol{x}} = \boldsymbol{A}(t)\boldsymbol{x} + \boldsymbol{b}(t)$$

Spezialfall mit konstanten Koeffizienten:

$$\dot{\boldsymbol{x}} = \boldsymbol{A}\boldsymbol{x} + \boldsymbol{b}(t) \iff \dot{x}_i = a_{i1}x_1 + \ldots + a_{in}x_n + b_i(t) \quad i = 1, \ldots, n$$

Globale asymptotische Stabilität

$\dot{\mathbf{x}} = A\mathbf{x} + \mathbf{b}(t)$ ist genau dann global asymptotisch stabil, wenn alle Eigenwerte von A einen negativen Realteil haben.

Lösung basierend auf Eigenwerten

Die Matrix A habe n verschiedene reelle Eigenwerte $\lambda_1, \ldots, \lambda_n$ mit den zugehörigen linear unabhängigen Eigenvektoren $\mathbf{v}_1, \ldots, \mathbf{v}_n$. Dann ist die allgemeine Lösung von $\dot{\mathbf{x}} = A\mathbf{x}$ gegeben durch

$$\mathbf{x}(t) = C_1 e^{\lambda_1 t} \mathbf{v}_1 + \ldots + C_n e^{\lambda_n t} \mathbf{v}_n$$

Wenn $\mathbf{x}^0$ ein Gleichgewichtspunkt von $\dot{\mathbf{x}} = A\mathbf{x} + \mathbf{b}$ ist, d.h. wenn $A\mathbf{x}^0 + \mathbf{b} = \mathbf{0}$, so gilt mit $\mathbf{w} = \mathbf{x} - \mathbf{x}^0$: $\dot{\mathbf{w}} = A\mathbf{w}$, d.h. das inhomogene Gleichungssystem kann auf ein homogenes zurückgeführt werden.

Lösungsmatrix

Die Gleichung $\dot{\mathbf{x}} = A(t)\mathbf{x}$ hat für jedes t_0 n eindeutige Lösungen

$$\mathbf{p}_j(t) = (p_{1j}(t), \ldots, p_{nj}(t))', \quad t \in \mathbb{R} \quad \text{mit} \quad \mathbf{p}(t_0) = \mathbf{e}_j, \quad j = 1, \ldots, n,$$

wobei $\mathbf{e}_j$ der j-te Einheitsvektor im $\mathbb{R}^n$. Dann heißt

$$P(t, t_0) = \begin{pmatrix} p_{11}(t) & \cdots & p_{1n}(t) \\ \vdots & \ddots & \vdots \\ p_{n1}(t) & \cdots & p_{nn}(t) \end{pmatrix}$$

die Lösungsmatrix. Die Spalten sind die Lösungen $\mathbf{p}_j(t)$ und es ist $\dot{P}(t, t_0) = A(t)P(t, t_0)$ und $P(t_0, t_0) = I_n$. Eine Lösung mit $\mathbf{x}(t_0) = \mathbf{x}^0$ ist $\mathbf{x}(t) = P(t, t_0)\mathbf{x}^0$. Für die nichthomogene Gleichung gilt

$$\dot{\mathbf{x}} = A(t)\mathbf{x} + \mathbf{b}(t), \quad \mathbf{x}(t_0) = \mathbf{x}^0 \iff \mathbf{x} = P(t, t_0)\mathbf{x}^0 + \int_{t_0}^{t} P(t, s)\mathbf{b}(s)\, ds$$

Stabilität für nichtlineare Systeme

Definitionen

Ein Punkt $\mathbf{a} = (a_1, \ldots, a_n)$ ist ein **Gleichgewichtspunkt** für das allgemeine autonome System

14

$$\frac{dx_1}{dt} = f_1(x_1, \ldots, x_n)$$

$$\vdots \quad \vdots \qquad \vdots$$

$$\frac{dx_n}{dt} = f_n(x_1, \ldots, x_n)$$

mit stetig differenzierbaren Funktionen $f_1, \ldots, f_n$, falls

$$f_i(a_1, \ldots, a_n) = 0 \qquad (i = 1, \ldots, n)$$

Falls a ein Gleichgewichtspunkt ist, ist $x_1 = x_1(t) = a_1, \ldots, x_n = x_n(t) = a_n$ eine Lösung.

Der Gleichgewichtszustand $a = (a_1, \ldots, a_n)$ ist **stabil**, falls für jedes $\epsilon > 0$ ein (im Allgemeinen von ϵ abhängiges) $\delta > 0$ existiert, so dass für $\|x - a\| < \delta$ jede Lösung $\varphi(t) = (\varphi_1(t), \ldots, \varphi_n(t))$ mit $\varphi(0) = x$ für alle $t > 0$ definiert ist und die Ungleichung

$$\|\varphi(t) - a\| < \epsilon \qquad \text{für alle } t > 0$$

erfüllt. Wenn a stabil ist und zusätzlich ein $\delta_0 > 0$ existiert, so dass gilt

$$\|x - a\| < \delta_0 \quad \Rightarrow \quad \lim_{t \to \infty} \|\varphi(t) - a\| = 0 \,,$$

so heißt a **lokal asymptotisch stabil**. Ein Gleichgewichtszustand, der nicht stabil ist, heißt **instabil**.

Bedingungen für Stabilität

Lyapunov: Sei $a = (a_1, \ldots, a_n)$ ein Gleichgewichtspunkt. Falls alle Eigenwerte der Jacobi-Matrix

$$A = \begin{pmatrix} \frac{\partial f_1(a)}{\partial x_1} & \cdots & \frac{\partial f_1(a)}{\partial x_n} \\ \vdots & \ddots & \vdots \\ \frac{\partial f_n(a)}{\partial x_1} & \cdots & \frac{\partial f_n(a)}{\partial x_n} \end{pmatrix}$$

negative Realteile haben, so ist a lokal asymptotisch stabil. Wenn mindestens ein Eigenwert einen positiven Realteil hat, so ist a instabil.

Positiv definite und Lyapunov-Funktionen

Sei a ein Gleichgewichtspunkt und $V(x) = V(x_1, \ldots, x_n)$ eine stetig differenzierbare Funktion, definiert in einer offenen Umgebung Ω von a. Dann heißt $V(x)$ **positiv definit** in Ω, falls

$$V(a) = 0 \quad \text{und} \quad V(x) > 0 \quad \text{für alle } x \in \Omega, \; x \neq a$$

Falls $V(\mathbf{x})$ positiv definit und $\dot{V}(\mathbf{x}) \leq 0$ für alle $\mathbf{x} \in \Omega$, so heißt $V(\mathbf{x})$ eine **Lyapunov-Funktion** für das Gleichungssystem. Falls $\dot{V}(\mathbf{x}) < 0$ für alle $\mathbf{x} \neq \mathbf{a}$ in Ω, so heißt $V(\mathbf{x})$ eine **strenge Lyapunov-Funktion**.

$V(\mathbf{x})$ ist positiv definit in Ω, falls es ein eindeutiges Minimum in $\mathbf{a}$ hat mit Minimalwert 0. Falls $\mathbf{x}(t) = (x_1(t), \ldots, x_n(t))$ eine Lösung des allgemeinen autonomen Systems ist, so ist

$$\dot{V}(\mathbf{x}(t)) = \sum_{i=1}^{n} \frac{\partial V(\mathbf{x}(t))}{\partial x_i} \frac{dx_i}{dt} = \sum_{i=1}^{n} \frac{\partial V(\mathbf{x}(t))}{\partial x_i} f_i(\mathbf{x}(t)) = \nabla V(\mathbf{x}(t)) \cdot \mathbf{f}(\mathbf{x}(t))$$

Weitere Bedingungen für Stabilität

Falls es eine Lyapunov-Funktion in einer offenen Umgebung des Gleichgewichtspunktes $\mathbf{a}$ gibt, so ist $\mathbf{a}$ ein stabiler Gleichgewichtspunkt. Falls es eine strenge Lyapunov-Funktion gibt, so ist $\mathbf{a}$ lokal asymptotisch stabil.

Falls es eine Lyapunov-Funktion gibt, die auf $\mathbb{R}^n$ definiert ist und falls

$$V(\mathbf{x}) \to \infty, \quad \text{wenn} \quad \|\mathbf{x} - \mathbf{a}\| \to \infty,$$

so ist $\mathbf{a}$ global asymptotisch stabil.

Existenz- und Eindeutigkeitssätze für Systeme von Differentialgleichungen

Gegeben sei das Anfangswertproblem

$$\dot{x} = \mathbf{F}(t, \mathbf{x}) \qquad \mathbf{x}(t_0) = \mathbf{x}_0$$

Lokale Existenz und Eindeutigkeit: Die Elemente des Vektors $\mathbf{F}(t, \mathbf{x})$ und der Matrix $\mathbf{F}'_{\mathbf{x}}(t, \mathbf{x})$ seien stetig auf dem $(n+1)$-dimensionalen Rechteck $\Gamma = \{(t, \mathbf{x}) : |t - t_0| \leq a, \|\mathbf{x} - \mathbf{x}_0\| \leq b\}$. Es sei

$$M = \max_{(t, \mathbf{X}) \in \Gamma} \|\mathbf{F}(t, \mathbf{x})\| \qquad r = \min(a, b/M)$$

Dann gibt es eine eindeutige Lösung $\mathbf{x}(t)$ auf $(t_0 - r, t_0 + r)$ und $\|\mathbf{x}(t) - \mathbf{x}_0\| \leq b$ in diesem Intervall.

Globale Existenz und Eindeutigkeit: Die Elemente des Vektors $\mathbf{F}(t, \mathbf{x})$ und der Matrix $\mathbf{F}'_{\mathbf{x}}(t, \mathbf{x})$ seien stetig für alle $(t, \mathbf{x})$ und es gebe stetige skalare Funktionen $a(t)$ und $b(t)$, so dass

$$\|\mathbf{F}(t, \mathbf{x})\| \leq a(t) \|\mathbf{x}\| + b(t) \qquad \text{für alle } (t, \mathbf{x}) \qquad (*)$$

14

Für einen beliebigen Punkt $(t_0, \boldsymbol{x}_0)$ existiert eine eindeutige Lösung $\boldsymbol{x}(t)$ auf $(-\infty, \infty)$. Falls die Ungleichung (*) ersetzt wird durch

$$\boldsymbol{x} \cdot \boldsymbol{F}(t, \boldsymbol{x}) \leq a(t) \, \|\boldsymbol{x}\|^2 + b(t) \qquad \text{für alle } \boldsymbol{x} \text{ und alle } t \geq t_0 \, ,$$

so gibt es eine eindeutige Lösung auf $[t_0, \infty)$.

Gleichung (*) ist erfüllt, wenn für alle $(t, \boldsymbol{x})$ gilt: $\sup\limits_{\|y\|=1} \|\boldsymbol{F}'_{\boldsymbol{X}}(t, \boldsymbol{x}) \boldsymbol{y}\| \leq c(t)$ für eine stetige Funktion $c(t)$.

In der Vektor-Differentialgleichung $\dot{\boldsymbol{x}} = \boldsymbol{F}(t, \boldsymbol{x})$ erfülle $\boldsymbol{F}(t, \boldsymbol{x})$ die Bedingungen

- $\boldsymbol{F}(t, \boldsymbol{x})$ ist definiert und stetig auf einer offenen Menge A in $\mathbb{R}^{n+1}$.
- Lipschitz-Bedingung: Für jedes $(t, \boldsymbol{x}) \in A$ existiert eine Zahl $r > 0$, ein Intervall (a, b) mit $t \in (a, b)$ und $(a, b) \times B(\boldsymbol{x}; r) \subseteq A$ ($B(\boldsymbol{x}; r)$ ist die offene n-dimensionale Kugel um $\boldsymbol{x}$ mit Radius r) und eine Konstante L, so dass für alle $\boldsymbol{y}, \boldsymbol{y}' \in B(\boldsymbol{x}; r)$ und für alle $t \in (a, b)$ gilt:

$$\|\boldsymbol{F}(t, \boldsymbol{y}) - \boldsymbol{F}(t, \boldsymbol{y}')\| \leq L \, \|\boldsymbol{y} - \boldsymbol{y}'\|$$

($\boldsymbol{F}$ heißt dann Lipschitz-stetig.)

Es sei $\tilde{\boldsymbol{x}}(t)$ eine Lösung auf einem Intervall (a, b) mit $(t, \tilde{\boldsymbol{x}}(t)) \in A$ und es sei $\tilde{t}_0 \in (a, b), \tilde{\boldsymbol{x}}^0 = \tilde{\boldsymbol{x}}(\tilde{t}_0)$. Dann gibt es eine Umgebung $U = (\tilde{t}_0 - \alpha, \tilde{t}_0 + \alpha) \times B(\tilde{\boldsymbol{x}}^0; r)$ mit $r > 0$ und $\alpha > 0$, so dass es für jedes $(t_0, \boldsymbol{x}^0) \in U$ eine eindeutige Lösung, definiert auf $[a, b]$, durch $(t_0, \boldsymbol{x}^0)$ gibt, deren Graph in A liegt. Wenn diese Lösung mit $\boldsymbol{x}(t; t_0, \boldsymbol{x}^0)$ bezeichnet wird, so ist für jedes $t \in [a, b]$ die Funktion $(t_0, \boldsymbol{x}^0) \mapsto \boldsymbol{x}(t; t_0, \boldsymbol{x}^0)$ stetig in U. Falls $\boldsymbol{F}$ stetig differenzierbar ist in A, so ist $\boldsymbol{x}(t; t_0, \boldsymbol{x}^0)$ eine stetig differenzierbare Funktion von $(t_0, \boldsymbol{x}^0)$ in U und

$$\frac{\partial \boldsymbol{x}(t; \tilde{t}_0, \tilde{\boldsymbol{x}}^0)}{\partial \boldsymbol{x}^0} = \boldsymbol{P}(t, \tilde{t}_0)$$

$$\frac{\partial \boldsymbol{x}(t; \tilde{t}_0, \tilde{\boldsymbol{x}}^0)}{\partial t_0} = -\boldsymbol{P}(t, \tilde{t}_0) \cdot \boldsymbol{F}(\tilde{t}_0, \tilde{\boldsymbol{x}}^0)$$

Dabei ist die $n \times n$ Matrix $\boldsymbol{P}(t, \tilde{t}_0)$ die Lösungsmatrix (siehe S. 231) der linearen Differentialgleichung

$$\dot{\boldsymbol{z}} = \boldsymbol{F}'_{\boldsymbol{X}}(t, \tilde{\boldsymbol{x}}(t)) \, \boldsymbol{z}$$

Partielle Differentialgleichungen

Definitionen

Die **allgemeine partielle Differentialgleichung erster Ordnung** in zwei Variablen hat die Gestalt

$$F(x, y, z, \partial z/\partial x, \partial z/\partial y) = 0$$

Dabei ist $z = z(x, y)$ die unbekannte Funktion.

Die **allgemeine quasi-lineare Differentialgleichung** erster Ordnung hat die Gestalt

$$P(x, y, z)\frac{\partial z}{\partial x} + Q(x, y, z)\frac{\partial z}{\partial y} = R(x, y, z)$$

Dabei sind $P = P(x, y, z), Q = Q(x, y, z)$ und $R = R(x, y, z)$ alle auf einer offenen Menge $\Omega \subseteq \mathbb{R}^3$ definiert und es sei $P \neq 0$ in Ω. Der Graph einer Lösungsfunktion $z = z(x, y)$ heißt eine Lösungsfläche oder eine Integralfläche.

Lösungsrezept für die allgemeine quasi-lineare Differentialgleichung in zwei Variablen

- Lösen Sie das folgende Paar gewöhnlicher Differentialgleichungen, die so genannten **charakteristischen Gleichungen**:

$$\frac{dy}{dx} = \frac{Q}{P}, \qquad \frac{dz}{dx} = \frac{R}{P}$$

Dabei ist x die unabhängige Variable. Die Lösungen dieses simultanen Gleichungssystems können in der Form $y = \varphi_1(x, C_1, C_2), z = \varphi_2(x, C_1, C_2)$ mit Integrationskonstanten C_1 und C_2 geschrieben werden. Auflösen dieser Gleichungen nach C_1 und C_2 ergibt

$$u(x, y, z) = C_1, \qquad v(x, y, z) = C_2$$

- Die allgemeine Lösung $z = \varphi(x, y)$ der quasi-linearen Differentialgleichung ist implizit gegeben durch

$$\Phi(u(x, y, z), v(x, y, z)) = 0$$

Dabei ist Φ eine differenzierbare Funktion von zwei Variablen, vorausgesetzt, dass z in dieser Gleichung erscheint.

14

Allgemeines Lösungsrezept

Die Lösung $z = z(x_1, \ldots, x_n)$ der allgemeinen quasi-linearen Differentialgleichung

$$P_1 \frac{\partial z}{\partial x_1} + P_2 \frac{\partial z}{\partial x_2} + \ldots + P_n \frac{\partial z}{\partial x_n} = Q,$$

wobei $P_1, \ldots, P_n$ und Q Funktionen von $x_1, \ldots, x_n$ und z sind, findet man wie folgt:

- Bestimmen Sie unter der Annahme $P_1 \neq 0$ die allgemeine Lösung des Systems

$$\frac{dx_2}{dx_1} = \frac{P_2}{P_1}, \quad \ldots \quad \frac{dx_n}{dx_1} = \frac{P_n}{P_1}, \quad \frac{dz}{dx_1} = \frac{Q}{P_1}$$

in der Gestalt

$$x_2 = \psi_2(x_1; C_1, \ldots, C_n)$$

$$\vdots \quad \vdots \qquad\qquad \vdots$$

$$x_n = \psi_n(x_1; C_1, \ldots, C_n)$$

$$z = \psi_{n+1}(x_1; C_1, \ldots, C_n)$$

- Auflösen nach $C_1, \ldots, C_n$ (wenn möglich) ergibt

$$u_1(x_1, x_2 \ldots, x_n, z) = C_1, \quad \ldots \quad u_n(x_1, x_2 \ldots, x_n, z) = C_n$$

- Wenn Φ eine beliebige differenzierbare Funktion von n Variablen ist und wenigstens eine der Funktionen $u_1, \ldots, u_n$ von z abhängt, so ist die allgemeine Lösung implizit durch

$$\Phi(u_1(x_1, \ldots, x_n, z), \ldots, u_n(x_1, \ldots, x_n, z)) = 0$$

gegeben, d.h., eine Lösung dieser Gleichung ist auch eine Lösung der Differentialgleichung.

Kapitel 15
Geometrie

15.1 Dreiecke

Grundlegende Definitionen und Resultate

- Drei Punkte der Ebene, die nicht auf einer Geraden liegen, bilden ein Dreieck ABC.

- Mit a, b, c werden die **Seiten** bzw. Seitenlängen bezeichnet, die den Ecken A, B, C gegenüberliegen, mit α, β, γ die Größen der **Innnenwinkel**[*] mit den Scheiteln A, B, C.

- Die Nebenwinkel der Innenwinkel heißen **Außenwinkel**.

- Ein Dreieck heißt

  - **spitzwinklig**, wenn alle drei Innenwinkel kleiner als 90° sind,

  - **stumpfwinklig**, wenn genau ein Innenwinkel größer als 90° ist,

  - **rechtwinklig**, wenn genau ein Innenwinkel 90° groß ist,

  - **gleichschenklig**, wenn mindestens zwei Seiten gleich lang sind,

  - **gleichseitig**, wenn alle drei Seiten gleich lang sind.

Es gelten folgende Resultate:[†]

- Die Winkelsumme im Dreieck beträgt $\alpha + \beta + \gamma = 180°(\pi)$.

- Ein Außenwinkel $\bar{\alpha}$ ist gleich der Summe der nichtanliegenden Innenwinkel: $\bar{\alpha} = \beta + \gamma$. Die Summe eines Innenwinkels und des zugehörigen Außenwinkels ist $\alpha + \bar{\alpha} = 180°$, die Summe aller Außenwinkel ist $360°(2\pi)$.

- Für die Seitenlängen gilt $a + b > c$ und $a > |c - b|$.

- $a > b$ gilt genau dann, wenn $\alpha > \beta$.

- Der Umfang eines Dreiecks ist: $U = a + b + c$.

- Der Flächeninhalt eines Dreiecks mit

  - Grundseite g und zugehöriger Höhe h ist: $F = \frac{1}{2}gh = \frac{1}{2}ah_a$

  - Umkreisradius r oder Inkreisradius ρ ist: $F = \frac{abc}{4r} = \frac{1}{2}\rho U = \frac{1}{2}\rho(a + b + c)$

  - Seitenlängen und Winkelgrößen ist: $F = \frac{1}{2}ab\sin\gamma$

---

[*] Zur Winkelmessung in Grad oder im Bogenmaß siehe S. 65.

[†] Die folgenden Resultate werden jeweils nur für eine Seite oder einen Winkel formuliert. Durch zyklische Vertauschung folgen weitere Resultate. Die Notationen sind aus den Abb. 15.1–15.6 ersichtlich.

15

- Für die Höhen gilt: $h_c = a \sin \beta = b \sin \alpha$ und $\dfrac{h_a}{h_b} = \dfrac{b}{a}$
- Für die Seiten gilt der **Projektionssatz**: $c = a \cos \beta + b \cos \alpha$ (siehe Abb. 15.2)

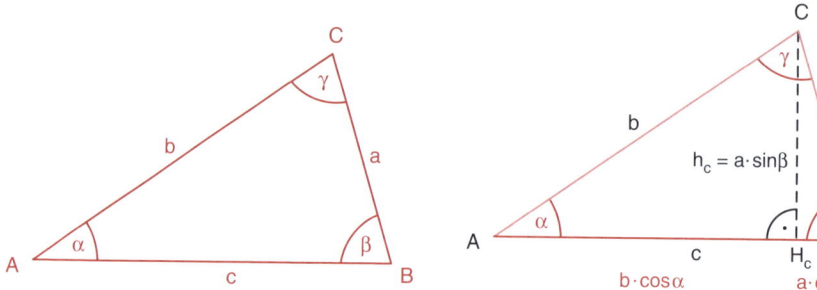

Abbildung 15.1. Allgemeines Dreieck **Abbildung 15.2.** Zum Projektionssatz

Seitenhalbierende, Mittelsenkrechte, Winkelhalbierende, Höhen, In- und Umkreis

- Die Seitenhalbierenden eines Dreiecks (siehe Abb. 15.3) schneiden sich im „Schwerpunkt" des Dreiecks. Die Seitenhalbierenden teilen einander im Verhältnis $1 : 2$.

- Die Mittelsenkrechten eines Dreiecks (siehe Abb. 15.4) schneiden sich im Mittelpunkt M des Umkreises, d.h. des Kreises, auf dem alle Eckpunkte des Dreiecks liegen. M liegt bei spitzwinkligen Dreiecken innerhalb, bei stumpfwinkligen Dreiecken außerhalb des Dreiecks. Ist das Dreieck rechtwinklig, liegt M im Mittelpunkt der Hypotenuse. Der Radius des Umkreises ist $r = \dfrac{abc}{4F} = \dfrac{abc}{4\sqrt{s(s-a)(s-b)(s-c)}}$, wobei $s = U/2 = (a+b+c)/2$.

- Die Winkelhalbierenden eines Dreiecks (siehe Abb. 15.5) schneiden sich im Mittelpunkt I des Inkreises, d.h. des Kreises, der alle Seiten des Dreiecks berührt. Der Radius des Inkreises ist $\rho = \dfrac{2F}{a+b+c} = \dfrac{2F}{U} = \sqrt{\dfrac{(s-a)(s-b)(s-c)}{s}}$, wobei $s = U/2 = (a+b+c)/2$.

- Die Höhen eines Dreiecks (siehe Abb. 15.6) schneiden sich in einem Punkt H, der für spitzwinklige Dreiecke innerhalb, für stumpfwinklige außerhalb des Dreiecks liegt. Ist das Dreieck rechtwinklig, liegt der Schnittpunkt im Scheitel des rechten Winkels.

- Der Höhenschnittpunkt H, der Umkreismittelpunkt M und der Schwerpunkt S liegen auf einer Geraden, der **Euler-Geraden**. S liegt zwischen H und M und für die Längen der Strecken gilt $\overline{HS} = 2 \cdot \overline{SM}$.

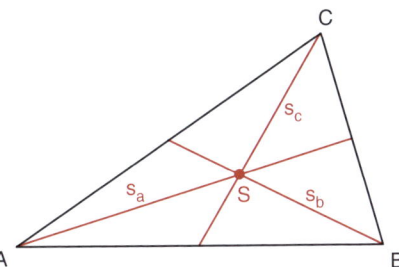

Abbildung 15.3. Schwerpunkt S als Schnittpunkt der Seitenhalbierenden

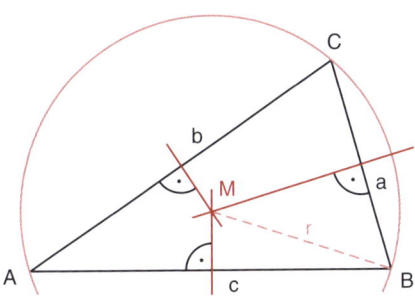

Abbildung 15.4. Umkreismittelpunkt als Schnittpunkt der Mittelsenkrechten

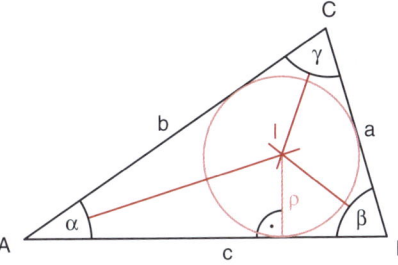

Abbildung 15.5. Inkreismittelpunkt als Schnittpunkt der Winkelhalbierenden

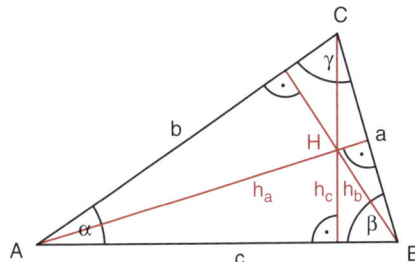

Abbildung 15.6. Schnittpunkt der Höhen

Gleichschenklige Dreiecke

- Die beiden gleich langen Seiten heißen Schenkel, die dritte Seite heißt Basis.
- Die an der Basis liegenden Winkel sind gleich groß und heißen Basiswinkel.
- Gleichschenklige Dreiecke sind achsensymmetrisch zur Höhe auf der Basis.
- Mit den Bezeichnungen aus Abb. 15.7 gilt für
  - den Umfang: $U = 2a + c$
  - die Höhen: $h_c = \frac{1}{2}\sqrt{4a^2 - c^2}$ und $h_a = h_b = \frac{2F}{a}$
  - die Fläche: $F = \frac{1}{2}ch_c = \frac{c}{4}\sqrt{4a^2 - c^2}$

Gleichseitige Dreiecke

- Ein Dreieck ist genau dann gleichseitig, wenn alle drei Winkel gleich groß sind, d.h. $\alpha = \beta = \gamma = 60°$.
- Jede Höhe ist gleichzeitig Seitenhalbierende, Winkelhalbierende und Mittelsenkrechte.
- Gleichseitige Dreiecke sind achsensymmetrisch zu der Höhe.

15

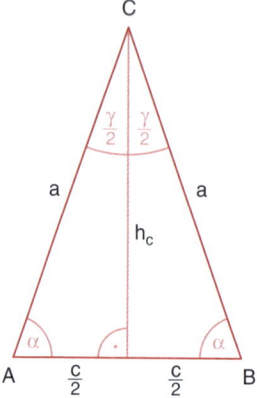

Abbildung 15.7. Gleichschenkliges Dreieck   **Abbildung 15.8.** Gleichseitiges Dreieck

- Mit den Bezeichnungen aus Abb. 15.8 gilt für

  - den Umfang: $U = 3a$
  - die Höhe: $h = \frac{a}{2}\sqrt{3} = \frac{3}{2}r = 3\rho$, wobei $r = \frac{a}{\sqrt{3}}$ der Umkreisradius und $\rho = \frac{a}{2\sqrt{3}}$ der Inkreisradius ist.
  - die Fläche: $F = \frac{1}{2}ah = \frac{a^2}{4}\sqrt{3} = \frac{h^2}{\sqrt{3}}$

Rechtwinklige Dreiecke

- Die dem rechten Winkel gegenüberliegende Seite heißt Hypotenuse, die beiden anderen Seiten heißen Katheten.
- Die Höhe auf der Hypotenuse c teilt diese in die beiden Hypotenusenabschnitte p und q (siehe Abb. 15.9).
- Für die den Katheten gegenüberliegenden Winkel gilt: $\alpha + \beta = 90°$.
- Jede Kathete ist die Höhe der anderen Kathete.
- Der Umkreis ist der Thaleskreis, d.h. der Halbkreis über der Hypotenuse. Der Radius des Umkreises ist $r = \frac{c}{2}$.
- Der Radius des Inkreises ist $\rho = \frac{a+b-c}{2}$.
- Mit der Hypotenuse c, der Höhe h_c, $\gamma = 90°$ und den weiteren Bezeichnungen aus Abb. 15.9 gilt für

  - die Höhen: $h_a = b$ $h_b = a$ $h = \frac{ab}{c}$
  - die Fläche: $F = \frac{1}{2}ab = \frac{1}{2}ch$
- **Satz des Pythagoras**: Es gilt $a^2 + b^2 = c^2$ genau dann, wenn $\gamma = 90°$
- **Kathetensatz**: $a^2 = pc$ $b^2 = qc$
- **Höhensatz**: $h^2 = pq$

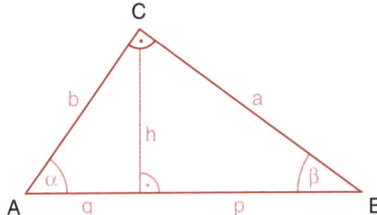

Abbildung 15.9. Rechtwinkliges Dreieck

Verallgemeinerter Satz des Pythagoras

Mit den Bezeichnungen aus Abb. 15.10 gilt der verallgemeinerte Satz des Pythagoras:

$$c^2 = a^2 + b^2 - 2ab \cos x$$

$$x = 90° = \pi/2 \iff \cos x = 0 \iff c^2 = a^2 + b^2 \quad \textbf{Satz des Pythagoras}$$

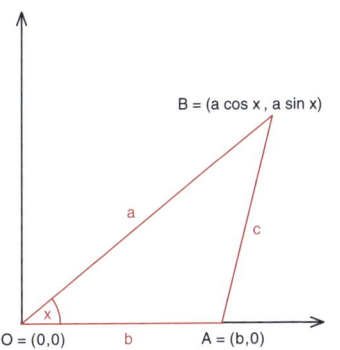

Abbildung 15.10. Zum verallgemeinerten Satz des Pythagoras

Trigonometrie im allgemeinen Dreieck

Sinussatz:	$\dfrac{\sin \alpha}{a} = \dfrac{\sin \beta}{b} = \dfrac{\sin \gamma}{c} = \dfrac{1}{2r}$
Cosinussatz:	$a^2 = b^2 + c^2 - 2bc \cos \alpha \qquad$ (= verallgemeinerter Pythagoras)
	$b^2 = a^2 + c^2 - 2ac \cos \beta \qquad c^2 = a^2 + b^2 - 2ab \cos \gamma$
Tangenssatz:	$\dfrac{a+b}{a-b} = \dfrac{\tan \frac{\alpha+\beta}{2}}{\tan \frac{\alpha-\beta}{2}} \qquad \dfrac{b+c}{b-c} = \dfrac{\tan \frac{\beta+\gamma}{2}}{\tan \frac{\beta-\gamma}{2}} \qquad \dfrac{a+c}{a-c} = \dfrac{\tan \frac{\alpha+\gamma}{2}}{\tan \frac{\alpha-\gamma}{2}}$
Fläche:	$F = \dfrac{bc \sin \alpha}{2} = \dfrac{ab \sin \gamma}{2} = \dfrac{ac \sin \beta}{2}$
Winkelsumme:	$\alpha + \beta + \gamma = 180° = \pi$

15

Kongruente Dreiecke

Definition

Zwei Dreiecke ABC und $A'B'C'$ heißen kongruent (deckungsgleich), wenn sie so verschoben oder gedreht werden können, dass sie vollständig zusammenfallen.

Eigenschaften

- Zwei Dreiecke sind genau dann kongruent, wenn mindestens eine der folgenden Bedingungen erfüllt ist:
  Beide Dreiecke stimmen überein in

  - den Längen dreier entsprechender Seiten,
  - den Längen zweier entsprechender Seiten und der Größe des von diesen jeweils eingeschlossenen Winkels,
  - den Längen zweier entsprechender Seiten und der Größe des Winkels, der der längeren dieser beiden Seiten gegenüberliegt,
  - in den Größen zweier entsprechender Winkel und der Länge einer Seite.

- Sind zwei Dreiecke kongruent, so gilt: Alle entsprechenden Seiten sind gleich lang und alle entsprechenden Winkel sind gleich groß.

Ähnliche Dreiecke

Definition

Zwei Dreiecke ABC und $A'B'C'$ (siehe Abb. 15.11) sind ähnlich, wenn sie in den entsprechenden Winkeln übereinstimmen und das Verhältnis entsprechender Seiten konstant ist, d.h. wenn $\alpha = \alpha'$, $\beta = \beta'$, $\gamma = \gamma'$ und $\dfrac{a}{a'} = \dfrac{b}{b'} = \dfrac{c}{c'}$.

Eigenschaften

- Zwei Dreiecke sind genau dann ähnlich, wenn eine der folgenden Bedingungen erfüllt ist:

  - Die Verhältnisse der Seiten sind konstant: $\dfrac{a}{a'} = \dfrac{b}{b'} = \dfrac{c}{c'}$
  - Das Verhältnis zweier Seiten und der von diesen eingeschlossene Winkel stimmen überein: $\dfrac{b}{b'} = \dfrac{c}{c'}$ und $\alpha = \alpha'$
  - Das Verhältnis zweier Seiten und der Winkel, der der längeren Seite gegenüberliegt, stimmen überein.
  - Zwei Winkel stimmen überein: $\alpha = \alpha'$ und $\beta = \beta'$

- Für ähnliche Dreiecke gilt: $\dfrac{F}{F'} = \left(\dfrac{a}{a'}\right)^2 = \left(\dfrac{h}{h'}\right)^2$

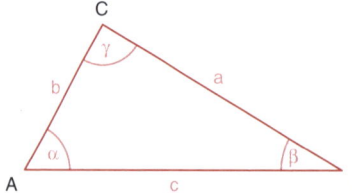 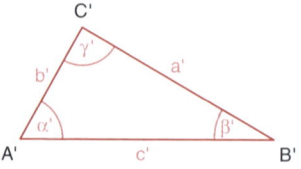

Abbildung 15.11. Ähnliche Dreiecke

Strahlensätze

Werden zwei sich schneidende Geraden g und h von zueinander parallelen Geraden geschnitten, so verhalten sich

- die Längen zweier Strecken auf g wie die Längen der entsprechenden Strecken auf h:

$$\overline{SA}:\overline{SB} = \overline{SP}:\overline{SQ} \qquad \overline{SA}:\overline{SC} = \overline{SP}:\overline{SR} \qquad \overline{AC}:\overline{BC} = \overline{PR}:\overline{QR}$$

- die Längen der zwei Abschnitte auf den Parallelen wie die Längen der entsprechenden, vom Schnittpunkt S der Geraden g und h aus gemessenen Abschnitte auf einer der Geraden:

$$\overline{AP}:\overline{BQ} = \overline{SP}:\overline{SQ} \qquad \overline{AP}:\overline{BQ} = \overline{SA}:\overline{SB} \qquad \overline{AP}:\overline{CR} = \overline{SA}:\overline{SC}$$

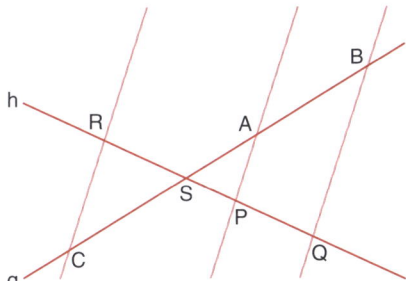

Abbildung 15.12. Zu den Strahlensätzen

15.2 Vierecke

Allgemeine Definitionen

Vier Punkte A, B, C, D in der Ebene bilden ein Viereck $ABCD$, wenn keine drei von ihnen auf einer Geraden liegen (siehe Abb. 15.13). Die

- Seiten sind: $a = AB$, $b = BC$, $c = CD$, $d = DA$
- Innenwinkel sind: $\alpha = \sphericalangle BAD$, $\beta = \sphericalangle CBA$, $\gamma = \sphericalangle DCB$, $\delta = \sphericalangle ADC$
- Diagonalen sind: $e = AC$, $f = BD$

Eigenschaften

Es gilt:
- Die Winkelsumme der Innenwinkel ist $\alpha + \beta + \gamma + \delta = 360°$.
- Der Umfang ist $U = a + b + c + d$.
- Jedes Viereck lässt sich mithilfe der Diagonalen in zwei Teildreiecke zerlegen.

15

- Der Flächeninhalt ist gleich der Summe der Flächeninhalte der beiden Teildreiecke. $F = \frac{1}{2}ef\sin\theta = \frac{1}{4}(b^2 + d^2 - a^2 - c^2)\tan\theta = \frac{1}{4}\sqrt{4e^2f^2 - (b^2 + d^2 - a^2 - c^2)^2}$

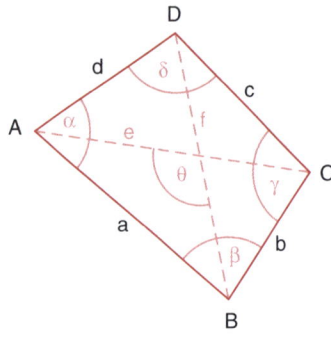

Abbildung 15.13. Allgemeines Viereck

Vierecke mit Umkreis oder Inkreis

- Ein Viereck hat genau dann einen Umkreis (siehe Abb. 15.14), d.h. die Seiten des Vierecks sind Sehnen (oder Sekanten) eines Kreises, wenn $\alpha + \gamma = \beta + \delta = 180°$, d.h. je zwei gegenüberliegende Winkel sind zusammen 180° groß. In diesem Fall gilt:

  - $\alpha + \gamma = \beta + \delta = 180°$, d.h. gegenüberliegende Winkel sind zusammen 180° groß.
  - Mit $s = \frac{U}{2}$ ist die Fläche $F = \sqrt{(s-a)(s-b)(s-c)(s-d)}$
  - Der Radius des Umkreises ist $r = \frac{1}{4}\sqrt{\dfrac{(ac+bd)(ad+bc)(ab+cd)}{(s-a)(s-b)(s-c)(s-d)}}$
  - $e = \sqrt{\dfrac{(ad+bc)(ac+bd)}{ab+cd}}$ $\qquad ef = ac + bd$

- Ein Viereck hat genau dann einen Inkreis (siehe Abb. 15.15), d.h., die Seiten des Vierecks sind Tangenten eines Kreises, wenn $a + c = b + d$, d.h. die Summen der Längen gegenüberliegender Seiten sind gleich groß. In diesem Fall gilt:

  - Die Fläche ist $F = s\rho$ und falls $\alpha + \gamma = \beta + \delta = 180°$, so gilt $F = \sqrt{abcd}$.

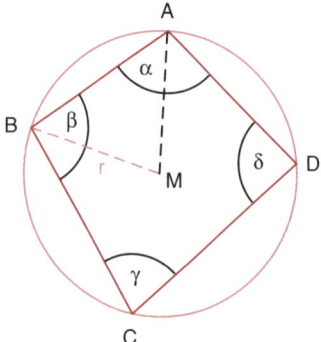

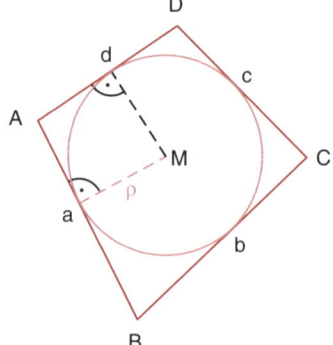

Abbildung 15.14. Viereck mit Umkreis

Abbildung 15.15. Viereck mit Inkreis

Spezielle Vierecke

Ein Viereck ist ein(e)

- **Quadrat** (Abb. 15.16), wenn $\alpha = \beta = \gamma = \delta = 90°$ und $a = b = c = d$, d.h., alle Winkel sind rechte Winkel und alle Seiten sind gleich lang.

  - Ein Quadrat ist symmetrisch zu beiden Mittelsenkrechten und zu beiden Winkelhalbierenden. Es ist punktsymmetrisch zum Mittelpunkt (Schwerpunkt) S.
  - Die Diagonalen e und f halbieren einander und bilden einen rechten Winkel $(e \perp f)$.
  - Es gilt: $e = f = a\sqrt{2}$ $\qquad U = 4a$ $\qquad F = a^2 = \dfrac{e^2}{2}$ $\qquad r = \dfrac{a}{\sqrt{2}}$ $\qquad \rho = \dfrac{a}{2}$

- **Rechteck** (Abb. 15.17), wenn $\alpha = \beta = \gamma = \delta = 90°$, d.h., alle Winkel sind rechte Winkel.

  - Ein Rechteck ist symmetrisch zu beiden Mittelsenkrechten und punktsymmetrisch zum Mittelpunkt (Schwerpunkt) S.
  - Die Diagonalen e und f halbieren einander.
  - Es gilt: $a = c$ $\qquad b = d$ $\qquad e = f = \sqrt{a^2 + b^2}$ $\quad U = 2(a + b)$ $\quad F = ab$ $\quad r = \dfrac{e}{2}$

- **Raute** oder **Rhombus** (Abb. 15.18), wenn $a = b = c = d$, d.h., alle Seiten sind gleich lang.

  - Eine Raute ist symmetrisch zu beiden Winkelhalbierenden und punktsymmetrisch zum Mittelpunkt S.
  - Die Diagonalen e und f halbieren einander im Schwerpunkt S, bilden einen rechten Winkel $(e \perp f)$ und es gilt: $e = 2a \cos \frac{\alpha}{2}$ $\qquad f = 2a \sin \frac{\alpha}{2}$
  - $\alpha = \gamma$ und $\beta = \delta$, d.h., gegenüberliegende Winkel sind gleich groß.
  - $\alpha + \beta = \beta + \gamma = \gamma + \delta = \delta + \alpha = 180°$, d.h., je zwei benachbarte Winkel sind zusammen 180° groß.
  - $e^2 + f^2 = 4a^2$ $\qquad U = 4a$ $\qquad F = \frac{1}{2} ef = ah = a^2 \sin \alpha$ $\qquad h_a = a \sin \alpha$

- **Parallelogramm** (Abb. 15.19), wenn gegenüberliegende Seiten jeweils parallel sind: $a \parallel c$ und $b \parallel d$.

  - Ein Parallelogramm ist punktsymmetrisch zum Mittelpunkt (Schwerpunkt) S.
  - Die Diagonalen e und f halbieren einander im Schwerpunkt S und es gilt:

  $$e = \sqrt{a^2 + b^2 + 2ab \cos \alpha} = \sqrt{a^2 + b^2 + 2a\sqrt{b^2 - h^2}}$$
  $$f = \sqrt{a^2 + b^2 - 2ab \cos \alpha} = \sqrt{a^2 + b^2 - 2a\sqrt{b^2 - h^2}}$$

  - $\alpha = \gamma$ und $\beta = \delta$, d.h., gegenüberliegende Winkel sind gleich groß.
  - $\alpha + \beta = \beta + \gamma = \gamma + \delta = \delta + \alpha = 180°$, d.h., je zwei benachbarte Winkel sind zusammen 180° groß.
  - $e^2 + f^2 = 2(a^2 + b^2)$ $\qquad U = 2(a + b)$ $\qquad F = ah_a = bh_b = ab \sin \alpha$ $\qquad h_a = b \sin \alpha$

- **Trapez** (Abb. 15.20), wenn zwei gegenüberliegende Seiten parallel sind: $a \parallel c$.

  - $e = \sqrt{a^2 + b^2 - 2ab \cos \beta}$ $\qquad f = \sqrt{a^2 + d^2 - 2ad \cos \alpha}$
  - $F = \frac{1}{2}(a + c)h = mh$, wobei $m = \frac{1}{2}(a + c)$ die Mittelparallele ist. $h_a = d \sin \alpha = b \sin \beta$.

15

- Der Schwerpunkt S liegt auf der Verbindungslinie der Mitten der beiden parallelen Grundlinien a und c im Abstand $\dfrac{h(a+2c)}{3(a+c)}$ von der Grundlinie a.

■ **achsensymmetrisches (gleichschenkliges) Trapez** (Abb. 15.21), wenn zwei gegenüberliegende Seiten parallel und die beiden anderen gleich lang sind: $a \parallel c$ und $b = d$.

- $U = 2(m+b)$ $F = \frac{1}{2}(a+c)h = mh$, wobei m die Mittelparallele ist.

■ **Drachenviereck** (Abb. 15.22), wenn es symmetrisch zu einer der Diagonalen ist.

- Die Diagonale, die Symmetrieachse ist, halbiert die andere Diagonale, die Diagonalen sind senkrecht zueinander: $e \perp f$
- Mit den Notationen aus Abb. 15.22 gilt: $\alpha = \gamma$ $a = b$ $c = d$ $U = 2(a+c)$ $F = \frac{1}{2}ef$

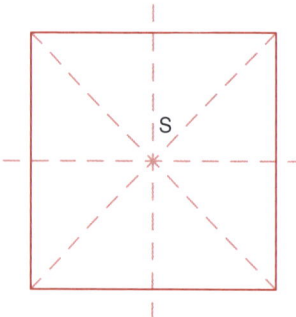

Abbildung 15.16. Quadrat

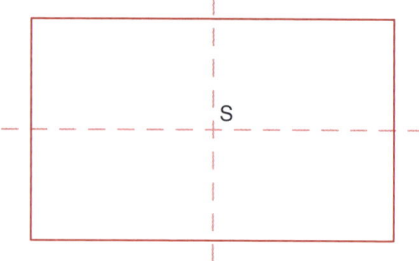

Abbildung 15.17. Rechteck

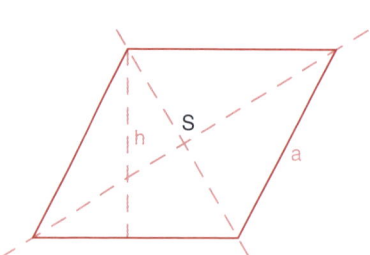

Abbildung 15.18. Raute (Rhombus)

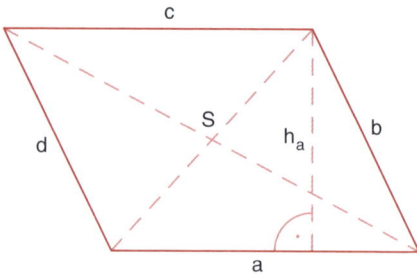

Abbildung 15.19. Parallelogramm

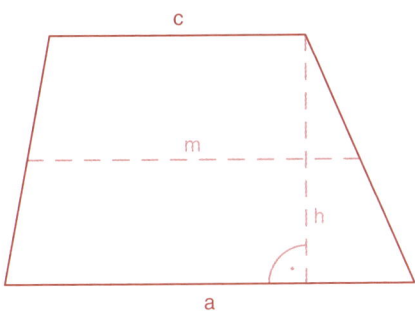

Abbildung 15.20. Trapez

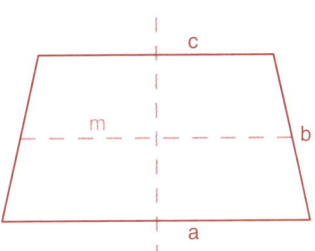

Abbildung 15.21. Achsensymmetrisches (gleichschenkliges) Trapez

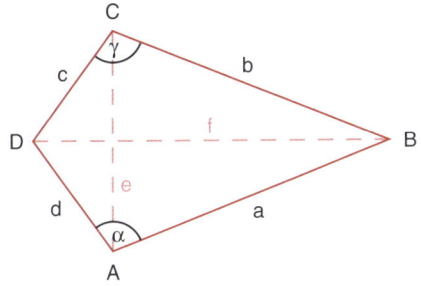

Abbildung 15.22. Drachenviereck

15.3 Vielecke

Allgemeines Vieleck

In einem allgemeinen Vieleck oder Polygon mit n Ecken ist die Summe der Innenwinkel $(n - 2)\pi = (n - 2)180°$. Die Anzahl der Diagonalen ist $n(n - 3)/2$.

Regelmäßiges Vieleck

Definition

Ein Vieleck (Abb. 15.23) heißt regelmäßig oder regulär, wenn alle seine Seiten und Innenwinkel gleich sind. Die Seitenlänge sei $s = s_n$, der Innenwinkel sei $\beta = \beta_n = \frac{n - 2}{n} 180° = \frac{n - 2}{n}\pi$.

Eigenschaften

- Für den Mittelpunktswinkel gilt $\alpha_n = \frac{2\pi}{n}$ und $\beta_n = \pi - \alpha_n$.
- Ein regelmäßiges n-Eck besitzt einen Umkreis mit Radius $r = r_n = \dfrac{s_n}{2\sin\frac{\pi}{n}}$ und

  einen Inkreis mit Radius $\rho = \rho_n = \frac{s_n}{2}\cot\frac{\pi}{n}$ mit einem gemeinsamen Mittelpunkt

15

M. Der Umkreis ist gleichzeitig Inkreis eines (unbeschriebenen) regelmäßigen n-Ecks mit größerer Seitenlänge $S_n = \frac{r_n}{\rho_n} s_n = \frac{2 r_n s_n}{\sqrt{4 r_n^2 - s_n^2}}$. Beide n-Ecke sind ähnlich.

- Zwischen Seitenlängen, Umkreis- und Inkreisradius gelten die Beziehungen $s_n = 2\sqrt{r_n^2 - \rho_n^2} = 2 r_n \sin \frac{\alpha_n}{2}$ $\rho_n = \sqrt{r_n^2 - \frac{s_n^2}{4}}$ $r_n = \sqrt{\rho_n^2 + \frac{s_n^2}{4}}$.

- Jedes regelmäßige n-Eck kann in n kongruente gleichschenklige Dreiecke (die Bestimmungsdreiecke) zerlegt werden.

- Der Umfang ist $U_n = n s_n$.

- Die Fläche ist $F = \frac{1}{4} n s_n^2 \cot \frac{\pi}{n} = \frac{1}{2} n r_n^2 \sin \alpha_n = \frac{1}{2} n \rho_n s_n = \frac{1}{2} u_n \rho_n$.

- Für die Seitenlängen des $2n$-Ecks gilt die Rekursionsformel $s_{2n} = \sqrt{2 r_n^2 - r_n \sqrt{4 r_n^2 - s_n^2}}$.

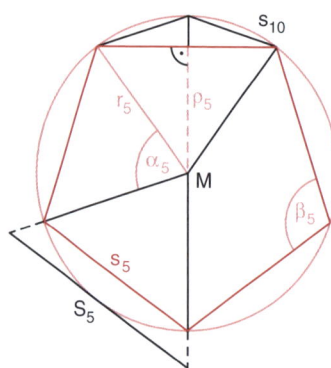

Abbildung 15.23. Reguläres Fünfeck

15.4 Kreise

Grundlegende Definitionen

Ein **Kreis**[*] (Abb. 15.24) mit Mittelpunkt M und Radius r ist die Menge aller Punkte P in der Ebene, die vom Mittelpunkt die gleiche Entfernung r haben.

- Alle Punkte, deren Entfernung von M kleiner als der Radius r ist, bilden das **Innere** des Kreises.

- Alle Punkte, deren Entfernung von M größer als der Radius r ist, bilden das **Äußere** des Kreises.

- Eine Gerade t, die mit einem Kreis um M genau einen Punkt B gemeinsam hat, heißt Tangente. Der Punkt B heißt Berührpunkt. Die Tangente steht senkrecht auf dem Radius MB.

- Eine Gerade heißt Sekante, wenn sie mit einem Kreis genau zwei Punkte gemeinsam hat.

- Eine Gerade heißt Passante, wenn sie mit einem Kreis keinen Punkt gemeinsam hat.

---

[*] Siehe auch S. 78.

- Eine Sehne ist eine Verbindungsstrecke zweier Kreispunkte. Eine Sehne durch den Mittelpunkt heißt Durchmesser. Die Länge des Durchmessers ist $d = 2r$.

Eigenschaften

- Für die Winkel im Kreis (Abb. 15.25) gilt:
  - Alle Umfangswinkel γ über der gleichen Sehne sind gleich groß. Ist δ ein Umfangswinkel auf der anderen Seite der Sehne, so gilt: $\gamma + \delta = 180°$
  - Liegt der Umfangswinkel auf der gleichen Seite der Sehne wie der Mittelpunkt, so gilt mit dem Mittelpunktswinkel μ: $\mu = 2\gamma$ $\qquad$ $\mu = 360° - 2\delta$
  - Für den Sehnentangentenwinkel τ gilt: $\tau = \frac{\mu}{2}$ $\qquad$ $\tau = \gamma$
- Für den Umfang und den Flächeninhalt des Kreises gilt mit der Kreiszahl $\pi \approx 3.141\,593$

$$U = 2\pi r = \pi d = 2\sqrt{\pi F} \qquad F = \pi r^2 = \frac{1}{4}\pi d^2 = \frac{U^2}{4\pi}$$

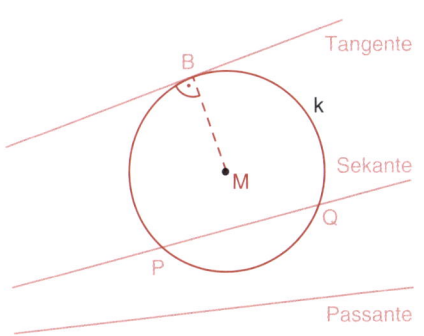

Abbildung 15.24. Kreis mit Tangente, Sekante und Passante

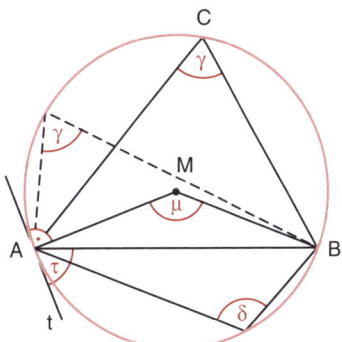

Abbildung 15.25. Winkel im Kreis

Satz des Thales

Der Punkt C liegt genau dann auf dem Halbkreis über AB, wenn der Winkel $\gamma = \angle ACB = 90°$ ist.

15

Sätze über Sehnen, Sekanten und Tangenten

Für alle Sätze siehe Abb. 15.26.

Sehnensatz: Ist S ein Punkt innerhalb eines Kreises, so gilt für die Sehnenabschnitte: $\overline{SA} \cdot \overline{SB} = \overline{SC} \cdot \overline{SD}$

Sekantensatz: Ist P ein Punkt außerhalb eines Kreises, so gilt für die Sekantenabschnitte: $\overline{PA} \cdot \overline{PD} = \overline{PC} \cdot \overline{PB}$

Tangentensatz: Ist P ein Punkt außerhalb eines Kreises, so gilt für den Tangentenabschnitt und die Sekantenabschnitte: $\overline{PT}^2 = \overline{PA} \cdot \overline{PD}$

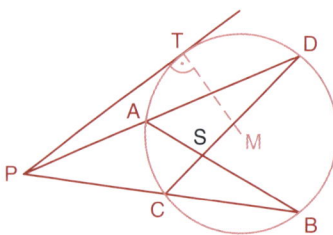

Abbildung 15.26. Sehnen, Sekanten und Tangenten

Kreisausschnitt, Kreisabschnitt und Kreisring

- Für den Kreisausschnitt (Sektor) mit dem Mittelpunktswinkel α (in Grad) oder x (im Bogenmaß) gilt (Abb. 15.27):

$$b = \frac{\pi r \alpha}{180°} = rx \qquad U = 2r + b \qquad F = \frac{\pi r^2 \alpha}{360°} = \frac{1}{2}rb = \frac{1}{2}r^2 x$$

- Für den Kreisabschnitt (Segment) mit der Sehne s und dem Mittelpunktwinkel x (im Bogenmaß) gilt (Abb. 15.28):

$$s = 2\sqrt{2hr - h^2} = 2r\sin(x/2) \qquad U = s + b$$

$$F = \frac{1}{2}(br - s(r - h)) = \frac{1}{2}r^2(x - \sin x) \qquad h = r(1 - \cos(x/2)) = 2r\sin^2(x/4)$$

- Für den Kreisring mit dem äußeren Radius R und dem inneren Radius r gilt

$$F = \pi(R^2 - r^2)$$

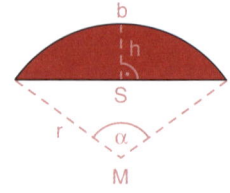

Abbildung 15.27. Kreisausschnitt   **Abbildung 15.28.** Kreisabschnitt

15.5 Körper

Grundlegende Definitionen

- Bei einem **Prisma** und einem **Zylinder** gibt es je eine ebene Grund- und Deckfläche, die durch Verschiebung ineinander übergeführt werden können. Bei einem Prisma sind Grund- und Deckfläche Vielecke, bei einem Zylinder sind sie von Kurven berandet.

- Bei einer **Pyramide** und bei einem **Kegel** gibt es eine ebene Grundfläche und eine Spitze. Bei einer Pyramide ist die Grundfläche ein Vieleck, bei einem Kegel ist sie von einer Kurve berandet.

- Der **Mantel** eines Körpers besteht aus den Seitenflächen, die **Oberfläche** setzt sich aus Mantel, Grundfläche und gegebenenfalls der Deckfläche zusammen. Die **Höhe** eines Körpers ist der Abstand der Deckfläche oder der Spitze von der Grundfläche.

- Für die Berechnung der Flächeninhalte und Rauminhalte bezeichnen wir die Höhe des Körpers mit h, den Umfang der Grundfläche mit U, die Raumdiagonale mit d, den Grundflächeninhalt mit G, den Mantelflächeninhalt mit M, den Oberflächeninhalt mit O, den Rauminhalt (das Volumen) mit V. Weitere Bezeichnungen ergeben sich aus den Abbildungen 15.29, die auch den Körper definieren.

Prinzip von Cavalieri

Das Volumen zweier Körper ist genau dann gleich groß, wenn die Grundflächen gleich groß sind und in derselben Ebene liegen und die Schnittflächen beider Körper mit einer zur Grundfläche parallelen Ebene gleich groß sind.

Flächen- und Rauminhalte von geraden Körpern

- **Würfel:** $V = a^3 \qquad O = 6a^2 \qquad d = a\sqrt{3}$
  Umkreisradius: $r = \frac{a}{2}\sqrt{3}$ \qquad Inkreisradius: $\rho = \frac{a}{2}$
- **Quader:** $V = abc \qquad O = 2(ab + bc + ca) \qquad d = \sqrt{a^2 + b^2 + c^2}$
- **Gerades Prisma:** $V = Gh \qquad M = Uh \qquad O = 2G + M$
- **Gerade (regelmäßige) Pyramide:** $V = \frac{1}{3}Gh \qquad M = \frac{1}{2}uh_s \qquad O = G + M$
- **Gerader Kreiszylinder:** $V = Gh = \pi r^2 h \qquad M = Uh = 2\pi rh$
  $O = 2G + M = 2\pi r(r + h)$
- **Gerader Kreiskegel:** $s^2 = r^2 + h^2 \qquad V = \frac{1}{3}Gh = \frac{1}{3}\pi r^2 h \qquad M = \frac{1}{2}Us = \pi rs$
  $O = G + M = \pi r(r + s)$

15

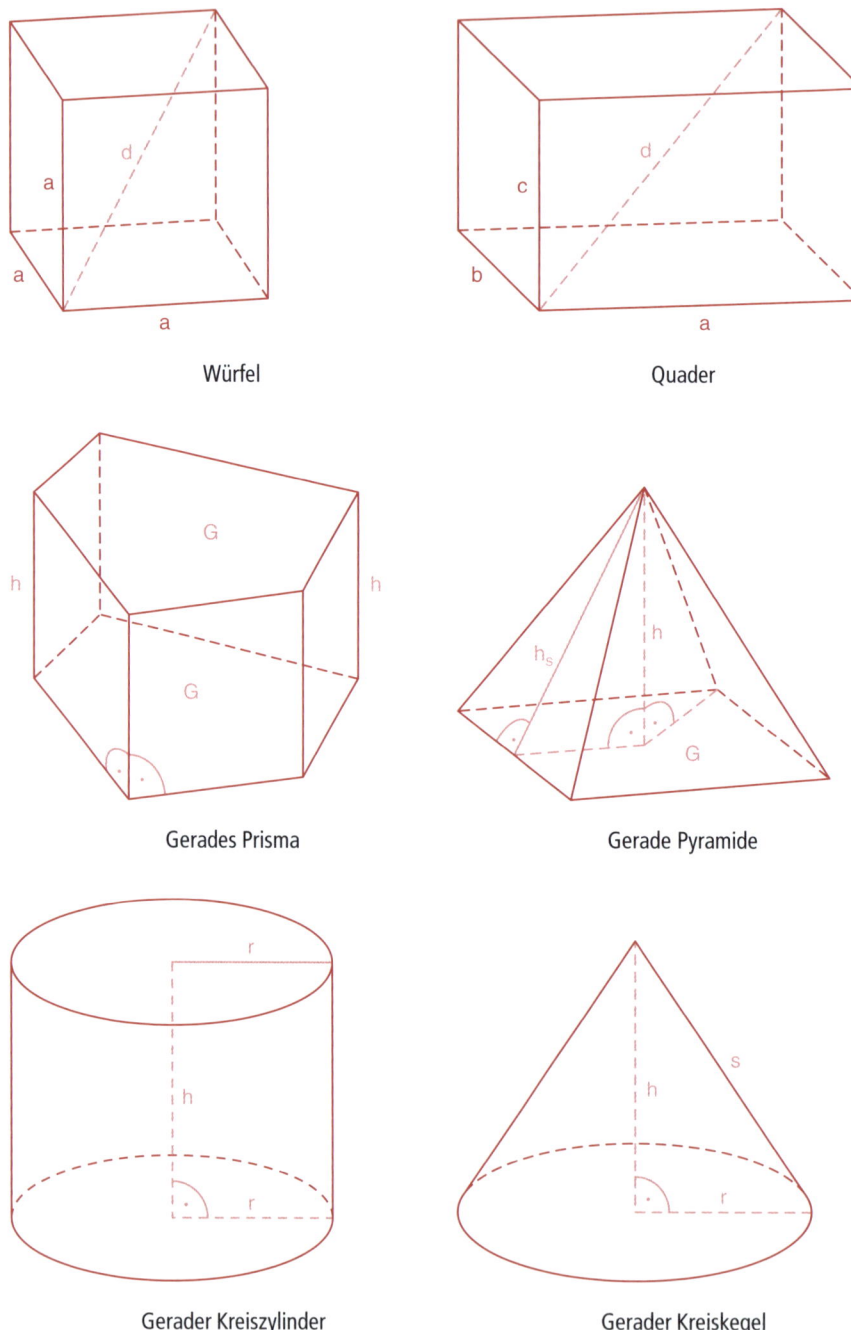

Würfel

Quader

Gerades Prisma

Gerade Pyramide

Gerader Kreiszylinder

Gerader Kreiskegel

Abbildung 15.29.

15

Kugel

- Eine Kugel mit Radius r hat die Oberfläche $O = 4\pi r^2 = \sqrt[3]{36\pi V^2}$ und das Volumen $V = \dfrac{4}{3}\pi r^3 = \dfrac{1}{6}\sqrt{\dfrac{A^3}{\pi}}$.

- Ein Kugelabschnitt (Abb. 15.30) oder ein Segment der Höhe h in einer Kugel mit Radius r hat den Grundkreisradius $\rho = \sqrt{h(2r - h)} = r\sin\alpha$, den Mantelinhalt $M = 2\pi rh = \pi(\rho^2 + h^2)$, den Oberflächeninhalt $O = \pi h(4r - h) = \pi(2\rho^2 + h^2)$ und das Volumen $V = \dfrac{1}{3}\pi h^2(3r - h) = \dfrac{1}{6}\pi h(3\rho^2 + h^2)$. Für die Höhe gilt $h = r(1 - \cos\alpha)$.

- Für einen Kugelausschnitt (Abb. 15.31) oder einen Kugelsektor gilt:
$$\rho = \sqrt{h(2r - h)} = r\sin\alpha \qquad O = \pi r(2h + \rho) \qquad V = \dfrac{2}{3}\pi r^2 h.$$

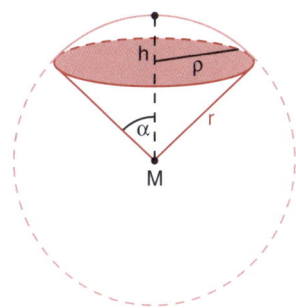

Abbildung 15.30. Kugelabschnitt

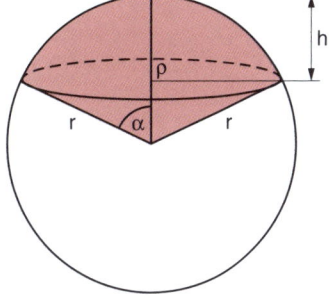

Abbildung 15.31. Kugelauschnitt

Tetraeder

Ein Tetraeder (siehe Abb. 15.32) besteht aus vier kongruenten gleichseitigen Dreiecken als Seitenflächen. Es hat 4 Seiten, 4 Ecken und 6 Kanten. Mit der Seitenlänge a ist die Oberfläche $O = a^2\sqrt{3}$, das Volumen $V = \dfrac{a^3}{12}\sqrt{2}$, der Radius der Umkugel $r = \dfrac{a}{4}\sqrt{6}$ und der Radius der Inkugel $\rho = \dfrac{a}{12}\sqrt{6}$.

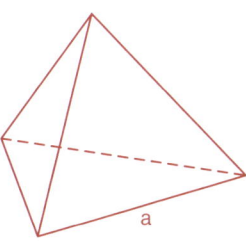

Abbildung 15.32. Tetraeder

15

TEIL II

Statistik

Kapitel 1
Einführung

1.1 Statistische Einheiten, Merkmale, Gesamtheiten

Grundlegende Definitionen

- **Statistische Einheiten** (auch: Träger der Information, Merkmalsträger) sind Objekte, an denen interessierende Größen erfasst werden.
- Eine **Grundgesamtheit** (auch: Population, statistische Masse, Kollektiv) ist die Menge aller für die Fragestellung relevanten statistischen Einheiten.
- Eine **Teilgesamtheit** ist eine Teilmenge der Grundgesamtheit.
- Eine **Stichprobe** ist die tatsächlich untersuchte Teilmenge der Grundgesamtheit, die ein möglichst getreues Abbild der Grundgesamtheit ergibt. Dies wird insbesondere durch eine zufällige Stichprobe erreicht.
- Ein **Merkmal** ist eine interessierende Größe, die auch Variable genannt wird.
- Eine **Merkmalsausprägung** (auch einfach Wert oder Ausprägung) ist ein konkreter Wert des Merkmals für eine bestimmte statistische Einheit.

1.2 Merkmalstypen

Grundlegende Definitionen

Ein Merkmal heißt

- **diskret**, wenn es nur endlich oder höchstens abzählbar unendlich viele Ausprägungen besitzt.
- **stetig** (auch kontinuierlich), wenn alle Werte eines Intervalls mögliche Ausprägungen sind. Es gibt also überabzählbar unendlich viele verschiedene Ausprägungen innerhalb eines Intervalls.
- **nominalskaliert**, wenn die Ausprägungen Namen sind, wobei keine Ordnung (Rangfolge) möglich ist.
- **ordinalskaliert**, wenn die Ausprägungen geordnet werden können, wobei die Abstände aber nicht interpretiert werden können.
- **intervallskaliert**, wenn die Ausprägungen Zahlen sind und eine Interpretation der Abstände möglich ist.

- **verhältnisskaliert**, wenn die Ausprägungen einen sinnvollen absoluten Null-punkt besitzen. (Intervall- und Verhältnisskala werden zur Kardinalskala zusam-mengefasst. Ein kardinalskaliertes Merkmal heißt auch metrisches Merkmal.)
- **qualitativ** (oder auch kategorial), wenn es nur endlich viele Ausprägungen und höchstens Ordinalskala besitzt.
- **quantitativ**, wenn die Ausprägungen eine Intensität wiedergeben. Alle Messun-gen, deren Werte Zahlen darstellen, und kardinalskalierte Merkmale sind quan-titativ.

1.3 Stichproben

Definitionen

- Eine **einfache Zufallsstichprobe** ist eine Stichprobe, bei der jede Teilmenge der Grundgesamtheit die gleiche Wahrscheinlichkeit hat, gezogen zu werden.
- Eine **repräsentative** Stichprobe ist eine Stichprobe, die bezüglich der interes-sierenden Merkmale eine Struktur besitzt, die der Grundgesamtheit möglichst ähnlich ist.

Kapitel 2
Univariate beschreibende Statistik und explorative Darstellungen

2.1 Verteilungen und ihre Darstellungen

Grundlegende Definitionen und Notationen

Werden bei einer Erhebung vom Umfang n die Werte $x_1, \ldots, x_n$ eines Merkmals X an den n Untersuchungseinheiten beobachtet, so bezeichnet man diese Werte als **Urliste, Roh-** oder **Primärdaten**. Die in der Urliste vorkommenden verschiedenen Werte werden mit $a_1, a_2, \ldots, a_k, k \leq n$ bezeichnet, wenn möglich der Größe nach geordnet.

Absolute und relative Häufigkeiten

- Die absolute Häufigkeit der Ausprägung a_j ist die Anzahl der Werte x_i mit $x_i = a_j$. Sie wird mit $h(a_j) = h_j$ bezeichnet.
- Die relative Häufigkeit von a_j ist $f(a_j) = f_j = h(a_j)/n$, d.h., die absolute Häufigkeit wird durch den Stichprobenumfang dividiert.
- Man nennt $h_1, \ldots, h_k$ die absolute Häufigkeitsverteilung und $f_1, \ldots, f_k$ die relative Häufigkeitsverteilung.

Man beachte: $\sum_{j=1}^{k} h_j = n$ und $\sum_{j=1}^{k} f_j = 1$

Graphische Darstellungen
Stab-, Säulen-, Balken- und Kreisdiagramm

- Beim Stabdiagramm wird über $a_1, \ldots, a_k$ jeweils ein zur x-Achse senkrechter Strich der Höhe $h_1, \ldots, h_k$ (oder $f_1, \ldots, f_k$) abgetragen.
- Beim Säulendiagramm wird über $a_1, \ldots, a_k$ jeweils ein zur x-Achse senkrechtes Rechteck der Höhe $h_1, \ldots, h_k$ (oder $f_1, \ldots, f_k$) abgetragen.
- Ein Balkendiagramm ist wie ein Säulendiagramm, jedoch mit vertikal statt horizontal gelegter x-Achse.

■ Beim Kreisdiagramm werden Kreissektoren gezeichnet, deren Flächen proportional zu den Häufigkeiten sind, d.h. der Winkel des j-ten Kreissektors ist $f_j \cdot 360°$.

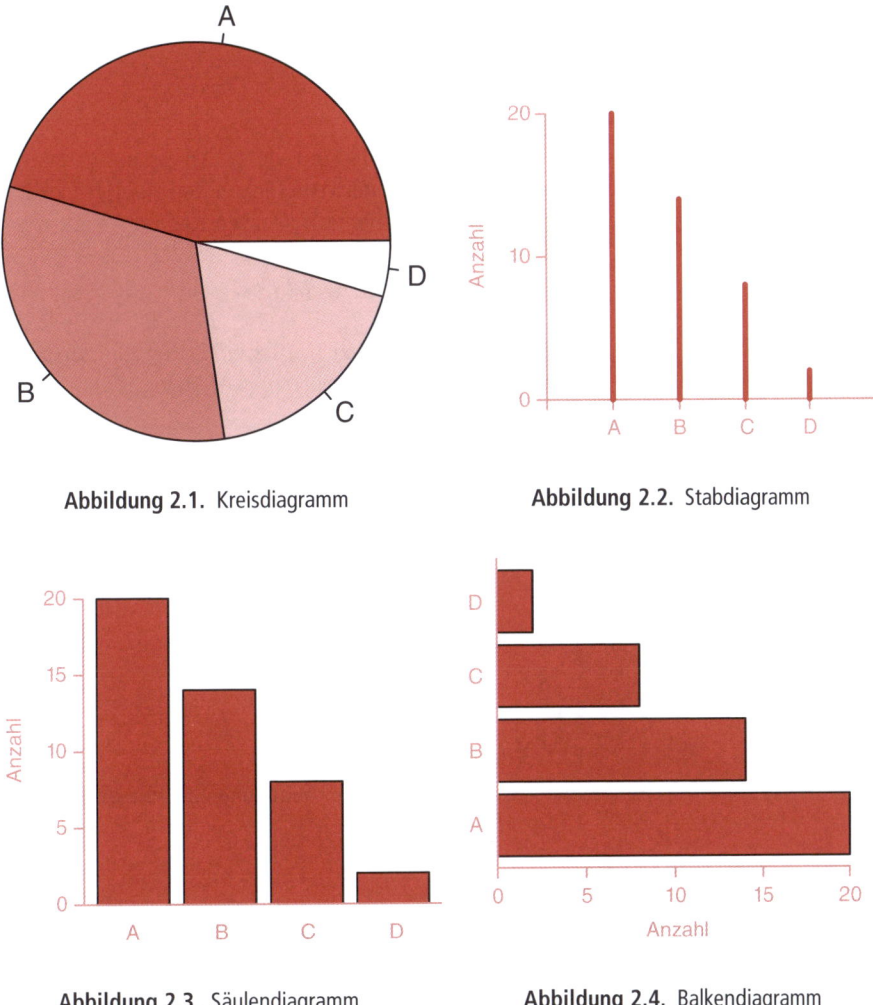

Abbildung 2.1. Kreisdiagramm

Abbildung 2.2. Stabdiagramm

Abbildung 2.3. Säulendiagramm

Abbildung 2.4. Balkendiagramm

Die bisherigen Darstellungen sind geeignet für eine kleine Anzahl k der Ausprägungen. Für große k liegen häufig gruppierte Daten vor, d.h., die Merkmalsachse wird in Klassen (Intervalle) eingeteilt und anstelle der exakten Merkmalsausprägung wird jeweils nur die Klasse notiert, in die sie fällt.

Stamm-Blatt-Diagramm

■ Teilen Sie den Datenbereich in Intervalle gleicher Breite $d = 0.5$ oder 1 mal einer Potenz von 10 ein. Tragen Sie die erste(n) Ziffer(n) der Werte im jeweiligen Intervall links von einer senkrechten Linie der Größe nach geordnet ein. Dies ergibt den Stamm.

2

■ Runden Sie die beobachteten Werte auf die Stelle, die nach den Ziffern des Blattes kommt. Die resultierenden Ziffern ergeben die Blätter. Diese werden zeilenweise und der Größe nach geordnet rechts vom Stamm eingetragen.

Eine Faustregel für die Anzahl der Zeilen ist: $\approx 10 \log_{10}(n)$

Histogramm

Es liegt ein zumindest ordinalskaliertes Merkmal mit vielen Ausprägungen vor. Die Daten sind gruppiert, wobei als Klassen benachbarte Intervalle $[c_0, c_1), [c_1, c_2), \dots,$ $[c_{k-1}, c_k)$ verwendet werden. Zeichnen Sie über den Klassen Rechtecke mit der

■ Breite $\quad d_j = c_j - c_{j-1} \quad$ und der

■ Höhe $\quad$ gleich (oder proportional zu) h_j/d_j bzw. f_j/d_j.

Die Fläche ist dann gleich (oder proportional zu) h_j bzw. f_j. Für die Anzahl der Klassen gibt es folgende Faustregeln: $k \approx \sqrt{n}, \ k \approx 2\sqrt{n}, \ k \approx 10 \log_{10}(n)$

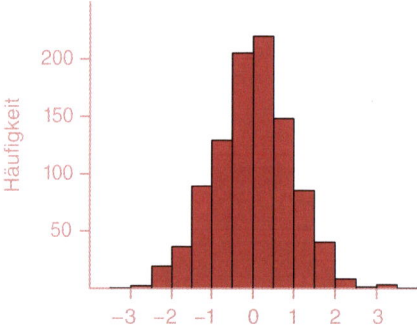

Abbildung 2.5. Histogramm

Symmetrie und Schiefe

■ Eine Verteilung heißt **symmetrisch**, wenn es eine Symmetrieachse gibt, so dass die rechte und linke Hälfte der Verteilung annähernd spiegelbildlich sind. Deutlich unsymmetrische Verteilungen heißen schief.

■ Eine Verteilung ist **linkssteil** (oder **rechtsschief**), wenn der überwiegende Anteil der Daten linksseitig konzentriert ist. Eine Verteilung ist **rechtssteil** (oder **links-schief**), wenn der überwiegende Anteil der Daten rechtsseitig konzentriert ist.

Kumulierte Häufigkeitsverteilung und empirische Verteilungs-funktion

Definitionen

■ Die **absolute kumulierte Häufigkeitsverteilung** ist gegeben durch

$$H(x) = \text{Anzahl der Werte } x_i \text{ mit } x_i \leq x$$

Falls für die Ausprägungen $a_1 < \ldots < a_k$ gilt, so ist

$$H(x) = h(a_1) + \ldots + h(a_j) = \sum_{i:a_i \leq x} h_i \,,$$

wobei a_j die größte Ausprägung mit $a_j \leq x$.

- Die **empirische Verteilungsfunktion** ist definiert durch:

$$F_n(x) = H(x)/n = \text{ Anteil der Werte } x_i \text{ mit } x_i \leq x$$

bzw.

$$F_n(x) = f(a_1) + \ldots + f(a_j) = \sum_{i:a_i \leq x} f_i$$

wobei $a_j \leq x$ und $a_{j+1} > x$

2.2 Beschreibung von Verteilungen

Lagemaße

Arithmetisches Mittel, Definition

Das arithmetische Mittel oder der Mittelwert der Werte $x_1, \ldots, x_n$ ist

$$\bar{x} = \frac{1}{n}(x_1 + \ldots + x_n) = \frac{1}{n}\sum_{i=1}^{n} x_i = a_1 f_1 + \ldots + a_k f_k = \sum_{j=1}^{k} a_j f_j$$

Eigenschaften des aritmethischen Mittels

Für den Mittelwert $\bar{x}$ von $x_1, \ldots, x_n$ gilt die

Schwerpunkt- oder Zentraleigenschaft: $\sum_{i=1}^{n}(x_i - \bar{x}) = 0$, d.h., die Summe der Abweichungen vom Mittelwert ist Null.

Verschiebungseigenschaft: $y_i = x_i + a \implies \bar{y} = \bar{x} + a$

Homogenität: $z_i = b \cdot x_i \implies \bar{z} = b\bar{x}$ Falls die Erhebungsgesamtheit vom Umfang n in r Schichten oder Teilgesamtheiten $E_1, \ldots, E_r$ mit jeweiligen Umfängen $n_1, \ldots, n_r$ und arithmetischen Mitteln $\bar{x}_1, \ldots, \bar{x}_r$ zerlegt ist, gilt:

$$\bar{x} = \frac{1}{n}(n_1\bar{x}_1 + \ldots n_r\bar{x}_r) = \frac{1}{n}\sum_{j=1}^{r} n_j\bar{x}_j$$

Median

Die Werte $x_1, \ldots, x_n$ werden der Größe nach geordnet in die geordnete Urliste geschrieben: $x_{(1)} \leq \ldots \leq x_{(i)} \leq \ldots \leq x_{(n)}$. (Das Merkmal muss mindestens ordinalskaliert sein.)

Für ungerades n ist der Median x_{med} die mittlere Beobachtung der geordneten Urliste und für gerades n ist der Median das arithmetische Mittel der beiden in der Mitte liegenden Beobachtungen, d.h.

$$x_{med} = \begin{cases} x_{\left(\frac{n+1}{2}\right)} & \text{für } n \text{ ungerade} \\ \frac{1}{2}\left(x_{(n/2)} + x_{(n/2+1)}\right) & \text{für } n \text{ gerade} \end{cases}$$

Mindestens 50% der Daten sind kleiner oder gleich x_{med} und mindestens 50% der Daten sind größer oder gleich x_{med}.

Modalwert oder Modus

Der Modalwert oder Modus x_{mod} ist die Ausprägung mit der größten Häufigkeit. Diese ist eindeutig bestimmt, falls die Häufigkeitsverteilung ein eindeutiges Maximum besitzt.

Lagemaße bei gruppierten Daten

Die Daten seien gruppiert mit den Klassen $[c_0, c_1), [c_1, c_2), \ldots, [c_{k-1}, c_k)$. Es sei $d_i = c_i - c_{i-1}$ die Breite der Klasse und $m_i = (c_{i-1} + c_i)/2$ die Klassenmitte.

- Für den **Modalwert** bestimmen Sie die Modalklasse, d.h., die Klasse mit der größten Beobachtungszahl, und verwenden Sie die Klassenmitte, wobei gleiche Klassenbreite vorauszusetzen ist.

- Für den **Median** bestimmen Sie die Einfallsklasse $[c_{i-1}, c_i)$ des Medians, d.h. diejenige Klasse, für die erstmals $F_n(c_i) > 0.5$ ist, und bilden Sie dann

$$x_{med,grupp} = c_{i-1} + \frac{d_i\left(0.5 - F_n(c_{i-1})\right)}{f_i}$$

- Für das **arithmetische Mittel** gilt: $\bar{x}_{grupp} = \sum_{i=1}^{k} f_i m_i$

Lageregeln

Für Mittelwert, Median und Modalwert gelten die folgenden Regeln bei

symmetrischen Verteilungen:	$\bar{x} \approx x_{med} \approx x_{mod}$
linkssteilen Verteilungen:	$\bar{x} > x_{med} > x_{mod}$
rechtssteilen Verteilungen:	$\bar{x} < x_{med} < x_{mod}$

Geometrisches Mittel

Das geometrische Mittel von $x_1, \ldots, x_n$ ist

$$\bar{x}_{geom} = (x_1 \cdot \ldots \cdot x_n)^{1/n}$$

Anwendung des geometrischen Mittels und Eigenschaften

2

Das geometrische Mittel ist im Zusammenhang mit Wachstumsfaktoren oder Zins-faktoren von Bedeutung: Falls $B_0, B_1, \ldots, B_n$ eine Zeitreihe von Bestandsdaten, so ist $x_i = B_i/B_{i-1}$ der i-te Wachstumsfaktor und $r_i = \frac{B_i - B_{i-1}}{B_{i-1}}$ die i-te Wachstumsrate. Es gilt dann

$$B_n = B_0 x_1 \cdot \ldots \cdot x_n = B_0 \left(\bar{x}_{geom}\right)^n$$

Ferner gilt: $\ln \bar{x}_{geom} = \frac{1}{n} \sum_{i=1}^{n} \ln x_i$ $\bar{x}_{geom} \leq \bar{x} = \frac{1}{n} (x_1 + \ldots + x_n)$

$\bar{x}_{geom} = \bar{x} \iff x_1 = \ldots = x_n$

Harmonisches Mittel

Das harmonische Mittel von $x_1, \ldots, x_n$ ist: $\bar{x}_{har} = \dfrac{1}{\dfrac{1}{n} \displaystyle\sum_{i=1}^{n} \dfrac{1}{x_i}}$

Getrimmtes Mittel

Ein getrimmtes Mittel erhält man, indem man auf beiden Seiten einen Teil der Rand-daten (z.B. 10%) weglässt und das arithmetische Mittel aus den restlichen (inneren) Daten berechnet.

Quantile, Quartile, Dezile und Perzentile

$x_{(1)} \leq \ldots \leq x_{(i)} \leq \ldots \leq x_{(n)}$ sei die geordnete Urliste.
- Jeder Wert x_p mit $0 < p < 1$, für den mindestens ein Anteil p der Daten kleiner oder gleich x_p ist und mindestens ein Anteil $1 - p$ größer oder gleich x_p ist, heißt **p-Quantil**. Es muss also gelten:

$$\frac{\text{Anzahl}\left(x\text{-Werte} \leq x_p\right)}{n} \geq p \quad \text{und} \quad \frac{\text{Anzahl}\left(x\text{-Werte} \geq x_p\right)}{n} \geq 1 - p$$

Damit gilt für das p-Quantil:

$$x_p = x_{([np]+1)}, \quad \text{wenn } np \text{ nicht ganzzahlig,}$$
$$x_p \in \left[x_{(np)}, x_{(np+1)}\right], \quad \text{wenn } np \text{ ganzzahlig.}$$

Dabei ist $[np]$ die zu np nächstkleinere ganze Zahl.

- Das **untere Quartil** Q_1 ist das 25%-Quantil $x_{0.25}$. Das **mittlere Quartil** Q_2 ist das 50%-Quantil $x_{0.50} = x_{med}$, d.h., der Median ist das 50%-Quantil. Das **obere Quartil** Q_3 ist das 75%-Quantil $x_{0.75}$.

- $IQA = x_{0.75} - x_{0.25} = Q_3 - Q_1$ heißt **Interquartilsabstand**.

- $MQA = \frac{(Q_3 - Q_2) + (Q_2 - Q_1)}{2} = \frac{IQA}{2}$ heißt **mittlerer Quartilsabstand**.

- **Dezile** sind Quantile für $p = 10\%, 20\%, \ldots, 90\%$.

- **Perzentile** sind Quantile für $p = 1\%, 2\%, \ldots, 99\%$. Gelegentlich gibt es leicht abweichende Definitionen von Quantilen.

Weitere Kennzahlen zur Beschreibung einer Verteilung

- $MAA = \frac{1}{n} \sum_{i=1}^{n} |x_i - \bar{x}|$ heißt **mittlere absolute Abweichung**.

- Die **Enden der Verteilung** sind $x_{min} = x_{(1)}$ (Minimum der Werte) und $x_{max} = x_{(n)}$ (Maximum der Werte). Die **Spannweite** oder **Spanne** ist $x_{max} - x_{min}$.

- Als Faustregel zur Identifikation von **Ausreißern** (ungewöhnlich großen oder kleinen Werten) gilt:

  - Bilden Sie den inneren „**Zaun**" mit der Untergrenze $z_u = x_{0.25} - 1.5 IQA$ und der Obergrenze $z_o = x_{0.75} + 1.5 IQA$.

  - Daten außerhalb des Zaunes sind Ausreißerkandidaten.

- Die **Fünf-Punkte-Zusammenfassung** einer Verteilung besteht aus

$$x_{min}, x_{0.25}, x_{med}, x_{0.75}, x_{max}$$

Box-Plot

Bei einem Box-Plot wird eine Box oder Schachtel gezeichnet mit:

- $x_{0.25}$ = Anfang der Schachtel (Box) $x_{0.75}$ = Ende der Schachtel d_Q = Länge der Schachtel

- Der Median wird durch einen Punkt (oder einen Strich) in der Box markiert.

- Zwei Linien („whiskers") außerhalb der Box gehen bis zu x_{min} und x_{max}.

Man erhält einen **modifizierten Box-Plot**, wenn die Linien außerhalb der Box nur bis zu x_{min} und x_{max} gezeichnet werden, falls x_{min} und x_{max} innerhalb der Zäune $z_u = x_{0.25} - 1.5 IQA$ und $z_o = x_{0.75} + 1.5 IQA$ liegen. Ansonsten gehen die Linien nur bis zum kleinsten bzw. größten Wert innerhalb der Zäune, und die außerhalb liegenden Werte werden individuell eingezeichnet.

Streuungsmaße
Varianz und Standardabweichung

■ Die **Varianz** oder **empirische Varianz** der Werte $x_1, \ldots, x_n$ ist

$$\tilde{s}^2 = \frac{1}{n}\left[(x_1 - \bar{x})^2 + \ldots + (x_n - \bar{x})^2\right] = \frac{1}{n}\sum_{i=1}^{n}(x_i - \bar{x})^2$$

(Die empirische Varianz ist die *mittlere quadratische Abweichung* vom Mittelwert.)

■ Die **Standardabweichung** ist die Wurzel aus der Varianz

$$\tilde{s} = \sqrt{\tilde{s}^2}$$

Für Häufigkeitsdaten gilt:

$$\tilde{s}^2 = (a_1 - \bar{x})^2 f_1 + \ldots + (a_k - \bar{x})^2 f_k = \sum_{j=1}^{k}(a_j - \bar{x})^2 f_j$$

■ Die **Stichprobenvarianz** ist

$$s^2 = \frac{1}{n-1}\sum_{i=1}^{n}(x_i - \bar{x})^2$$

Hier wird nicht durch n, sondern durch die Anzahl der Freiheitsgrade $n-1$ dividiert.

(Die Notationen und Namen für Varianz und Stichprobenvarianz variieren sehr in der Literatur!) Varianz und Standardabweichung sind nur für metrische Merkmale geeignet.

Eigenschaften der empirischen Varianz

Für die empirische Varianz gilt:

$\tilde{s}^2 \geq 0$

Verschiebungssatz: Für jedes $c \in \mathbb{R}$ gilt: $\dfrac{1}{n}\sum_{i=1}^{n}(x_i - \bar{x})^2 = \dfrac{1}{n}\sum_{i=1}^{n}(x_i - c)^2 - (\bar{x} - c)^2$

Spezialfall für $c = 0$ zur Vereinfachung der Berechnung: $\tilde{s}^2 = \left(\dfrac{1}{n}\sum_{i=1}^{n}x_i^2\right) - \bar{x}^2$

Transformationsregel: $y_i = ax_i \;\Rightarrow\; \tilde{s}_y^2 = a^2\tilde{s}_x^2$ bzw. $\tilde{s}_y = |a|\tilde{s}_x$ und
$y_i = x_i + b \;\Rightarrow\; \tilde{s}_y^2 = \tilde{s}_x^2$ bzw. $\tilde{s}_y = \tilde{s}_x$

2

Minimaleigenschaft der Varianz: Für alle $d \in \mathbb{R}$ gilt

$$SQA(d) := \sum_{i=1}^{n}(x_i - d)^2 \geq \sum_{i=1}^{n}(x_i - \bar{x})^2$$

D.h., das arithmetische Mittel minimiert also die Summe der quadratischen Abweichungen.

Streuungszerlegung: Wird die Erhebungsgesamtheit E vom Umfang n in r Schichten $E_1, \ldots, E_r$ mit den Umfängen $n_1, \ldots, n_r$ und jeweiligen Mitteln $\bar{x}_1, \ldots, \bar{x}_r$ und Varianzen $\tilde{s}_1^2, \ldots, \tilde{s}_r^2$ zerlegt, so gilt für die gesamte Varianz $\tilde{s}^2$ in E:

$$\tilde{s}^2 = \frac{1}{n}\sum_{j=1}^{r} n_j \tilde{s}_j^2 + \frac{1}{n}\sum_{j=1}^{r} n_j(\bar{x}_j - \bar{x})^2,$$

wobei

$$\bar{x} = \frac{1}{n}\sum_{j=1}^{r} n_j \bar{x}_j$$

das arithmetische Mittel bei Schichtenbildung ist. In Worten:

Gesamtstreuung = Streuung innerhalb der Schichten + Streuung zwischen den Schichten

Variationskoeffizient

Für Merkmale mit nichtnegativen Ausprägungen und $\bar{x} > 0$ heißt $v = \frac{\tilde{s}}{\bar{x}}$ der Variationskoeffizient. Man findet auch für beliebige Merkmale mit $\bar{x} \neq 0$ die Definition: $v = \frac{\tilde{s}}{|\bar{x}|}$. Der Variationskoeffizient ist ein maßstabsunabhängiges Streuungsmaß.

Maßzahlen für Schiefe und Wölbung

■ Der **Quantilskoeffizient der Schiefe** ist definiert durch

$$g_p = \frac{(x_{1-p} - x_{med}) - (x_{med} - x_p)}{x_{1-p} - x_p}$$

Für $p = 0.25$ ergibt sich der **Quartilskoeffizient**.
Es gilt: $-1 \leq g_p \leq 1$ und

- $g_p = 0$ für symmetrische Verteilungen,
- $g_p > 0$ für linkssteile Verteilungen,
- $g_p < 0$ für rechtssteile Verteilungen.

■ Der **Momentenkoeffizient der Schiefe** ist definiert durch

$$g_m = \frac{m_3}{\tilde{s}^3} \qquad \text{mit} \qquad m_3 = \frac{1}{n}\sum_{i=1}^{n}(x_i - \bar{x})^3$$

Es gilt: g_m ist maßstabsunabhängig und

- $g_m = 0$ für symmetrische Verteilungen,
- $g_m > 0$ für linkssteile Verteilungen,
- $g_m < 0$ für rechtssteile Verteilungen.

■ Das **Wölbungsmaß von Fisher** ist definiert durch

$$\gamma = \frac{m_4}{\tilde{s}^4 - 3} \quad \text{mit} \quad m_4 = \frac{1}{n}\sum_{i=1}^{n}(x_i - \bar{x})^4 \quad \text{bzw.} \quad \frac{1}{n}\sum_{j=1}^{k}(a_j - \bar{x})^4 n_j$$

Dabei ist

- $\gamma = 0$ bei Normalverteilung,
- $\gamma > 0$ bei spitzeren Verteilungen,
- $\gamma < 0$ bei flacheren Verteilungen.

Konzentrationsmaße

Es wird vorausgesetzt: Das Merkmal ist kardinalskaliert und alle Werte sind nicht-negativ. Es wird von bereits geordneten Werten $x_1 \leq \ldots \leq x_n$ ausgegangen! Die **Gesamtmerkmalssumme** ist $\sum_{i=1}^{n} x_i > 0$.

Lorenzkurve

■ Für die geordnete Urliste $x_1 \leq \ldots \leq x_n$ ergibt sich die Lorenzkurve als Streckenzug durch die Punkte

$$(0, 0), (u_1, v_1), \ldots, (u_n, v_n) = (1, 1)$$

mit

$$u_j = j/n \quad \text{Anteil der Merkmalsträger}$$

$$v_j = \frac{\sum_{i=1}^{j} x_i}{\sum_{i=1}^{n} x_i} \quad \text{kumulierte relative Merkmalssumme}$$

■ Die Lorenzkurve ist monoton wachsend und konvex. Liegen die Daten in Form von absoluten bzw. relativen Häufigkeiten $h_1, \ldots, h_k$ bzw. $f_1, \ldots, f_k$ für die Merkmalsausprägungen $a_1, \ldots, a_k$ vor, so berechnen sich die Knickstellen

$$u_j = \sum_{i=1}^{j} h_i/n = \sum_{i=1}^{j} f_i \qquad v_j = \frac{\sum_{i=1}^{j} h_i a_i}{\sum_{i=1}^{k} h_i a_i} = \frac{\sum_{i=1}^{j} f_i a_i}{\sum_{i=1}^{k} f_i a_i} \qquad j = 1, \ldots, k$$

- Liegen die Daten nur in gruppierter Form vor, d.h., sind die Häufigkeiten $h_1, \ldots, h_k$ oder $f_1, \ldots, f_k$ der Klassen $[c_0, c_1), [c_1, c_2), \ldots, [c_{k-1}, c_k)$ gegeben, so wird die Lorenzkurve für den rechten Endpunkt jeder Klasse berechnet. Es sind zwei Fälle zu unterscheiden:

  - Die Merkmalssumme der i-ten Klasse sei gegeben und werde mit x_i bezeichnet.

$$u_j = \sum_{i=1}^{j} h_i/n = \sum_{i=1}^{j} f_i \qquad v_j = \frac{\sum\limits_{i=1}^{j} x_i}{\sum\limits_{i=1}^{k} x_i}$$

  - Die Merkmalssumme ist unbekannt. Man rechnet mit den Klassenmitten $m_i = (c_i + c_{i-1})/2$

$$u_j = \sum_{i=1}^{j} h_i/n = \sum_{i=1}^{j} f_i \qquad v_j = \frac{\sum\limits_{i=1}^{j} h_i m_i}{\sum\limits_{i=1}^{k} h_i m_i}$$

Gini-Koeffizient

- Der **Gini-Koeffizient** ist bestimmt durch

$$G = \frac{\text{Fläche zwischen Diagonale und Lorenzkurve}}{\text{Fläche zwischen Diagonale und } u\text{-Achse}}$$

$$= 2 \cdot \text{Fläche zwischen Diagonale und Lorenzkurve}$$

- Liegt eine geordnete Urliste $x_1 \leq \ldots \leq x_n$ vor, so gilt:

$$G = \frac{2 \sum\limits_{i=1}^{n} i x_i}{n \sum\limits_{i=1}^{n} x_i} - \frac{n+1}{n} = \sum_{i=1}^{n} p_i \frac{2i - n - 1}{2n} \qquad \text{mit} \quad p_i = \frac{x_i}{\sum\limits_{j=1}^{n} x_j}$$

- Liegen Häufigkeitsdaten mit $a_1 < \ldots < a_k$ vor, so gilt:

$$G = \frac{\sum\limits_{i=1}^{k} (u_{i-1} + u_i) h_i a_i}{\sum\limits_{i=1}^{k} h_i a_i} - 1,$$

wobei $u_i = \sum\limits_{j=1}^{i} h_j/n, \quad v_i = \sum\limits_{j=1}^{i} h_j a_j \Big/ \sum\limits_{j=1}^{k} h_j a_j.$

- Es gilt

  - $G_{min} = 0$ bei Nullkonzentration, d.h. $x_1 = \ldots = x_n$
  - $G_{max} = \dfrac{n-1}{n}$ bei maximaler Konzentration, d.h. $x_1 = \ldots = x_{n-1} = 0, x_n > 0$

- Der **normierte Gini-Koeffizient** oder **Lorenz-Münzner-Koeffizient** ist definiert durch

$$G^* = \frac{G}{G_{max}} = \frac{n}{n-1} G \quad \text{mit Werten im Intervall} \quad [0, 1].$$

Weitere Konzentrationsmaße

- Die **Konzentrationsrate CR_g** ist für vorgegebenes g und $x_1 \leq \ldots \leq x_n$ definiert durch

$$CR_g = \sum_{i=n-g+1}^{n} p_i, \qquad \text{wobei} \quad p_i = \frac{x_i}{\sum\limits_{j=1}^{n} x_j}$$

den Merkmalsanteil der i-ten Einheit bezeichnet. Sie gibt an, welcher Anteil von den g größten Merkmalsträgern gehalten wird. Gelegentlich wird auch davon ausgegangen, dass die Beobachtungen absteigend geordnet sind: $x_1 \geq \ldots \geq x_n$. In diesem Fall ist

$$CR_g = \sum_{i=1}^{g} p_i = \frac{\sum\limits_{i=1}^{g} x_i}{\sum\limits_{i=1}^{n} x_i}$$

- Die **Konzentrationskurve** ergibt sich, wenn man die Punkte (g, CR_g), $g = 0, 1, \ldots, n$ abträgt und durch Streckenzüge verbindet.
- Die Fläche, die innerhalb des Rechtecks $[0, n] \times [0, 1]$ oberhalb der Konzentrationskurve liegt, werde mit A bezeichnet. Dann ist der **Rosenbluth-Index** definiert durch $K_R = \dfrac{1}{2A}$.

Es gilt: $\quad K_R = \dfrac{1}{\left(2 \sum\limits_{i=1}^{n} i p_i\right) - 1} \qquad K_R = \dfrac{1}{n(1-G)} \qquad G = 1 - \dfrac{1}{nK_R}$

- Der **Herfindahl-Index** ist

$$H = \sum_{i=1}^{n} p_i^2, \qquad \text{wobei} \quad p_i = \frac{x_i}{\sum\limits_{j=1}^{n} x_j}$$

den Merkmalsanteil der i-ten Einheit bezeichnet. Es gilt: $H_{min} = 1/n$ bei gleichem Marktanteil, d.h. $p_i = 1/n$ und $H_{max} = 1$ bei einem Monopolisten, d.h. $p_n = 1$. Der Wertebereich ist: $1/n \leq H \leq 1$. Wenn v der Variationskoeffizient ist, so gilt:

$$H = \frac{v^2 + 1}{n} \quad \text{bzw.} \quad v^2 = nH - 1.$$

2.3 Dichtefunktionen und Normalverteilung

Grundlegende Definitionen

- Eine stetige Funktion $f(x)$ ist eine **Dichtefuntion (Dichtekurve)** oder **Dichte**, wenn $f(x) \geq 0$ und die von $f(x)$ überdeckte Gesamtfläche gleich 1 ist, d.h.

$$\int_{-\infty}^{\infty} f(x)dx = 1$$

- Für $0 < p < 1$ ist das p-**Quantil** x_p der Wert auf der x-Achse, der die Gesamtfläche unter $f(x)$ in eine Fläche von $p \cdot 100\%$ links und eine Fläche $(1-p) \cdot 100\%$ rechts von x_p aufteilt.

- Der **Median** $x_{0.5}$ teilt die Gesamtfläche in zwei gleich große linke und rechte Hälften auf.

- Die **Dichtefunktion der Normalverteilung** (auch Gauß-Verteilung) ist für jedes $x \in \mathbb{R}$ durch

$$f(x|\mu, \sigma) = \frac{1}{\sigma\sqrt{2\pi}} \exp\left(-\frac{1}{2}\left(\frac{x-\mu}{\sigma}\right)^2\right)$$

definiert. Für gegebene Werte von $\mu \in \mathbb{R}$ und $\sigma > 0$ ist $f(x|\mu, \sigma)$ eindeutig spezifiziert. Dabei heißt μ **Mittelwert** und σ **Standardabweichung** von $f(x|\mu, \sigma)$.

- Sei $f(x)$ die Dichte einer Normalverteilung mit Mittelwert μ und Standardabweichung σ. Dann besitzt die standardisierte Variable

$$Z = \frac{X - \mu}{\sigma}$$

die Dichte einer Normalverteilung mit $\mu = 0$ und $\sigma = 1$. Diese Normalverteilung heißt **Standardnormalverteilung** und die Variable Z entsprechend standardnormalverteilt. Die zugehörige Dichtefunktion wird mit $\phi(z)$ bezeichnet, d.h.

$$\phi(z) = \frac{1}{\sqrt{2\pi}} \exp\left(-\frac{z^2}{2}\right).$$

Quantile der Standardnormalverteilung

Ausgewählte Quantile z_p der Standardnormalverteilung:

p	1%	2.5%	5%	10%	25%	50%	75%	90%	95%	97.5%	99%
z_p	-2.33	-1.96	-1.64	-1.28	-0.67	0	0.67	1.28	1.64	1.96	2.33

Für $0 < p < 1$ gilt $z_p = -z_{1-p}$ und für die Quantile x_p von $f(x|\mu, \sigma)$ gilt: $x_p = \mu + \sigma z_p$

Die 68-95-99.7-Prozent-Regel oder 3σ-Regeln:

68%	der Beobachtungen liegen im Intervall $\mu \pm \sigma$
95%	der Beobachtungen liegen im Intervall $\mu \pm 2\sigma$
99.7%	der Beobachtungen liegen im Intervall $\mu \pm 3\sigma$

Normal-Quantil-Plot

- Sei $x_{(1)}, \ldots, x_{(n)}$ die geordnete Urliste. Für $i = 1, \ldots, n$ werden die $(i - 0.5)/n$-Quantile $z_{(i)}$ der Standardnormalverteilung berechnet. Der Normal-Quantil-Plot (NQ-Plot) besteht aus allen Punkten

$$(z_{(1)}, x_{(1)}), \ldots, (z_{(n)}, x_{(n)})$$

  im z-x-Koordinatensystem.

- Falls die empirische Verteilung der Beobachtungen approximativ standardnormalverteilt ist, liegen die Punkte $(z_{(i)}, x_{(i)})$ nahe an oder auf der Winkelhalbierenden.

- Ist die Variable X approximativ normalverteilt mit Mittelwert $\bar{x}$ und Standardabweichung $\sigma = s$, so ist die standardisierte Variable $Z = (X - \mu)/\sigma$ approximativ standardnormalverteilt. Die Punkte $(z_{(i)}, x_{(i)})$ des NQ-Plots liegen dann in etwa auf der Geraden $x = \mu + \sigma z$.

2.4 Kerndichteschätzer

Gleitendes Histogramm

Bei einem gleitenden Histogramm approximiert man die Dichtefunktion durch

$$\hat{f}(x) = \frac{\frac{1}{n} \cdot \text{Anzahl der Daten } x_i \text{ in } [x - h, x + h)}{2h}$$

Damit entspricht $\hat{f}(x)$ der Höhe eines Rechtecks mit der Breite $2h$, so dass die Fläche gleich der relativen Häufigkeit der $x_i \in [x - h, x + h)$. Es gilt:

$$\hat{f}(x) = \frac{1}{n} \sum_{i=1}^{n} \frac{1}{h} K\left(\frac{x - x_i}{h}\right),$$

wobei

$$K(u) = \begin{cases} \frac{1}{2} & \text{für} \quad -1 \leq u < 1 \\ 0 & \text{sonst} \end{cases}$$

das Einheitsrechteckfenster oder ein Kern mit der Fläche 1 und der Höhe 1/2 über $-1 \leq u < 1$. Es ist

$$\frac{1}{h} K \left(\frac{x - x_i}{h} \right) = \begin{cases} 1/2h & x_i - h \leq x < x_i + h \\ 0 & \text{sonst} \end{cases}$$

ein über x_i zentriertes Rechteckfenster mit der Fläche 1 und der Breite $2h$.

Definition eines Kerndichteschätzers

Sei $K(u)$ eine Kernfunktion, d.h. eine Funktion mit den gleichen Eigenschaften wie eine Dichtefunktion. Zu gegebenen Daten $x_1, \ldots, x_n$ ist dann

$$\hat{f}(x) = \frac{1}{nh} \sum_{i=1}^{n} K \left(\frac{x - x_i}{h} \right), \quad x \in \mathbb{R}$$

ein (Kern-)Dichteschätzer für $f(x)$. Man nennt h die Bandbreite.

Häufig verwendete stetige Kerne

- $K(u) = \dfrac{3}{4}(1 - u^2)$ für $-1 \leq u \leq 1$, 0 sonst $\qquad$ Epanechnikov-Kern

- $K(u) = \dfrac{15}{16}(1 - u^2)^2$ für $-1 \leq u \leq 1$, 0 sonst $\qquad$ Bisquare-Kern

- $K(u) = \dfrac{1}{\sqrt{2\pi}} \exp \left(-\dfrac{1}{2} u^2 \right)$ für $u \in \mathbb{R}$ $\qquad$ Gauß-Kern

Kapitel 3
Multivariate beschreibende Statistik und explorative Darstellungen

3.1 Zwei diskrete Merkmale, Kontingenztafeln

Es wird von zwei Merkmalen X und Y mit den möglichen Ausprägungen $a_1, \ldots, a_k$ für X und $b_1, \ldots, b_m$ für Y ausgegangen. Möglich sind auch gruppierte Daten.

Kontingenztafeln

■ Eine $(k \times m)$-Kontingenztafel der **absoluten Häufigkeiten** besitzt die Form

$$
\begin{array}{c|ccc|c}
 & b_1 & \ldots & b_m & \\
\hline
a_1 & h_{11} & \ldots & h_{1m} & h_{1.} \\
a_2 & h_{21} & \ldots & h_{2m} & h_{2.} \\
\vdots & \vdots & & \vdots & \vdots \\
a_k & h_{k1} & \ldots & h_{km} & h_{k.} \\
\hline
 & h_{.1} & \ldots & h_{.m} & n
\end{array}
$$

Dabei bezeichnen

$$h_{ij} = h(a_i, b_j) \qquad \text{die absolute Häufigkeit der Kombination } (a_i, b_j),$$

$$h_{i.} = \sum_{j=1}^{m} h_{ij} \qquad \text{die Randhäufigkeiten von } X \text{ und}$$

$$h_{.j} = \sum_{i=1}^{k} h_{ij} \qquad \text{die Randhäufigkeiten von } Y.$$

- Die $(k \times m)$-Kontingenztafel der **relativen Häufigkeiten** besitzt die Form

$$
\begin{array}{c|ccc|c}
 & b_1 & \cdots & b_m & \\
\hline
a_1 & f_{11} & \cdots & f_{1m} & f_{1.} \\
a_2 & f_{21} & \cdots & f_{2m} & f_{2.} \\
\vdots & \vdots & & \vdots & \vdots \\
a_k & f_{k1} & \cdots & f_{km} & f_{k.} \\
\hline
 & f_{.1} & \cdots & f_{.m} & n
\end{array}
$$

Dabei bezeichnen

$$f_{ij} = h_{i,j}/n \qquad\qquad \text{die relative Häufigkeit der Kombination } (a_i, b_j),$$

$$f_{i.} = \sum_{j=1}^{m} f_{ij} = h_{i.}/n \qquad \text{die relativen Randhäufigkeiten von } X \text{ und}$$

$$f_{.j} = \sum_{i=1}^{k} f_{ij} = h_{.j}/n \qquad \text{die relativen Randhäufigkeiten von } Y.$$

Bedingte relative Häufigkeitsverteilung

- Die bedingte relative Häufigkeitsverteilung von Y unter der Bedingung $X = a_i$, kurz $Y|X = a_i$ ist gegeben durch

$$f_Y(b_1|a_i) = \frac{h_{i1}}{h_{i.}}, \ldots, f_Y(b_m|a_i) = \frac{h_{im}}{h_{i.}}$$

- Die bedingte relative Häufigkeitsverteilung von X unter der Bedingung $Y = b_j$, kurz $X|Y = b_j$ ist gegeben durch

$$f_X(a_1|b_j) = \frac{h_{1j}}{h_{.j}}, \ldots, f_X(a_k|b_j) = \frac{h_{kj}}{h_{.j}}$$

Zusammenhangsanalyse in Kontingenztabellen

- Für die Kontingenztafel

$$
\begin{array}{c|cc}
 & b_1 & b_2 \\
\hline
a_1 & h_{11} & h_{12} \\
a_2 & h_{21} & h_{22}
\end{array}
$$

ist das **Kreuzproduktverhältnis** (relative Chance oder Odds Ratio) bestimmt durch

$$\gamma = \frac{h_{11}/h_{12}}{h_{21}/h_{22}} = \frac{h_{11}h_{22}}{h_{21}h_{12}}$$

Dabei bedeutet:

- $\gamma = 1$ Die Chancen in beiden Populationen $X = a_1$ und $X = a_2$ sind gleich.
- $\gamma > 1$ Die Chancen in Population $X = a_1$ sind besser als in $X = a_2$.
- $\gamma < 1$ Die Chancen in Population $X = a_1$ sind schlechter als in $X = a_2$.

- Der χ^2-**Koeffizient** oder die **quadratische Kontingenz** ist definiert durch

$$\chi^2 = \sum_{i=1}^{k} \sum_{j=1}^{m} \frac{\left(h_{ij} - \tilde{h}_{ij}\right)^2}{\tilde{h}_{ij}} = n \left(\sum_{i=1}^{k} \sum_{j=1}^{m} \frac{h_{ij}^2}{h_{i.} h_{.j}} - 1 \right),$$

wobei

$$\tilde{h}_{ij} = \frac{h_{i.} h_{.j}}{n}$$

die bei Unabhängigkeit zu erwartenden Häufigkeiten sind.

Es gilt: $\chi^2 \in [0, \infty)$ und χ^2 ist groß (starke Diskrepanz), wenn X und Y voneinander abhängen, χ^2 ist klein (kleine Diskrepanz), wenn X und Y nicht voneinander abhängen. Für $k = m = 2$ ist:

$$\chi^2 = n \frac{(h_{11} h_{22} - h_{12} h_{21})^2}{h_{1.} h_{2.} h_{.1} h_{.2}}$$

- Der **Kontingenzkoeffizient** ist definiert durch

$$K = \sqrt{\frac{\chi^2}{n + \chi^2}}$$

und besitzt den Wertebereich $K \in \left[0, \sqrt{\frac{M-1}{M}}\right]$, wobei $M = \min\{k, m\}$.

- Der **korrigierte Kontingenzkoeffizient** ist definiert durch

$$K^* = K \left/ \sqrt{\frac{M-1}{M}} \right.$$

mit dem Wertebereich $K^* \in [0, 1]$.

3.2   Graphische Darstellung quantitativer Merkmale

Streudiagramm oder Scatterplot

Die Darstellung der Messwerte $(x_1, y_1), \ldots, (x_n, y_n)$ im (x, y)-Koordinatensystem heißt Streudiagramm oder Scatterplot.

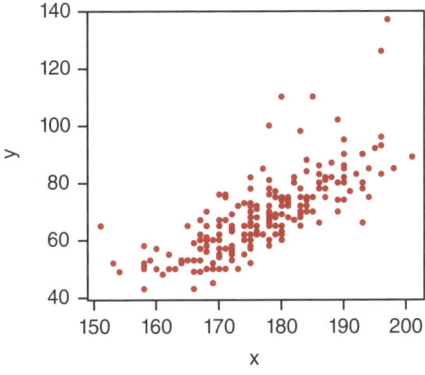

Abbildung 3.1. Scatterplot

Zweidimensionales Histogramm

- Bilden Sie für das Merkmal X Intervalle $[c_0, c_1), \ldots, [c_{k-1}, c_k)$ und für das Merkmal Y Intervalle $[e_0, e_1), \ldots, [e_{m-1}, e_m)$.
- Zeichnen Sie über den Rechtecksklassen

$$[c_{i-1}, c_i) \times [e_{j-1}, e_j), \quad i = 1, \ldots, k, \ j = 1, \ldots, m$$

Blöcke mit der

$$\text{Grundkante } [c_{i-1}, c_i) \text{ in der } x\text{-Koordinate}$$
$$\text{Grundkante } [e_{j-1}, e_j) \text{ in der } y\text{-Koordinate}$$

und der Höhe

$$\frac{h_{ij}}{(c_i - c_{i-1})(e_j - e_{j-1})} \quad \text{bzw.} \quad \frac{h_{ij}/n}{(c_i - c_{i-1})(e_j - e_{j-1})}$$

Kerndichteschätzer

Der zweidimensionale (Kerndichte-) Schätzer ist definiert durch

$$\hat{f}(x, y) = \frac{1}{n} \sum_{i=1}^{n} \frac{1}{h_1} K\left(\frac{x - x_i}{h_1}\right) \frac{1}{h_2} K\left(\frac{y - y_i}{h_2}\right)$$

3.3 Zusammenfassende Kennzahlen

Grundlegende Voraussetzungen und Notationen

Gegeben seien n Wertepaare (x_i, y_i). Dann ist

- $\bar{x} = \dfrac{1}{n} \sum_{i=1}^{n} x_i = \sum_{i=1}^{k} a_i f_{i.} \ $ bzw. $\ \bar{y} = \dfrac{1}{n} \sum_{i=1}^{n} y_i = \sum_{j=1}^{m} b_j f_{.j} \ $ der **Mittelwert** der x- bzw. y-Werte,

- $\tilde{s}_X^2 = \dfrac{1}{n} \sum_{i=1}^{n} (x_i - \bar{x})^2 = \sum_{i=1}^{k} (a_i - \bar{x})^2 f_{i.} \ $ bzw. $\ \tilde{s}_Y^2 = \dfrac{1}{n} \sum_{i=1}^{n} (y_i - \bar{y})^2 = \sum_{j=1}^{m} (b_j - \bar{y})^2 f_{.j} \ $ die **empirische Varianz** der x- bzw. y-Werte.

- Für die Summe $S := X + Y$ und die Differenz $D := X - Y$ der x- und y-Werte gilt

$$\bar{s} = \bar{x} + \bar{y} \quad \text{bzw.} \quad \bar{d} = \bar{x} - \bar{y}$$

und

$$\tilde{s}_{X+Y} = \tilde{s}_X^2 + \tilde{s}_Y^2 + 2 \cdot \frac{1}{n} \sum_{i=1}^{n} (x_i - \bar{x})(y_i - \bar{y}) = \tilde{s}_X^2 + \tilde{s}_Y^2 + 2c_{XY}$$

bzw.

$$\tilde{s}_{X-Y} = \tilde{s}_X^2 + \tilde{s}_Y^2 - 2 \cdot \frac{1}{n} \sum_{i=1}^{n} (x_i - \bar{x})(y_i - \bar{y}) = \tilde{s}_X^2 + \tilde{s}_Y^2 - 2c_{XY}$$

Dabei ist $c_{XY} = \dfrac{1}{n} \sum_{i=1}^{n} (x_i - \bar{x})(y_i - \bar{y})$ die **empirische Kovarianz** zwischen den Merkmalen X und Y.

Zusammenhangsmaße bei metrischen Merkmalen

Empirische Kovarianz

3

Die empirische Kovarianz oder Kovarianz zwischen den Merkmalen X und Y ist definiert durch

$$c_{XY} = \frac{1}{n} \sum_{i=1}^{n} (x_i - \bar{x})(y_i - \bar{y}) = \sum_{i=1}^{k} \sum_{j=1}^{m} (a_i - \bar{x})(b_j - \bar{y}) f_{ij}$$

Es gilt $c_{XY} = c_{YX}$. Zur Vereinfachung der Rechnung verwendet man oft:

$$c_{XY} = \frac{1}{n} \sum_{i=1}^{n} x_i y_i - \bar{x}\bar{y} = \overline{xy} - \bar{x}\bar{y}$$

Empirischer Korrelationskoeffizient nach Bravais-Pearson

Der Bravais-Pearson-Korrelationskoeffizient für die Beobachtungen $(x_1, y_1), \ldots, (x_n, y_n)$ ist definiert durch

$$r = r_{XY} = \frac{\displaystyle\sum_{i=1}^{n} (x_i - \bar{x})(y_i - \bar{y})}{\sqrt{\displaystyle\sum_{i=1}^{n} (x_i - \bar{x})^2 \sum_{i=1}^{n} (y_i - \bar{y})^2}}$$

Der Wertebereich ist $-1 \leq r \leq 1$. Es gilt $r_{XY} = r_{YX}$ und

$$r = \frac{\displaystyle\sum_{i=1}^{n} x_i y_i - n\bar{x}\bar{y}}{\sqrt{\left(\displaystyle\sum_{i=1}^{n} x_i^2 - n\bar{x}^2\right)\left(\displaystyle\sum_{i=1}^{n} y_i^2 - n\bar{y}^2\right)}} = \frac{c_{XY}}{\tilde{s}_X \tilde{s}_Y}$$

Es bedeutet:

- $r > 0$ positive Korrelation, d.h., es besteht ein gleichsinniger linearer Zusammenhang, die Werte (x_i, y_i) liegen um eine Gerade mit positiver Steigung
- $r < 0$ negative Korrelation, d.h., es besteht ein gegensinniger linearer Zusammenhang, die Werte (x_i, y_i) liegen um eine Gerade mit negativer Steigung
- $r = 0$ keine Korrelation, die Variablen sind unkorreliert, es gibt keinen linearen Zusammenhang.

Man spricht für

- $|r| < 0.5$ von „schwacher Korrelation",
- $0.5 < |r| < 0.8$ von „mittlerer Korrelation",
- $0.8 < |r|$ von „starker Korrelation".

Für dichotome Variablen $X, Y \in \{0, 1\}$ mit den Häufigkeiten

$$
\begin{array}{c|cc}
 & 0 & 1 \\
\hline
0 & h_{11} & h_{12} \\
1 & h_{21} & h_{22}
\end{array}
$$

gilt $r = \Phi$, wobei

$$\Phi := \frac{h_{11}h_{22} - h_{12}h_{21}}{\sqrt{h_{1.}h_{2.}h_{.1}h_{.2}}}$$

der Φ- oder Phi-Koeffizient ist. Es gilt: $\Phi^2 = \frac{\chi^2}{n}$, wobei der χ^2- oder Chiquadratwert auf S. 275 definiert wird.

Spearmans Korrelationskoeffizient

- Wird aus der Urliste $x_1, \dots, x_n$ die geordnete Urliste $x_{(1)}, \dots, x_{(n)}$ gebildet, so ist der **Rang** einer Beobachtung definiert durch

$$\mathrm{rg}(x_{(i)}) = i$$

  Bei identischen Werten wird der Durchschnittsrang verwendet, d.h. der Durchschnitt der in Frage kommenden Ränge.
- Der **Korrelationskoeffizient von Spearman** ist

$$r_{SP} = r_{SP}(X, Y) = \frac{\sum\limits_{i=1}^{n}(\mathrm{rg}(x_i) - \overline{\mathrm{rg}}_X)(\mathrm{rg}(y_i) - \overline{\mathrm{rg}}_Y)}{\sqrt{\sum\limits_{i=1}^{n}(\mathrm{rg}(x_i) - \overline{\mathrm{rg}}_X)^2 \sum\limits_{i=1}^{n}(\mathrm{rg}(y_i) - \overline{\mathrm{rg}}_Y)^2}},$$

wobei $\overline{\mathrm{rg}}_X = \overline{\mathrm{rg}}_X = (n+1)/2$ der mittlere Rang der x_i bzw. y_i.

- Der Wertebereich ist: $-1 \leq r_{SP} \leq 1$.
- Es gilt $r_{SP}(X, Y) = r_{\mathrm{rg}(X),\mathrm{rg}(Y)}$, d.h., der Spearman-Korrelationskoeffizient ist gleich dem Bravais-Pearson-Korrelationskoeffizient der Ränge von X und Y.
- Falls es keine Bindungen gibt, d.h. $x_i \neq x_j$, $y_i \neq y_j$ für alle i, j, ist die Version

$$r_{SP} = 1 - \frac{6\sum_{1}^{n} d_i^2}{(n^2 - 1)n}$$

rechentechnisch günstiger, wobei $d_i = \mathrm{rg}(x_i) - \mathrm{rg}(y_i)$ die Rangdifferenzen sind.

- Es bedeutet:

  * $r_{SP} > 0$ gleichsinniger monotoner Zusammenhang, d.h., in der Regel sind x und y gemeinsam groß bzw. klein.

  * $r_{SP} < 0$ gegensinniger monotoner Zusammenhang, d.h., in der Regel ist x groß, wenn y klein, und x ist klein, wenn y groß ist.

  * $r_{SP} \approx 0$ kein monotoner Zusammenhang.

Invarianzeigenschaften der Korrelationskoeffizienten

- Für den Bravais-Pearson Korrelationskoeffizienten gilt bei einer linearen Transformation $\tilde{X} = a_x X + b_x,\ a_x \neq 0$ und $\tilde{Y} = a_y Y + b_y,\ a_y \neq 0$:

  - $r_{\tilde{X}\tilde{Y}} = r_{XY}$, wenn $a_X, a_y > 0$ bzw. $a_X, a_Y < 0$

  - $r_{\tilde{X}\tilde{Y}} = -r_{XY}$, wenn $a_X > 0, a_y < 0$ bzw. $a_X < 0, a_Y > 0$

- Für den Spearman Rangkorrelationskoeffizienten gilt bei einer monotonen Transformation $\tilde{X} = g(X),\ \tilde{Y} = h(Y)$, wobei g und h jeweils streng monoton (wachsend oder fallend) sind:

  - $r_{SP}(\tilde{X}\tilde{Y}) = r_{SP}(XY)$, wenn g und h monoton wachsend bzw. g und h monoton fallend sind,

  - $r_{SP}(\tilde{X}\tilde{Y}) = -r_{SP}(XY)$, wenn g monoton wachsend und h monoton fallend bzw. g monoton fallend und h monoton wachsend ist.

Korrelation als Maß des Zusammenhangs

Korrelation ist ein Maß für die Stärke des Zusammenhangs zwischen X und Y. Die Richtung der Wirkung (sofern vorhanden) wird durch Korrelationskoeffizienten nicht erfasst.

3.4 Regression

Das Ziel ist die Anpassung einer linearen Funktion (einer Geraden) an eine gegebene Punktwolke.

Grundlegende Definitionen

- Seien $(y_1, x_1), \ldots, (y_n, x_n)$ Beobachtungen der Merkmale Y und X, dann heißt

$$y_i = \alpha + \beta x_i + \epsilon_i, \quad i = 1, \ldots, n,$$

  lineare Einfachregression, wobei α den Achsenabschnitt, β den Steigungsparameter und ϵ_i die Fehler bezeichnen.

- Die **Methode der kleinsten Quadrate** minimiert

$$Q(\alpha, \beta) = \frac{1}{n} \sum_{i=1}^{n} [y_i - (\alpha + \beta x_i)]^2,$$

die mittlere Summe der quadrierten Differenzen zwischen den beobachteten und den prognostizierten bzw. gefitteten Werten $\hat{y}_i = \hat{\alpha} + \hat{\beta} x_i$, $i = 1, \ldots, n$. Die Werte $\hat{\alpha}$ und $\hat{\beta}$ von α bzw. β, die $Q(\alpha, \beta)$ minimieren, nennt man **Kleinste-Quadrate-Schätzer**.

- Die Gerade $\hat{y}(x) = \hat{\alpha} + \hat{\beta} x$ heißt **Regressionsgerade**. Die Werte $\hat{y}_i = \hat{\alpha} + \hat{\beta} x_i$ heißen Regressionswerte (Punkte auf der Geraden).
- Die **Residuen** (= senkrechte Abstände von der Geraden) berechnen sich durch $\hat{\epsilon}_i = y_i - \hat{y}_i$, $i = 1, \ldots, n$.

Gleichbedeutend ist die Minimierung der Summe der quadrierten Abweichungen

$$SQ(\alpha, \beta) = \sum_{i=1}^{n} [y_i - (\alpha + \beta x_i)]^2.$$

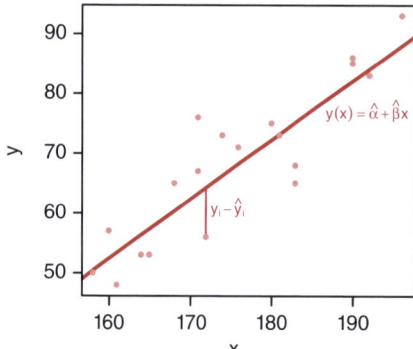

Abbildung 3.2. Scatterplot mit Regressionsgerade

Kleinste-Quadrate-Schätzer und andere Resultate

Die Kleinst-Quadrate-Schätzer für α und β sind gegeben durch

$$\hat{\alpha} = \bar{y} - \hat{\beta}\bar{x}, \qquad \hat{\beta} = \frac{\sum\limits_{i=1}^{n} x_i y_i - n\bar{x}\bar{y}}{\sum\limits_{i=1}^{n} x_i^2 - n\bar{x}^2} = \frac{\sum\limits_{i=1}^{n} (x_i - \bar{x})(y_i - \bar{y})}{\sum\limits_{i=1}^{n} (x_i - \bar{x})^2} = \frac{c_{XY}}{\tilde{s}_X^2} = r_{XY}\frac{\tilde{s}_Y}{\tilde{s}_X}$$

Es gilt:

- $\bar{y} = \hat{\alpha} + \hat{\beta}\bar{x}$, d.h., $(\bar{x}, \bar{y})$ liegt auf der Regressionsgeraden.

- $\bar{\hat{y}} = \dfrac{1}{n} \sum\limits_{i=1}^{n} \hat{y}_i = \bar{y}$, d.h., der Mittelwert der angepassten Werte ist gleich dem Mittelwert der y-Werte.

- $\bar{\hat{\epsilon}} = \sum\limits_{i=1}^{n} \hat{\epsilon}_i = 0$, d.h., die Summe der Residuen (Fehler) ist Null.

- $\sum\limits_{i=1}^{n} \hat{\epsilon}_i x_i = 0 \qquad \sum\limits_{i=1}^{n} \hat{\epsilon}_i \hat{y}_i = 0$

Streuungszerlegung

Mit den Definitionen

$$SQT = \sum_{i=1}^{n}(y_i - \bar{y})^2 \quad \textbf{Summe der Quadrate Total} \text{ oder}$$

Gesamtstreuung, Gesamtvarianz

$$SQE = \sum_{i=1}^{n}(\hat{y}_i - \bar{y})^2 \quad \textbf{sum of squares explained} \text{ oder}$$

durch die Regression erklärte Streuung

$$SQR = \sum_{i=1}^{n}(y_i - \hat{y}_i)^2 \quad \textbf{Summe der Quadrate Regression (Rest)} \text{ oder}$$

Rest- oder **Residualstreuung**

gilt die Streuungszerlegung

$$SQT = SQE + SQR$$

$$\sum_{i=1}^{n}(y_i - \bar{y})^2 = \sum_{i=1}^{n}(\hat{y}_i - \bar{y})^2 + \sum_{i=1}^{n}(y_i - \hat{y}_i)^2$$

Bestimmtheitsmaß

Das Bestimmtheitsmaß ist definiert als

$$R^2 = \frac{(\hat{y}_i - \bar{y})^2}{\sum_{i=1}^{n}(y_i - \bar{y})^2} = 1 - \frac{(y_i - \hat{y}_i)^2}{\sum_{i=1}^{n}(y_i - \bar{y})^2}$$

Es gilt $0 \leq R^2 \leq 1$ und $R^2 = r_{XY}^2$ ist der Anteil der Gesamtstreuung, der durch die Regression erklärt wird.

Kapitel 4
Wahrscheinlichkeitsrechnung

4.1 Wahrscheinlichkeiten

Grundlegende Definitionen

- Ein **Zufallsvorgang** führt zu einem von mehreren, sich gegenseitig ausschließenden Ergebnissen. Es ist vor der Durchführung ungewiss, welches Ergebnis tatsächlich eintreten wird.

- Man spricht von einem **Zufallsexperiment**, wenn ein Zufallsvorgang unter kontrollierten Bedingungen abläuft und somit unter gleichen Bedingungen wiederholbar ist.

- Der **Ergebnisraum** $\Omega = \{\omega_1, \ldots, \omega_n\}$ ist die Menge aller Ergebnisse eines Zufallsvorgangs. (Es wird vorausgesetzt, dass es nur endlich viele mögliche Ergebnisse gibt.) Teilmengen* von Ω heißen **(Zufalls-)Ereignisse**. Die einelementigen Teilmengen von Ω, d.h., $\{\omega_1\}, \ldots, \{\omega_n\}$ werden als **Elementarereignisse** bezeichnet.

- Die **Wahrscheinlichkeit** eines Ereignisses A wird mit $P(A)$ bezeichnet.

- Für Wahrscheinlichkeiten verlangt man die **Axiome von Kolmogoroff**

  (K1) $P(A) \geq 0$ **Nichtnegativität**

  (K2) $P(\Omega) = 1$ **Normierung**

  (K3) Falls $A \cap B = \emptyset$, so ist $P(A \cup B) = P(A) + P(B)$.   **Additivität**

- Für unendliche Ergebnisräume verlangt man, dass die Menge $\mathcal{A}$ aller möglichen Ereignisse eines Zufallsexperiments eine sogenannte **Sigma-Mengenalgebra** bilden, d.h. die Menge $\mathcal{A}$ muss folgende Bedingungen erfüllen

  (i) $\Omega \in \mathcal{A}$ (ii) $A \in \mathcal{A} \implies \mathcal{C}A \in \mathcal{A}$ (iii) $\bigcup_{i=1}^{\infty} A_i \in \mathcal{A}$, wenn alle $A_i \in \mathcal{A}$

  Das Axiom (K3) wird dann ersetzt durch

  (K̃3) Seien $A_1, \ldots, A_k, \ldots \subset \Omega$ paarweise disjunkt, dann gilt: $P(A_1 \cup A_k \cup \ldots) = \sum_{i=1}^{\infty} P(A_i)$.

  Man nennt dann $(\Omega, \mathcal{A}, P)$ einen Wahrscheinlichkeitsraum und Elemente aus $\mathcal{A}$ werden zulässige Ereignisse genannt.

---

* Für Grundbegriffe der Mengenlehre sei auf S. 41 verwiesen.

Rechenregeln für Wahrscheinlichkeiten

Sei Ω ein Ergebnisraum. Dann gilt für Teilmengen A, B, A_i von Ω:

$0 \leq P(A) \leq 1$ für $A \subset \Omega$

$P(\emptyset) = 0$

$P(A) \leq P(B)$, falls $A \subset B$ und $A, B \subset \Omega$

$P(\bar{A}) = 1 - P(A)$ mit $\bar{A} = \Omega \setminus A$

$P(A_1 \cup A_2 \cup \ldots \cup A_k) = P(A_1) + P(A_2) + \ldots + P(A_k)$, falls $A_1, A_2, \ldots, A_k$ paarweise disjunkt und $A_i \subset \Omega, i = 1, \ldots, k$

$P(A \setminus B) = P(A) - P(A \cap B)$

$P(A \cup B) = P(A) + P(B) - P(A \cap B)$

$P(A \cup B \cup C) = P(A) + P(B) + P(C) - P(A \cap B) - P(A \cap C) - P(B \cap C) + P(A \cap B \cap C)$

$$P\left(\bigcup_{i=1}^{n} A_i\right) = P(A_1 \cup A_2 \cup \ldots \cup A_n)$$

$$= \sum_{k=1}^{n}(-1)^{k-1} \sum_{\{i_1,\ldots,i_k\} \subseteq \{1,\ldots,n\}} P(A_{i_1} \cap \ldots \cap A_{i_k})$$

$$= \sum_{i} P(A_i) - \sum_{i,j:i<j} P(A_i \cap A_j) + \sum_{i,j,k:i<j<k} P(A_i \cap A_j \cap A_k)$$

$$\mp \ldots + (-1)^{n-1} P(A_1 \cap A_2 \cap \ldots \cap A_n)$$

Berechnung von Wahrscheinlichkeiten bei endlichem Ergebnisraum

Sei $A \subset \Omega$, Ω endlich und seien die Elementarereignisse bezeichnet mit $\{\omega_1\}, \ldots, \{\omega_n\}$ und die Wahrscheinlichkeiten der Elementarereignisse mit $p_{\omega_i} = P(\{\omega_i\})$, dann gilt:

$p_{\omega_i} \geq 0, \quad i = 1, \ldots, n,$

$P(\Omega) = p_{\omega_1} + \ldots + p_{\omega_n} = 1,$

$P(A) = \sum_{\omega \in A} p_\omega.$

Laplace-Wahrscheinlichkeit

In einem Laplace-Experiment, d.h. in einem Zufallexperiment, bei dem alle n Elementarereignisse gleich wahrscheinlich sind, gilt

$$P(A) = \frac{n(A)}{n(\Omega)} = \frac{n(A)}{n},$$

wobei $n(A) = |A|$ die Mächtigkeit von A, d.h., die Anzahl der Elemente in A ist. Insbesondere ist $P(\{\omega_i\}) = \frac{1}{n}$.

4.2 Zufallsstichproben und Kombinatorik

Einfache Zufallstichprobe

Besitzt jede Stichprobe vom Umfang n aus einer Grundgesamtheit vom Umfang N dieselbe Wahrscheinlichkeit, gezogen zu werden, so liegt eine einfache Zufallsstichprobe vor.

Permutationen

- Eine Permutation von N Elementen ohne Wiederholung, d.h. unterscheidbaren Elementen, ist jede Zusammenstellung, in der die Elemente in irgendeiner Anordnung nebeneinander stehen. Unterschiedliche Anordnungen der N Elemente bedeuten stets verschiedene Permutationen.
- Es gibt $N!$ verschiedene Permutationen von N unterscheidbaren Objekten.

Zieht man eine Stichprobe ohne Zurücklegen, bei der der Stichprobenumfang mit dem Umfang der Grundgesamtheit übereinstimmt, so erhält man eine Permutation der Elemente der Grundgesamtheit.

Anzahl der möglichen Stichproben

Die Anzahl der möglichen Stichproben vom Umfang n aus N unterscheidbaren Objekten ist

beim Ziehen	**ohne** Berücksichtigung der Reihenfolge	**mit** Berücksichtigung der Reihenfolge
ohne Zurücklegen	$\binom{N}{n}$	$\dfrac{N!}{(N-n)!}$
mit Zurücklegen	$\binom{N+n-1}{n}$	N^n

4.3 Bedingte Wahrscheinlichkeiten

Definition

Seien $A, B \subset \Omega$ und $P(B) > 0$. Dann ist die bedingte Wahrscheinlichkeit von A unter (gegeben) B definiert als

$$P(A|B) = \frac{P(A \cap B)}{P(B)}$$

Eigenschaften der bedingten Wahrscheinlichkeit

Seien $A, B \subset \Omega$ und $P(B) > 0$. Dann gilt bei festem B:

$$P(\cdot|B): \{A: A \subset \Omega\} \to [0, 1]$$
$$A \mapsto P(A|B)$$

ist wieder eine Wahrscheinlichkeit mit $P(B|B) = 1$. Die Axiome von Kolmogoroff gelten entsprechend für bedingte Wahrscheinlichkeiten. Insbesondere gilt:

$P(\Omega|B) = 1$ $\qquad P(A_1 \cup A_2|B) = P(A_1|B) + P(A_2|B)$ falls $A_1 \cap A_2 = \emptyset$

$P(A|\Omega) = P(A)$ $\qquad P(A|B) = 1$ falls $B \subseteq A$

4

Produktsatz

Seien $A, B \subset \Omega$. Falls $P(B) > 0$, so gilt

$$P(A \cap B) = P(A|B) \cdot P(B)$$

Falls $P(A) > 0$, so gilt

$$P(A \cap B) = P(B|A) \cdot P(A)$$

Seien $A, B, C \subset \Omega$. Falls $P(B \cap C) > 0$, so gilt

$$P(A \cap B \cap C) = P(A|B \cap C) \cdot P(B|C) \cdot P(C)$$

Für Ereignisse $A_1, A_2 \ldots, A_n$ mit $P(A_1 \cap \ldots \cap A_{n-1}) > 0$ gilt

$$P\left(\bigcap_{i=1}^{n} A_i\right) = P(A_1) \cdot P(A_2|A_1) \cdot P(A_3|A_1 \cap A_2) \cdot \ldots \cdot P(A_n|A_1 \cap A_2 \cap \ldots \cap A_{n-1})$$

4.4 Unabhängigkeit von Ereignissen

Definition

- Zwei Ereignisse $A, B \subset \Omega$ heißen **(stochastisch) unabhängig**, wenn

$$P(A \cap B) = P(A) \cdot P(B)$$

Dies gilt genau dann, wenn $P(A|B) = P(A)$ mit $P(B) > 0$ bzw. $P(B|A) = P(B)$ mit $P(A) > 0$.

■ Die n Ereignisse $A_1, A_2, \dots, A_n$ heißen **paarweise unabhängig**, wenn

$$P(A_i \cap A_j) = P(A_i) \cdot P(A_j) \qquad \text{für alle } i, j = 1, \dots, n \text{ mit } i \neq j.$$

■ Sie heißen **vollständig unabhängig** oder kurz **unabhängig**, wenn für jede Auswahl von m Indizes $i_1, i_2, \dots, i_m \in \{1, 2, \dots, n\}, 2 \leq m \leq n$

$$P(A_{i_1} \cap A_{i_2} \cap \dots A_{i_m}) = P(A_{i_1}) \cdot P(A_{i_2}) \cdot \dots \cdot P(A_{i_m}).$$

Unabhängigkeit beim Ziehen mit/ohne Zurücklegen

Beim Ziehen mit Zurücklegen sind die Ergebnisse der einzelnen Ziehungen unabhängig, während sie beim Ziehen ohne Zurücklegen abhängig sind.

4.5 Totale Wahrscheinlichkeit und Satz von Bayes

$A_1, \dots, A_k$ sei eine Zerlegung von Ω, d.h. es gelte $A_1 \cup \dots, A_k = \Omega$ und $A_i \cap A_j = \emptyset$ für $i \neq j$. Dann gilt für $B \subset \Omega$:

■ $P(B) = \sum\limits_{i=1}^{k} P(B \cap A_i).$

■ **Satz von der totalen Wahrscheinlichkeit:**

$$P(B) = \sum_{i=1}^{k} P(B|A_i)P(A_i).$$

■ **Satz von Bayes**: Für mindestens ein $i, i = 1, \dots, k$ gelte $P(A_i) > 0$ und $P(B|A_i) > 0$. Dann gilt:

$$P(A_j|B) = \frac{P(B|A_j) \cdot P(A_j)}{\sum\limits_{i=1}^{k} P(B|A_i) \cdot P(A_i)} = \frac{P(B|A_j) \cdot P(A_j)}{P(B)}, \quad j = 1, \dots, k$$

■ Im Zusammenhang mit dem Satz von Bayes wird $P(A_i)$ als **a-priori** Wahrscheinlichkeit und $P(A_i|B)$ als **a-posteriori** Wahrscheinlichkeit bezeichnet.

Kapitel 5
Diskrete Zufallsvariablen

5.1 Grundlegende Definitionen

- Eine Variable oder ein Merkmal X, dessen Werte oder Ausprägungen die Ergebnisse eines Zufallsvorgangs sind, heißt **Zufallsvariable** X.
- Die Zahl $x \in \mathbb{R}$, die X bei einer Durchführung des Zufallsvorgangs annimmt, heißt **Realisierung** oder Wert von X.
- Eine Zufallsvariable heißt **diskret**, falls sie nur endlich oder abzählbar unendlich viele Werte $x_1, x_2, \ldots, x_k, \ldots$ mit positiver Wahrscheinlichkeit annehmen kann.
- Die **Wahrscheinlichkeitsverteilung** von X ist durch die Wahrscheinlichkeiten

$$P(X = x_i) = p_i, \qquad i = 1, 2, \ldots, k, \ldots$$

gegeben.
- Die Menge der möglichen Werte von X wird als **Träger** von X bezeichnet:

$\mathcal{T} = \{x_1, x_2, \ldots, x_k, \ldots\}$

Für $x_i \in \mathcal{T}$ gilt $P(X = x_i) = p_i > 0$.

Elementare Eigenschaften der Wahrscheinlichkeitsverteilung

Für die Wahrscheinlichkeiten p_i, $A \subset \Omega$, sowie $a, b \in \mathbb{R}$ mit $a \leq b$ gilt:

$$0 \leq p_i \leq 1 \qquad p_1 + p_2 + \ldots + p_k + \ldots = \sum_{i \geq 1} p_i = 1$$

$$P(X \in A) = \sum_{i: x_i \in A} p_i \qquad P(a \leq X \leq b) = \sum_{i: a \leq x_i \leq b} p_i$$

5

5.2 Wahrscheinlichkeits- und Verteilungsfunktion einer diskreten Zufallsvariablen

Definitionen

- Die **Wahrscheinlichkeitsfunktion** einer diskreten Zufallsvariable X mit dem Träger $\mathcal{T} = \{x_1, x_2, \ldots, x_k, \ldots\}$ ist für $x \in \mathbb{R}$ definiert durch

$$f(x) = f_X(x) = \begin{cases} P(X = x_i) = p_i, & x = x_i \in \mathcal{T} \\ 0, & \text{sonst.} \end{cases}$$

- Die **Verteilungsfunktion einer diskreten Zufallsvariablen** ist definiert durch

$$F(x) = F_X(x) = P(X \leq x) = \sum_{i:x_i \leq x} f(x_i)$$

Berechnung von Wahrscheinlichkeiten mit der Verteilungsfunktion

Für $a, b \in \mathbb{R}$ mit $a < b$ gilt:
$$P(a < X \leq b) = F(b) - F(a) \qquad P(X > a) = 1 - F(a)$$

5.3 Unabhängigkeit von diskreten Zufallsvariablen

Definition

- Zwei diskrete Zufallsvariablen X und Y mit den Trägern $\mathcal{T}_X = \{x_1, x_2, \ldots, x_k, \ldots\}$ und $\mathcal{T}_Y = \{y_1, y_2, \ldots, y_l, \ldots\}$ heißen unabhängig, wenn für beliebige $x \in \mathcal{T}_X$ und $y \in \mathcal{T}_Y$
$$P(X = x, Y = y) = P(X = x) \cdot P(Y = y)$$

- n diskrete Zufallsvariablen $X_1, X_2, \ldots, X_n$ heißen unabhängig, wenn für beliebige Werte $x_1, x_2, \ldots, x_n$ aus den jeweiligen Trägern
$$P(X = x_1, X = x_2, \ldots, X = x_n) = P(X = x_1) \cdot P(X = x_2) \cdot \ldots \cdot P(X = x_n)$$

Folgerung: Unabhängigkeit von Ereignissen

Falls X und Y unabhängig sind, gilt
$$P(X \in A, Y \in B) = P(X \in A) \cdot P(Y \in B)$$

5.4 Erwartungswert einer diskreten Zufallsvariablen

Definition

Der Erwartungswert $E(X)$ einer diskreten Zufallsvariablen mit den möglichen Werten $x_1, \ldots, x_k, \ldots$ ist

$$E(X) = x_1 p_1 + \ldots + x_k p_k + \ldots = \sum_{i \geq 1} x_i p_i \, .$$

Mit der Wahrscheinlichkeitsfunktion $f(x)$ lässt sich $E(X)$ in der äquivalenten Form

$$E(X) = x_1 f(x_1) + \ldots + x_k f(x_k) + \ldots = \sum_{i \geq 1} x_i f(x_i)$$

schreiben. Statt $E(X)$ schreibt man auch μ_X oder einfach μ.

Eigenschaften des Erwartungswertes

Die folgenden Eigenschaften des Erwartungswertes gelten für diskrete und stetige Zufallsvariablen.

Erwartungswert und arithmetisches Mittel: $E(X)$ charakterisiert das Verhalten eines Zufallsexperiments (beschreibt die Lage der Verteilung), während $\bar{x}$ den Schwerpunkt der Daten beschreibt.

Transformationsregel für Erwartungswerte: Sei $g(x)$ eine reelle Funktion. Dann gilt für $Y = g(X)$:

$$E(Y) = E(g(X)) = \sum_{i \geq 1} g(x_i) p_i = \sum_{i \geq 1} g(x_i) f(x_i)$$

Lineare Transformation:

$$E(aX + b) = aE(X) + b \qquad E(ag(X) + b) = aE(g(X)) + b$$

Zentrierung am Erwartungswert:

$$E(X - \mu) = 0$$

Erwartungswert von symmetrischen Verteilungen: Ist die Wahrscheinlichkeitsfunktion $f(x)$ symmetrisch um c, so ist

$$E(X) = c$$

Erwartungswert der Summe von Zufallsvariablen: Für zwei Zufallsvariablen X und Y gilt

$$E(X + Y) = E(X) + E(Y) \qquad E(g_1(X) + g_2(X)) = E(g_1(X)) + E(g_2(X))$$

5

Erwartungswert einer Linearkombination von Zufallsvariablen: Mit beliebigen Konstanten $a_1, \ldots, a_n$ gilt

$$E(a_1 X_1 + \ldots + a_n X_n) = a_1 E(X_1) + \ldots + a_n E(X_n)$$

Produktregel für unabhängige Zufallsvariablen: Für zwei unabhängige diskrete Zufallsvariablen gilt

$$E(X \cdot Y) = E(X) \cdot E(Y)$$

5.5   Weitere Lageparameter

5

Modalwert

Der **Modus** oder **Modalwert** x_{mod} einer diskreten Verteilung ist jeder Wert x, für den die Wahrscheinlichkeitsfunktion $f(x)$ maximal wird.

Für symmetrische Verteilungen mit einem eindeutigen Modus gilt $E(X) = x_{mod}$.

Median und Quantile

Jeder Wert x_p mit $0 < p < 1$, für den $P(X \leq x_p) = F(x_p) \geq p$ und $P(X \geq x_p) \geq 1 - p$ gilt, heißt p-**Quantil** der diskreten Zufallsvariablen X mit Verteilungsfunktion $F(x)$. Für $p = 0.5$ heißt $x_{0.5}$ **Median**.

5.6   Varianz und Standardabweichung

Definitionen

■ Die **Varianz einer diskreten Zufallsvariablen** ist

$$\sigma^2 = \sigma_X^2 = \text{Var}\,(X) = (x_1 - \mu)^2 p_1 + \ldots + (x_k - \mu)^2 p_k + \ldots = \sum_{i \geq 1} (x_i - \mu)^2 f(x_i)$$

■ Die **Standardabweichung** ist

$$\sigma = \sigma_X = \sqrt{\text{Var}\,(X)}$$

Eigenschaften der Varianz

Die folgenden Eigenschaften der Varianz gelten für diskrete und stetige Zufallsvariablen.

Varianz als erwartete quadratische Abweichung vom Erwartungswert:

$$\sigma_X^2 = \text{Var}\,(X) = E(X - \mu)^2$$

Varianz einer Konstanten: $\text{Var}\,(a) = 0$

Verschiebungsregel:

$$\text{Var}\,(X) = E(X^2) - (E(X))^2 = E(X^2) - \mu^2$$

bzw. allgemeiner

$$\text{Var}\,(X) = E((X - c)^2) - (\mu - c)^2$$

Lineare Transformation: Für $Y = aX + b$ ist

$$\sigma_Y^2 = \text{Var}\,(Y) = \text{Var}\,(aX + b) = a^2 \text{Var}\,(X) = a^2 \sigma_X^2 \quad \text{und} \quad \sigma_y = |a|\sigma_x$$

Insbesondere gilt: $\text{Var}\,(aX) = a^2 \text{Var}\,(X)$ und $\text{Var}\,(X + b) = \text{Var}\,(X)$

Varianz der Summe von unabhängigen Zufallsvariablen: Für unabhängige Zufallsvariablen X und Y gilt

$$\text{Var}\,(X + Y) = \text{Var}\,(X) + \text{Var}\,(Y)$$

Varianz einer Linearkombination unabhängiger Zufallsvariablen: Für unabhängige Zufallsvariablen $X_1, \ldots, X_n$ und beliebige Konstanten $a_1, \ldots, a_n$ gilt:

$$\text{Var}\,(a_1 X_1 + \ldots + a_n X_n) = a_1^2 \text{Var}\,(X_1) + \ldots + a_n^2 \text{Var}\,(X_n)$$

5

Kapitel 6
Stetige Zufallsvariablen

6.1 Stetige Zufallsvariablen und Dichten

Grundlegende Definitionen

- Eine Zufallsvariable X heißt **stetig**, wenn es eine Funktion $f(x) \geq 0$ gibt, so dass für jedes Intervall $[a, b]$

$$P(a \leq X \leq b) = \int_a^b f(x)dx$$

- Die Funktion $f(x)$ oder auch $f_X(x)$ heißt die **(Wahrscheinlichkeits-) Dichte** oder **Dichtefunktion** von X.

- Der Wertebereich einer stetigen Zufallsvariablen X wird Träger von X genannt und mit $\mathcal{T}$ oder auch $\mathcal{T}_X$ bezeichnet.

Wahrscheinlichkeiten stetiger Zufallsvariablen

Für stetige Zufallsvariablen X gilt

$P(a \leq X \leq b) = P(a < X \leq b) = P(a \leq X < b) = P(a < X < b)$

$P(X = x) = 0 \qquad$ für jedes $x \in \mathbb{R}$

Falls $b - a$ klein ist, gilt $P(a < X \leq b) \approx f(a)(b - a)$

Normierungseigenschaft: $\int_{-\infty}^{\infty} f(x)dx = 1$, d.h., die Gesamtfläche zwischen der

x-Achse und der Dichte $f(x)$ ist gleich 1.

6.2 Verteilungsfunktion einer stetigen Zufallsvariablen

Definition

Die Verteilungsfunktion einer stetigen Zufallsvariablen X mit der Dichtefunktion $f(x)$ ist definiert durch:

$$F(x) = F_X(x) = P(X \leq x) = \int_{-\infty}^{x} f(t)dt$$

Eigenschaften der Verteilungsfunktion

$F(x)$ ist stetig und monoton wachsend mit Werten im Intervall $[0, 1]$.

$$\lim_{x \to -\infty} F(x) = 0 \qquad \lim_{x \to +\infty} F(x) = 1$$

Für Werte von x, an denen $f(x)$ stetig ist, gilt $F'(x) = \dfrac{dF(x)}{dx} = f(x)$, d.h., die Dichte ist die Ableitung der Verteilungsfunktion.

$$P(a \leq X \leq b) = F(b) - F(a) \qquad P(X \geq a) = 1 - F(a)$$

6.3 Unabhängigkeit von stetigen Zufallsvariablen

Definition

- Zwei stetige Zufallsvariablen X und Y sind unabhängig, wenn für alle $x \in \mathbb{R}$ und $y \in \mathbb{R}$

$$P(X \leq x, Y \leq y) = P(X \leq x) \cdot P(Y \leq y) = F_X(x) \cdot F_Y(y)$$

- Die stetigen Zufallsvariablen $X_1, \ldots, X_n$ sind unabhängig, wenn

$$P(X_1 \leq x_1, \ldots, X_n \leq x_n) = P(X_1 \leq x_1) \cdot \ldots \cdot P(X_n \leq x_n) = F_{X_1}(x_1) \cdot \ldots \cdot F_{X_n}(x_n)$$

Unabhängigkeit von Ereignissen

Falls $X_1, \ldots, X_n$ unabhängig sind, gilt für beliebige Ereignisse $A_1, \ldots, A_n$, insbesondere für Intervalle $[a_1, b_1], \ldots, [a_n, b_n]$,

$$P(X_1 \in A_1, \ldots, X_n \in A_n) = P(X_1 \in A_1) \cdot \ldots \cdot P(X_n \in A_n).$$

6.4 Erwartungswert, Varianz und andere Kennzahlen stetiger Zufallsvariablen

Erwartungswert

Definition

Der Erwartungswert einer stetigen Zufallsvariablen X mit Dichte $f(x)$ ist

$$\mu = E(X) = \int_{-\infty}^{\infty} x f(x) dx \,.$$

Eigenschaften von Erwartungswerten

Es gelten dieselben Eigenschaften wie für Erwartungswerte diskreter Zufallsvariablen (siehe S. 289). Man beachte: Wenn $g(x)$ eine reelle Funktion, so ist

$$E(g(X)) = \int\limits_{-\infty}^{\infty} g(x)f(x)dx$$

Andere Lageparameter

- Jeder x-Wert, für den $f(x)$ ein Maximum besitzt, ist ein **Modus** oder **Modalwert**, kurz x_{mod}.
- Falls das Maximum eindeutig ist und $f(x)$ keine weiteren lokalen Maxima besitzt, heißt $f(x)$ **unimodal**. Existieren zwei oder mehrere (lokale) Maxima, heißt $f(x)$ **bimodal** oder **multimodal**.
- Für $0 < p < 1$ ist das **p-Quantil** x_p die Zahl auf der x-Achse, für die $F(x_p) = p$ gilt.
- Der **Median** ist das 50%-Quantil, d.h. $F(x_{med}) = 1/2$.
- Für streng monotone Verteilungsfunktionen $F(x)$ sind p-Quantil und Median eindeutig bestimmt.
- Ist eine Verteilung unimodal und symmetrisch zu c, so gilt $E(X) = x_{mod} = x_{med} = c$.

Varianz und Standardabweichung

Definition

- Die **Varianz einer stetigen Zufallsvariablen** X mit Dichte $f(x)$ und $\mu = E(X)$ ist

$$\sigma^2 = \text{Var}(X) = \int\limits_{-\infty}^{\infty} (x - \mu)^2 f(x)dx$$

- Die **Standardabweichung** ist

$$\sigma = \sqrt{\text{Var}(X)}$$

Eigenschaften von Varianzen

Die Eigenschaften der Varianz stetiger Zufallsvariablen sind identisch mit denen der Varianz diskreter Zufallsvariablen (siehe S. 291).

Die standardisierte Zufallsvariable

Definition

Für eine Zufallsvariable X mit $E(X) = \mu$ und $\text{Var}(X) = \sigma^2$ ist die **standardisierte** Zufallsvariable definiert durch

$$Z = \frac{X - \mu}{\sigma}$$

Der Übergang von X zu Z heißt **Standardisieren**.

Eigenschaften

Es gilt für stetige und diskrete Zufallsvariablen

$E(X) = \mu$ $\qquad$ $E(X - \mu) = 0$ $\qquad\qquad$ $E(X/\sigma) = \mu/\sigma$ $\qquad\qquad$ $E(Z) = 0$

$\text{Var}(X) = \sigma^2$ $\quad$ $\text{Var}(X - \mu) = \sigma^2$ $\qquad$ $\text{Var}(X/\sigma) = 1$ $\qquad\qquad$ $\text{Var}(Z) = 1$

$F_X(x) = F_Z\left(\dfrac{x - \mu}{\sigma}\right)$ $\qquad\qquad$ $F_Z(z) = F_X(\sigma z + \mu)$

Für diskrete Zufallsvariablen gilt: $f_X(x) = f_Z\left(\dfrac{x - \mu}{\sigma}\right)$ $\qquad$ $f_Z(z) = f_X(\sigma z + \mu)$

Für stetige Zufallsvariablen gilt: $f_X(x) = \dfrac{1}{\sigma} f_Z\left(\dfrac{x - \mu}{\sigma}\right)$ $\qquad$ $f_Z(z) = \sigma f_X(\sigma z + \mu)$

Symmetrie und Schiefe stetiger Verteilungen

Definition

Sei X eine stetige Zufallsvariable. Dann heißt die Verteilung

- **symmetrisch**, $\qquad\qquad\qquad$ wenn $\quad x_{med} - x_p = x_{1-p} - x_{med}$
- **linkssteil** oder **rechtsschief**, $\qquad$ wenn $\quad x_{med} - x_p \leq x_{1-p} - x_{med}$
- **rechtssteil** oder **linksschief**, $\qquad$ wenn $\quad x_{med} - x_p \geq x_{1-p} - x_{med}$

jeweils für alle $0 < p < 1$ gilt und bei linkssteilen bzw. rechtssteilen Verteilungen für mindestens ein p das $<$ bzw. $>$ Zeichen gilt.

Lageregel

Die folgende Regeln gelten auch für diskrete Verteilungen:

- Symmetrische unimodale Verteilung: $\qquad x_{mod} = x_{med} = E(X)$
- Linkssteile Verteilung: $\qquad\qquad\qquad x_{mod} < x_{med} < E(X)$
- Rechtssteile Verteilung: $\qquad\qquad\quad x_{mod} > x_{med} > E(X)$

Kapitel 7
Mehr über Zufallsvariablen und Verteilungen

7.1 Ergänzungen zu Zufallsvariablen und ihren Verteilungen

Zufallsvariablen und Ereignisse

■ Gegeben sei ein Zufallsexperiment mit der Ergebnismenge Ω und der Ereignismenge $\mathcal{A}$. Eine **Zufallsvariable** X ist eine Abbildung, die jedem $\omega \in \Omega$ eine reelle Zahl $X(\omega) = x$ zuordnet, kurz

$$X: \Omega \to \mathbb{R}$$
$$\omega \mapsto X(\omega) = x$$

Dabei wird verlangt, dass $\{X \leq x\} = \{\omega \in \Omega | X(\omega) \leq x\} \in \mathcal{A}$.

■ Durch die Zufallsvariable X werden weitere **Ereignisse** aus $\mathcal{A}$ festgelegt, z.B.

$$\{X = x\} = \{\omega \in \Omega | X(\omega) = x\} \qquad \{a \leq X \leq b\} = \{\omega \in \Omega | a \leq X(\omega) \leq b\}$$
$$\{X > x\} = \{\omega \in \Omega | X(\omega) > x\} \qquad \{a < X < b\} = \{\omega \in \Omega | a < X(\omega) < b\}$$

Wahrscheinlichkeitsverteilung

Die Wahrscheinlichkeitsverteilung oder Verteilung von X ist die Zuordnung von Wahrscheinlichkeiten

$$P(X \in I) \quad \text{oder} \quad P(X \in B)$$

für Intervalle I oder zulässige Bereiche B, wobei der Bereich $B \subset \mathbb{R}$ zulässig ist, wenn $\{X \in B\} = \{\omega \in \Omega | X(\omega) \in B\} \in \mathcal{A}$, d.h. ein Ereignis ist.

Verteilungsfunktion
Definition

Sei X eine Zufallsvariable. Die Funktion $F(x)$ oder auch $F_X(x)$, die jedem $x \in \mathbb{R}$ die Wahrscheinlichkeit $P(X \leq x)$ zuordnet,

$$F(x) = P(X \leq x),$$

heißt Verteilungsfunktion von X.

Eigenschaften von Verteilungsfunktionen

- $F(x)$ ist monoton wachsend, d.h., es gilt: $F(x_1) \leq F(x_2)$ für $x_1 < x_2$.
- $\lim\limits_{x \to -\infty} F(x) = 0$, $\qquad \lim\limits_{x \to +\infty} F(x) = 1$.
- $F(x)$ ist rechtsseitig stetig, d.h., für $h > 0$ gilt: $\lim\limits_{h \to 0} F(x + h) = F(x)$.
- Mit dem linksseitigen Grenzwert $\lim\limits_{h \to 0} F(x - h) = F(x^-)$ gilt

$$F(x) - F(x^-) = P(X = x)$$

Die Sprunghöhe $F(x) - F(x^-)$ ist also gleich der Wahrscheinlichkeit für das Ereignis $\{X = x\}$.

Quantilfunktion

Definition

Für eine Zufallsvariable mit Verteilungsfunktion F_X heißt die Funktion

$$Q_X : (0, 1) \to \mathbb{R}$$
$$p \mapsto Q_X(p) = x_p = \min\{x | F_X(x) \geq p\}$$

Quantilfunktion von X.

Eigenschaften der Quantilfunktion

- Die Quantilfunktion ist monoton wachsend, d.h., für $p < p'$ ist $Q(p) \leq Q(p')$.
- Die Quantilfunktion ist linksstetig, aber im Allgemeinen nicht stetig.
- $F(Q(p)) \geq p$ für $p \in (0, 1)$ und $Q(F(x)) \leq x$ für $x \in \mathbb{R}$.
- Falls die Verteilungsfunktion stetig und streng monoton wachsend ist, ist die Quantilfunktion gleich der Umkehrfunktion (Inversen) und es gilt dann

$F(Q(p)) = p$ für $p \in (0, 1)$ und $Q(F(x)) = x$ für $x \in \mathbb{R}$.

7

Affin-lineare Transformationen von Zufallsvariablen

Sei $Y = a + bX$ mit $a, b \in \mathbb{R}$ und $b > 0$. Dann gilt:

- $F_Y(y) = F_X\left(\dfrac{y - a}{b}\right), \quad y \in \mathbb{R}$
- Für die p-Quantile von X und Y gilt: $y_p = a + bx_p$
- Falls X stetig verteilt ist mit der Dichte f_X, so ist auch Y stetig verteilt mit der Dichte $f_Y(y) = \dfrac{1}{b} f_X\left(\dfrac{y - a}{b}\right)$.

Ungleichung von Tschebyscheff

Für eine Zufallsvariable X mit $E(X) = \mu$ und $\mathrm{Var}(X) = \sigma^2$ gelten für beliebiges $c > 0$ folgende Ungleichungen:

$$P(|X - \mu| \geq c) \leq \frac{\sigma^2}{c^2} \quad \text{und} \quad P(|X - \mu| < c) \geq 1 - \frac{\sigma^2}{c^2}$$

Äquivalent sind die Ungleichungen:

$$P(|X - \mu| \geq a\sigma) \leq \frac{1}{a^2} \quad \text{und} \quad P(|X - \mu| < a\sigma) \geq 1 - \frac{1}{a^2}$$

$a =$	1	1.5	2	2.5	3	3.5	4
$P(|X - \mu| \geq a\sigma) \leq$	1.0000	0.4444	0.2500	0.1600	0.1111	0.0816	0.0625

Momente einer Zufallsvariablen

Definition

Für $k \in \mathbb{N}$ ist das k-te Moment einer Zufallsvariablen bzw. das k-te zentrale Moment oder Moment um den Erwartungswert definiert durch:

$$\mu_k' = E(X^k) \qquad \text{bzw.} \qquad \mu_k = E[(X - \mu)^k]$$

Wichtige Momente

$$\mu_1' = E(X) = \mu \,;\; \mu_2' = EX^2 \,;\; \mu_1 = E(X - \mu) = 0 \,;\; \mu_2 = E(X - \mu)^2 = \mathrm{Var}(X) = \sigma^2 \,.$$

Maßzahlen für Schiefe und Wölbung

- Der *p*-**Quantilskoeffizient der Schiefe** einer Verteilung ist

$$\gamma_p = \frac{(x_{1-p} - x_{med}) - (x_{med} - x_p)}{x_{1-p} - x_p}, \quad 0 < p < 1$$

- $\gamma_{0.25}$ heißt **Quartilskoeffizient der Schiefe**.
- Es gilt:

  - $-1 \leq \gamma_p \leq 1$
  - $\gamma_p = 0$ für symmetrische Verteilungen
  - $\gamma_p > 0$ für linkssteile Verteilungen
  - $\gamma_p < 0$ für rechtssteile Verteilungen

- Der **Momentenkoeffizient der Schiefe** einer Verteilung ist

$$\gamma_m = E\left[\left(\frac{X - \mu_X}{\sigma_X}\right)^3\right] = \frac{E(X - \mu_X)^3}{\sigma_X^3} = \frac{\mu_3}{\sigma_X^3}$$

Es gilt:

  - $\gamma_m = 0$ für symmetrische Verteilungen
  - $\gamma_m > 0$ für linkssteile Verteilungen
  - $\gamma_m < 0$ für rechtssteile Verteilungen

- Die **Wölbung** oder **Kurtosis** einer Verteilung ist

$$\kappa = E\left[\left(\frac{X - \mu_X}{\sigma_X}\right)^4\right] = \frac{E[(X - \mu_X)^4]}{\sigma_X^4} = \frac{\mu_4}{\sigma_X^4}$$

Es gilt:

  - $\kappa \geq 1$
  - Für die Normalverteilung ist $\kappa = 3$.
  - $\kappa - 3$ heißt **Exzess**.

Momenterzeugende Funktion
Definition

Die Funktion

$$M_X(t) = E(e^{tX})$$

heißt momenterzeugende Funktion von X.

Eigenschaften

- $M_X(t) = \displaystyle\sum_i e^{tx_i} f(x_i),$ falls X diskret

- $M_X(t) = \displaystyle\int_{-\infty}^{\infty} e^{tx} f(x) dx,$ falls X stetig

- $M_X'(0) = \mu_1' = E(X) = \mu$ $M_X''(0) = \mu_2' = E(X^2)$ $M_X^{(k)}(0) = \mu_k' = E(X^k)$
- Haben zwei Zufallsvariablen dieselbe momenterzeugende Funktion, dann haben sie auch dieselbe Wahrscheinlichkeitsverteilung.

7.2 Spezielle diskrete Verteilungsmodelle

Bernoulli-Verteilung
Definition

- Ist bei einem Zufallsvorgang nur von Interesse, ob ein Ereignis A eintritt oder nicht, so spricht man von einem **Bernoulli-Vorgang** oder **Bernoulli-Experiment**.
- Die Zufallsvariable

$$X = \begin{cases} 1\,, & \text{falls } A \text{ eintritt} \\ 0\,, & \text{falls } A \text{ nicht eintritt} \end{cases}$$

mit dem Träger $\mathcal{T} = \{0, 1\}$ heißt **binäre Variable** oder **Bernoulli-Variable**.
- Wenn $P(A) = \pi$, so gilt $P(X = 1) = \pi$, $P(X = 0) = 1 - \pi$. Diese Verteilung heißt **Bernoulli-Verteilung**. Die Wahrscheinlichkeit π heißt **Erfolgswahrscheinlichkeit**.

Eigenschaften

$E(X) = \pi$ $E(X^2) = \pi$ $\text{Var}(X) = \pi(1 - \pi)$ $M_X(t) = 1 - \pi + \pi e^t$

Diskrete Gleichverteilung
Definition

Eine diskrete Zufallsvariable X heißt gleichverteilt auf dem Träger $\mathcal{T} = \{x_1, x_2, \ldots, x_k\}$, wenn für alle $i = 1, \ldots, k$

$$P(X = x_i) = \frac{1}{k}$$

Eigenschaften

Falls $x_i = i$, $i = 1, \ldots, k$, so gilt: $E(X) = \dfrac{k+1}{2}$ $\text{Var}\, X = \dfrac{k^2 - 1}{12}$

Geometrische Verteilung

Definition

Unabhängige Bernoulli-Experimente werden mit gleichbleibender Wahrscheinlichkeit $\pi = P(A)$ solange wiederholt, bis zum ersten Mal das interessierende Ereignis A eintritt. Dann heißt die Zufallsvariable

$$X = \text{„Anzahl der Versuche, bis zum ersten Mal } A \text{ eintritt“}$$

geometrisch verteilt mit Parameter π, kurz $X \sim G(\pi)$.

Der Träger von X ist $T = \{1, 2, 3, \ldots\} = \mathbb{N}$. Die Wahrscheinlichkeitsfunktion ist

$$P(X = x) = (1 - \pi)^{x-1} \pi \qquad x \in \mathbb{N}$$

Achtung

- Die Definition der geometrischen Verteilung ist nicht eindeutig in der Literatur.
- Man findet auch $\tilde{X} = $ „Anzahl der Fehlversuche vor dem ersten Erfolg (Eintreten des Ereignisses A)“ als geometrisch verteilt.
- Dann ist $P(\tilde{X} = x) = (1 - \pi)^x \pi$ für $x \in T = \{0, 1, 2, \ldots\} = \mathbb{N}_0$ und $P(X = x) = P(\tilde{X} = x - 1)$.

Eigenschaften

$$F_X(x) = P(X \le x) = 1 - P(X > x) = 1 - (1 - \pi)^x \qquad P(X > x) = (1 - \pi)^x$$

$$E(X) = \frac{1}{\pi} \qquad \text{Var}(X) = \frac{1-\pi}{\pi^2} \qquad M_X(t) = \frac{\pi e^t}{1 - (1 - \pi)e^t}$$

$$F_{\tilde{X}}(x) = P(\tilde{X} \le x) = 1 - P(\tilde{X} > x) = 1 - (1 - \pi)^{x+1} \qquad P(\tilde{X} > x) = (1 - \pi)^{x+1}$$

$$E(\tilde{X}) = \frac{1-\pi}{\pi} \qquad \text{Var}(\tilde{X}) = \frac{1-\pi}{\pi^2} \qquad M_{\tilde{X}}(t) = \frac{\pi}{1 - (1 - \pi)e^t}$$

Binomialverteilung

Definition

Eine Zufallsvariable X heißt binomialverteilt mit den Parametern n und π, kurz $X \sim B(n, \pi)$, wenn sie die Wahrscheinlichkeitsfunktion

$$f(x) = \begin{cases} \binom{n}{x} \pi^x (1 - \pi)^{n-x}, & x = 0, 1, \ldots, n \\ 0, & \text{sonst} \end{cases}$$

besitzt. Die Verteilung heißt Binomialverteilung oder $B(n, \pi)$-Verteilung.

Die Binomialverteilung ergibt sich, wenn aus n unabhängigen Wiederholungen eines Bernoulli-Experiments mit konstanter (Erfolgs-) Wahrscheinlichkeit π die Summe der Treffer (Anzahl der Erfolge) gebildet wird.

Eigenschaften

Sei
$$X_i = \begin{cases} 1\,, & \text{falls beim } i\text{-ten Versuch } A \text{ eintritt} \\ 0\,, & \text{falls beim } i\text{-ten Versuch } A \text{ nicht eintritt} \end{cases}$$

D.h., jedes X_i ist Bernoulli-verteilt mit $P(X_i = 1) = \pi$ und $P(X_i = 0) = 1 - \pi$. Dann ist $X = X_1 + \ldots + X_n$ binomialverteilt: $X \sim B(n, \pi)$.

$$E(X) = n\pi\,, \qquad \text{Var}\,(X) = n\pi(1 - \pi) \qquad M_X(t) = (1 - \pi + \pi e^t)^n$$

Additionseigenschaft: Sind $X \sim B(n, \pi)$ und $Y \sim B(m, \pi)$ unabhängig, so gilt

$$X + Y \sim B(n + m, \pi)$$

Symmetrieeigenschaft: Sei $X \sim B(n, \pi)$ und $Y = n - X$. Dann gilt

$$Y \sim B(n, 1 - \pi)$$

Hypergeometrische Verteilung

Definition

Eine Zufallsvariable X heißt hypergeometrisch verteilt mit Parametern n, M und N, kurz $X \sim H(n, M, N)$, wenn sie die Wahrscheinlichkeitsfunktion

$$f(x) = \begin{cases} \dfrac{\binom{M}{x}\binom{N-M}{n-x}}{\binom{N}{n}}\,, & x \in \mathcal{T} \\[2mm] 0\,, & \text{sonst} \end{cases}$$

besitzt. Dabei ist $\mathcal{T} = \{\max(0, n - (N - M)), \ldots, \min(n, M)\}$.

Eigenschaften

$$E(X) = n\frac{M}{N} \qquad \text{Var}\,(X) = n\frac{M}{N}\left(1 - \frac{M}{N}\right)\frac{N - n}{N - 1}$$

Aus einer endlichen Grundgesamtheit von N Einheiten, von denen M eine Eigenschaft A besitzen, werde n-mal rein zufällig ohne Zurücklegen gezogen, z.B. werde aus einer Urne mit N Kugeln, von denen M schwarz sind, n-mal ohne Zurücklegen gezogen. Wenn

$X =$ „Anzahl der gezogenen Objekte mit Eigenschaft A (schwarze Kugeln)“,

so ist $X \sim H(n, M, N)$.

Poisson-Verteilung

Definition

Eine Zufallsvariable X mit der Wahrscheinlichkeitsfunktion

$$f(x) = P(X = x) = \begin{cases} \frac{\lambda^x}{x!} e^{-\lambda} \,, & x \in \{0, 1, \ldots\} \\ 0 \,, & \text{sonst} \end{cases}$$

heißt Poisson-verteilt mit dem Parameter (oder der Rate) $\lambda > 0$, kurz $X \sim Po(\lambda)$.

Eigenschaften

$E(X) = \lambda \qquad \text{Var}\,(X) = \lambda \qquad M_X(t) = e^{\lambda(e^t - 1)}$

Addition von unabhängigen Poisson-verteilten Zufallsvariablen: Seien X_1, X_2 unabhängig, $X_1 \sim Po(\lambda_1)$ und $X_2 \sim Po(\lambda_2)$, so gilt

$$X_1 + X_2 \sim Po(\lambda_1 + \lambda_2)$$

Poisson-Prozesse

- Die Poissonverteilung eignet sich für die Modellierung von Zählvorgängen. Dabei werden bestimmte Ereignisse gezählt, die innerhalb eines festen vorgegebenen Zeitintervalls eintreten. Sei

  $X = \text{„Anzahl der Ereignisse, die innerhalb des Zeitintervalls } [0, 1] \text{ eintreten“}.$

  Falls folgende Annahmen erfüllt sind, ergibt sich für X eine Poissonverteilung:

  1. Zwei Ereignisse können nicht genau gleichzeitig eintreten.
  2. Die Wahrscheinlichkeit, dass ein Ereignis während eines kleinen Zeitintervalls der Länge Δt stattfindet, ist annähernd $\lambda \Delta t$.
  3. Die Wahrscheinlichkeit für das Eintreten einer bestimmten Zahl von Ereignissen hängt nur von dessen Länge l, aber nicht von seiner Lage auf der Zeitachse ab.
  4. Die Anzahl von Ereignissen in zwei disjunkten Teilintervallen ist unabhängig.

- Bezeichnet man mit $N(t)$, $t \in [0, \infty)$ die Anzahl der Ereignisse in $[0, t]$ und sind die Annahmen 1. bis 4. erfüllt, so nennt man $N(t)$ einen Poisson-Prozess.

- **Poisson-Verteilung für Intervalle beliebiger Länge:** Falls die Anzahl X von Ereignissen im Einheitsintervall $Po(\lambda)$-verteilt ist, so ist die Anzahl Z von Ereignissen in einem Intervall der Länge t Poisson-verteilt mit Parameter λt, d.h. $Z \sim Po(\lambda t)$. Insbesondere gilt $N(t) \sim Po(\lambda t)$.

7

7.3 Spezielle stetige Verteilungsmodelle

Stetige Gleichverteilung

Definition

Eine stetige Zufallsvariable X heißt gleichverteilt, rechteckverteilt oder uniform verteilt auf dem Intervall $[a, b]$, kurz $X \sim U(a, b)$, wenn sie die Dichte

$$f(x) = \begin{cases} \dfrac{1}{b - a} & \text{für } a \leq x \leq b \\ 0 & \text{sonst} \end{cases}$$

besitzt. Eine auf $[0, 1]$ gleichverteilte Zufallsvariable heißt standardgleichverteilt.

Eigenschaften

$$F(x) = \frac{x - a}{b - a} \qquad \text{für } a \leq x \leq b$$

$$P(x_1 \leq X \leq x_2) = \frac{x_2 - x_1}{b - a} \qquad \text{für } a \leq x_1 \leq x_2 \leq b$$

$$E(X) = \frac{a + b}{2} \qquad \text{Var}(X) = \frac{(b - a)^2}{12}$$

Wenn $X \sim U(0, 1)$, so gilt

$$F(x) = x \text{ für } 0 \leq x \leq 1 \qquad E(X) = \frac{1}{2} \qquad \text{Var}(X) = \frac{1}{12}$$

$$\gamma_m = 0 \qquad \kappa = 9/5$$

$$Z \sim U(0, 1) \text{ und } a < b \quad \Longrightarrow \quad X = a + (b - a)Z \sim U(a, b)$$

$$X \sim U(a, b) \quad \Longrightarrow \quad Z = \frac{X - a}{b - a} \sim U(0, 1)$$

Exponentialverteilung

Definition

Eine stetige Zufallsvariable X mit nichtnegativen Werten heißt exponentialverteilt mit dem Parameter $\lambda > 0$, kurz $X \sim Ex(\lambda)$, wenn sie die Dichte

$$f(x) = \begin{cases} \lambda e^{-\lambda x} & \text{für } x \geq 0 \\ 0 & \text{für } x < 0 \end{cases}$$

besitzt. Die zugehörige Verteilung heißt Exponentialverteilung mit Parameter λ.

Eigenschaften

$$F(x) = 1 - e^{-\lambda x} \quad \text{für } x \geq 0$$

$$E(X) = \frac{1}{\lambda} \qquad \text{Var}(X) = \frac{1}{\lambda^2} \qquad M_X(t) = \frac{\lambda}{\lambda - t} = \frac{1}{1 - t/\lambda} \text{ für } t < \lambda$$

p-Quantil: $Q(p) = x_p = -\dfrac{1}{\lambda}\ln(1-p)$

Momentenkoeffizient der Schiefe: $\gamma_m = 2$

Quartilskoeffizient der Schiefe: $\gamma_{0.25} = \dfrac{\ln 4 - \ln 3}{\ln 3} = 0.2619$

Wölbung: $\kappa = 9$

$P(X > t + s \mid X > t) = P(X > s)$ („Gedächtnislosigkeit")

Überlebensfunktion, survival-Funktion: $S(x) = P(X > x) = 1 - F(x) = e^{-\lambda x}$

Ausfallrate, Hazard-Rate: $h(x) = \dfrac{f(x)}{S(x)} = \dfrac{f(x)}{1 - F(x)} = -\dfrac{d}{dx}\ln(S(x)) = \lambda$

Andere Parametrisierung durch den Erwartungswert:

$\mu = 1/\lambda: f(x) = \dfrac{1}{\mu}e^{-x/\mu}, \quad x \geq 0$

Zusammenhang mit der Poissonverteilung und der geometrischen Verteilung

- Die Anzahl der Ereignisse in einem Zeitintervall ist genau dann $Po(\lambda)$-verteilt, wenn die Zeitdauern zwischen aufeinanderfolgenden Ereignissen unabhängig und exponentialverteilt sind.
- Die Exponentialverteilung ergibt sich als Grenzfall der geometrischen Verteilung.

Paretoverteilung

Definition

Eine Zufallsvariable X mit der Verteilungsfunktion

$$F(x) = \begin{cases} 0, & \text{falls } x < c \\ 1 - \left(\dfrac{c}{x}\right)^{\alpha}, & \text{falls } x \geq c \end{cases}$$

heißt Pareto-verteilt mit Parametern $c > 0$ und $\alpha > 0$, kurz $X \sim \text{Par}(\alpha, c)$.

Eigenschaften

Der Träger, d.h. der Bereich möglicher Werte von $X \sim \text{Par}(\alpha, c)$ ist $\mathcal{T}_X = [c, \infty)$.

Die Dichte ist $f(x) = \begin{cases} 0 & \text{falls } x < c \\ \dfrac{\alpha}{c}\left(\dfrac{c}{x}\right)^{\alpha+1} = \alpha c^{\alpha} x^{-\alpha-1} & \text{falls } x \geq c \end{cases}$

Überlebensfunktion:

$$S(x) = P(X > x) = \left(\frac{c}{x}\right)^{\alpha} \text{ für } x \geq c \quad \ln(S(x)) = \alpha \ln c - \alpha \ln x$$

$E(X^n) = \dfrac{\alpha c^n}{\alpha - n}, \text{ falls } \alpha > n \qquad E(X) = \dfrac{\alpha c}{\alpha - 1}, \text{ falls } \alpha > 1$

7

$$\text{Var}(X) = \frac{\alpha c^2}{(\alpha - 2)(\alpha - 1)^2}, \quad \text{falls } \alpha > 2$$

Schiefe: $\gamma_m = \dfrac{2(\alpha + 1)\sqrt{\alpha - 2}}{(\alpha - 3)\sqrt{\alpha}}$,   falls $\alpha > 3$

Wölbung: $\kappa = \dfrac{6(\alpha^3 + \alpha^2 - 6\alpha - 2)}{\alpha(\alpha - 3)(\alpha - 4)} + 3$,   falls $\alpha > 4$

Für $c' > c$ und $x > c'$ gilt $P(X > x | X > c') = \left(\dfrac{c'}{x}\right)^\alpha$, d.h., die bedingte Verteilung von X gegeben $X > c'$ ist $\text{Par}(\alpha, c')$.

Normalverteilung

Definition

- Eine Zufallsvariable X heißt normalverteilt mit Parametern $\mu \in \mathbb{R}$ und $\sigma^2 > 0$, kurz $N(\mu, \sigma^2)$, wenn sie die folgende Dichte besitzt:

$$f(x) = \frac{1}{\sqrt{2\pi}\sigma} \exp\left(-\frac{(x - \mu)^2}{2\sigma^2}\right), \quad x \in \mathbb{R}$$

- Die Normalverteilung wird auch als **Gauß-Verteilung** und die Dichtekurve als Gaußkurve bezeichnet.
- Speziell für $\mu = 0$, $\sigma^2 = 1$ erhält man die **Standardnormalverteilung** $N(0, 1)$ mit der Dichte

$$\phi(x) = \frac{1}{\sqrt{2\pi}} \exp\left(-\frac{1}{2}x^2\right)$$

Eigenschaften

Sei $X \sim N(\mu, \sigma^2)$. Dann gilt:

$$E(X) = \mu \qquad \text{Var}(X) = \sigma^2 \qquad \gamma_m = 0 \cdot \qquad \kappa = 3 \qquad M_X(t) = e^{\mu t + \sigma^2 t^2 / 2}$$

$f(\mu - x) = f(\mu + x)$, d.h., die Dichte ist symmetrisch zu $x = \mu$

$$f(x) = \frac{1}{\sigma} \phi\left(\frac{x - \mu}{\sigma}\right), \quad x \in \mathbb{R}$$

Die **Verteilungsfunktion** der $N(0, 1)$-Verteilung ist

$$\Phi(x) = \int_{-\infty}^{x} \phi(t)dt = \int_{-\infty}^{x} \frac{1}{\sqrt{2\pi}} \exp\left(-\frac{t^2}{2}\right) dt$$

Es gilt $\Phi(-x) = 1 - \Phi(x)$

Die **standardisierte Zufallsvariable**

$$Z = \frac{X - \mu}{\sigma}$$

ist standardnormalverteilt, d.h. $Z \sim N(0, 1)$.

Für die Verteilungsfunktion $F(x)$ von X gilt

$$F(x) = \Phi\left(\frac{x-\mu}{\sigma}\right) = \Phi(z) \quad \text{mit} \quad z = \frac{x-\mu}{\sigma}$$

$$P(a < X \leq b) = \Phi\left(\frac{b-\mu}{\sigma}\right) - \Phi\left(\frac{a-\mu}{\sigma}\right)$$

$$P(X \leq b) = \Phi\left(\frac{b-\mu}{\sigma}\right) \qquad P(a < X) = 1 - \Phi\left(\frac{a-\mu}{\sigma}\right)$$

Ist $Z \sim N(0, 1)$, so ist

$$E(Z) = 0 \qquad \text{Var}(Z) = 1 \qquad M_Z(t) = e^{t^2/2}$$

$$X = \sigma Z + \mu \sim N(\mu, \sigma^2)$$

Für die **Quantile** z_p der $N(0, 1)$-Verteilung und x_p der $N(\mu, \sigma^2)$-Verteilung gilt:

$$\Phi(z_p) = p \qquad z_p = -z_{1-p} \qquad z_p = \frac{x_p - \mu}{\sigma} \qquad x_p = \mu + \sigma z_p$$

Die **Quantilfunktion** ist $Q(p) = z_p = \Phi^{-1}(p)$ und es gilt:

$\Phi(\Phi^{-1}(p)) = p$ für $0 < p < 1$

$\Phi^{-1}(\Phi(z)) = z$ für $z \in \mathbb{R}$

$\Phi^{-1}(p) = -\Phi^{-1}(1-p)$

Zentrale Schwankungsbereiche, $k\sigma$-Bereiche:

$P(\mu - z_{1-\alpha/2}\sigma \leq X \leq \mu + z_{1-\alpha/2}\sigma) = 1 - \alpha$

Für $z_{1-\alpha/2} = k$ erhält man die Bereiche

$$k = 1: \quad P(\mu - \sigma \leq X \leq \mu + \sigma) = 0.6827$$

$$k = 2: \quad P(\mu - 2\sigma \leq X \leq \mu + 2\sigma) = 0.9545$$

$$k = 3: \quad P(\mu - 3\sigma \leq X \leq \mu + 3\sigma) = 0.9973$$

$$P(\mu - a \leq X \leq \mu + a) = \Phi\left(\frac{a}{\sigma}\right) - \Phi\left(\frac{-a}{\sigma}\right) = 2\Phi\left(\frac{a}{\sigma}\right) - 1$$

Lineare Transformation: Gilt $X \sim N(\mu, \sigma^2)$, so folgt: Für $a \neq 0$ ist

$$Y = aX + b \sim N(a\mu + b, a^2\sigma^2)$$

Summen: Sind $X \sim N(\mu_X, \sigma_X^2)$ und $Y \sim N(\mu_Y, \sigma_Y^2)$ normalverteilt und unabhängig, so gilt

$$X + Y \sim N(\mu_X + \mu_y, \sigma_X^2 + \sigma_Y^2)$$

Linearkombinationen: Sind $X_i \sim N(\mu_i, \sigma_i^2)$, $i = 1, \ldots, n$ unabhängig, so ist jede Linearkombination $Y = a_1 X_1 + \ldots + a_n X_n$ wieder normalverteilt mit

$$Y \sim N(a_1\mu_1 + \ldots + a_n\mu_n, a_1^2\sigma_1^2 + \ldots + a_n^2\sigma_n^2)$$

7

Logarithmische Normalverteilung
Definition

Eine nichtnegative Zufallsvariable X heißt logarithmisch normalverteilt oder lognormalverteilt mit Parametern μ und σ^2, kurz $X \sim LN(\mu, \sigma^2)$, wenn $Y = \ln(X) \sim N(\mu, \sigma^2)$ normalverteilt ist.

$$Y \sim N(\mu, \sigma^2) \quad \Longrightarrow \quad X = e^Y \sim LN(\mu, \sigma^2)$$

Eigenschaften

$$E(X) = e^{\mu + \sigma^2/2} \qquad \text{Var}(X) = e^{2\mu + \sigma^2}(e^{\sigma^2} - 1)$$

$$F_X(x) = \Phi\left(\frac{\ln x - \mu}{\sigma}\right), \; x > 0$$

$$f_X(x) = \frac{1}{\sigma x}\phi\left(\frac{\ln x - \mu}{\sigma}\right) = \frac{1}{\sqrt{2\pi}\sigma x}\exp\left(-\frac{(\ln x - \mu)^2}{2\sigma^2}\right), \; x > 0$$

$$x_{med} = e^\mu \qquad x_{mod} = e^{\mu - \sigma^2}$$

Für eine andere Parametrisierung mit Median $\xi = x_{med} = x_{0.5}$ und $\eta = \frac{x_{med}}{x_{mod}}$ gilt:

$$\xi = e^\mu > 0 \qquad \eta = e^{\sigma^2} > 1 \qquad \mu = \ln \xi \qquad \sigma^2 = \ln \eta$$

$$E(X) = \xi\sqrt{\eta} \qquad \text{Var}(X) = \xi^2\eta(\eta - 1)$$

$$F_X(x) = \Phi\left(\frac{\ln x - \ln \xi}{\sqrt{\ln \eta}}\right), \quad x > 0$$

Schiefe: $\gamma_m = \sqrt{\eta - 1}(\eta + 2) = \sqrt{e^{\sigma^2} - 1}(e^{\sigma^2} + 2) > 0$

Wölbung: $\kappa = \eta^4 + 2\eta^3 + 3\eta^2 - 3 = e^{4\sigma^2} + 2e^{3\sigma^2} + 3e^{2\sigma^2} - 3 > 3$

Gammaverteilung
Gammafunktion

Die Gammafunktion ist für $0 < \nu < \infty$ definiert durch das Integral

$$\Gamma(\nu) = \int_0^\infty t^{\nu-1} e^{-t}\, dt$$

Eigenschaften der Gammafunktion

$\Gamma(1) = 1 \quad \Gamma(2) = 1 \cdot \Gamma(1) = 1 \quad \Gamma(3) = 2 \cdot \Gamma(2) = 2 \cdot 1 = 2!$
$\Gamma(4) = 3 \cdot \Gamma(3) = 3 \cdot 2 = 6 = 3! \quad \ldots \quad \Gamma(n+1) = n \cdot \Gamma(n) = n!$
Deshalb heißt die Gammafunktion auch **Fakultätenfunktion**.

Für $\nu \in (0, \infty)$ gilt: $\Gamma(\nu + 1) = \nu\Gamma(\nu)$

$\Gamma(1/2) = \sqrt{\pi}$

Definition der Gammaverteilung

Eine Zufallsvariable X mit der Dichtefunktion

$$f_X(x) = \begin{cases} 0 & x \le 0 \\ \dfrac{\lambda^\nu}{\Gamma(\nu)} x^{\nu-1} e^{-\lambda x} & x > 0 \end{cases}$$

heißt gammaverteilt mit den Parametern $\nu > 0$ und $\lambda > 0$, kurz $X \sim G(\nu, \lambda)$.

Eigenschaften

$$T_X = (0, \infty) \quad E(X) = \frac{\nu}{\lambda} \quad \text{Var}(X) = \frac{\nu}{\lambda^2} \quad M_X(t) = \left(\frac{\lambda}{\lambda - t}\right)^\nu = \frac{1}{(1 - t/\lambda)^\nu} \quad \text{für } t < \lambda$$

Spezielle Gammaverteilungen

ν	λ	$f(x)$	$E(X)$	$\text{Var}(X)$	Name
			Spezielle Gammaverteilungen:		
1	1	e^{-x}	1	1	$G(1,1) \stackrel{d}{=} Ex(1)$
2	1	xe^{-x}	2	2	$G(2,1)$
1	λ	$\lambda e^{-\lambda x}$	$1/\lambda$	$1/\lambda^2$	$G(1,\lambda) \stackrel{d}{=} Ex(\lambda)$
$\frac{1}{2}$	$\frac{1}{2}$	$\dfrac{1}{\sqrt{x}\sqrt{2\pi}} e^{-\frac{1}{2}x}$	1	2	$G\left(\frac{1}{2}, \frac{1}{2}\right) \stackrel{d}{=} \chi^2(1) \stackrel{d}{=} (N(0,1))^2$
1	$\frac{1}{2}$	$\frac{1}{2} e^{-\frac{1}{2}x}$	2	4	$G\left(1, \frac{1}{2}\right) \stackrel{d}{=} \chi^2(2) \stackrel{d}{=} Ex\left(\frac{1}{2}\right)$
$\frac{n}{2}$	$\frac{1}{2}$	$\dfrac{x^{(n/2)-1}}{2^{n/2}\Gamma(n/2)} e^{-\frac{1}{2}x}$	n	$2n$	$G\left(\frac{n}{2}, \frac{1}{2}\right) \stackrel{d}{=} \chi^2(n)$

χ^2-Verteilung

Definition

Seien $X_1, \ldots, X_n$ unabhängige und identisch $N(0,1)$-verteilte Zufallsvariablen. Dann heißt die Verteilung der Zufallsvariablen

$$Z = X_1^2 + \ldots + X_n^2$$

Chi-Quadrat-Verteilung mit n Freiheitsgraden, kurz $\chi^2(n)$-Verteilung, und Z heißt $\chi^2(n)$-verteilt, kurz $Z \sim \chi^2(n)$.

Eigenschaften

$$T_Z = (0, \infty) \qquad E(Z) = n \qquad \text{Var}\,(Z) = 2n \qquad \chi^2(n) \overset{d}{=} G\left(\tfrac{n}{2}, \tfrac{1}{2}\right)$$

t-Verteilung, Student-Verteilung

Definition

Seien $X \sim N(0, 1)$, $Z \sim \chi^2(n)$ sowie X und Z unabhängig. Dann heißt die Verteilung der Zufallsvariablen

$$T = \frac{X}{\sqrt{Z/n}}$$

t-Verteilung mit n Freiheitsgraden, kurz $t(n)$-Verteilung. Die Zufallsvariable T heißt $t(n)$-verteilt, kurz $T \sim t(n)$.

Eigenschaften

$$E(T) = 0 \qquad \text{Var}\,(T) = \frac{n}{n-2} \quad \text{für} \quad n \geq 3$$

$f_T(x) = f_T(-x)$, d.h., die Dichte ist symmetrisch um 0.

Für die Quantile gilt: $t_p(n) = -t_{1-p}(n)$

$T \sim t(n) \implies T^2 \sim F(1, n)$, d.h., das Quadrat einer t-verteilten Zufallsvariablen ist F-verteilt. Für die Quantile gilt:

$t^2_{1-\alpha/2}(n) = F_{1-\alpha}(1, n)$

Fisher-Verteilung

Definition

Seien $X \sim \chi^2(m)$ und $Y \sim \chi^2(n)$-verteilt und voneinander unabhängig. Dann heißt die Verteilung der Zufallsvariablen

$$Z = \frac{X/m}{Y/n}$$

Fisher- oder F-Verteilung mit den Freiheitsgraden m und n, kurz $Z \sim F(m, n)$.

Eigenschaften

$$\mathcal{T}_Z = (0, \infty)$$

$$E(Z) = \frac{n}{n-2} \quad \text{für} \quad n \geq 3 \qquad \text{Var}(Z) = \frac{2n^2(n+m-2)}{m(n-4)(n-2)^2} \quad \text{für} \quad n \geq 5$$

$$\text{Var}\, Z \approx 2\frac{m+n}{mn} \to 0 \quad \text{für} \quad m, n \to \infty$$

$$F(m, n) \stackrel{d}{=} 1/F(n, m)$$

Für die Quantile gilt: $F_p(m, n) = \dfrac{1}{F_{1-p}(n, m)}$

7.4 Grenzwertsätze

Grundlegende Voraussetzungen: Unabhängige und identische Wiederholung

Sei X eine diskrete oder stetige Zufallsvariable mit Erwartungswert μ, Varianz σ^2 und Verteilungsfunktion F. Der zu X gehörende Zufallsvorgang werde n-mal unabhängig wiederholt. Die Zufallsvariablen X_i, $i = 1, \ldots, n$ geben an, welchen Wert X beim i-ten Teilversuch annehmen wird. Die Zufallsvariablen $X_1, \ldots, X_n$ sind unabhängig und besitzen alle dieselbe Verteilungsfunktion F und damit denselben Erwartungswert μ und dieselbe Varianz σ^2 wie X. Man sagt:

$X_1, \ldots, X_n$ sind **unabhängig identisch verteilt wie** X, oder

$X_1, \ldots, X_n$ sind **unabhängige Wiederholungen von** X.

Die nach der Durchführung erhaltenen Ergebnisse sind Realisierungen $x_1, \ldots, x_n$ von $X_1, \ldots, X_n$.

Gesetz der großen Zahlen und Hauptsatz der Statistik
Definition des arithmetischen Mittels

Das arithmetische Mittel

$$\overline{X}_n = \frac{1}{n}(X_1 + \ldots + X_n)$$

ist der durchschnittliche Wert von X bei n Versuchen. $\bar{x}_n = \dfrac{1}{n}(x_1 + \ldots + x_n)$ ist eine Realisierung von $\overline{X}_n$ nach Durchführung der Versuche.

Eigenschaften des arithmetischen Mittels

Erwartungswert, Varianz und Standardabweichung des arithmetischen Mittels:

$$E(\overline{X}_n) = \mu, \qquad \text{Var}(\overline{X}_n) = \frac{\sigma^2}{n}, \qquad \sigma_{\overline{X}_n} = \frac{\sigma}{\sqrt{n}}$$

Für $n \to \infty$ gilt:

$$\text{Var}(\overline{X}_n) \to 0 \qquad \sigma_{\overline{X}_n} \to 0$$

$$E(X_1 + X_2 + \ldots + X_n) = n\mu \begin{cases} = 0 & \mu = 0 \\ \to \infty & \mu > 0 \\ \to -\infty & \mu < 0 \end{cases} \qquad \text{Var}(X_1 + X_2 + \ldots + X_n) = n\sigma^2 \to \infty$$

Schwaches Gesetz der großen Zahlen: Für beliebig kleines $c > 0$ gilt:

$$P(|\overline{X}_n - \mu| \le c) \to 1 \quad \text{für} \quad n \to \infty$$

$$P(|\overline{X}_n - \mu| \ge c) \to 0 \quad \text{für} \quad n \to \infty$$

Man sagt: $\overline{X}_n$ **konvergiert nach Wahrscheinlichkeit** gegen μ.

Das schwache Gesetz der großen Zahlen gilt auch für nicht identisch verteilte Zufallsvariablen X_i mit $E(X_i) = \mu$ und $\text{Var}(X_i) = \sigma_i^2 \le \sigma_{max}^2$. Dann gilt:

$$P(|\overline{X}_n - \mu| \ge c) \le \frac{\sigma_1^2 + \ldots + \sigma_n^2}{c^2 \cdot n^2} \le \frac{\sigma_{max}^2}{c^2 \cdot n} \to 0$$

Starkes Gesetz der großen Zahlen:

$$P\left(\lim_{n \to \infty} \overline{X}_n = \mu\right) = 1$$

Theorem von Bernoulli

Die relative Häufigkeit $f_n(A)$, mit der ein Ereignis A bei n unabhängigen Wiederholungen eines Zufallsvorganges eintritt, konvergiert nach Wahrscheinlichkeit gegen $P(A)$, d.h., für beliebig kleines $c > 0$ gilt

$$P(|f_n(A) - P(A)| \le c) \to 1 \quad \text{für} \quad n \to \infty$$

bzw.

$$P(|f_n(A) - P(A)| \ge c) \to 0 \quad \text{für} \quad n \to \infty$$

Die „starke" Version dieses Gesetzes ist:

$$P\left(\lim_{n \to \infty} f_n(A) = P(A)\right) = 1$$

Hauptsatz der Statistik (Satz von Glivenko-Cantelli)

Sei X eine Zufallsvariable mit der Verteilungsfunktion $F(x)$. Seien $X_1, \ldots, X_n$ unabhängig und identisch verteilt wie X. Dann gilt für die zugehörige empirische Verteilungsfunktion $F_n(x) = \dfrac{1}{n}$(Anzahl der X_i mit $X_i \leq x$)

$$P\left(\sup_{x \in \mathbb{R}} |F_n(x) - F(x)| \leq c\right) \to 1 \quad \text{für} \quad n \to \infty$$

$$P\left(\lim_{n \to \infty} F_n(x) = F(x)\right) = 1$$

Zentraler Grenzwertsatz

$X_1, \ldots, X_n$ seien unabhängig identisch verteilte Zufallsvariablen mit $E(X_i) = \mu$ und $\mathrm{Var}(X_i) = \sigma^2 > 0$. Dann konvergiert die Verteilungsfunktion $F_n(z) = P(Z_n \leq z)$ der standardisierten Summe

$$Z_n = \frac{X_1 + \ldots + X_n - n\mu}{\sqrt{n}\,\sigma} = \frac{1}{\sqrt{n}} \sum_{i=1}^{n} \frac{X_i - \mu}{\sigma}$$

für $n \to \infty$ an jeder Stelle $z \in \mathbb{R}$ gegen die Verteilungsfunktion $\Phi(z)$ der Standardnormalverteilung:

$$F_n(z) = P(Z_n \leq z) \to \Phi(z)$$

Wir schreiben $Z_n \overset{a}{\sim} N(0, 1)$.

Es gilt: $\quad \displaystyle\sum_{i=1}^{n} X_i \overset{a}{\sim} N(n\mu, n\sigma^2) \qquad \overline{X}_n = \frac{1}{n} \sum_{i=1}^{n} X_i \overset{a}{\sim} N\left(\mu, \frac{\sigma^2}{n}\right)$

Grenzwertsatz von de Moivre

Seien $X_i \sim B(1, \pi)$, $i = 1, \ldots, n$ unabhängige Bernoulli-Variablen und

$$H_n = X_1 + \ldots + X_n \sim B(n, \pi)$$

Für $n \to \infty$ konvergiert die Verteilung der standardisierten absoluten Häufigkeit

$$\frac{H_n - n\pi}{\sqrt{n\pi(1 - \pi)}}$$

gegen eine Standardnormalverteilung.

7

Für großes n gilt

$$H_n \overset{a}{\sim} N(n\pi, n\pi(1-\pi)),$$

d.h., die $B(n, \pi)$-Verteilung lässt sich durch eine Normalverteilung mit $\mu = n\pi$, $\sigma^2 = n\pi(1-\pi)$ approximieren. Für die relative Häufigkeit H_n/n gilt entsprechend

$$H_n/n \overset{a}{\sim} N(\pi, \pi(1-\pi)/n)$$

7.5 Approximation von Verteilungen

Approximation der Binomialverteilung durch die Normalverteilung

- Seien $X_i \sim B(1, \pi)$, $i = 1, \ldots, n$ unabhängige Bernoulli-Variablen. Dann gilt

$$X = \sum_{i=1}^{n} X_i \sim B(n, \pi) \qquad\qquad \text{Exakte Verteilung}$$

$$\frac{\sum_{i=1}^{n} X_i - n\pi}{\sqrt{n\pi(1-\pi)}} \overset{a}{\sim} N(0, 1) \qquad\qquad \text{Asymptotische Verteilung}$$

$$\sum_{i=1}^{n} X_i \overset{a}{\sim} N(n\pi, n\pi(1-\pi)) \qquad\qquad \text{Asymptotische Verteilung}$$

- Sei $X \sim B(n, \pi)$. Falls $n\pi$ und $n(1-\pi)$ groß genug sind, gilt die **Normalverteilungsapproximation der Binomialverteilung:**

$$P(X \leq x) \approx \Phi\left(\frac{x - n\pi}{\sqrt{n\pi(1-\pi)}}\right).$$

Normalverteilungsapproximation der Binomialverteilung mit Stetigkeitskorrektur

$$P(X \leq x) \approx \Phi\left(\frac{x + 0.5 - n\pi}{\sqrt{n\pi(1-\pi)}}\right)$$

$$P(X = x) \approx \Phi\left(\frac{x + 0.5 - n\pi}{\sqrt{n\pi(1-\pi)}}\right) - \Phi\left(\frac{x - 0.5 - n\pi}{\sqrt{n\pi(1-\pi)}}\right)$$

$$P(X \geq x) \approx 1 - \Phi\left(\frac{x - 0.5 - n\pi}{\sqrt{n\pi(1-\pi)}}\right)$$

$$P(a \leq X \leq b) \approx \Phi\left(\frac{b + 0.5 - n\pi}{\sqrt{n\pi(1-\pi)}}\right) - \Phi\left(\frac{a - 0.5 - n\pi}{\sqrt{n\pi(1-\pi)}}\right)$$

Als Faustregeln findet man: $n\pi \geq 5$, $n(1-\pi) \geq 5$ oder auch ≥ 9.

Weitere Approximationen

Verteilung	Approximation	Faustregel
$H(n, N, M)$	$B(n, \pi = M/N)$	$n/N \leq 0.05$
	$Po(\lambda = nM/N)$	$n/N \leq 0.05,\ n \geq 30,$ $M/N \leq 0.05$
	$N(\mu, \sigma^2)$ $\mu = n\frac{M}{N}\quad \sigma^2 = n\frac{M}{N}\left(1 - \frac{M}{N}\right)$	$n/N \leq 0.05,\ nM/N \geq 5,$ $n(1 - M/N) \geq 5$
$B(n, \pi)$	$Po(\lambda = n\pi)$	$n > 30,\ \pi \leq 0.05$
	$N(\mu = n\pi, \sigma^2 = n\pi(1 - \pi))$	$n\pi \geq 5,\ n(1 - \pi) \geq 5$
$Po(\lambda)$	$N(\mu = \lambda, \sigma^2 = \lambda)$	$\lambda \geq 10$
$t(n)$	$N(0, 1)$	$n \geq 30$
$\chi^2(n)$	$N(\mu = n, \sigma^2 = 2n)$	$n > 30$
$Z = \sqrt{2X} - \sqrt{2n - 1}$	$N(0, 1)$	$n > 30$
$F(m, n)$	$\chi^2(m)$	

Approximation der Poissonverteilung durch Normalverteilung mit Stetigkeitskorrektur:

$$P(X \leq x) \approx \Phi\left(\frac{x + 0.5 - \lambda}{\sqrt{\lambda}}\right) \qquad P(a \leq X \leq b) \approx \Phi\left(\frac{b + 0.5 - \lambda}{\sqrt{\lambda}}\right) - \Phi\left(\frac{a - 0.5 - \lambda}{\sqrt{\lambda}}\right)$$

Approximation der χ^2-Verteilung durch $N(0, 1)$-Verteilung:

$$x_p = \frac{1}{2}\left(z_p + \sqrt{2n - 1}\right)^2$$

7

Kapitel 8
Mehrdimensionale
Zufallsvariablen

8.1 Zweidimensionale diskrete Zufallsvariablen

Gemeinsame Wahrscheinlichkeitsfunktion
Definition

Die Zufallsvariablen X und Y seien jeweils diskret mit den möglichen Werten $x_1, x_2, \ldots$ bzw. $y_1, y_2, \ldots$, d.h. $\mathcal{T}_X = \{x_1, x_2, \ldots\}$ und $\mathcal{T}_Y = \{y_1, y_2, \ldots\}$.

Die gemeinsame Wahrscheinlichkeitsfunktion der bivariaten diskreten Zufallsvariable (X, Y) ist bestimmt durch

$$f(x, y) = \begin{cases} P(X = x, Y = y) & \text{für } (x, y) \in \{(x_1, y_1), (x_1, y_2) \ldots\} \\ 0 & \text{sonst} \end{cases}$$

8

Eigenschaften der gemeinsamen Wahrscheinlichkeitsfunktion

$$f(x, y) \geq 0 \qquad \sum_i \sum_j f(x_i, y_j) = 1 \qquad f(x_i, y_j) \leq 1 \ \text{ für alle } i, j$$

Randverteilungen

Die Randverteilungen von X und Y sind gegeben durch

$$f_X(x) = P(X = x) = \sum_j f(x, y_j) \qquad f_Y(y) = P(Y = y) = \sum_i f(x_i, y)$$

Kontingenztafel der Wahrscheinlichkeiten

Die Zufallsvariablen X und Y besitzen jeweils nur endlich viele Ausprägungen $x_1, \ldots, x_k$ bzw. $y_1, \ldots, y_m$. Die $(k \times m)$-Kontingenztafel der Wahrscheinlichkeiten besitzt die Form

$$
\begin{array}{c|ccc|c}
 & y_1 & \cdots & y_m & \\
\hline
x_1 & p_{11} & \cdots & p_{1m} & p_{1.} \\
\vdots & \vdots & \ddots & \vdots & \vdots \\
x_k & p_{k1} & \cdots & p_{km} & p_{k.} \\
\hline
 & p_{.1} & \cdots & p_{.m} & 1
\end{array}
$$

Dabei bezeichnen für $i = 1, \ldots, k$ und $j = 1, \ldots, m$

$p_{ij} = P(X = x_i, Y = y_j)$ die Wahrscheinlichkeiten für (x_i, y_j)

$p_{i.} = \displaystyle\sum_{j=1}^{m} p_{ij}$ die Wahrscheinlichkeit $P(X = x_i)$

$p_{.j} = \displaystyle\sum_{i=1}^{k} p_{ij}$ die Wahrscheinlichkeit $P(Y = y_j)$

Bedingte Wahrscheinlichkeitsfunktionen

- Die bedingte Wahrscheinlichkeitsfunktion von X gegeben $Y = y$ ist (für einen festen Wert y und $f_Y(y) \neq 0$) bestimmt durch

$$
f_X(x|y) = \frac{f(x, y)}{f_Y(y)}
$$

- Die bedingte Wahrscheinlichkeitsfunktion von Y gegeben $X = x$ ist (für einen festen Wert x und $f_X(x) \neq 0$) bestimmt durch

$$
f_Y(y|x) = \frac{f(x, y)}{f_X(x)}
$$

- Für $f_Y(y) = 0$ legt man $f_X(x|y) = 0$ und für $f_X(x) = 0$ entsprechend $f_Y(y|x) = 0$ fest.

Gemeinsame Verteilungsfunktion
Definition

Die gemeinsame Verteilungsfunktion von X und Y ist

$$
F(x, y) = P(X \leq x, Y \leq y) = \sum_{x_i \leq x} \sum_{y_j \leq y} f(x_i, y_j)
$$

Randverteilungsfunktionen

Die Randverteilungsfunktionen von X und Y sind gegeben durch:

$$
F_X(x) = P(X \leq x) = \sum_{x_i \leq x} \sum_{y_j} f(x_i, y_j) \qquad F_Y(y) = P(Y \leq y) = \sum_{x_i} \sum_{y_j \leq y} f(x_i, y_j)
$$

8

8.2   Zweidimensionale stetige Zufallsvariablen

Gemeinsame stetige Verteilung und Dichte zweier Zufallsvariablen

Die Zufallsvariablen X und Y sind gemeinsam stetig verteilt, wenn es eine zweidimensionale (gemeinsame) Dichtefunktion $f(x, y) \geq 0$ gibt, so dass

$$P(a \leq X \leq b, c \leq Y \leq d) = \int_a^b \int_c^d f(x, y)\,dy\,dx$$

Für $f(x, y)$ gilt

$$\int_{-\infty}^{\infty} \int_{-\infty}^{\infty} (x, y)\,dy\,dx = 1$$

Randdichten und Randverteilungsfunktionen

Für die Randdichten und Randverteilungsfunktionen von X und Y gilt:

$$f_X(x) = \int_{-\infty}^{\infty} f(x, y)\,dy \qquad f_Y(y) = \int_{-\infty}^{\infty} f(x, y)\,dx$$

$$F_X(x) = \int_{-\infty}^{\infty} \int_{-\infty}^{x} f(u, v)\,du\,dv \qquad F_Y(y) = \int_{-\infty}^{y} \int_{-\infty}^{\infty} f(u, v)\,du\,dv$$

$$f_X(x) = \frac{d}{dx} F_X(x) \qquad f_Y(y) = \frac{d}{dy} F_Y(y)$$

Bedingte Dichten

- Die bedingte Dichte von X unter der Bedingung $Y = y$, kurz $X|Y = y$, ist für einen festen Wert von y und $f_Y(y) \neq 0$ gegeben durch

$$f_X(x|y) = \frac{f(x, y)}{f_Y(y)}$$

Für $f_Y(y) = 0$ legt man $f_X(x|y) = 0$ fest.

- Die bedingte Dichte von Y unter der Bedingung $X = x$, kurz $Y|X = x$, ist für einen festen Wert von x und $f_X(x) \neq 0$ gegeben durch

$$f_Y(y|x) = \frac{f(x, y)}{f_X(x)}$$

Für $f_X(x) = 0$ legt man $f_Y(y|x) = 0$ fest.

Gemeinsame Verteilungsfunktion

Definition

Die gemeinsame Verteilungsfunktion von (X, Y) erhält man aus

$$F(x, y) = P(X \le x, Y \le y) = \int\limits_{-\infty}^{x} \int\limits_{-\infty}^{y} f(u, v)\,dv\,du$$

Zusammenhang mit gemeinsamer Dichtefunktion und den Randverteilungsfunktionen

$$f_{XY}(x, y) = \frac{\partial^2}{\partial x \partial y} F_{XY}(x, y) \qquad F_X(x) = \lim_{y \to \infty} F_{XY}(x, y) \qquad F_Y(y) = \lim_{x \to \infty} F_{XY}(x, y)$$

Unabhängigkeit von zwei Zufallsvariablen

- Die Zufallsvariablen X und Y heißen **unabhängig**, wenn für alle x und y

$$f(x, y) = f_X(x) \cdot f_Y(y)$$

  gilt. Andernfalls heißen X und Y **abhängig**.
- Äquivalent ist: X und Y sind genau dann unabhängig, wenn

$$F_{XY}(x, y) = P(X \le x, Y \le y) = P(X \le x) \cdot P(Y \le y) = F_X(x) \cdot F_Y(y)$$

8

8.3 Erwartungswerte, Kovarianz und Korrelation

Erwartungswert

Der Erwartungswert der Funktion $g(X, Y)$ ist definiert als

$$E\left[g(X, Y)\right] = \sum_i \sum_j g(x_i, y_j) f(x_i, y_j) \qquad \text{falls } X \text{ und } Y \text{ diskret und}$$

$$\sum_i \sum_j |g(x_i, y_j)| f(x_i, y_j) < \infty$$

$$E\left[g(X, Y)\right] = \int\limits_{-\infty}^{\infty} \int\limits_{-\infty}^{\infty} g(x, y) f(x, y)\,dx\,dy \qquad \text{falls } X \text{ und } Y \text{ stetig und}$$

$$\int\limits_{-\infty}^{\infty} \int\limits_{-\infty}^{\infty} |g(x, y)| f(x, y)\,dx\,dy < \infty$$

Kovarianz

Definition

Die Kovarianz der Zufallsvariablen X und Y ist definiert durch

$$\mathrm{Cov}(X, Y) = E([X - E(X)][Y - E(Y)])\,.$$

Eigenschaften

- **Verschiebungssatz:**

  $\mathrm{Cov}(X, Y) = E(XY) - E(X) \cdot E(Y)$ $E(XY) = E(X)E(Y) + \mathrm{Cov}(X, Y)$

- **Symmetrie:** $\mathrm{Cov}(X, Y) = \mathrm{Cov}(Y, X)$

- **Lineare Transformation:**

  $\tilde{X} = a_X X + b_X, \tilde{Y} = a_Y Y + b_Y \implies \mathrm{Cov}(\tilde{X}, \tilde{Y}) = a_X a_Y \mathrm{Cov}(X, Y)$

- $\mathrm{Cov}(X, Y) = 0 \iff E(XY) = E(X) \cdot E(Y)$

- Falls X und Y unabhängig sind, ist $\mathrm{Cov}(X, Y) = 0$

- Falls $\mathrm{Cov}(X, Y) \neq 0$, sind X und Y abhängig.

Die Kovarianz hängt vom Maßstab ab, der jetzt definierte Korrelationskoeffizient dagegen nicht!

Korrelationskoeffizient

Definition

Der Korrelationskoeffizient ist definiert durch

$$\rho = \rho(X, Y) = \frac{\mathrm{Cov}(X, Y)}{\sqrt{\mathrm{Var}\,(X)}\sqrt{\mathrm{Var}\,(Y)}} = \frac{\mathrm{Cov}(X, Y)}{\sigma_X \sigma_Y}$$

Eigenschaften

- $-1 \leq \rho(X, Y) \leq 1$

- $|\rho(X, Y)| = 1$ gilt genau dann, wenn $Y = aX + b$ für Konstanten a und b.

  Wenn $a > 0$ ist, gilt $\rho(X, Y) = 1$.

  Wenn $a < 0$ ist, gilt $\rho(X, Y) = -1$.

- Wenn $\tilde{X} = X/\sigma_X$ und $\tilde{Y} = Y/\sigma_y$ die „standardisierten" Zufallsvariablen (d.h., es gilt: $\mathrm{Var}\,(\tilde{X}) = \mathrm{Var}\,(\tilde{Y}) = 1$) sind, so gilt: $\mathrm{Cov}(\tilde{X}, \tilde{Y}) = \rho(X, Y)$.

- Der Korrelationskoeffizient ist unabhängig vom Maßstab: Wenn $\tilde{X} = a_X X + b_X, a_X \neq 0, \tilde{Y} = a_Y Y + b_Y, a_Y \neq 0$, so gilt $|\rho(\tilde{X}, \tilde{Y})| = |\rho(X, Y)|$ und $\rho(\tilde{X}, \tilde{Y}) = -\rho(X, Y)$, wenn $a_X > 0, a_Y < 0$ bzw. $a_X < 0, a_Y > 0$.

- ρ ist ein Maß für den linearen Zusammenhang.

Unkorreliertheit

- Zwei Zufallsvariablen heißen **unkorreliert**, wenn $\rho(X, Y) = 0$.

- Wenn $\rho(X, Y) \neq 0$, heißen sie **korreliert**.

Unabhängigkeit und Korrelation

Sind zwei Zufallsvariablen unabhängig, so sind sie auch unkorreliert, d.h., es gilt $\rho(X, Y) = 0$.

Zweidimensionale Normalverteilung

Definition

Die Zufallsvariablen X und Y heißen bivariat (auch gemeinsam oder zweidimensional) normalverteilt, wenn die Dichte bestimmt ist durch

$$f(x, y) = \frac{1}{2\pi\sigma_1\sigma_2\sqrt{1-\rho^2}} \cdot$$

$$\cdot \exp\left\{-\frac{1}{2(1-\rho^2)}\left[\left(\frac{x-\mu_1}{\sigma_1}\right)^2 - 2\rho\left(\frac{x-\mu_1}{\sigma_1}\right)\left(\frac{y-\mu_2}{\sigma_2}\right) + \left(\frac{y-\mu_2}{\sigma_2}\right)^2\right]\right\}$$

Die bivariate Normalverteilung hat fünf Parameter:

- $\mu_1 = E(X)$ (Erwartungswert von X) $\mu_2 = E(Y)$ (Erwartungswert von Y)
- $\sigma_1^2 = \text{Var}(X)$ (Varianz von X) $\sigma_2^2 = \text{Var}(Y)$ (Varianz von Y)
- $\rho = \rho(X, Y)$ (Korrelationskoeffizient von X und Y)

Unabhängigkeit und Korrelation bei bivariat normalverteilten Zufallsvariablen

8

Die bivariat normalverteilten Zufallsvariablen X und Y sind genau dann unabhängig, wenn sie unkorreliert sind, d.h wenn $\rho = 0$.

8.4 Verteilung von n Zufallsvariablen

Gemeinsame Verteilungsfunktion

Definition

Die gemeinsame Verteilungsfunktion der Zufallsvariablen $X_1, X_2 \ldots, X_n$ ist definiert durch

$$F_{X_1,X_2,\ldots,X_n}(x_1, x_2, \ldots, x_n) = P(X_1 \leq x_1, X_2 \leq x_2, \ldots, X_n \leq x_n)$$

Randverteilungsfunktionen

$$F_{X_i}(x_i) = P(X_i \leq x_i) = F_{X_1,X_2,\ldots,X_n}(\infty, \ldots, \infty, x_i, \infty, \ldots, \infty)$$

Gemeinsame Wahrscheinlichkeitsfunktion diskreter Zufallsvariablen
Definition

Die Zufallsvariablen $X_1, X_2, \ldots, X_n$ seien diskret. Die gemeinsame Wahrscheinlichkeitsfunktion ist dann definiert durch

$$f_{X_1 X_2 \ldots X_n}(x_1, x_2, \ldots, x_n) = P(\{X_1 = x_1, X_2 = x_2, \ldots, X_n = x_n\})$$

Berechnung von Wahrscheinlichkeiten

Für diskrete Zufallsvariablen $(X_1, X_2, \ldots, X_n)$ gilt

$$P(\{a_1 \leq X_1 \leq b_1, a_2 \leq X_2 \leq b_2, \ldots, a_n \leq X_n \leq b_n\}) =$$

$$\sum_{a_n \leq x_n \leq b_n} \cdots \sum_{a_2 \leq x_2 \leq b_2} \sum_{a_1 \leq x_1 \leq b_1} f_{X_1 X_2 \ldots X_n}(x_1, x_2, \ldots, x_n)$$

Gemeinsame Dichtefunktion stetiger Zufallsvariablen

- Eine Funktion $f \colon \mathbb{R}^n \longrightarrow \mathbb{R}$ heißt eine **gemeinsame Dichtefunktion**, wenn gilt

$$f(x_1, x_2 \ldots, x_n) \geq 0 \qquad \text{für alle } (x_1, x_2 \ldots, x_n)$$

$$\int\limits_{-\infty}^{\infty} \cdots \int\limits_{-\infty}^{\infty} \int\limits_{-\infty}^{\infty} f(x_1, x_2, \ldots, x_n)\,dx_1\,dx_2 \ldots dx_n = 1$$

- Die Zufallsvariablen $(X_1, X_2, \ldots X_n)$ heißen **stetig**, wenn es eine gemeinsame Dichtefunktion $f_{X_1 X_2 \ldots X_n}$ gibt, so dass für alle $a_i, b_i;\ i = 1, 2, \ldots, n$ mit $a_i \leq b_i$ gilt

$$P(\{a_1 \leq X_1 \leq b_1, a_2 \leq X_2 \leq b_2, \ldots, a_n \leq X_n \leq b_n\}) =$$

$$\int\limits_{a_n}^{b_n} \cdots \int\limits_{a_2}^{b_2} \int\limits_{a_1}^{b_1} f_{X_1 X_2 \ldots X_n}(x_1, x_2, \ldots, x_n)\,dx_1\,dx_2 \ldots dx_n$$

Erwartungswertvektor, Kovarianz- und Korrelationsmatrix

- Für den Zufallsvektor $\mathbf{X} = (X_1, X_2, \ldots, X_n)'$ heißt $\boldsymbol{\mu} = (\mu_1, \mu_2, \ldots, \mu_n)'$ mit $\mu_i = E(X_i)$ der **Erwartungswertvektor.**
- Die **Kovarianzmatrix** ist

$$\Sigma = \mathrm{Cov}(\mathbf{X}) = \begin{pmatrix} \sigma_1^2 & \sigma_{12} & \cdots & \sigma_{1n} \\ \sigma_{21} & \sigma_2^2 & \cdots & \sigma_{2n} \\ \vdots & \vdots & \ddots & \vdots \\ \sigma_{n1} & \sigma_{n2} & \cdots & \sigma_n^2 \end{pmatrix}$$

mit $\sigma_i^2 = \mathrm{Var}\,(X_i)$ und $\sigma_{ij} = \mathrm{Cov}(X_i, X_j)$ für $i \neq j$. Dabei ist $\sigma_{ij} = \sigma_{ji}$.

- Mit den Korrelationskoeffizienten $\rho_{ij} = \dfrac{\sigma_{ij}}{\sqrt{\sigma_i^2 \sigma_j^2}}$ bildet man die **Korrelationsmatrix**

$$P = \text{Korr}(\mathbf{X}) = \begin{pmatrix} 1 & \rho_{12} & \cdots & \rho_{1n} \\ \rho_{21} & 1 & \cdots & \rho_{2n} \\ \vdots & \vdots & \ddots & \vdots \\ \rho_{n1} & \rho_{n2} & \cdots & 1 \end{pmatrix}$$

Unabhängigkeit von Zufallsvariablen

- Die Zufallsvariablen $X_1, \ldots, X_n$ heißen unabhängig, wenn für alle $x_1, \ldots, x_n$ gilt

$$P(X_1 \le x_1, \ldots, X_n \le x_n) = P(X_1 \le x_1) \cdot \ldots \cdot P(X_n \le x_n),$$

d.h.

$$F_{X_1, X_2, \ldots, X_n}(x_1, x_2, \ldots, x_n) = F_{X_1} \cdot \ldots \cdot F_{X_n}(x_n)$$

- Äquivalent dazu ist

$$f(x_1, \ldots, x_n) = f_{X_1}(x_1) \cdot \ldots \cdot f_{X_n}(x_n),$$

wobei $f(x_1, \ldots, x_n)$ die gemeinsame Wahrscheinlichkeitsfunktion bzw. die gemeinsame Dichte von $X_1, \ldots, X_n$ und $f_{X_i}(x_i)$ die Wahrscheinlichkeitsfunktion bzw. die Dichte der Zufallsvariablen X_i bezeichnen ($i = 1, \ldots, n$).

Erwartungswert und Varianz von Summen und Linearkombinationen

8

- Für die Summe und die Differenz von zwei Zufallsvariablen gilt:

$$E(X_1 + X_2) = E(X_1) + E(X_2) \qquad E(X_1 - X_2) = E(X_1) - E(X_2)$$

$$\text{Var}(X_1 + X_2) = \text{Var}(X_1) + \text{Var}(X_2) + 2\text{Cov}(X_1, X_2)$$

$$\text{Var}(X_1 - X_2) = \text{Var}(X_1) + \text{Var}(X_2) - 2\text{Cov}(X_1, X_2)$$

$$\sigma_{X \pm Y}^2 = \sigma_X^2 + \sigma_Y^2 \pm 2\sigma_X \sigma_Y \rho_{XY} \qquad |\sigma_X - \sigma_Y| \le \sigma_{X+Y} \le \sigma_X + \sigma_Y$$

- Ist $Y = \sum_{i=1}^{n} a_i X_i = a_1 X_1 + \ldots + a_n X_n = \mathbf{a}'\mathbf{X}$ mit $\mathbf{X} = (X_1, \ldots, X_n)'$ und $\mathbf{a} = (a_1, \ldots, a_n)'$ eine Linearkombination der X_i, so gilt für

den Erwartungswert:

$$E(Y) = a_1 E(X_1) + \ldots + a_n E(X_n) = \sum_{i=1}^{n} a_i E(X_i), \text{ d.h. } E(\mathbf{a}'\mathbf{X}) = \mathbf{a}'\boldsymbol{\mu}$$

die Varianz:

$$\begin{aligned} \text{Var}(Y) = \text{Var}(\mathbf{a}'\mathbf{X}) &= a_1^2 \text{Var}(X_1) + \ldots + a_n^2 \text{Var}(X_n) \\ &\quad + 2a_1 a_2 \text{Cov}(X_1, X_2) + 2a_1 a_3 \text{Cov}(X_1, X_3) + \ldots \\ &= \sum_{i=1}^{n} a_i^2 \text{Var}(X_i) + 2 \sum_{i<j} a_i a_j \text{Cov}(X_i, X_j) = \mathbf{a}'\Sigma\mathbf{a} \end{aligned}$$

Sind X und a Zeilenvektoren, so gilt: $E(Y) = E(Xa') = \mu a'$ und Var$(Y) = $ Var$(Xa') = a\Sigma a'$

Falls $X_1, \ldots, X_n$ paarweise unkorreliert (z.B. unabhängig) sind, gilt:

$$\text{Var}\left(\sum_{i=1}^{n} a_i X_i\right) = \sum_{i=1}^{n} a_i^2 \text{Var}(X_i)$$

Verteilung der Summe von unabhängigen Zufallsvariablen

$X_1, \ldots, X_k$ unabhängig

Verteilung der X_i	Verteilung der Summe $S = \sum_{i=1}^{k} X_i$
Bernoulli: $B(1, \pi)$	Binomial: $B(k, \pi)$
Binomial: $B(n_i, \pi)$	Binomial: $B\left(\sum_{i=1}^{k} n_i, \pi\right)$
Poisson: $Po(\lambda_i)$	Poisson: $Po\left(\sum_{i=1}^{k} \lambda_i\right)$
Normalverteilung: $N(\mu_i, \sigma_i^2)$	Normalverteilung: $N\left(\sum_{i=1}^{k} \mu_i, \sum_{i=1}^{k} \sigma_i^2\right)$
Chiquadrat: $\chi^2(n_i)$	Chiquadrat: $\chi^2\left(\sum_{i=1}^{k} n_i\right)$
Exponential: $Ex(\lambda)$	Gamma: $G(k, \lambda)$

Kapitel 9
Parameterschätzung

9.1 Punktschätzung

Ausgangspunkt, Annahmen

Es liegen n Stichprobenziehungen vor, die durch die Zufallsvariablen $X_1, \ldots, X_n$ (Stichprobenvariablen) repräsentiert werden, wobei häufig gefordert wird, dass sie unabhängige Wiederholungen von X sind, d.h., die den Stichprobenvariablen zugrunde liegenden Experimente sind unabhängig und es wird jedes Mal dasselbe Experiment durchgeführt.

Schätzfunktionen

Definition

- Eine **Schätzfunktion** oder Schätzstatistik für den Grundgesamtheitsparameter θ ist eine Funktion
$$T = g(X_1, \ldots, X_n)$$
der Stichprobenvariablen $X_1, \ldots, X_n$.

- Der aus den Realisationen $x_1, \ldots, x_n$ resultierende numerische Wert $g(x_1, \ldots, x_n)$ ist der zugehörige **Schätzwert**.

Gebräuchliche Schätzfunktionen

Schätzfunktion	$(X \sim)$	Parameter	Bias	SF	Kons.
$\overline{X} = \dfrac{1}{n}\sum\limits_{i=1}^{n} X_i$		$\mu = E(X)$	0	$\sigma/\sqrt{n}$	stark
$\overline{X} = \dfrac{1}{n}\sum\limits_{i=1}^{n} X_i$	$B(1, \pi)$	$\pi = P(X = 1)$	0	$\sqrt{\pi(1-\pi)/n}$	stark
$S^2 = \dfrac{1}{n-1}\sum\limits_{i=1}^{n}(X_i - \overline{X})^2$		$\sigma^2 = \mathrm{Var}\,(X)$	0		schwach
$\tilde{S}^2 = \dfrac{1}{n}\sum\limits_{i=1}^{n}(X_i - \overline{X})^2$		$\sigma^2 = \mathrm{Var}\,(X)$	$-\sigma^2/n$		schwach
$\hat{\gamma}_m = \dfrac{1}{n}\sum\limits_{i=1}^{n}\left(\dfrac{X_i - \overline{X}}{\tilde{S}}\right)^3$		γ_m (Schiefe)			schwach
$\hat{\kappa} = \dfrac{1}{n}\sum\limits_{i=1}^{n}\left(\dfrac{X_i - \overline{X}}{\tilde{S}}\right)^4$		κ (Wölbung)			schwach

9

Die in der Tabelle benutzten Begriffe *Bias*, *Standardfehler (SF)* und *Konsistenz* werden im nächsten Unterkapitel definiert.

$$\tilde{S}^2 = \left(\frac{1}{n} \sum_{i=1}^{n} X_i^2 \right) - \overline{X}^2 \qquad S^2 = \frac{n}{n-1} \tilde{S}^2 \qquad \tilde{S}^2 = \frac{n-1}{n} S^2 \; ; \; E(\tilde{S}^2) = \frac{n-1}{n} \sigma^2$$

$$X \sim N(\mu, \sigma^2) \quad \Longrightarrow \quad SF(\tilde{S}^2) = \frac{\sigma^2}{n} \sqrt{2(n-1)} \qquad SF(S^2) = \sigma^2 \sqrt{\frac{2}{n-1}}$$

Beim Ziehen ohne Zurücklegen aus endlicher Grundgesamtheit vom Umfang N gilt:

$$\hat{\sigma}^2 = \frac{N-1}{N} S^2 \qquad E(\hat{\sigma}^2) = \sigma^2$$

9.2   Eigenschaften von Schätzstatistiken

Schätzfehler

Der Schätzfehler oder Fehler einer Schätzfunktion T für θ ist definiert durch $e = T - \theta$.

Erwartungstreue und Verzerrung (Bias)

- Eine Schätzstatistik $T = g(X_1, \ldots, X_n)$ heißt erwartungstreu (auch: unverzerrt, englisch: unbiased) für θ, wenn

$$E_\theta(T) = \theta$$

Dabei bedeutet $E_\theta(T)$, dass der Erwartungswert von T unter der Voraussetzung gebildet wird, dass θ der zugrundeliegende Parameter ist.

- Sie heißt asymptotisch erwartungstreu, wenn

$$\lim_{n \to \infty} E_\theta(T) = \theta$$

- Der Bias oder die Verzerrung ist definiert durch

$$\text{Bias}_\theta(T) = E_\theta(T) - \theta = E_\theta(T - \theta) = E_\theta(\text{Fehler})$$

Standardfehler

Der Standardfehler (SF) einer Schätzstatistik ist definiert durch die Standardabweichung der Schätzstatistik

$$\sigma_g = \sqrt{\text{Var}(T)} = \sqrt{\text{Var}(g(X_1, \ldots, X_n))}$$

Erwartete mittlere quadratische Abweichung und Konsistenz

Definition

Die erwartete mittlere quadratische Abweichung (MSE) (mean squared error) ist definiert durch

$$MSE(T) = E([T - \theta]^2)$$

Eigenschaften

$$MSE(T) = \text{Var}\,(T) + (\text{Bias}(T))^2 \qquad MSE(T) = \text{Var}\,(T), \; \text{falls } T \text{ erwartungstreu.}$$

Konsistenz

Definitionen

- Eine Schätzstatistik T heißt konsistent im quadratischen Mittel oder MSE-konsistent, wenn gilt

$$MSE \xrightarrow{n \to \infty} 0$$

- Eine Schätzstatistik T heißt schwach konsistent, wenn für beliebiges $\epsilon > 0$ gilt

$$\lim_{n \to \infty} P(|T - \theta| < \epsilon) = 1 \quad \text{bzw.} \quad \lim_{n \to \infty} P(|T - \theta| \geq \epsilon) = 0$$

Resultate

Aus der Konsistenz im quadratischen Mittel folgt die schwache Konsistenz.

Eine erwartungstreue Statistik ist konsistent im quadratischen Mittel und somit auch schwach konsistent, wenn $\text{Var}\,(T) \to 0$ für $n \to \infty$.

Wirksamste Schätzstatistiken

Definitionen

- Von zwei Schätzstatistiken T_1 und T_2 heißt T_1 **MSE-wirksamer** als T_2, wenn

$$MSE(T_1) \leq MSE(T_2)$$

für alle zugelassenen Verteilungen gilt.

- Eine Statistik heißt **MSE-wirksamst**, wenn ihre mittlere quadratische Abweichung unter allen zugelassenen Verteilungen den kleinsten möglichen Wert annimmt.

- Von zwei erwartungstreuen Schätzstatistiken T_1 und T_2 heißt T_1 **wirksamer** oder **effizienter** als T_2, wenn

$$\text{Var}\,(T_1) \leq \text{Var}\,(T_2)$$

für alle zugelassenen Verteilungen gilt.

- Eine Statistik heißt **wirksamst** oder **effizient**, wenn ihre Varianz unter allen zugelassenen Verteilungen den kleinsten möglichen Wert annimmt.

- Der Quotient

$$\frac{\text{Var}\,(T_2)}{\text{Var}\,(T_1)}$$

heißt **relative Effizienz** von T_1 gegenüber T_2.

Beispiele wirksamster Schätzstatistiken

Wirksamste Schätzstatistiken sind
- $\overline{X}$ für den Erwartungswert, wenn alle Verteilungen mit endlicher Varianz zugelassen sind,
- $\overline{X}$ für den Erwartungswert, wenn alle Normalverteilungen zugelassen sind,
- $\overline{X}$ für den Anteilswert dichotomer Grundgesamtheiten, wenn alle Bernoulli-Verteilungen zugelassen sind,
- $\overline{X}$ für den Parameter λ, wenn alle Poisson-Verteilungen zugelassen sind,
- $\overline{X}$ für $1/\lambda$, wenn alle Exponential-Verteilungen zugelassen sind,
- S^2 für σ^2, wenn alle Normalverteilungen zugelassen sind.

Verteilung von Schätzfunktionen
Normalverteilungsannahme

- Falls $X_1, \ldots, X_n \sim N(\mu, \sigma^2)$ und unabhängig, so gilt:

$$\overline{X} \sim N\left(\mu, \frac{\sigma^2}{n}\right)$$

$$\frac{\overline{X} - \mu}{\sigma}\sqrt{n} \sim N(0,1) \quad \textbf{(standardisiertes Stichprobenmittel)}$$

$$\sum_{i=1}^{n}\left(\frac{X_i - \mu}{\sigma}\right)^2 \sim \chi^2(n) \qquad \text{Falls } X_i \sim N(0,1), \text{ so gilt: } \sum_{i=1}^{n} X_i^2 \sim \chi^2(n)$$

$$\frac{(n-1)S^2}{\sigma^2} = \frac{n\tilde{S}^2}{\sigma^2} = \frac{1}{\sigma^2}\sum_{i=1}^{n}(X_i - \overline{X})^2 = \sum_{i=1}^{n}\left(\frac{X_i - \overline{X}}{\sigma}\right)^2 \sim \chi^2(n-1)$$

$$\frac{\overline{X} - \mu}{S}\sqrt{n-1} = \frac{\overline{X} - \mu}{\tilde{S}}\sqrt{n} \sim t(n-1)$$

- Falls $X_1, \ldots, X_n \sim N(\mu_X, \sigma_X^2)$, $Y_1, \ldots, Y_m \sim N(\mu_Y, \sigma_Y^2)$ und alle ZV unabhängig sind, so gilt:

$$\frac{\dfrac{1}{(n-1)\sigma_X^2}\sum_{i=1}^{n}(X_i - \overline{X})^2}{\dfrac{1}{(m-1)\sigma_Y^2}\sum_{j=1}^{m}(Y_j - \overline{Y})^2} \sim F(n-1, m-1)$$

Ohne Normalverteilungsannahme

Ohne Normalverteilungsannahme gelten alle obigen Aussagen asymptotisch, z.B.
$$\overline{X} \overset{a}{\sim} N\left(\mu, \frac{\sigma^2}{n}\right) \, ; \quad \frac{\overline{X} - \mu}{\sigma}\sqrt{n} \overset{a}{\sim} N(0, 1),$$
wobei das Zeichen $\overset{a}{\sim}$ bedeutet: „ist asymptotisch verteilt wie".

Verteilung des Stichprobenanteilswertes

Falls $X_1, \ldots, X_n \sim B(1, \pi)$, so ist $\hat{\pi} = \overline{X}$ und unabhängig
$$E(\hat{\pi}) = \pi \qquad \text{Var}(\hat{\pi}) = \frac{\pi(1 - \pi)}{n} \qquad \sigma_{\hat{\pi}} = \sqrt{\frac{\pi(1 - \pi)}{n}}$$
$$\hat{\pi} \overset{a}{\sim} N\left(\pi, \frac{\pi(1 - \pi)}{n}\right) \qquad \frac{\hat{\pi} - \pi}{\sqrt{\pi(1 - \pi)/n}} \overset{a}{\sim} N(0, 1)$$

9.3 Konstruktion von Schätzfunktionen

Der zu schätzende Parameter θ kann auch zwei- oder mehrdimensional sein. Es seien $X_1, \ldots, X_n$ unabhängige und identische Wiederholungen eines Experiments.

Methode der Momente

Definitionen

- Das k-te Moment einer Zufallsvariablen X ist $\mu'_k = E(X^k)$, $k \in \mathbb{N}$; das k-te **Stichprobenmoment** ist $M'_k = \frac{1}{n}\sum_{i=1}^{k} X_i^k$.

- Die Methode der Momente beruht darauf, dass man
  - die zu schätzenden Parameter durch die Momente μ'_k ausdrückt und
  - in diesem Ausdruck die Momente μ'_k durch die Stichprobenmomente M'_k ersetzt.

- Die Schätzer heißen **Momentenschätzer**.

Momentenschätzer für Erwartungswert und Varianz

$$\hat{\mu} = \overline{X} = M'_1 \qquad \hat{\sigma}^2 = \tilde{S}^2 = \frac{1}{n}\sum_{i=1}^{n}(X_i - \overline{X})^2 = \frac{1}{n}\sum_{i=1}^{n} X_i^2 - \overline{X}^2 = M'_2 - (M'_1)^2$$

Maximum-Likelihood-Schätzung

Definitionen

- Die Funktion

$$L(\theta) = f(x_1, \ldots, x_n | \theta) = f(x_1 | \theta) \cdot \ldots \cdot f(x_n | \theta)$$

  heißt **Likelihoodfunktion** oder einfach **Likelihood** und wird als Funktion von θ bei gegebenen Realisationen $x_1, \ldots, x_n$ betrachtet.

- Das **Maximum-Likelihood-Prinzip** besagt: Wähle zu $x_1, \ldots, x_n$ als Parameterschätzung denjenigen Parameter $\hat{\theta}$, für den die Likelihood maximal ist, d.h.

$$L(\hat{\theta}) = \max_{\theta} L(\theta) \quad \text{bzw.} \quad f(x_1, \ldots, x_n | \hat{\theta}) = \max_{\theta} f(x_1, \ldots, x_n | \theta)$$

- Anstelle der Likelihood ist es oft einfacher, die Log-Likelihood

$$\ln L(\theta) = \sum_{i=1}^{n} \ln f(x_i | \theta)$$

  zu maximieren, die ihr Maximum an derselben Stelle $\hat{\theta}$ annimmt.

Eigenschaften

Transformationseigenschaft: Wenn $\hat{\theta}$ der ML-Schätzer von θ ist, so ist $g(\hat{\theta})$ der ML-Schätzer von $g(\theta)$, wenn g eine umkehrbar eindeutige Funktion von θ ist.

Asymptotische Normalverteilung: $\hat{\theta}_n \overset{a}{\sim} N\left(\theta, \dfrac{\sigma^2(\theta)}{n}\right)$, wobei $\dfrac{\sigma^2(\theta)}{n} \approx \text{Var}\left(\hat{\theta}_n\right)$

Beispiele von Momenten- und ML-Schätzern

Verteilung	Momentenschätzer	ML-Schätzer
$X \sim B(1, \pi)$	$\hat{\pi} = \overline{X}$	$\hat{\pi} = \overline{X}$
$X \sim Po(\lambda)$	$\hat{\lambda} = \overline{X}$	$\hat{\lambda} = \overline{X}$
$X \sim Ex(\lambda)$	$\hat{\lambda} = \dfrac{1}{\overline{X}}$	$\hat{\lambda} = \dfrac{1}{\overline{X}}$
$X \sim N(\mu, \sigma^2)$	$\hat{\mu} = \overline{X}$; $\hat{\sigma}^2 = \tilde{S}^2$; $\hat{\sigma} = \sqrt{\tilde{S}^2}$	$\hat{\mu} = \overline{X}$; $\hat{\sigma}^2 = \tilde{S}^2$; $\hat{\sigma} = \sqrt{\tilde{S}^2}$
$X \sim G(\pi)$	$\hat{\pi} = \dfrac{1}{\overline{X}}$	$\hat{\pi} = \dfrac{1}{\overline{X}}$

Verteilung	Momentenschätzer	ML-Schätzer
$X \sim \text{Par}(\alpha, c)$	$\hat{\alpha} = \sqrt{\dfrac{\overline{X}^2}{\tilde{S}^2} + 1} + 1$	$\hat{\alpha} = \dfrac{n}{\sum\limits_{i=1}^{n} \ln\left(\dfrac{X_i}{\hat{c}}\right)}$
	$\hat{c} = \dfrac{\hat{\alpha} - 1}{\hat{\alpha}} \overline{X}$	$\hat{c} = \min\{X_1, \ldots, X_n\}$
$X \sim \text{Par}(\alpha, c), \; c$ bekannt	$\hat{\alpha} = c\dfrac{\overline{X}}{\overline{X} - 1}$	$\hat{\alpha} = \dfrac{n}{\sum\limits_{i=1}^{n} \ln\left(\dfrac{X_i}{c}\right)}$
$X \sim U(a, b)$	$\hat{a} = \overline{X} - \sqrt{3\tilde{S}^2}$	$\hat{a} = \min\{X_1, \ldots, X_n\}$
	$\hat{b} = \overline{X} + \sqrt{3\tilde{S}^2}$	$\hat{b} = \max\{X_1, \ldots, X_n\}$

Bayes-Schätzung

Bayes-Inferenz, Bayesianisches Lernen

Die Wahrscheinlichkeitsfunktion oder Dichte von X, gegeben θ, sei $f(x|\theta)$ und $L(\theta) = f(x_1, \ldots, x_n|\theta)$ sei die gemeinsame Dichte oder Likelihoodfunktion für n unabhängige Wiederholungen von X.

■ Für den unbekannten Parameter θ wird eine **A-priori-Dichte** $f(\theta)$ spezifiziert.

■ Dann ist die **A-posteriori-Dichte** gegeben durch

$$f(\theta|x_1, \ldots, x_n) = \frac{f(x_1|\theta) \cdot \ldots \cdot f(x_n|\theta) \cdot f(\theta)}{\int f(x_1|\theta) \cdot \ldots \cdot f(x_n|\theta) \cdot f(\theta) d\theta} = \frac{L(\theta)f(\theta)}{\int L(\theta)f(\theta)d\theta}$$

Bayes-Schätzer

■ Der **A-posteriori-Erwartungswert** ist

$$\hat{\theta}_p = E(\theta|x_1, \ldots, x_n) = \int \theta f(\theta|x_1, \ldots, x_n)d\theta$$

■ Für den **A-posteriori-Modus** oder **maximum a posteriori (MAP)** Schätzer wählen Sie denjenigen Parameterwert $\hat{\theta}_{MAP}$, für den die A-posteriori-Dichte maximal wird, d.h.

$$L(\hat{\theta}_{MAP})f(\hat{\theta}_{MAP}) = \max_{\theta} L(\theta)f(\theta)$$

Äquivalent dazu ist die Maximierung des Logarithmus

$$\ln L(\hat{\theta}_{MAP}) + \ln f(\hat{\theta}_{MAP}) = \max_{\theta}\{\ln L(\theta) + \ln f(\theta)\}$$

9

Beste lineare Schätzung eines Erwartungswertes

Definition einer linearen Schätzfunktion

Ein Schätzer $\hat{\mu}$ für μ heißt linear, wenn die Schätzfunktion linear ist, d.h. wenn

$$\hat{\mu} = \sum_{i=1}^{n} \alpha_i X_i$$

mit Koeffizienten $\alpha_i \in \mathbb{R}$.

Gauß-Markoff-Theorem

Unter allen linearen erwartungstreuen Schätzern für μ hat $\overline{X}$ die kleinste Varianz.

9.4 Intervallschätzung

Grundlegende Definitionen von Konfidenzintervallen

- Zu vorgegebener **Irrtumswahrscheinlichkeit** α liefern die aus den Stichprobenvariablen $X_1, \ldots, X_n$ gebildeten Schätzstatistiken

$$G_u = g_u(X_1, \ldots, X_n) \quad \text{und} \quad G_o = g_o(X_1, \ldots, X_n)$$

ein $(1 - \alpha)$-**Konfidenzintervall** (Vertrauensintervall) für Θ, wenn gilt

$$P(G_u \leq G_o) = 1 \qquad P(G_u \leq \theta \leq G_o) = 1 - \alpha.$$

- $1 - \alpha$ wird als **Sicherheits-, Konfidenz-** oder **Überdeckungswahrscheinlichkeit** bezeichnet.

- Das sich aus den Realisationen $x_1, \ldots, x_n$ ergebende realisierte Konfidenzintervall besitzt die Form

$$[g_u, g_o] \qquad \text{mit } g_u = g_u(x_1, \ldots, x_n), \, g_o = g_o(x_1, \ldots, x_n).$$

- Setzt man prinzipiell $G_u = -\infty$ (für alle Werte $X_1, \ldots, X_n$), erhält man ein **einseitiges Konfidenzintervall**

$$P(\theta \leq G_o) = 1 - \alpha$$

mit der oberen Konfidenzschranke G_o. Für $G_o = \infty$ erhält man ein einseitiges Konfidenzintervall

$$P(G_u \leq \theta) = 1 - \alpha$$

mit der unteren Konfidenzschranke G_u.

Konfidenzintervalle für Erwartungswert und Varianz

Die folgende Tabelle enthält Konfidenzintervalle zum Konfidenzniveau $1-\alpha$. Ferner ist n_{min} der Mindeststichprobenumfang für ein Konfidenzintervall zum Niveau $1-\alpha$, das höchstens die Breite $2b$ besitzt.

für X ~		Intervall	Bemerkung	n_{min}
μ	$N(\mu,\sigma^2)$	$\overline{X} \mp z_{1-\alpha/2}\dfrac{\sigma}{\sqrt{n}}$	σ^2 bek.	$\dfrac{z_{1-\alpha/2}^2\,\sigma^2}{b^2}$
μ	$N(\mu,\sigma^2)$	$\overline{X} \mp t_{1-\alpha/2}(n-1)\dfrac{\tilde{S}}{\sqrt{n}} = \overline{X} \mp t_{1-\alpha/2}(n-1)\dfrac{\tilde{s}}{\sqrt{n-1}}$	σ^2 unbek.	$\dfrac{t_{1-\alpha/2}^2\,\hat{\sigma}^2}{b^2}$
μ	beliebig	$\overline{X} \mp z_{1-\alpha/2}\dfrac{\sigma}{\sqrt{n}}$	σ^2 bek.; $n \geq 30$	$\max\left\{30,\ \dfrac{z_{1-\alpha/2}^2\,\sigma^2}{b^2}\right\}$
μ	beliebig	$\overline{X} \mp t_{1-\alpha/2}(n-1)\dfrac{\tilde{S}}{\sqrt{n}} = \overline{X} \mp t_{1-\alpha/2}(n-1)\dfrac{\tilde{s}}{\sqrt{n-1}}$	σ^2 unbek.; $n \geq 30$	$\max\left\{30,\ \dfrac{t_{1-\alpha/2}^2\,\hat{\sigma}^2}{b^2}\right\}$
σ^2	$N(\mu,\sigma^2)$	$\left[\dfrac{(n-1)S^2}{\chi_{1-\alpha/2}^2(n-1)},\ \dfrac{(n-1)S^2}{\chi_{\alpha/2}^2(n-1)}\right] = \left[\dfrac{n\tilde{S}^2}{\chi_{1-\alpha/2}^2(n-1)},\ \dfrac{n\tilde{S}^2}{\chi_{\alpha/2}^2(n-1)}\right]$		
π	$B(1,\pi)$	$\hat{\pi} \mp z_{1-\alpha/2}\sqrt{\dfrac{\hat{\pi}(1-\hat{\pi})}{n}}$	$\hat{\pi} = \overline{X}; n \geq 30$	$\max\left\{\dfrac{9}{\pi^*(1-\pi^*)},\ \dfrac{z_{1-\alpha/2}^2\,\pi^*(1-\pi^*)}{b^2}\right\}$ π^* Schätzwert für π, unabhängig von der aktuellen Stichprobe

9

Kapitel 10
Testen von Hypothesen

10.1 Prinzipien des Testens

Statistisches Testproblem, statistischer Test

- Ein **statistisches Testproblem** besteht aus einer Nullhypothese H_0 und einer Alternative H_1, die sich gegenseitig ausschließen und Aussagen über die gesamte Verteilung oder über bestimmte Parameter des interessierenden Merkmals in der Grundgesamtheit beinhalten.

- Falls das Testproblem lautet

  $H_0 : \text{„} = \text{“}$ gegen $H_1 : \text{„} \neq \text{“}$, nennt man dieses **zweiseitig**.

  $H_0 : \text{„} \leq \text{“}$ gegen $H_1 : \text{„} > \text{“}$ bzw. $H_0 : \text{„} \geq \text{“}$ gegen $H_1 : \text{„} < \text{“}$ spricht man von **einseitigen** Testproblemen.

- Bestehen H_0 bzw. H_1 nur aus einem einzelnen Punkt, so heißen diese **einfache** Hypothese bzw. Alternative. Umfassen H_0 bzw. H_1 mehrere Punkte, so heißen diese **zusammengesetzte** Hypothese bzw. Alternative.

- Ein **statistischer Test** basiert auf einer geeignet gewählten **Prüfgröße** und liefert eine formale Entscheidungsregel, die aufgrund einer Stichprobe darüber entscheidet, ob eher H_0 oder H_1 für die Grundgesamtheit zutrifft.

Fehlentscheidungen

- Bei einem statistischen Testproblem H_0 gegen H_1 und einem geeigneten statistischem Test spricht man von einem

  - **Fehler 1. Art**, wenn H_0 verworfen wird, obwohl H_0 wahr ist,
  - **Fehler 2. Art**, wenn H_0 beibehalten wird, obwohl H_1 wahr ist.

- Folgende Ausgänge eines statistischen Tests sind möglich:

	Entscheidung für	
	H_0 (H_0 beibehalten)	H_1 (H_0 verwerfen)
H_0 wahr	richtig	falsch, Fehler 1. Art (α-Fehler)
H_1 wahr	falsch, Fehler 2. Art (β-Fehler)	richtig

Signifikanztest

Ein statistischer Test heißt **Test zum Signifikanzniveau** $\alpha, 0 < \alpha < 1$, oder **Signifikanztest**, falls

$$P(H_1 \text{ annehmen } | H_0 \text{ wahr }) \le \alpha, \qquad \text{d.h.} \qquad P(\text{ Fehler 1. Art }) \le \alpha.$$

Typische Werte für das Signifikanzniveau α sind $0.1, 0.05, 0.01$.

Überschreitungswahrscheinlichkeit bzw. *p*-Wert

- Der p-Wert ist definiert als die Wahrscheinlichkeit, unter H_0 den beobachteten Prüfgrößenwert oder einen in Richtung der Alternative extremeren Wert zu erhalten.
- Ist der p-Wert kleiner oder gleich dem vorgegebenen Signifikanzniveau α, so wird H_0 verworfen. Ansonsten behält man H_0 bei.

Gütefunktion

Wahrscheinlichkeiten der Fehler

- $P(\text{ Fehler 1. Art}) = P(H_0 \text{ ablehnen } | H_0 \text{ wahr })$
- $P(\text{ Fehler 2. Art}) = P(H_0 \text{ beibehalten } | H_1 \text{ wahr }) = 1 - P(H_0 \text{ ablehnen } | H_1 \text{ wahr })$

Definition der Gütefunktion

Für vorgegebenes Signifikanzniveau α und festen Stichprobenumfang n ist die Gütefunktion g eine Funktion auf $H_0 \cup H_1$, die die Wahrscheinlichkeit für einen statistischen Test angibt, die Nullhypothese zu verwerfen.

Eigenschaften der Gütefunktion

10

- Für Werte aus H_1 heißt die Gütefunktion Trennschärfe, Macht oder Power.
- Für Werte aus H_0 ist die Gütefunktion kleiner gleich α.
- Für wachsendes n wird die Macht eines Tests größer, d.h., die Gütefunktion wird steiler.
- Für wachsendes α wird die Macht eines Tests größer.
- Für eine wachsende Abweichung zwischen Werten aus H_0 und H_1 wird die Macht eines Tests größer.

10.2 Spezielle Testprobleme für den Ein-Stichprobenfall

Es werden Eigenschaften einer Zufallsvariablen X untersucht. $X_1, \ldots, X_n$ seien unabhängige Wiederholungen von X. Es sei $\mu = E(X)$ und $\sigma^2 = \text{Var}(X)$.

Tests zu Lagealternativen

Hypothesen über den Erwartungswert

Hypothesen:	(a) $H_0: \mu = \mu_0$ $\quad H_1: \mu \neq \mu_0$
	(b) $H_0: \mu \geq \mu_0$ $\quad H_1: \mu < \mu_0$
	(c) $H_0: \mu \leq \mu_0$ $\quad H_1: \mu > \mu_0$

Annahmen:	σ^2 bekannt und (i) $X \sim N(\mu, \sigma^2)$
	(ii) Verteilung beliebig, $\mu = EX$, $\sigma^2 = \text{Var}(X)$,
	n groß genug (Faustregel: $n \geq 30$)
Teststatistik:	$Z = \dfrac{\overline{X} - \mu_0}{\sigma}\sqrt{n}$ $\quad$ **Gauß-Test**
Verteilung für $\mu = \mu_0$:	(i) $Z \sim N(0,1)$ $\quad$ (ii) $Z \stackrel{a}{\sim} N(0,1)$
Ablehnungsbereich:	(a) $|Z| > z_{1-\alpha/2}$ $\quad$ (b) $Z < -z_{1-\alpha}$ $\quad$ (c) $Z > z_{1-\alpha}$

Annahmen:	σ^2 unbekannt und (i) $X \sim N(\mu, \sigma^2)$
	(ii) Verteilung beliebig, $\mu = EX$, $\sigma^2 = \text{Var}(X)$,
	n groß genug (Faustregel: $n \geq 30$)
Teststatistik:	$T = \dfrac{\overline{X} - \mu_0}{S}\sqrt{n}$ $\quad$ **t-Test**
Verteilung für $\mu = \mu_0$:	(i) $T \sim t(n-1) \stackrel{a}{\sim} N(0,1)$ $\quad$ (ii) $T \stackrel{a}{\sim} N(0,1)$
Ablehnungsbereich:	(i): (a) $|T| > t_{1-\alpha/2}(n-1)$ (b) $T < -t_{1-\alpha}(n-1)$
	$\quad$ (c) $T > t_{1-\alpha}(n-1)$
	(ii): (a) $|T| > z_{1-\alpha/2}$ (b) $T < -z_{1-\alpha}$ (c) $T > z_{1-\alpha}$

Hypothesen über den Anteilswert π oder den Parameter π einer Binomialverteilung

Annahmen:	$X_i \sim B(1, \pi)$ $\quad X = \sum\limits_{i=1}^{n} X_i$ $\quad$ oder einfach $X \sim B(n, \pi)$
Hypothesen:	(a) $H_0: \pi = \pi_0$ $\quad H_1: \pi \neq \pi_0$
	(b) $H_0: \pi \geq \pi_0$ $\quad H_1: \pi < \pi_0$
	(c) $H_0: \pi \leq \pi_0$ $\quad H_1: \pi > \pi_0$
Teststatistik:	X $\quad$ **exakter Test, Binomialtest**
Verteilung für $\pi = \pi_0$:	$B(n, \pi_0)$

Teststatistik:	$Z = \dfrac{X - n\pi_0}{\sqrt{n\pi_0(1-\pi_0)}} = \dfrac{\hat{\pi} - \pi_0}{\sqrt{\dfrac{\pi_0(1-\pi_0)}{n}}}$ $\quad$ **Approximativer Binomialtest**
Verteilung für $\pi = \pi_0$	$Z \stackrel{a}{\sim} N(0,1)$
Ablehnungsbereich:	(a) $|Z| > z_{1-\alpha/2}$ $\quad$ (b) $Z < -z_{1-\alpha}$ $\quad$ (c) $Z > z_{1-\alpha}$

Vorzeichentest

Annahmen:	X besitzt stetige Verteilungsfunktion
Hypothesen:	(a) $\quad H_0: x_{med} = \delta_0 \quad H_1: x_{med} \neq \delta_0$
	(b) $\quad H_0: x_{med} \geq \delta_0 \quad H_1: x_{med} < \delta_0$
	(c) $\quad H_0: x_{med} \leq \delta_0 \quad H_1: x_{med} > \delta_0$
Teststatistik:	$A = $ Anzahl der Beobachtungen kleiner als δ_0
Verteilung für $x_{med} = \delta_0$:	$B(n, 0.5)$
Ablehnungsbereich:	(a) $A \leq b_{\alpha/2}$ oder $n - A \leq b_{\alpha/2}$ (b) $n - A \leq b_\alpha$
	(c) $A \leq b_\alpha$

Die kritischen Schranken $b_{\alpha/2}$ und b_α sind bestimmt durch

$$B(b_{\alpha/2}) \leq \alpha/2 < B(b_{\alpha/2} + 1) \qquad \text{bzw.} \qquad B(b_\alpha) \leq \alpha < B(b_\alpha + 1),$$

wobei B die Verteilungsfunktion der Binomialverteilung $B(n, 0.5)$ bezeichnet. Alternativ wird in (b) H_0 abgelehnt, wenn $A > o_{1-\alpha}$, wobei die obere Schranke $o_{1-\alpha}$ bestimmt ist durch $B(o_{1-\alpha}) < 1 - \alpha \leq B(o_{1-\alpha} + 1)$.

Für $n > 25$ ist $\dfrac{A + 0.5 - n/2}{\sqrt{n}/2} \overset{a}{\sim} N(0, 1)$

Annahmen:	$n > 25$
Teststatistik:	$Z = \dfrac{A + 0.5 - n/2}{\sqrt{n}/2}$
Ablehnungsbereich:	(a) $Z < z_{\alpha/2}$ oder $Z > z_{1-\alpha/2}$ (b) $Z < z_\alpha$ (c) $Z > z_{1-\alpha}$

10

Modifizierter Vorzeichentest für beliebige Quantile

- Der Vorzeichentest kann für beliebige Quantile x_p, $(0 < p < 1)$ modifiziert werden.

- In den Hypothesen ist x_{med} durch x_p zu ersetzen.

- Die Verteilung von A für $x_p = \delta_0$ ist dann $B(n, p)$ statt $B(n, 0.5)$.

- Für große n gilt asymptotisch: $\dfrac{A + 0.5 - np}{\sqrt{np(1-p)}} \overset{a}{\sim} N(0, 1)$.

Wilcoxon-Vorzeichen-Rang-Test

Annahmen:	X metrisch skaliert, symmetrisch verteilt, stetige Verteilungsfunktion
Hypothesen:	(a) $H_0: x_{med} = \delta_0$ $H_1: x_{med} \neq \delta_0$
	(b) $H_0: x_{med} \geq \delta_0$ $H_1: x_{med} < \delta_0$
	(c) $H_0: x_{med} \leq \delta_0$ $H_1: x_{med} > \delta_0$
Teststatistik:	$W^+ = \sum\limits_{i=1}^{n} \text{rg}\lvert D_i \rvert Z_i$, wobei $D_i = X_i - \delta_0$, $Z_i = \begin{cases} 1 & D_i > 0 \\ 0 & D_i < 0 \end{cases}$
Ablehnungsbereich:	(a) $W^+ < w^+_{\alpha/2}$ oder $W^+ > w^+_{1-\alpha/2}$ (b) $W^+ < w^+_\alpha$
	(c) $W^+ > w_{1-\alpha}$

Dabei ist $w^+_{\tilde{\alpha}}$ das tabellierte $\tilde{\alpha}$-Quantil der Verteilung von W^+.

Für $n > 20$ ist W^+ approximativ wie $N(\mu_W, \sigma^2_W)$ verteilt mit $\mu_W = n(n+1)/4$ und $\sigma^2_W = (n(n+1)(2n+1))/24$.

Annahmen:	$n > 20$
Teststatistik:	$Z = \dfrac{W^+ - \mu_W}{\sigma_W}$
Ablehnungsbereich:	(a) $Z < z_{\alpha/2}$ oder $Z > z_{1-\alpha/2}$ (b) $Z < z_\alpha$ (c) $Z > z_{1-\alpha}$

Hypothesen über die Varianz

Hypothesen:	(a) $H_0: \sigma^2 = \sigma^2_0$ $H_1: \sigma^2 \neq \sigma^2_0$
	(b) $H_0: \sigma^2 \geq \sigma^2_0$ $H_1: \sigma^2 < \sigma^2_0$
	(c) $H_0: \sigma^2 \leq \sigma^2_0$ $H_1: \sigma^2 > \sigma^2_0$

Annahmen:	μ unbekannt und $X \sim N(\mu, \sigma^2)$
Teststatistik:	$\chi^2 = \dfrac{1}{\sigma^2_0} \sum\limits_{i=1}^{n} (X_i - \overline{X})^2 = \dfrac{(n-1)S^2}{\sigma^2_0} = \dfrac{nS^2}{\sigma^2_0}$
Verteilung für $\sigma^2 = \sigma^2_0$:	$\chi^2 \sim \chi^2(n-1)$
Ablehnungsbereich:	(a) $\chi^2 < \chi^2_{\alpha/2}(n-1)$ oder $\chi^2 > \chi^2_{1-\alpha/2}(n-1)$
	(b) $\chi^2 < \chi^2_\alpha(n-1)$ (c) $\chi^2 > \chi^2_{1-\alpha}(n-1)$

Annahmen:	μ bekannt und $X \sim N(\mu, \sigma^2)$
Teststatistik:	$\chi^2 = \dfrac{1}{\sigma^2_0} \sum\limits_{i=1}^{n} (X_i - \mu)^2$
Verteilung für $\sigma^2 = \sigma^2_0$:	$\chi^2 \sim \chi^2(n)$
Ablehnungsbereich:	(a) $\chi^2 < \chi^2_{\alpha/2}(n)$ oder $\chi^2 > \chi^2_{1-\alpha/2}(n)$
	(b) $\chi^2 < \chi^2_\alpha(n)$ (c) $\chi^2 > \chi^2_{1-\alpha}(n)$

Anpassungstests oder Goodness-of-fit-Tests

χ^2-Anpassungstest bei kategorialem Merkmal

Annahmen:	$X \in \{1, \ldots, k\}$
Hypothese:	$H_0: P(X = i) = \pi_i, \ i = 1, \ldots, k$
	$H_1: P(X = i) \neq \pi_i$ für mindestens zwei i
Teststatistik:	$\chi^2 = \sum_{i=1}^{k} \dfrac{(h_i - n\pi_i)^2}{n\pi_i}$, wobei h_i die beobachtete Häufigkeit von $X = i$
Verteilung unter H_0:	$\chi^2 \overset{a}{\sim} \chi^2(k-1)$
Ablehnungsbereich:	$\chi^2 > \chi^2_{1-\alpha}(k-1)$

Faustregel: Die Approximation ist verwendbar, wenn $n\pi_i \geq 1$ für alle i, $n\pi_i \geq 5$ für mindestens 80% der Zellen.

Es gilt: $\quad \chi^2 = \left(\sum_{i=1}^{k} \dfrac{h_i^2}{n\pi_i} \right) - n$

χ^2-Test für gruppierte Daten

Annahmen:	Wertebereich von X ist in k disjunkte Klassen $K_1, \ldots K_k$ aufgeteilt.
Hypothese:	$H_0: P(X \in K_i) = \pi_i, \ i = 1, \ldots, k$
	$H_1: P(X \in K_i) \neq \pi_i$ für mindestens zwei i,
	wobei π_i aus einer vorgegebenen Verteilung bestimmt wird.
Teststatistik:	$\chi^2 = \sum_{i=1}^{k} \dfrac{(h_i - n\pi_i)^2}{n\pi_i}$, wobei h_i die beobachtete Häufigkeit von $X = i$
Verteilung unter H_0:	$\chi^2 \overset{a}{\sim} \chi^2(k-r-1)$, wobei $r \geq 0$ die Anzahl der zur Bestimmung von π geschätzten Parameter ist.
Ablehnungsbereich:	$\chi^2 > \chi^2_{1-\alpha}(k-r-1)$

10

10.3 Vergleiche aus unabhängigen Stichproben

Annahmen

Es werden zwei Merkmale X und Y aus **unabhängigen Stichproben** untersucht, d.h.,

- $X_1, \ldots, X_n$ sind unabhängig und identisch verteilt wie X.
- $Y_1, \ldots, Y_m$ sind unabhängig und identisch verteilt wie Y.
- $X_1, \ldots, X_n, Y_1, \ldots, Y_m$ sind unabhängig.

Tests zu Lagealternativen
Vergleich der Erwartungswerte

Hypothesen:

(a) $H_0\colon \mu_X - \mu_Y = \delta_0 \quad H_1\colon \mu_X - \mu_Y \neq \delta_0$

(b) $H_0\colon \mu_X - \mu_Y \geq \delta_0 \quad H_1\colon \mu_X - \mu_Y < \delta_0$

(c) $H_0\colon \mu_X - \mu_Y \leq \delta_0 \quad H_1\colon \mu_X - \mu_Y > \delta_0$

Annahmen:

σ_X^2, σ_Y^2 bekannt und

(i) $X \sim N(\mu_X, \sigma_X^2)$, $Y \sim N(\mu_Y, \sigma_Y^2)$,

(ii) Verteilung von X und Y beliebig, $\mu_X = EX$, $\mu_Y = EY$, $\sigma_X^2 = \mathrm{Var}(X)$, $\sigma_Y^2 = \mathrm{Var}(Y)$, $n, m \geq 30$

Teststatistik:

$$Z = \frac{\overline{X} - \overline{Y} - \delta_0}{\sqrt{\frac{\sigma_X^2}{n} + \frac{\sigma_Y^2}{m}}}$$

Verteilung unter $\mu_X - \mu_Y = \delta_0$:   (i) $Z \sim N(0,1)$ (ii) $Z \overset{a}{\sim} N(0,1)$

Ablehnungsbereich: (a) $|Z| > z_{1-\alpha/2}$ (b) $Z < -z_{1-\alpha}$ (c) $Z > z_{1-\alpha}$

Annahmen:

$\sigma_X^2 = \sigma_Y^2$ unbekannt und

(i) $X \sim N(\mu_X, \sigma_X^2)$, $Y \sim N(\mu_Y, \sigma_Y^2)$

(ii) Verteilung von X und Y beliebig, $\mu_X = EX$, $\mu_Y = EY$, $\sigma_X^2 = \mathrm{Var}(X)$, $\sigma_Y^2 = \mathrm{Var}(Y)$, $n, m \geq 30$

Teststatistik:

$$T = \frac{\overline{X} - \overline{Y} - \delta_0}{\sqrt{\frac{S_X^2}{n} + \frac{S_Y^2}{m}}}, \text{ wobei}$$

$$S_X^2 = \frac{1}{n-1} \sum_{i=1}^{n} (X_i - \overline{X})^2 \text{ und}$$

$$S_Y^2 = \frac{1}{m-1} \sum_{i=1}^{m} (Y_i - \overline{Y})^2$$

Verteilung unter $\mu_X - \mu_Y = \delta_0$:   (i) $T \sim t(k)$ (ii) $T \overset{a}{\sim} N(0,1)$, wobei

$$k = (S_X^2/n + S_Y^2/m) \left/ \left(\frac{1}{n-1} \left(\frac{S_X^2}{n} \right)^2 + \frac{1}{m-1} \left(\frac{S_Y^2}{m} \right)^2 \right) \right.$$

abgerundet zu ganzer Zahl

Ablehnungsbereich:	(i): (a) $\|T\| > t_{1-\alpha/2}(k)$ (b) $T < -t_{1-\alpha}(k)$
	(c) $T > t_{1-\alpha}(k)$
	(ii): (a) $\|T\| > z_{1-\alpha/2}$ (b) $T < -z_{1-\alpha}$
	(c) $T > z_{1-\alpha}$

Annahmen:	$\sigma_X^2 = \sigma_Y^2$ unbekannt und $X \sim N(\mu_X, \sigma_X^2)$, $Y \sim N(\mu_Y, \sigma_Y^2)$
Teststatistik:	$T = \dfrac{\overline{X} - \overline{Y} - \delta_0}{\sqrt{\left(\frac{1}{n} + \frac{1}{m}\right) \frac{(n-1)S_X^2 + (m-1)S_Y^2}{n+m-2}}}$
Verteilung unter $\mu_X - \mu_Y = \delta_0$:	$T \sim t(n + m - 2)$
Ablehnungsbereich:	(a) $\|T\| > t_{1-\alpha/2}(n + m - 2)$
	(b) $T < -t_{1-\alpha}(n + m - 2)$
	(c) $T > t_{1-\alpha}(n + m - 2)$

Wilcoxon-Rangsummen-Test

Annahmen:	Verteilungsfunktionen F_X und F_Y stetig
Hypothesen:	(a) $H_0: x_{med} = y_{med}$ $H_1: x_{med} \neq y_{med}$
	b) $H_0: x_{med} \geq y_{med}$ $H_1: x_{med} < y_{med}$
	c) $H_0: x_{med} \leq y_{med}$ $H_1: x_{med} > y_{med}$
Teststatistik:	$T_W = \sum\limits_{i=1}^{n} \mathrm{rg}(X_i) = \sum\limits_{i=1}^{m+n} iV_i$,
	wobei $\mathrm{rg}(X_i)$ der Rang von X_i unter allen Beobachtungen $X_1, \ldots, X_n, Y_1, \ldots, Y_m$ $V_i = 1$, wenn i-te Beobachtung der geordneten gepoolten Stichprobe X-Variable ist, $V_i = 0$ sonst.
Ablehnungsbereich:	(a) $T_W > w_{1-\alpha/2}(n, m)$ oder $T_W < w_{\alpha/2}(n, m)$
	(b) $T_W < w_\alpha(n, m)$ (c) $W > w_{1-\alpha}(n, m)$
	wobei $w_{\tilde{\alpha}}$ das $\tilde{\alpha}$-Quantil der tabellierten Verteilung ist.

Für große Stichproben (m oder $n > 25$) Approximation durch

$$N(n(n + m + 1)/2, nm(n + m + 1)/12)$$

Vergleich zweier Anteilswerte

Annahmen:	$X \sim B(1, \pi_X), Y \sim B(1, \pi_Y)$
Hypothesen:	(a) $H_0: \pi_X = \pi_Y$ $H_1: \pi_X \neq \pi_Y$
	(b) $H_0: \pi_X \geq \pi_Y$ $H_1: \pi_X < \pi_Y$
	(c) $H_0: \pi_X \leq \pi_Y$ $H_1: \pi_X > \pi_Y$

10

Teststatistik:
$$Z = \frac{\hat{\pi}_X - \hat{\pi}_Y}{\sqrt{\frac{\hat{\pi}_X(1 - \hat{\pi}_X)}{n} + \frac{\hat{\pi}_Y(1 - \hat{\pi}_Y)}{m}}}$$

Verteilung unter $\pi_X = \pi_Y$: $Z \overset{a}{\sim} N(0, 1)$

Ablehnungsbereich: (a) $|Z| > z_{1-\alpha/2}$ (b) $Z < -z_{1-\alpha}$ (c) $Z > z_{1-\alpha}$

Vergleich mehrerer Anteilswerte

Annahmen: $X_{ij} \sim B(1, \pi_i)$, $i = 1, \ldots, r$, $j = 1, \ldots, n_i$ unabhängig

Hypothese: $H_0 \colon \pi_1 = \pi_2 = \ldots = \pi_r$ H_1: mindestens zwei π_i verschieden

Teststatistik:
$$\chi^2 = \sum_{i=1}^{r} \frac{(\hat{\pi}_i - \hat{\pi})^2}{\frac{\hat{\pi}(1 - \hat{\pi})}{n_i}} = \frac{\sum_{i=1}^{r} n_i(\hat{\pi}_i - \hat{\pi})^2}{\hat{\pi}(1 - \hat{\pi})}$$

$$\hat{\pi}_i = \frac{1}{n_i} \sum_{j=1}^{n_i} X_{ij} \qquad \hat{\pi} = \frac{1}{n} \sum_{i=1}^{r} \sum_{j=1}^{n_i} X_{ij} = \frac{n_1 \hat{\pi}_1 + \ldots + n_r \hat{\pi}_r}{n}$$

$$n = n_1 + n_2 + \ldots + n_r$$

Verteilung unter H_0: $\chi^2 \overset{a}{\sim} \chi^2(r - 1)$

Ablehnungsbereich: $\chi^2 > \chi^2_{1-\alpha}(r - 1)$

Vergleich zweier oder mehrerer Varianzen

Vergleich zweier Varianzen

Annahmen: $X \sim N(\mu_X, \sigma_X^2)$, $Y \sim N(\mu_Y, \sigma_Y^2)$

Hypothesen:
   (a) $H_0 \colon \sigma_X^2 = \sigma_Y^2$ $H_1 \colon \sigma_X^2 \neq \sigma_Y^2$
   (b) $H_0 \colon \sigma_X^2 \geq \sigma_Y^2$ $H_1 \colon \sigma_X^2 < \sigma_Y^2$
   (c) $H_0 \colon \sigma_X^2 \leq \sigma_Y^2$ $H_1 \colon \sigma_X^2 > \sigma_Y^2$

Teststatistik:
$$F = \frac{S_X^2}{S_Y^2} = \frac{\sum_{i=1}^{n}(X_i - \overline{X})^2/(n - 1)}{\sum_{j=1}^{m}(Y_j - \overline{Y})^2/(m - 1)}$$

Verteilung unter $\sigma_X^2 = \sigma_Y^2$: $F \sim F(n - 1, m - 1)$

Ablehnungsbereich:
   (a) $F < F_{\alpha/2}(n - 1, m - 1)$ oder
         $F > F_{1-\alpha/2}(n - 1, m - 1)$
   (b) $F < F_{\alpha}(n - 1, m - 1)$
   (c) $F > F_{1-\alpha}(n - 1, m - 1)$

Vergleich mehrerer Varianzen, Bartlett-Test

Annahmen:	$X_{ij} \sim N(\mu_i, \sigma_i^2)$, $i = 1, \ldots, r$, $j = 1, \ldots, n_i$ unabhängig
Hypothesen:	$H_0: \sigma_1^2 = \ldots = \sigma_r^2$ H_1: mindestens zwei σ_i^2 sind verschieden

Teststatistik:
$$\chi^2 = \frac{1}{C}\left[(n-r)\ln\left(\sum_{i=1}^{r}\frac{n_i-1}{n-r}S_i^2\right) - \sum_{i=1}^{r}(n_i-1)\ln(S_i^2)\right]$$

$$C = \frac{1}{3(r-1)}\left[\sum_{i=1}^{r}\frac{1}{n_i-1} - \frac{1}{n-r}\right] + 1$$

Verteilung unter H_0: $\chi^2 \overset{a}{\sim} \chi^2(r-1)$

Ablehnungsbereich: $\chi^2 > \chi_{1-\alpha}^2(r-1)$

χ^2-Homogenitätstest bei k Stichproben

Annahmen:	Unabhängige Stichprobenziehung in k Populationen, X_i Merkmal in i-ter Population, Merkmal hat m Kategorien oder m Klassen, Stichprobenumfang n_i in i-ter Population
Hypothesen:	$H_0: P(X_1 = j) = \ldots = P(X_k = j)$, $j = 1, \ldots, m$
	$H_1: P(X_{i_1} = j) \neq P(X_{i_2} = j)$ für mindestens ein Tripel (i_1, i_2, j)

Teststatistik:
$$\chi^2 = \sum_{i=1}^{k}\sum_{j=1}^{m}\frac{\left(h_{ij} - \frac{n_i h_{.j}}{n}\right)^2}{\frac{n_i h_{.j}}{n}}, \text{ wobei } h_{ij} \text{ die Anzahl der}$$

X_i mit $X_i = j$

Verteilung unter H_0: $\chi^2 \overset{a}{\sim} \chi^2((k-1)(m-1))$

Ablehnungsbereich: $\chi^2 > \chi_{1-\alpha}^2((k-1)(m-1))$

10

10.4 Verbundene Stichproben

Annahmen

- Es liegen Stichprobenvariablen $(X_1, Y_1), \ldots, (X_n, Y_n)$ vor, wobei X_i und Y_i das interessierende Merkmal unter variierenden Bedingungen bezeichnen.
- Wenn die n Paare (X_i, Y_i) untereinander vollständig unabhängig sind, spricht man von einer verbundenen Stichprobe (englisch: paired samples oder matched pairs).
- Die Variablen X_i und Y_i sind im Allgemeinen abhängig.
- Es wird definiert:

$$D_i = X_i - Y_i \qquad \bar{D} = \frac{1}{n}\sum_{i=1}^{n}D_i \qquad S_D^2 = \frac{1}{n-1}\sum_{i=1}^{n}(D_i - \bar{D})^2$$

Test auf gleiche Erwartungswerte

Annahmen:	(i) $(X_i, Y_i) \sim N(\mu_i, \nu_i, \sigma_X^2, \sigma_y^2, \rho_{XY})$
	(ii) $(X_i, Y_i) \sim N(\mu, \nu, \sigma_X^2, \sigma_y^2, \rho_{XY})$
Hypothese:	(i) H_0: $\mu_i = \nu_i$ für alle i H_1: $\mu_i \neq \nu_i$
	für mindestens ein i
	(ii) H_0: $\mu = \nu$ H_1: $\mu \neq \nu$
Teststatistik ((i) und (ii)):	$T = \dfrac{\overline{D}}{S_D}\sqrt{n}$
Verteilung unter H_0:	$t(n - 1)$
Ablehnungsbereich:	$|T| > t_{1-\alpha/2}(n - 1)$

10.5 Zusammenhangsanalyse

Annahmen

Es werden unabhängige Wiederholungen (X_i, Y_i), $i = 1, \ldots, n$ der Zufallsgröße (X, Y) betrachtet.

χ^2-Unabhängigkeitstest

Annahmen:	$X \in \{1, \ldots, k\}, Y \in \{1, \ldots, m\}$; $k \times m$-Kontingenztafel
Hypothese:	H_0: $P(X = i, Y = j) = P(X = i) \cdot P(Y = j)$ für alle i, j
	H_1: $P(X = i, Y = j) \neq P(X = i) \cdot P(Y = j)$ für mindestens
	ein Paar (i, j)
Teststatistik:	$\chi^2 = \displaystyle\sum_{i=1}^{k} \sum_{j=1}^{m} \dfrac{(h_{ij} - \tilde{h}_{ij})^2}{\tilde{h}_{ij}}$ mit $\tilde{h}_{ij} = \dfrac{h_{i.}h_{.j}}{n}$ und h_{ij} ist die
	Anzahl der Beobachtungen mit $X = i$ und $Y = j$
Verteilung unter H_0:	$\chi^2 \overset{a}{\sim} \chi^2((k - 1)(m - 1))$
Ablehnungsbereich:	$\chi^2 > \chi_{1-\alpha}^2((k - 1)(m - 1))$

Es gilt: $\chi^2 = n\left(\displaystyle\sum_{i=1}^{k} \sum_{j=1}^{m} \dfrac{h_{ij}^2}{h_{i.}h_{.j}} - 1\right)$

Für den Spezialfall der Vierfeldertafel, d.h. $k = m = 2$ gilt:

$$\chi^2 = n\frac{(h_{11}h_{22} - h_{12}h_{21})^2}{h_{1.}h_{2.}h_{.1}h_{.2}} \overset{a}{\sim} \chi^2(1)$$

Korrelationtests bei metrischen Merkmalen

Benötigt wird der Schätzer des Korrelationskoeffizienten ρ_{XY}:

$$r_{XY} = \frac{\sum_{i=1}^{n}(X_i - \overline{X})(Y_i - \overline{Y})}{\sqrt{\sum_{i=1}^{n}(X_i - \overline{X})^2 \sum_{i=1}^{n}(Y_i - \overline{Y})^2}}$$

Annahmen: (X, Y) gemeinsam normalverteilt

Hypothesen:
- (a) $H_0 : \rho_{XY} = \rho_0$ $H_1 : \rho_{XY} \neq \rho_0$
- (b) $H_0 : \rho_{XY} \geq \rho_0$ $H_1 : \rho_{XY} < \rho_0$
- (c) $H_0 : \rho_{XY} \leq \rho_0$ $H_1 : \rho_{XY} > \rho_0$

Teststatistik: Für $\rho_0 = 0$, d.h. Unabhängigkeit:

$$T = \frac{r_{XY}}{\sqrt{1 - r_{XY}^2}} \sqrt{n - 2}$$

Für beliebiges ρ_0:

$$Z = \frac{1}{2}\left(\ln \frac{1 + r_{XY}}{1 - r_{XY}} - \ln \frac{1 + \rho_0}{1 - \rho_0} \right) \sqrt{n - 3}$$

Verteilung für $\rho_{XY} = 0$: $T \sim t(n - 2)$

Verteilung für $\rho = \rho_0$: $Z \overset{a}{\sim} N(0, 1)$ $(n > 25)$

Ablehnungsbereich:
- (a) $|T| > t_{1-\alpha/2}(n - 2)$ bzw. $|Z| > z_{1-\alpha/2}$
- (b) $T < -t_{1-\alpha}(n - 2)$ bzw. $Z < -z_{1-\alpha}$
- (c) $T > t_{1-\alpha}(n - 2)$ bzw. $Z > z_{1-\alpha}$

Annahmen: Ordinal skalierte Daten, $n > 30$

Hypothesen:
- (a) $H_0 : \rho_{SP}(X, Y) = 0$ $H_1 : \rho_{SP}(X, Y) \neq 0$
- (b) $H_0 : \rho_{SP}(X, Y) \geq 0$ $H_1 : \rho_{SP}(X, Y) < 0$
- (c) $H_0 : \rho_{SP}(X, Y) \leq 0$ $H_1 : \rho_{SP} > 0$

Teststatistik: $Z = r_{SP}\sqrt{n - 1}$

Verteilung für $\rho_{SP} = 0$: $Z \overset{a}{\sim} N(0, 1)$ $(n > 30)$

Ablehnungsbereich: (a) $|Z| > z_{1-\alpha/2}$ (b) $Z < -z_{1-\alpha}$ (c) $Z > z_{1-\alpha}$

10

Kapitel 11
Regressionsanalyse

11.1 Lineare Einfachregression

Das Modell der linearen Einfachregression
Definition des Modells

- Es gilt

$$Y_i = \alpha + \beta x_i + \epsilon_i, \, i = 1, \ldots, n$$

- Dabei sind

  $Y_1, \ldots, Y_n$ beobachtbare Zufallsvariablen,

  $x_1, \ldots, x_n$ gegebene deterministische Werte oder Realisierungen einer metrischen Zufallsvariablen X,

  $\epsilon_1, \ldots, \epsilon_n$ unbeobachtete Zufallsvariablen, unabhängig und identisch verteilt sind mit $E(\epsilon_i) = 0$ und $\mathrm{Var}\,(\epsilon_i) = \sigma^2$.

- Die Regressionskoeffizienten α, β und die Varianz σ^2 sind unbekannte Parameter, die aus den Daten (x_i, y_i), $i = 1, \ldots, n$, zu schätzen sind.

- Häufig macht man zusätzlich die Normalverteilungsannahme

  $$\epsilon_i \sim N(0, \sigma^2) \quad \text{bzw.} \quad Y_i \sim N(\alpha + \beta x_i, \sigma^2), \quad i = 1, \ldots, n$$

Erwartungswert und Varianz der Y_i

$$E(Y_i) = \alpha + \beta x_i \qquad \mathrm{Var}\,(Y_i) = \sigma^2$$

Schätzen, Testen und Prognose
Kleinste-Quadrate-Schätzer

$$\hat{\beta} = \frac{\displaystyle\sum_{i=1}^{n} (x_i - \bar{x})(Y_i - \overline{Y})}{\displaystyle\sum_{i=1}^{n} (x_i - \bar{x})^2} \qquad \hat{\alpha} = \overline{Y} - \hat{\beta}\bar{x}$$

11

$$\hat{\sigma}^2 = \frac{1}{n-2} \sum_{i=1}^{n} \hat{\epsilon}_i^2 = \frac{1}{n-2} \sum_{i=1}^{n} (Y_i - \hat{\alpha} - \hat{\beta} x_i)^2$$

mit den **Residuen** $\hat{\epsilon}_i = Y_i - \hat{Y}_i$ und den **angepassten** oder **gefitteten** Werten $\hat{Y}_i = \hat{\alpha} + \hat{\beta} x_i$.

Es gilt:

$$E(\hat{\alpha}) = \alpha, \quad E(\hat{\beta}) = \beta, \quad E(\hat{\sigma}^2) = \sigma^2$$

$$\text{Var}(\hat{\alpha}) = \sigma_{\hat{\alpha}}^2 = \sigma^2 \frac{\sum x_i^2}{n \sum (x_i - \bar{x})^2} = \sigma^2 \frac{\sum x_i^2}{n(\sum x_i^2 - n\bar{x}^2)} = \sigma^2 \frac{\sum x_i^2}{n^2 \tilde{S}_X^2}$$

$$\text{Var}(\hat{\beta}) = \sigma_{\hat{\beta}}^2 = \frac{\sigma^2}{\sum (x_i - \bar{x})^2} = \frac{\sigma^2}{\sum x_i^2 - n\bar{x}^2} = \frac{\sigma^2}{(n-1)S_X^2} = \frac{\sigma^2}{n\tilde{S}_X^2}$$

$\hat{\alpha}, \hat{\beta}$ und $\hat{\sigma}^2$ sind erwartungstreue Schätzer.

Falls $\sum_{i=1}^{n} (x_i - \bar{x})^2 \to \infty$ für $n \to \infty$, so sind $\hat{\alpha}, \hat{\beta}$ und $\hat{\sigma}^2$ konsistent im quadratischen Mittel.

Weitere nützliche Formeln im Zusammenhang mit der KQ-Schätzung

- $\hat{\beta} = r_{XY} \dfrac{S_Y}{S_X} = \dfrac{S_{XY}}{S_X^2}$ mit $S_{XY} = \dfrac{1}{n-1} \sum_{i=1}^{n} (x_i - \bar{x})(Y_i - \overline{Y})$

- $\hat{\beta} = \sum_{i=1}^{n} b_i Y_i$ mit $b_i = \dfrac{x_i - \bar{x}}{\sum_{i=1}^{n} (x_i - \bar{x})^2}$

- $\hat{\alpha} = \sum_{i=1}^{n} a_i Y_i$ mit $a_i = \dfrac{1}{n} - \dfrac{x_i - \bar{x}}{\sum_{i=1}^{n} (x_i - \bar{x})^2} \bar{x}$

- $\hat{\sigma}^2 = \dfrac{n-1}{n-2} \left(S_Y^2 - \hat{\beta}^2 S_X^2 \right) = \dfrac{n-1}{n-2} \left(S_Y^2 - \dfrac{S_{XY}^2}{S_X^2} \right) = \dfrac{n}{n-2} \left(\tilde{S}_Y^2 - \hat{\beta}^2 \tilde{S}_X^2 \right) = \dfrac{n}{n-2} \left(\tilde{S}_Y^2 - \dfrac{\tilde{S}_{XY}^2}{\tilde{S}_X^2} \right)$

- $\widehat{\text{Var}(\hat{\alpha})} = \hat{\sigma}^2 \dfrac{\sum x_i^2}{n \sum (x_i - \bar{x})^2} = \hat{\sigma}^2 \dfrac{\sum x_i^2}{n(\sum x_i^2 - n\bar{x}^2)} = \hat{\sigma}^2 \dfrac{\sum x_i^2}{n^2 \tilde{S}_X^2}$

- $\widehat{\text{Var}(\hat{\beta})} = \dfrac{\hat{\sigma}^2}{\sum (x_i - \bar{x})^2} = \dfrac{\hat{\sigma}^2}{\sum x_i^2 - n\bar{x}^2} = \dfrac{\hat{\sigma}^2}{(n-1)S_X^2} = \dfrac{\hat{\sigma}^2}{n\tilde{S}_X^2}$

- Bei unterschiedlichen Varianzen $\sigma_i^2 = \text{Var}(\epsilon_i)$ (Heteroskedastizität) verwendet man **gewichtete Kleinste-Quadrate-Schätzung**, d.h., man minimiert $\sum_{i=1}^{n} \dfrac{(Y_i - \alpha - \beta x_i)^2}{\sigma_i^2}$ bezüglich α und β. Dazu müssen σ_i^2 bekannt sein oder geschätzt werden.

11

- Unter Normalverteilungsannahme gilt:

$$\hat{\alpha} \sim N(\alpha, \sigma_{\hat{\alpha}}^2) \qquad \hat{\beta} \sim N(\beta, \sigma_{\hat{\beta}}^2) \qquad \frac{(n-2)\hat{\sigma}^2}{\sigma^2} \sim \chi_{n-2}^2$$

Verteilung der standardisierten Schätzfunktionen

Unter der Normalverteilungsannahme gilt

$$\frac{\hat{\alpha} - \alpha}{\widehat{\sigma_{\hat{\alpha}}}} \sim t(n-2) \qquad\qquad \frac{\hat{\beta} - \beta}{\widehat{\sigma_{\hat{\beta}}}} \sim t(n-2)$$

mit

$$\widehat{\sigma_{\hat{\alpha}}} = \hat{\sigma} \frac{\sqrt{\sum_{i=1}^{n} x_i^2}}{\sqrt{n \sum_{i=1}^{n} (x_i - \bar{x})^2}} \qquad\qquad \widehat{\sigma_{\hat{\beta}}} = \frac{\hat{\sigma}}{\sqrt{\sum_{i=1}^{n} (x_i - \bar{x})^2}}$$

Konfidenzintervalle für die geschätzten Parameter

Konfidenzintervalle für α und β:

$$\hat{\alpha} \pm \hat{\sigma}_{\hat{\alpha}} t_{1-\alpha/2}(n-2) \qquad\qquad \hat{\beta} \pm \hat{\sigma}_{\hat{\beta}} t_{1-\alpha/2}(n-2)$$

Für $n > 30$ können die Quantile der $t(n-2)$-Verteilung durch Quantile der $N(0, 1)$-Verteilung ersetzt werden.

Konfidenzintervall für σ^2:

$$\left[\frac{(n-2)\hat{\sigma}^2}{\chi_{1-\alpha/2}^2(n-2)}, \frac{(n-2)\hat{\sigma}^2}{\chi_{\alpha/2}^2(n-2)} \right]$$

Hypothesen über α und β

(a) H_0: $\alpha = \alpha_0$, H_1: $\alpha \neq \alpha_0$ bzw. H_0: $\beta = \beta_0$, H_1: $\beta \neq \beta_0$,

(b) H_0: $\alpha \geq \alpha_0$, H_1: $\alpha < \alpha_0$ bzw. H_0: $\beta \geq \beta_0$, H_1: $\beta < \beta_0$,

(c) H_0: $\alpha \leq \alpha_0$, H_1: $\alpha > \alpha_0$ bzw. H_0: $\beta \leq \beta_0$, H_1: $\beta > \beta_0$.

Besonders wichtig im Fall (a): H_0: $\beta = 0$, H_1: $\beta \neq 0$.

Teststatistiken: $T_{\alpha_0} = \dfrac{\hat{\alpha} - \alpha_0}{\hat{\sigma}_{\hat{\alpha}}}$ bzw. $T_{\beta_0} = \dfrac{\hat{\beta} - \beta_0}{\hat{\sigma}_{\hat{\beta}}}$

Ablehnbereiche: (a) $|T_{\alpha_0}| > t_{1-\alpha/2}(n-2)$ bzw. $|T_{\beta_0}| > t_{1-\alpha/2}(n-2)$
                          (b) $T_{\alpha_0} < -t_{1-\alpha}(n-2)$ bzw. $T_{\beta_0} < -t_{1-\alpha}(n-2)$
                          (c) $T_{\alpha_0} > t_{1-\alpha}(n-2)$ bzw. $T_{\beta_0} > t_{1-\alpha}(n-2)$

Für $n > 30$ können die Quantile der $t(n-2)$-Verteilung durch Quantile der $N(0,1)$-Verteilung ersetzt werden.

Hypothesen über die Varianz

Hypothesen: (a) H_0:$\sigma^2 = \sigma_0^2$ H_1:$\sigma^2 \neq \sigma_0^2$
                       (b) H_0:$\sigma^2 \geq \sigma_0^2$ H_1:$\sigma^2 < \sigma_0^2$
                       (c) H_0:$\sigma^2 \leq \sigma_0^2$ H_1:$\sigma^2 > \sigma_0^2$

Teststatistik: $\chi^2 = (n-2)\dfrac{\hat{\sigma}^2}{\sigma_0^2}$

Verteilung für $\sigma^2 = \sigma_0^2$: $\chi^2 \sim \chi^2(n-2)$

Ablehnungsbereich: (a) $\chi^2 < \chi^2_{\alpha/2}(n-2)$ oder $\chi^2 > \chi^2_{1-\alpha/2}(n-2)$
                              (b) $\chi^2 < \chi^2_{\alpha}(n-2)$ (c) $\chi^2 > \chi^2_{1-\alpha}(n-2)$

11

Summen der Quadrate und Bestimmheitsmaß

■ **Summe der Quadrate Total** oder **Gesamtstreuung**, Gesamtvarianz

$$SQT = \sum_{i=1}^{n}(Y_i - \overline{Y})^2$$

■ **Sum of squares explained** oder **durch die Regression erklärte Streuung**

$$SQE = \sum_{i=1}^{n}(\hat{Y}_i - \overline{Y})^2$$

- **Summe der Quadrate Regression (Rest)** oder **Rest-** oder **Residualstreuung**

$$SQR = \sum_{i=1}^{n}(Y_i - \hat{Y}_i)^2$$

- **Bestimmtheitsmaß**

$$R^2 = \frac{\sum(\hat{Y}_i - \overline{Y})^2}{\sum(Y_i - \overline{Y})^2} = \frac{SQE}{SQT} = 1 - \frac{SQR}{SQT} = \left(\frac{S_{XY}}{S_X S_Y}\right)^2 = \left(\frac{\tilde{S}_{XY}}{\tilde{S}_X \tilde{S}_Y}\right)^2 = r_{XY}^2$$

$$0 \leq R^2 \leq 1$$

Streuungszerlegung

Für die Summen der Quadrate gilt:

$$SQT = SQE + SQR \qquad \text{d.h.}$$

$$\sum_{i=1}^{n}(Y_i - \overline{Y})^2 = \sum_{i=1}^{n}(\hat{Y}_i - \overline{Y})^2 + \sum_{i=1}^{n}(Y_i - \hat{Y}_i)^2$$

Tabelle der Varianzanalyse

Hypothese: $\quad H_0: \quad \beta = 0$

	Streuung SQ	Freiheitsgrade FG	Durschnitt d. Quadrate DQ = SQ/FG	Prüfgröße F
Erklärte Streuung	SQE	1	$DQE = \dfrac{SQE}{1}$	$\dfrac{DQE}{DQR}$
Reststreuung	SQR	$n-2$	$DQR = \dfrac{SQR}{n-2}$	
Gesamtstreuung	SQT	$n-1$		

Verteilung unter H_0 bei Normalverteilungsannahme: $F \sim F(1, n-2)$
Ablehnungsbereich: $\quad F > F_{1-\alpha}(1, n-2)$

Für $\beta_0 = 0$ gilt $F = T_{\beta_0}^2 \qquad F = \dfrac{R^2}{1-R^2}(n-2)$

Prognose

Die Prognose (Vorhersage) von Y_0 bei gegebenem x_0 ist: $\hat{Y}_0 = \hat{\alpha} + \hat{\beta}x_0$

Der **Prognosefehler** ist: $\hat{Y}_0 - Y_0$ mit

$$E(\hat{Y}_0 - Y_0) = 0 \qquad \text{Var}\,(\hat{Y}_0 - Y_0) = \sigma^2 \left[1 + \frac{1}{n} + \frac{x_0 - \bar{x}}{\sum\limits_{i=1}^{n}(x_i - \bar{x})} \right]$$

Das $1 - \alpha$-**Prognoseintervall** für Y_0 ist:

$$\hat{Y}_0 \pm t_{1-\alpha/2}(n-2)\hat{\sigma} \sqrt{ 1 + \frac{1}{n} + \frac{(x_0 - \bar{x})^2}{\sum\limits_{i=1}^{n} x_i^2 - n\bar{x}^2}}$$

11.2 Multiple lineare Regression

Das multiple lineare Regressionsmodell

Standardmodell der multiplen linearen Regression

- Es gilt

$$Y_i = \beta_0 + \beta_1 x_{i1} + \ldots + \beta_p x_{ip} + \epsilon_i, \quad i = 1, \ldots, n$$

- Dabei sind:

  $Y_1, \ldots, Y_n$ beobachtbare Zufallsvariablen,

  $x_{1j}, \ldots, x_{nj}$ deterministische Werte der Variablen X_j oder Realisierungen von Zufallsvariablen X_j

  $\epsilon_1, \ldots, \epsilon_n$ unbeobachtete Zufallsvariablen, unabhängig und identisch verteilt mit $E(\epsilon_i) = 0$ und Var $(\epsilon_i) = \sigma^2$.

- Die Regressionskoeffizienten $\beta_0, \ldots, \beta_p$ und die Fehlervarianz σ^2 sind unbekannte Parameter, die aus den Daten $y_i, x_{i1}, \ldots, x_{ip}, i = 1, \ldots, n$, zu schätzen sind.

- Häufig macht man zusätzlich die Normalverteilungsannahme:

  $$\epsilon_i \sim N(0, \sigma^2) \quad \text{bzw.} \quad Y_i \sim N(\mu_i, \sigma^2) \quad \text{mit} \quad \mu_i = \beta_0 + \beta_1 x_{i1} + \ldots + \beta_p x_{ip}$$

11

Erwartungswert und Varianz der Y_i

$$E(Y_i) = \beta_0 + \beta_1 x_{1i} + \ldots + \beta_p x_{ip} \qquad \text{Var}\,(Y_i) = \sigma^2$$

Methode der kleinsten Quadrate

- $\hat{\beta}_0, \hat{\beta}_1, \ldots, \hat{\beta}_p$ werden so bestimmt, dass die Summe der quadratischen Abweichungen bezüglich $\beta_0, \beta_1, \ldots, \beta_p$ minimiert wird:

$$\min_{\beta_0, \beta_1, \ldots, \beta_p} \sum_{i=1}^{n} \left(Y_i - \beta_0 - \beta_1 x_{i1} - \ldots - \beta_p x_{ip} \right)^2$$

- Die Schätzer werden im Allgemeinen mit Hilfe eines Computers berechnet.

- $\hat{\sigma}^2 = \dfrac{1}{n-p-1} \sum_{i=1}^{n} \hat{\epsilon}_i^2 = \dfrac{1}{n-p-1} \sum_{i=1}^{n} \left(Y_i - \hat{Y}_i \right)^2$ mit den

  - Residuen $\hat{\epsilon}_i = Y_i - \hat{Y}_i$
  - gefitteten (angepassten) Werten $\hat{Y}_i = \hat{\beta}_0 + \hat{\beta}_1 x_{i1} + \ldots + \hat{\beta}_p x_{ip}$

- $\sigma_j^2 = \text{Var}\,(\hat{\beta}_j)$, $j = 0, \ldots, p$ bezeichnet die Varianz von $\hat{\beta}_j$.

- Die zugehörige Standardabweichung σ_j wird geschätzt durch $\hat{\sigma}_j = \sqrt{\widehat{\text{Var}}\,(\hat{\beta}_j)}$, diese Schätzer werden meistens numerisch mit den KQ-Schätzern berechnet, siehe Formel auf S. 354.

Weitere Resultate

Streuungszerlegung:

$$\sum_{i=1}^{n} (Y_i - \overline{Y})^2 = \sum_{i=1}^{n} (\hat{Y}_i - \overline{Y})^2 + \sum_{i=1}^{n} (Y_i - \hat{Y}_i)^2, \quad \text{d.h.} \quad SQT = SQE + SQR$$

Bestimmheitsmaß:

$$R^2 = \frac{\sum (\hat{Y}_i - \overline{Y})^2}{\sum (Y_i - \overline{Y})^2} = \frac{SQE}{SQT} = 1 - \frac{SQR}{SQT} \quad 0 \le R^2 \le 1$$

Verteilung der standardisierten Schätzer:

$$\frac{\hat{\beta}_j - \beta_j}{\hat{\sigma}_j} \sim t(n-p-1), \quad j = 0, \ldots, p$$

Konfidenzintervalle für β_j:

$$\hat{\beta}_j \pm \hat{\sigma}_j t_{1-\alpha/2}(n-p-1) \quad j = 0, \ldots, p$$

Hypothesen über einzelne Parameter

(a) $H_0: \beta_j = \beta_{0j}$, $\quad H_1: \beta_j \neq \beta_{0j}$, $\quad$ insbesondere: $H_0: \beta_j = 0$, $\quad H_1: \beta_j \neq 0$,

(b) $H_0: \beta_j \geq \beta_{0j}$, $\quad H_1: \beta_j < \beta_{0j}$, $\qquad$ (c) $H_0: \beta_j \leq \beta_{0j}$, $\quad H_1: \beta_j > \beta_{0j}$.

Teststatistik: $\qquad\qquad T_j = \dfrac{\hat{\beta}_j - \beta_{0j}}{\hat{\sigma}_j} \quad j = 0, \ldots, p$

Ablehnbereiche: $\qquad$ (a) $|T_j| > t_{1-\alpha/2}(n - p - 1)$, $\quad$ (b) $T_j < -t_{1-\alpha}(n - p - 1)$,
$\qquad\qquad\qquad$ (c) $T_j > t_{1-\alpha}(n - p - 1)$.

Als Faustregel gilt: Die Hypothese $H_0: \beta_j = 0$ wird verworfen, falls $\dfrac{|\hat{\beta}_j|}{\hat{\sigma}_j} > 2$. Dies entspricht einem Signifikanzniveau $\alpha \approx 0.05$ bei einem zweiseitigen Test.

Overall-F-Test (Goodness of fit-Test)

Hypothese: $\qquad\qquad H_0: \beta_1 = \beta_2 = \ldots = \beta_p = 0$, $\quad H_1: \beta_j \neq 0$
$\qquad\qquad\qquad\quad$ für mindestens ein j

$$F = \frac{R^2}{1 - R^2} \frac{n - p - 1}{p} = \frac{SQE}{SQR} \frac{n - p - 1}{p}$$

Teststatistik:

$$= \frac{SQE/p}{SQR/(n - p - 1)} = \frac{DQE}{DQR}$$

Verteilung unter H_0: $\qquad F \sim F(p, n - p - 1)$
Ablehnbereich: $\qquad\qquad F > F_{1-\alpha}(p, n - p - 1)$

Die Prüfgröße F wird häufig in der folgenden **Tabelle der Varianzanalyse** berechnet:

	Streuung SQ	Freiheitsgrade FG	Durschnitt d. Quadrate DQ = SQ/FG	Prüfgröße F
Erklärte Streuung	SQE	p	$DQE = \dfrac{SQE}{p}$	$\dfrac{DQE}{DQR}$
Reststreuung	SQR	$n - p - 1$	$DQR = \dfrac{SQR}{n - p - 1}$	
Gesamtstreuung	SQT	$n - 1$		

11

Prognose

- Die Prognose von Y_0 zu gegebenem $x_{01}, \ldots x_{0p}$ ist:
$$\hat{Y}_0 = \hat{\beta}_0 + \hat{\beta}_1 x_{01} + \ldots + \hat{\beta}_p x_{0p}$$
- Das $1 - \alpha$-Prognoseintervall für Y_0 ist: $\hat{Y}_0 \pm \hat{\sigma}_{Y_0} t_{1-\alpha/2}(n - p - 1)$
- Eine Formel für $\hat{\sigma}_{Y_0}$ finden Sie auf S. 355.

Multiple lineare Regression in Matrixnotation

- Mit

$$Y = \begin{pmatrix} Y_1 \\ Y_2 \\ \vdots \\ Y_n \end{pmatrix} \qquad X = \begin{pmatrix} 1 & x_{11} & \ldots & x_{1p} \\ 1 & x_{21} & \ldots & x_{2p} \\ \vdots & \vdots & \ddots & \vdots \\ 1 & x_{n1} & \ldots & x_{np} \end{pmatrix} \qquad \beta = \begin{pmatrix} \beta_0 \\ \beta_1 \\ \vdots \\ \beta_p \end{pmatrix} \qquad \epsilon = \begin{pmatrix} \epsilon_1 \\ \epsilon_2 \\ \vdots \\ \epsilon_n \end{pmatrix}$$

ist das Standardmodell der multiplen linearen Regression

$$Y = X\beta + \epsilon \qquad E(\epsilon) = 0 \qquad E(\epsilon\epsilon') = \sigma^2 I_n \quad (I_n \text{ Einheitsmatrix})$$

Die Matrix X habe vollen Rang.

- Die Normalverteilungsannahme ist: $\epsilon \sim N(0, \sigma^2 I_n)$
- Die Methode der kleinsten Quadrate bestimmt: $\min_{\beta}(Y - X\beta)'(Y - X\beta)$
- Durch Nullsetzen der ersten Ableitung nach β erhält man das System der Normalgleichungen:

$$X'(Y - X\hat{\beta}) = 0 \iff X'X\hat{\beta} = X'Y$$

- Die Kleinste-Quadrate-Schätzer sind: $\hat{\beta} = (X'X)^{-1}X'Y$.
- Bezeichnet man die Diagonalelemente von $(X'X)^{-1}$ mit v_j, $j = 0, \ldots, p$, so gilt
$$\sigma_j^2 = \text{Var}(\hat{\beta}_j) = \sigma^2 v_j \qquad \hat{\sigma}_j = \hat{\sigma}\sqrt{v_j}.$$
- $\text{Cov}(\hat{\beta}) = \sigma^2(X'X)^{-1}$
- $\hat{Y} = X\hat{\beta}$.
- Für die Residuen $\hat{\epsilon} = Y - X\hat{\beta}$ gilt

$$X'\hat{\epsilon} = 0 \qquad \hat{Y}'\hat{\epsilon} = \hat{\beta}'X'\epsilon = 0 \qquad \sum_{i=1}^{n} \hat{\epsilon}_i = 0$$

- Es gilt die Varianzerlegung:
$$Y'Y = \hat{Y}'\hat{Y} + \epsilon'\epsilon \qquad \tilde{S}_Y^2 = \tilde{S}_{\hat{Y}}^2 + \tilde{S}_{\epsilon}^2$$

- Die geschätzte Varianz ist

$$\hat{\sigma}^2 = \frac{1}{n-(p+1)}(Y - X\hat{\beta})'(Y - X\hat{\beta}) = \frac{1}{n-(p+1)}\epsilon'\epsilon$$

$$= \frac{1}{n-(p+1)}\sum_{i=1}^{n}(Y_i - \hat{\beta}_0 - \hat{\beta}_1 x_{i1} - \ldots - \hat{\beta}_p x_{ip})^2$$

- Die geschätzte Kovarianzmatrix von $\hat{\beta}$ ist: $\widehat{\text{Cov}}(\hat{\beta}) = \hat{\sigma}^2 (X'X)^{-1}$
- Der Prognosefehler ist $\hat{Y}_0 - Y_0$ mit

$$E(\hat{Y}_0 - Y_0) = 0 \qquad \text{Var}\,(\hat{Y}_0 - Y_0) = \sigma^2(1 + x_0'(X'X)^{-1}x_0)$$

- Die geschätzte Standardabweichung des Prognosefehlers ist

$$\hat{\sigma}_{Y_0} = \sqrt{\widehat{\text{Var}}\,(\hat{Y}_0 - Y_0)} = \hat{\sigma}(1 + x_0'(X'X)^{-1}x_0)^{1/2}$$

11.3 Binäre Regression

Das logistische Regressionsmodell

- Mit den Annahmen

$$Y_i \in \{0, 1\} \quad \pi_i = P(Y = 1) \quad 1 - \pi_i = P(Y_i = 0)$$

ist das **logistische Regressionsmodell**:

$$\pi_i = \frac{\exp(\beta_0 + x_{i1}\beta_1 + \ldots + x_{ip}\beta_p)}{1 + \exp(\beta_0 + x_{i1}\beta_1 + \ldots + x_{ip}\beta_p)}$$

- Mit der **logistischen Funktion** $h(z) = \dfrac{\exp(z)}{1 + \exp(z)}$ ist

$$\pi_i = h(\beta_0 + x_{i1}\beta_1 + \ldots + x_{ip}\beta_p)$$

- Es ist

$$\log \frac{\pi_i}{1 - \pi_i} = \beta_0 + x_{i1}\beta_1 + \ldots + x_{ip}\beta_p\,,$$

wobei $\dfrac{\pi_i}{1 - \pi_i}$ die Chancen („odds") und $\log \dfrac{\pi_i}{1 - \pi_i}$ die logarithmischen Chancen („Logits") sind.

11

Kapitel 12
Varianzanalyse

12.1 Einfaktorielle Varianzanalyse

Annahmen

- Es wird eine Zielgröße Y an I verschiedenen Stufen eines Faktors beobachtet.
- Es sei y_{ij} die j-te Beobachtung in der i-ten Faktorstufe, $i = 1, \ldots, I$ und $j = 1, \ldots, n_i$.
- Der Stichprobenumfang in der i-ten Faktorstufe sei n_i.

Modell, Hypothesen und Prüfgröße

Das Modell der einfaktoriellen Varianzanalyse kann auf zwei Arten formuliert werden:

Modell (1): $\quad Y_{ij} = \mu_i + e_{ij}, \quad e_{ij} \sim N(0, \sigma^2), \quad \text{unabhängig}$

Modell (2): $\quad Y_{ij} = \mu + \alpha_i + e_{ij}, \quad \sum_{i=1}^{I} n_i \alpha_i = 0 \quad e_{ij} \sim N(0, \sigma^2), \quad \text{unabhängig}$

Schätzer: $\quad \hat{\mu}_i = \overline{Y}_{i.} = \dfrac{1}{n_i} \sum_{j=1}^{n_i} Y_{ij} \quad \hat{\mu} = \dfrac{1}{n} \sum_{i=1}^{I} \sum_{j=1}^{n_i} Y_{ij} = \overline{Y}_{..} \quad \hat{\alpha}_i = \overline{Y}_{i.} - \overline{Y}_{..}$

Hypothese: $\quad H_0: \mu_1 = \ldots = \mu_I = 0 \quad H_1: \mu_i \neq \mu_j \quad$ für mindestens ein Paar (i, j)

$\quad\quad\quad\quad\quad H_0: \alpha_1 = \ldots = \alpha_I = 0 \quad H_1:$ mindestens zwei $\alpha_i \neq 0$

Prüfgröße: $\quad F = \dfrac{DQE}{DQR} = \dfrac{\sum_{i=1}^{I} n_i (\overline{Y}_{i.} - \overline{Y}_{..})^2 / (I-1)}{\sum_{i=1}^{I} \sum_{j=1}^{n_i} (Y_{ij} - \overline{Y}_{i.})^2 / (n-I)}$

Verteilung unter H_0: $\quad F(I-1, n-I)$

Ablehnbereich: $\quad F > F_{1-\alpha}(I-1, n-I)$

Summen der Quadrate und Streuungszerlegung

- **Summe der Quadrate Total** = Gesamtvariabilität

$$SQT = \sum_{i=1}^{I} \sum_{j=1}^{n_i} (Y_{ij} - \overline{Y}_{..})^2$$

- **Summe der Quadrate Gruppen** = Variabilität zwischen den Gruppen

$$SQE = \sum_{i=1}^{I} \sum_{j=1}^{n_i} (\overline{Y}_{i.} - \overline{Y}_{..})^2 = \sum_{i=1}^{I} n_i (\overline{Y}_{i.} - \overline{Y}_{..})^2$$

- **Summe der Quadrate Rest** = Variabilität innerhalb der Gruppen

$$SQR = \sum_{i=1}^{I} \sum_{j=1}^{n_i} (Y_{ij} - \overline{Y}_{i.})^2 = \sum_{i=1}^{I} (n_i - 1) S_i^2$$

- **Stichprobenvarianz in Gruppe** i: $\quad S_i^2 = \dfrac{1}{n_i - 1} \sum_{j=1}^{n_i} (Y_{ij} - \overline{Y}_{i.})^2$

- **Streuungszerlegung**: $SQT = SQE + SQR$

Tabelle der Varianzanalyse

Die F-Prüfgröße zur Prüfung der Hypothese $\alpha_i = 0$ kann nach der folgenden Tabelle berechnet werden:

	Streuung SQ	Freiheitsgrade FG	Durchschnitt d. Quadrate DQ = SQ/FG	Prüfgröße F
Erklärte Streuung	SQE	$I-1$	$DQE = \dfrac{SQE}{I-1}$	$\dfrac{DQE}{DQR}$
Reststreuung	SQR	$n-I$	$DQE = \dfrac{SQR}{n-I}$	
Gesamtstreuung	SQT	$n-1$		

12.2 Zweifaktorielle Varianzanalyse mit festen Effekten   12

Annahmen

- Es wird eine Zielgröße Y an I Stufen des Faktors A und J Stufen des Faktors B beobachtet.
- Es sei y_{ijk} die k-te Beobachtung ($k = 1, \ldots, K$) in der i-ten Stufe das Faktors A, $i = 1, \ldots, I$ und in der j-ten Stufe des Faktors B, $j = 1, \ldots, J$.

Das Modell und die Schätzer der Parameter

Das Modell der zweifaktoriellen Varianzanalyse kann auf die beiden folgenden äquivalenten Weisen formuliert werden:

Modell (1): $\quad Y_{ijk} = \mu_{ij} + e_{ijk}, \quad e_{ijk} \sim N(0, \sigma^2), \quad$ unabhängig

Modell (2): $\quad Y_{ijk} = \mu + \alpha_i + \beta_j + (\alpha\beta)_{ij} + e_{ijk}, \quad e_{ij} \sim N(0, \sigma^2), \quad$ unabhängig

$$\sum_{i=1}^{I} \alpha_i = 0 \quad \sum_{j=1}^{J} \beta_j = 0 \quad \sum_{i=1}^{I}(\alpha\beta)_{ij} = \sum_{j=1}^{J}(\alpha\beta)_{ij} = 0$$

Schätzer:
$$\hat{\mu}_{ij} = \overline{Y}_{ij.} = \frac{1}{K}\sum_{k=1}^{K} Y_{ijk} \qquad \hat{\mu} = \frac{1}{IJK}\sum_{i=1}^{I}\sum_{j=1}^{J}\sum_{k=1}^{K} Y_{ijk} = \overline{Y}_{...}$$

$$\hat{\alpha}_i = \overline{Y}_{i..} - \overline{Y}_{...} \quad \text{mit} \quad \overline{Y}_{i..} = \frac{1}{JK}\sum_{j=1}^{J}\sum_{k=1}^{K} Y_{ijk}$$

$$\hat{\beta}_j = \overline{Y}_{.j.} - \overline{Y}_{...} \quad \text{mit} \quad \overline{Y}_{.j.} = \frac{1}{IK}\sum_{i=1}^{I}\sum_{k=1}^{K} Y_{ijk}$$

$$\widehat{(\alpha\beta)}_{ij} = \overline{Y}_{ij.} - \overline{Y}_{i..} - \overline{Y}_{.j.} + \overline{Y}_{...}$$

Summen der Quadrate und Streuungszerlegung

Die Summen der Quadrate sind wie folgt definiert:

Total:
$$SQT = \sum_{i=1}^{I}\sum_{j=1}^{J}\sum_{k=1}^{K}(Y_{ijk} - \overline{Y}_{...})^2$$

Faktor A:
$$SQA = KJ\sum_{i=1}^{I}(\overline{Y}_{i..} - \overline{Y}_{...})^2 = KJ\sum_{i=1}^{I}\hat{\alpha}_i^2$$

Faktor B:
$$SQB = KI\sum_{j=1}^{J}(\overline{Y}_{.j.} - \overline{Y}_{...})^2 = KI\sum_{j=1}^{J}\hat{\beta}_j^2$$

Wechselwirkung $A \times B$:
$$SQ(A \times B) = K\sum_{i=1}^{I}\sum_{j=1}^{J}(\overline{Y}_{ij.} - \overline{Y}_{i..} - \overline{Y}_{.j.} + \overline{Y}_{...})^2 = K\sum_{i=1}^{I}\sum_{j=1}^{J}\widehat{\alpha\beta}_{ij}^2$$

Rest (Residuen):
$$SQR = \sum_{i=1}^{I}\sum_{j=1}^{J}\sum_{k=1}^{K}(Y_{ijk} - \overline{Y}_{ij.})^2 = \sum_{i=1}^{I}\sum_{j=1}^{J}(K-1)S_{ij}^2$$

$$S_{ij}^2 = \frac{1}{K-1}\sum_{k=1}^{K}(Y_{ijk} - \overline{Y}_{ij.})^2$$

Streuungszerlegung:
$$SQT = SQA + SQB + SQ(A \times B) + SQR$$

Hypothesen und Tests

Hypothese: $H_0^{A \times B}$: $(\alpha\beta)_{ij} = 0$ für alle (i,j)
$H_1^{A \times B}$: für mindestens zwei Paare (i,j) gilt $(\alpha\beta)_{ij} \neq 0$

Prüfgröße:
$$F_{A \times B} = \frac{DQ(A \times B)}{DQR}$$

$$= \frac{K \sum_{i=1}^{I} \sum_{j=1}^{J} (\overline{Y}_{ij.} - \overline{Y}_{i..} - \overline{Y}_{.j.} + \overline{Y}_{...})^2 \big/ (I-1)(J-1)}{\sum_{i=1}^{I} \sum_{j=1}^{J} \sum_{k=1}^{K} (Y_{ijk} - \overline{Y}_{ij.})^2 \big/ IJ(K-1)}$$

Verteilung unter H_0: $F((I-1)(J-1), IJ(K-1))$
Ablehnbereich: $F_{A \times B} > F_{1-\alpha}((I-1)(J-1), IJ(K-1))$

Hypothese: H_0^{A}: $\alpha_i = 0$ für alle i
H_1^{A}: für mindestens zwei i gilt $\alpha_i \neq 0$

Prüfgröße:
$$F_A = \frac{DQA}{DQR} = \frac{KJ \sum_{i=1}^{I} (\overline{Y}_{i..} - \overline{Y}_{...})^2 \big/ (I-1)}{\sum_{i=1}^{I} \sum_{j=1}^{J} \sum_{k=1}^{K} (Y_{ijk} - \overline{Y}_{ij.})^2 \big/ IJ(K-1)}$$

Verteilung unter H_0: $F(I-1, IJ(K-1))$
Ablehnbereich: $F_A > F_{1-\alpha}(I-1, IJ(K-1))$

Hypothese: H_0^{B}: $\beta_j = 0$ für alle j
H_1^{B}: für mindestens zwei j gilt $\beta_j \neq 0$

Prüfgröße:
$$F_B = \frac{DQB}{DQR} = \frac{KI \sum_{j=1}^{J} (\overline{Y}_{.j.} - \overline{Y}_{...})^2 \big/ (J-1)}{\sum_{i=1}^{I} \sum_{j=1}^{J} \sum_{k=1}^{K} (Y_{ijk} - \overline{Y}_{ij.})^2 \big/ IJ(K-1)}$$

Verteilung unter H_0: $F(J-1, IJ(K-1))$
Ablehnbereich: $F_B > F_{1-\alpha}(J-1, IJ(K-1))$

Die obigen Prüfgrößen können mit der folgenden Tabelle der Varianzanalyse berechnet werden.

12

	Streuung SQ	Freiheitsgrade FG	Durchschnitt d. Quadrate $DQ = SQ/FG$	Prüfgröße F
Faktor A	SQA	$I - 1$	$\dfrac{SQA}{I - 1}$	$\dfrac{DQA}{DQR}$
Faktor B	SQB	$J - 1$	$\dfrac{SQB}{J - 1}$	$\dfrac{DQB}{DQR}$
Wechsel-wirkung	$SQ(A \times B)$	$(I - 1)(J - 1)$	$\dfrac{SQ(A \times B)}{(I - 1)(J - 1)}$	$\dfrac{DQ(A \times B)}{DQR}$
Rest-streuung	SQR	$IJ(K - 1)$	$\dfrac{SQR}{IJ(K - 1)}$	
Gesamt-streuung	SQT	$IJK - 1$		

Kapitel 13
Zeitreihen

Eine Zeitreihe ist eine zeitlich geordnete Folge von Beobachtungen y_t, $t = 1, \ldots, n$ eines Merkmals Y.

13.1 Indizes

Grundlegende Notationen

Es seien für $i = 1, \ldots, I$

- $p_0(i)$ Preise in der Basisperiode, $p_t(i)$ Preise in der Berichtsperiode
- $q_0(i)$ Mengen in der Basisperiode, $q_t(i)$ Mengen in der Berichtsperiode

Preisindizes

Die Preisindizes von Laspeyres P_t^L bzw. von Paasche P_t^P sind definiert durch

$$P_t^L = \sum_{i=1}^{I} \frac{p_t(i)}{p_0(i)} g_0(i) \quad \text{mit} \quad g_0(i) = \frac{p_0(i)q_0(i)}{\sum_{j=1}^{I} p_0(j)q_0(j)} \qquad \textbf{Laspeyres}$$

$$P_t^P = \sum_{i=1}^{I} \frac{p_t(i)}{p_0(i)} g_t(i) \quad \text{mit} \quad g_t(i) = \frac{p_0(i)q_t(i)}{\sum_{j=1}^{I} p_0(j)q_t(j)} \qquad \textbf{Paasche}$$

Aggregatformel für Preisindizes

$$P_t^L = \frac{\sum_{i=1}^{I} p_t(i)q_0(i)}{\sum_{i=1}^{I} p_0(i)q_0(i)} \qquad P_t^P = \frac{\sum_{i=1}^{I} p_t(i)q_t(i)}{\sum_{i=1}^{I} p_0(i)q_t(i)}$$

13

Mengenindizes

Die Mengenindizes von Laspeyres Q_t^L bzw. von Paasche Q_t^P sind definiert durch

$$Q_t^L = \frac{\sum\limits_{i=1}^{I} p_0(i)q_t(i)}{\sum\limits_{i=1}^{I} p_0(i)q_0(i)} \qquad Q_t^P = \frac{\sum\limits_{i=1}^{I} p_t(i)q_t(i)}{\sum\limits_{i=1}^{I} p_t(i)q_0(i)}$$

Umsatzindex

$$U_t = \frac{\sum\limits_{i=1}^{I} p_t(i)q_t(i)}{\sum\limits_{i=1}^{I} p_0(i)q_0(i)}$$

Indexformel des DAX

Die Indexformel des DAX ist

$$\text{DAX}_t = \frac{\sum\limits_{i=1}^{30} p_t(i)q_T(i)c_t(i)}{\sum\limits_{i=1}^{30} p_0(i)q_0(i)} \cdot k(T) \cdot 1\,000$$

Dabei ist

- $p_0(i)$ der Aktienkurs zum Basiszeitpunkt (30.12.1987), $p_t(i)$ der Aktienkurs zur Zeit t,
- $q_0(i)$ das Grundkapital zum Basiszeitpunkt und $q_T(i)$ das Grundkapital zum letzten Verkettungstermin T,
- $c_t(i)$ sind Korrekturfaktoren und $k(T)$ ist der Verkettungsfaktor.

13.2 Komponentenmodelle

- Das additive Trend-Saison-Modell ist

  $y_t = g_t + s_t + \epsilon_t, \quad t = 1, \ldots, n$

- Das multiplikative Modell ist

  $y_t = g_t \cdot s_t \cdot \epsilon_t \iff \log y_t = \log g_t + \log s_t + \log \epsilon_t, \quad t = 1, \ldots, n$

- In beide wird häufig noch eine zyklische Komponente c_t eingearbeitet.

13.3 Globale Regressionsansätze

Trendbestimmung

Globale Trendmodelle

Für reine Trendmodelle $y_t = g_t + \epsilon_t$ sind folgende Trendfunktionen gebräuchlich:

Linearer Trend: $\qquad\qquad\qquad\qquad g_t = \beta_0 + \beta_1 t$

Quadratischer Trend: $\qquad\qquad\qquad g_t = \beta_0 + \beta_1 t + \beta_2 t^2$

Polynomialer Trend: $\qquad\qquad\qquad g_t = \beta_0 + \beta_1 t + \ldots + \beta_q t^q$

Exponentielles Wachstum: $\qquad\qquad g_t = \beta_0 \exp(\beta_1 t)$

Logistische Sättigungskurve: $\qquad\quad g_t = \dfrac{\beta_0}{\beta_1 + \exp(-\beta_2 t)}$

Schätzung der linearen Trendfunktion

Die **Kleinste-Quadrate-Schätzung** der linearen Trendfunktion $g_t = \beta_0 + \beta_1 t$ ist

$$\hat{\beta}_1 = \frac{\sum_{t=1}^{n} y_t t - n\bar{t}\bar{y}}{\sum_{t=1}^{n} t^2 - n(\bar{t})^2} \qquad \hat{\beta}_0 = \bar{y} - \hat{\beta}\bar{t}$$

Dabei ist $\bar{t} = (n+1)/2$ und $\sum_{t=1}^{n} t^2 = \dfrac{1}{6} n(n+1)(2n+1)$.

Bestimmung der Saisonkomponente

Saisonmodell mit Dummyvariablen für monatliche Daten

$$s_t = \beta_1 s_1(t) + \ldots + \beta_{12} s_{12}(t), \quad \text{wobei} \quad s_j(t) = \begin{cases} 1, & \text{wenn } t \text{ zum Monat } j \text{ gehört} \\ 0, & \text{sonst} \end{cases}$$

Saisonmodell mit trigonometrischem Polynom

$$s_t = \beta_0 + \sum_{k=1}^{6} \beta_k \cos\left(2\pi \frac{k}{12} t\right) + \sum_{k=1}^{5} \gamma_k \sin\left(2\pi \frac{k}{12} t\right)$$

Phasendurchschnittsverfahren zur Bestimmung der Saisonkomponente

13

Falls die Saisonkomponente für jede Phase (Monat, Quartal) als konstant angesehen werden kann, wird der Durchschnitt aller vorhandenen Werte $y(t) - g(t)$ für jede Phase gebildet.

13.4 Lokale Ansätze

Trendbestimmung

Einfacher gleitender Durchschnitt

Der einfache gleitende Durchschnitt oder das lokale arithmetische Mittel der Ordnung $2q + 1$ ist definiert durch

$$\hat{g}_t = \frac{1}{2q + 1}(y_{t-q} + \ldots + y_t + \ldots + y_{t+q}) = \frac{1}{2q + 1} \sum_{i=-a}^{a} y_{t+i}, \qquad t = q + 1, \ldots, n - q$$

Penalisierte KQ-Schätzung

$\{\hat{g}_t\}$ wird so bestimmt, dass

$$\sum_{i=1}^{n}(y_t - g_t)^2 + \lambda \sum_{t=2}^{n}(g_t - g_{t-1})^2$$

bzw.

$$\sum_{i=1}^{n}(y_t - g_t)^2 + \lambda \sum_{t=3}^{n}(g_t - 2g_{t-1} + g_{t-2})^2$$

minimiert wird.

Gewichteter gleitender Durchschnitt

Ein gewichteter gleitender Durchschnitt mit den Gewichten λ_i ist definiert durch

$$\hat{g}_t = \sum_{i=-q}^{s} \lambda_i y_{t+i}, \qquad t = q + 1, \ldots, n - s \quad \text{mit} \quad \sum_{i=-q}^{s} \lambda_i = 1$$

Man nennt y_t den Input und $\hat{g}_t$ den Output oder die gefilterte Reihe.

Geeignete Filter

Monatliche Daten: $\lambda_{-6} = \lambda_6 = \dfrac{1}{24}$ $\lambda_{-5} = \lambda_{-4} = \ldots = \lambda_5 = \dfrac{1}{12}$

Quartalsdaten: $\lambda_{-2} = \lambda_2 = \dfrac{1}{8}$ $\lambda_{-1} = \lambda_0 = \lambda_1 = \dfrac{1}{4}$

Halbjährliche Daten: $\lambda_{-1} = \lambda_1 = \dfrac{1}{4}$ $\lambda_0 = \dfrac{1}{2}$

13.5 Exponentielles Glätten

Einfaches exponentielles Glätten

Definition

- Beim einfachen exponentiellen Glätten berechnet man als „**glatte Komponente**"

$$g_t^e = \beta g_{t-1}^e + (1 - \beta)y_t \qquad t = 2, 3, \ldots n$$

- Die relle Zahl $0 < \beta < 1$ heißt **Glättungsparameter**.
- Als **Startwert** verwendet man in der Regel $g_1^e = y_1$.

Rekursionsformel

$$g_t^e = (1 - \beta)[y_t + \beta y_{t-1} + \beta^2 y_{t-2} + \ldots + \beta^{t-2} y - 2] + \beta^{t-1} y_1$$

Exponentielles Glätten nach Holt-Winters

Für Zeitreihen mit Trend berechnet man:

$$g_t^H = \beta(g_{t-1}^H + b_{t-1}) + (1 - \beta)y_t \qquad b_t = \alpha b_{t-1} + (1 - \alpha)(g_t^H - g_{t-1}^H) \qquad t = 2, \ldots, n$$

mit $0 < \alpha < 1$ und $0 < \beta < 1$ und üblichen Startwerten: $g_1^H = y_1$ und $b_1 = 0$.

13

Kapitel 14
Stochastische Prozesse und Zeitreihenmodelle

14.1 Grundlegende Definitionen

Kennzahlen stochastischer Prozesse

- Eine zeitlich geordnete Folge von Zufallsvariablen $\{Y\} = Y_1, Y_2, \ldots, Y_t, \ldots$ heißt **stochastischer Prozess** mit diskreter Zeit.

- Kennzahlen stochastischer Prozesse sind die Funktionen der ersten und zweiten Momente:

$\mu(t) = E(Y_t)$ **Mittelwertfunktion**

$\sigma^2(t) = \text{Var}(Y_t)$ **Varianzfunktion**

$\gamma_j(t) = \text{Cov}(Y_t, Y_{t-j})$ **Autokovarianzfunktion**

$\rho_j(t) = \dfrac{\gamma_j(t)}{\sigma(t) \cdot \sigma(t-j)}$ **Autokorrelationsfunktion**

Stationäre stochastische Prozesse

- Ein stochastischer Prozess heißt

  - **mittelwertstationär**, wenn $\mu(t) = \mu$
  - **varianzstationär**, wenn $\sigma^2(t) = \sigma^2$
  - **kovarianzstationär,** wenn $\gamma_j(t) = \gamma_j$ für alle t und j gilt.

- Ein stochastischer Prozess heißt **schwach stationär** oder **stationär**, wenn er alle drei obigen Eigenschaften besitzt.

- Ein Prozess, bei dem die gemeinsame Verteilungsfunktion jedes endlichen zusammenhängenden Teils $Y_1, Y_2, \ldots, Y_m$ gleich der Verteilungsfunktion des um k Zeitpunkte verschobenen Teiles $Y_{1+k}, Y_{2+k}, \ldots, Y_{m+k}$ ist, d.h.

$$F_{Y_1, Y_2, \ldots, Y_m} = F_{Y_{1+k}, Y_{2+k}, \ldots, Y_{m+k}}$$

heißt **streng stationärer stochastischer Prozess**.

Ergodische Prozesse

Definition

Ein stationärer Prozess Y_t mit der Mittelwertfunktion μ und der Kovarianzfunktion γ_j heißt

- **mittelwertergodisch**, wenn $\lim\limits_{n\to\infty} E\left(\dfrac{1}{n}\sum\limits_{t=1}^{n} Y_t\right) = \mu$

- **kovarianzergodisch**, wenn für alle j: $\lim\limits_{n\to\infty} E\left[\dfrac{1}{n}\sum\limits_{t=1}^{n}(Y_t - \mu)(Y_{t-j} - \mu)\right] = \gamma_j$

Sind beide Bedingungen erfüllt, so heißt er **ergodisch**.

Äquivalente Bedingung für mittelwertergodische Prozesse

Ein stationärer Prozess ist genau dann mittelwertergodisch, wenn die γ_j absolut summierbar sind, d.h. wenn $\sum\limits_{j=0}^{\infty} |\gamma_j| < \infty$.

Schätzung der Kennzahlen

Sei Y_t ein stationärer und ergodischer Prozess. Dann benutzt man folgende konsistente Schätzer:

Erwartungswert: $\quad \hat{\mu} = \bar{y}$

Autokovarianzen: $\quad \hat{\gamma}_j = \dfrac{1}{n-j-1} \sum\limits_{t=j+1}^{n}(y_t - \bar{y})(y_{t-j} - \bar{y})$

Autokorrelationen: $\quad \hat{\rho}_j = r_j = \dfrac{\sum\limits_{t=j+1}^{n}(y_t - \bar{y})(y_{t-j} - \bar{y})}{\sum\limits_{t=1}^{n}(y_t - \bar{y})^2}$

Test auf Unkorreliertheit

Eine Faustregel zum Test der Hypothese H_0: $\rho_j = 0$ ist:

- Die Hypothese wird verworfen, falls $|r_j| > \dfrac{2}{\sqrt{n}}$.

- Dies entspricht einem zweiseitigen Test zum Signifikanzniveau $\alpha \approx 0.05$.

14

Weißes Rauschen und Normalprozess

- Ein stochastischer Prozess $\{\epsilon\} = \epsilon_1, \epsilon_2, \ldots, \epsilon_t, \ldots$ heißt weißes Rauschen, White-Noise-Prozess oder reiner Zufallsprozess, wenn

$$E(\epsilon_t) = 0, \qquad \text{Var}(\epsilon_t) = \sigma_\epsilon^2 = \text{konst für jedes } t, \qquad \text{Cov}(\epsilon_t, \epsilon_{t-1}) = 0 \text{ für } t > 0$$

- Sind die ϵ_t normalverteilt, spricht man von einem Normalprozess.

14.2 Moving-Average-Prozesse

MA(1)-Prozesse
Definition

Ein stochastischer Prozess

$$Y_t = \alpha_0 + \epsilon_t + \alpha_1 \epsilon_{t-1} \, ,$$

wobei α_0 und α_1 Parameter sind und die ϵ_t einen White-Noise-Prozess mit Var $(\epsilon_t) = \sigma_\epsilon^2$ bilden, heißt **Moving-Average-Prozess erster Ordnung** oder $MA(1)$-Prozess.

Eigenschaften

Mittelwertfunktion:	$\mu(t) = \mu = \alpha_0$
Varianzfunktion:	$\sigma^2(t) = \gamma_0(t) = \gamma_0 = (1 + \alpha_1^2)\sigma_\epsilon^2$
Autokovarianzfunktion:	$\gamma_j(t) = \gamma_j = \begin{cases} \alpha_1 \sigma_\epsilon^2 & \text{für } j = 1 \\ 0 & \text{für } j > 1 \end{cases}$
Autokorrelationsfunktion:	$\rho_j = \dfrac{\gamma_j}{\gamma_0} = \begin{cases} \dfrac{\alpha_1}{1 + \alpha_1^2} & \text{für } j = 1 \\ 0 & \text{für } j > 1 \end{cases}$

MA(q)-Prozesse
Definition

Ein stochastischer Prozess

$$Y_t = \alpha_0 + \epsilon_t + \alpha_1 \epsilon_{t-1} + \ldots + \alpha_q \epsilon_{t-q} \, ,$$

wobei die α_i konstante Parameter sind und die ϵ_t einen White-Noise-Prozess mit Var $(\epsilon_t) = \sigma_\epsilon^2$ bilden, heißt Moving-Average-Prozess der Ordnung q oder $MA(q)$-Prozess.

Eigenschaften

Mittelwertfunktion: $\mu(t) = \mu = \alpha_0$

Varianz-funktion: $\sigma^2(t) = \gamma_0(t) = \gamma_0 = (1 + \alpha_1^2 + \alpha_2^2 + \ldots + \alpha_q^2)\sigma_\epsilon^2$

Autokovarianz-funktion:
$$\gamma_j(t) = \gamma_j = \begin{cases} (\alpha_j + \alpha_{j+1}\alpha_1 + \ldots + \alpha_q\alpha_{q-j})\sigma_\epsilon^2 & \text{für } 1 \leq j \leq q \\ 0 & \text{für } j > q \end{cases}$$

Autokorrelations-funktion:
$$\rho_j = \frac{\gamma_j}{\gamma_0} = \begin{cases} \dfrac{\alpha_j + \alpha_{j+1}\alpha_1 + \ldots + \alpha_q\alpha_{q-j}}{1 + \alpha_1^2 + \alpha_2^2 + \ldots + \alpha_q^2} & \text{für } 1 \leq j \leq q \\ 0 & \text{für } j > q \end{cases}$$

Jeder $MA(q)$-Prozess ist schwach stationär und mittelwertergodisch. Falls ϵ_t ein Normalprozess ist, ist er auch kovarianzergodisch.

14.3 Autoregressive Prozesse

AR(1)-Prozesse

Definition

Ein stochastischer Prozess

$$Y_t = \beta_0 + \beta_1 Y_{t-1} + \epsilon_t,$$

wobei β_0 und β_1 Parameter sind und die ϵ_t einen White-Noise-Prozess bilden, heißt **autoregressiver Prozess erster Ordnung** oder $AR(1)$-Prozess.

Rekursionsformel und MA-Darstellung

- Für einen $AR(1)$-Prozess, der vor t Perioden mit dem Startwert y_0 begann, gilt für $\beta_1 \neq 1$:

$$Y_t = \beta_0 \frac{1 - \beta_1^t}{1 - \beta_1} + \beta_1^t y_0 + \sum_{i=0}^{t-1} \beta_1^i \epsilon_{t-i}$$

- Falls $|\beta_1| < 1$, gilt im Grenzfall die $MA(\infty)$-Darstellung:

$$Y_t = \frac{\beta_0}{1 - \beta_1} + \sum_{i=0}^{\infty} \beta_1^i \epsilon_{t-i}$$

- Ein AR-Prozess heißt **invertierbar**, wenn er eine MA-Darstellung besitzt.

14

Eigenschaften

Jeder $AR(1)$-Prozess mit $|\beta_1| < 1$ ist mittelwertstationär, mittelwertergodisch und kovarianzstationär. Ist ϵ_t ein Normalprozess, ist er auch kovarianzergodisch. Ferner gilt dann:

Mittelwertfunktion:
$$\mu(t) = \mu = \frac{\beta_0}{1 - \beta_1}$$

Varianzfunktion:
$$\sigma^2(t) = \gamma_0(t) = \gamma_0 = \frac{1}{1 - \beta_1^2}\sigma_\epsilon^2$$

Autokovarianzfunktion:
$$\gamma_j(t) = \gamma_j = \frac{\beta_1^j}{1 - \beta_1^2}\sigma_\epsilon^2$$

Autokorrelationsfunktion:
$$\rho_j(t) = \rho_j = \frac{\gamma_j}{\gamma_0} = \beta_1^j \quad \text{für } j \geq 0$$

Random Walk und Brownsche Bewegung

- Ein $AR(1)$-Prozess mit $\beta_1 = 1$, also $Y_t = \beta + Y_{t-1} + \epsilon_t$ heißt Random Walk. Ist $\beta \neq 0$, spricht man von einem Random Walk mit Drift.
- Ein Random Walk ohne Drift heißt Brownsche Bewegung.

Rekursionsformel und Erwartungswert für Random Walk

- Hat der Random Walk vor t Perioden mit dem Startwert y_0 begonnen, so gilt:
  $$Y_t = t\beta + y_0 + (\epsilon_1 + \epsilon_2 + \ldots + \epsilon_t)$$
- Für die Mittelwert- und Varianzfunktion gilt:
  $$\mu(t) = t\beta + y_0 \qquad \sigma^2(t) = t\sigma_\epsilon^2$$
- Für die Browsche Bewegung ist die Mittelwertfunktion konstant: $\mu(t) = y_0$

AR(p)-Prozesse

Definition

Ein stochastischer Prozess

$$Y_t = \beta_0 + \beta_1 Y_{t-1} + \beta_2 Y_{t-2} + \ldots + \beta_p Y_{t-p} + \epsilon_t,$$

wobei die β_i konstante Parameter sind und die ϵ_t einen White-Noise-Prozess bilden, heißt **autoregressiver Prozess** der Ordnung p oder $AR(p)$-Prozess.

Charakteristisches Polynom

Für einen $AR(p)$-Prozess heißt

$$A(\lambda) = 1 - \beta_1\lambda^1 - \beta_2\lambda^2 - \ldots - \beta_p\lambda^p$$

das **charakteristische Polynom** und

$$A(\lambda) = 1 - \beta_1\lambda^1 - \beta_2\lambda^2 - \ldots - \beta_p\lambda^p = 0$$

die **charakteristische Gleichung**.

Stationaritätsbedingungen für AR-Prozesse

Ein $AR(p)$-Prozess ist genau dann stationär, wenn alle Nullstellen des charakteristischen Polynoms außerhalb des Einheitskreises (in der komplexen Ebene) liegen, d.h. wenn für alle Nullstellen $|\lambda| > 1$ gilt.

Ein $AR(1)$-Prozess ist genau dann stationär, wenn $|\beta_1| < 1$.

Ein $AR(2)$-Prozess ist genau dann stationär, wenn $|\beta_2| < 1$ und $\beta_2 + \beta_1 < 1$ und $\beta_2 - \beta_1 < 1$.

Jeder stationäre $AR(p)$-Prozess ist invertierbar und mittelwertergodisch. Ist ϵ_t ein Normalprozess, ist er auch kovarianzergodisch.

Eigenschaften stationärer AR-Prozesse

Mittelwertfunktion:
$$\mu(t) = \mu = \beta_0 + \beta_1\mu + \beta_2\mu + \ldots + \beta_p\mu$$
$$\mu = \frac{\beta_0}{1 - \beta_1 - \beta_2 - \ldots - \beta_p}$$

Varianzfunktion:
$$\sigma^2(t) = \gamma_0(t) = \gamma_0 = \beta_1\gamma_1 + \beta_2\gamma_2 + \ldots \beta_p\gamma_p + \sigma_\epsilon^2$$

Autokovarianzfunktion:
$$\gamma_j(t) = \gamma_j = \beta_1\gamma_{j-1} + \beta_2\gamma_{j-2} + \ldots \beta_p\gamma_{j-p}$$

Autokorrelationsfunktion:
$$\rho_j(t) = \rho_j = \beta_1\rho_{j-1} + \beta_2\rho_{j-2} + \ldots \beta_p\rho_{j-p} \quad \text{für } j > 0$$

Yule-Walker-Gleichungen:
$$\rho_1 = \beta_1 + \beta_2\rho_1 + \ldots + \beta_p\rho_{p-1}$$
$$\rho_2 = \beta_1\rho_1 + \beta_2 + \ldots + \beta_p\rho_{p-2}$$
$$\rho_3 = \beta_1\rho_2 + \beta_2\rho_1 + \ldots + \beta_p\rho_{p-3}$$
$$\rho_4 = \beta_1\rho_3 + \beta_2\rho_2 + \ldots + \beta_p\rho_{p-4}$$
$$\vdots$$

14

14.4 Prognosen mit AR-Modellen

Prognosen und Einschrittprognosen

Gegeben seien Beobachtungen einer Zeitreihe $y_1, y_2, \ldots, y_n$.

- Vorhersagen zukünftiger Werte der Zeitreihe aufgrund der vergangenen Beobachtungswerte werden **Prognosen** genannt und mit $\hat{y}_{n+1}, \hat{y}_{n+2}$ bezeichnet.
- Prognostiziert man auf der Grundlage von beobachteten Werten genau einen, und zwar den nächstfolgenden Wert, so nennt man dies eine **Einschrittprognose**.

Optimale lineare Einschrittprognose

Ist $\{Y_t\}$ ein stationärer stochastischer Prozess, so heißt die lineare Funktion von k Zufallsvariablen

$$\hat{Y}_t = b_0 + b_1 Y_{t-1} + b_2 Y_{t-2} + \ldots + b_k Y_{t-k}$$

optimale lineare Einschrittprognose über k Lags, wenn die Gewichte b_i so gewählt werden, dass die erwartete quadratische Abweichung $E\left[(Y_t - \hat{Y}_t)^2\right]$ minimal ist.

Partielle Autokorrelationsfunktion

Das jeweils letzte Gewicht b_j einer optimalen linearen Einschrittprognose über j Lags heißt partieller Autokorrelationskoeffizient, die Funktion $\rho_j^P = b_j$ heißt partielle Autokorrelationsfunktion eines stationären stochastischen Prozesses.

14.5 ARMA- und ARIMA-Modelle

ARMA-Modelle
Definition

Ein stochastischer Prozess

$$Y_t = \beta_0 + \beta_1 Y_{t-1} + \beta_2 Y_{t-2} + \ldots + \beta_p Y_{t-p} + \epsilon_t + \alpha_1 \epsilon_{t-1} + \ldots + \alpha_q \epsilon_{t-q} \,,$$

wobei die α_i und β_i konstante Parameter sind und die ϵ_t einen White-Noise-Prozess bilden, heißt **autoregressiver Moving-Average-Prozess** der Ordnung p, q oder $ARMA(p, q)$-Prozess.

14

Stationarität und Mittelwertfunktion

- Ein $ARMA(p, q)$-Prozess ist genau dann stationär, wenn sein AR-Teil stationär ist, d.h. genau dann, wenn alle Nullstellen des charakteristischen Polynoms $A(\lambda) = 1 - \beta_1\lambda^1 - \beta_2\lambda^2 - \ldots - \beta_p\lambda^p$ dem Betrag nach größer als 1 sind.

- $\mu(t) = \mu = \dfrac{\beta_0}{1 - \beta_1 - \beta_2 - \ldots - \beta_p}$

Differenzenfilter

- Ist eine Zeitreihe nicht stationär, so bildet man häufig die Differenzen erster oder höherer Ordnung und hofft, dass diese stationär sind.

- Die Differenzenfilter sind:

Differenz 1. Ordnung:	$\Delta y_2, \Delta y_3, \Delta y_4, \ldots, \Delta y_n$	mit $\Delta y_i = y_i - y_{i-1}$
Differenz 2. Ordnung:	$\Delta^2 y_3, \Delta^2 y_4, \ldots, \Delta^2 y_n$	mit $\Delta^2 y_i = \Delta y_i - \Delta y_{i-1}$
Differenz 3. Ordnung:	$\Delta^3 y_4, \ldots, \Delta^3 y_n$	mit $\Delta^3 y_i = \Delta^2 y_i - \Delta^2 y_{i-1}$

- Ist der Anfangswert y_1 bekannt, so kann aus der Differenzenreihe durch Summation (auch Integration) die ursprüngliche Reihe wiedergewonnen werden:

  Anfangswert: $y_1 \implies y_2 = y_1 + \Delta y_2, \quad y_i = y_{i-1} + \Delta y_i \quad (i \geq 2)$

ARIMA-Modelle

Ein stochastischer Prozess, der durch d-malige Summation aus einem stationären $ARMA(p, q)$-Prozess hervorgeht, heißt **autoregressiver integrierter Moving-Average-Prozess** oder $ARIMA(p, d, q)$-Prozess.

14

Tabellenanhang

Tabelle 1: Quantile der Standardnormal-verteilung

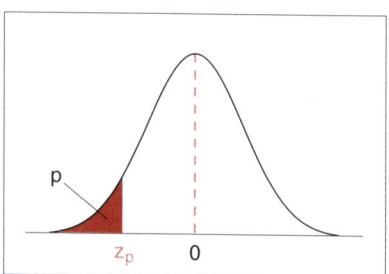

p	z_p	p	z_p	p	z_p
0.0001	−3.7190	0.2500	−0.6745	0.8000	0.8416
0.0005	−3.2905	0.3000	−0.5244	0.8500	1.0364
0.0010	−3.0902	0.3500	−0.3853	0.9000	1.2816
0.0050	−2.5758	0.4000	−0.2533	0.9250	1.4395
0.0100	−2.3263	0.4500	−0.1257	0.9500	1.6449
0.0250	−1.9600	0.5000	0.0000	0.9750	1.9600
0.0500	−1.6449	0.5500	0.1257	0.9900	2.3263
0.0750	−1.4395	0.6000	0.2533	0.9950	2.5758
0.1000	−1.2816	0.6500	0.3853	0.9990	3.0902
0.1500	−1.0364	0.7000	0.5244	0.9995	3.2905
0.2000	−0.8416	0.7500	0.6745	0.9999	3.7190

TA

Tabelle 2: Verteilungsfunktion der Standardnormalverteilung

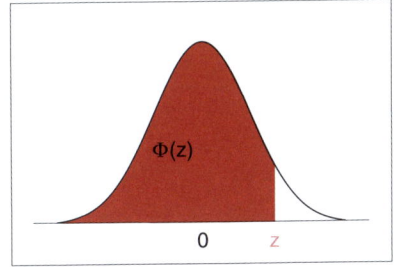

z	.00	.01	.02	.03	.04	.05	.06	.07	.08	.09
0.0	.5000	.5040	.5080	.5120	.5160	.5199	.5239	.5279	.5319	.5359
0.1	.5398	.5438	.5478	.5517	.5557	.5596	.5636	.5675	.5714	.5753
0.2	.5793	.5832	.5871	.5910	.5948	.5987	.6026	.6064	.6103	.6141
0.3	.6179	.6217	.6255	.6293	.6331	.6368	.6406	.6443	.6480	.6517
0.4	.6554	.6591	.6628	.6664	.6700	.6736	.6772	.6808	.6844	.6879
0.5	.6915	.6950	.6985	.7019	.7054	.7088	.7123	.7157	.7190	.7224
0.6	.7257	.7291	.7324	.7357	.7389	.7422	.7454	.7486	.7517	.7549
0.7	.7580	.7611	.7642	.7673	.7704	.7734	.7764	.7794	.7823	.7852
0.8	.7881	.7910	.7939	.7967	.7995	.8023	.8051	.8079	.8106	.8133
0.9	.8158	.8186	.8212	.8238	.8264	.8289	.8315	.8340	.8365	.8398
1.0	.8413	.8438	.8461	.8485	.8508	.8531	.8554	.8577	.8599	.8621
1.1	.8643	.8665	.8686	.8708	.8729	.8749	.8770	.8790	.8810	.8830
1.2	.8849	.8869	.8888	.8907	.8925	.8944	.8962	.8980	.8997	.9015
1.3	.9032	.9049	.9066	.9082	.9099	.9115	.9131	.9147	.9162	.9177
1.4	.9192	.9207	.9222	.9236	.9251	.9265	.9279	.9292	.9306	.9319
1.5	.9332	.9345	.9357	.9370	.9382	.9394	.9406	.9418	.9429	.9441
1.6	.9452	.9463	.9474	.9484	.9495	.9505	.9515	.9525	.9535	.9545
1.7	.9554	.9564	.9573	.9582	.9591	.9599	.9608	.9616	.9625	.9633
1.8	.9641	.9649	.9656	.9664	.9671	.9678	.9686	.9693	.9699	.9706
1.9	.9713	.9719	.9726	.9732	.9738	.9744	.9750	.9756	.9761	.9767
2.0	.9772	.9778	.9783	.9788	.9793	.9798	.9803	.9808	.9812	.9817
2.1	.9821	.9826	.9830	.9834	.9838	.9842	.9846	.9850	.9854	.9857
2.2	.9861	.9864	.9868	.9871	.9875	.9878	.9881	.9884	.9887	.9890
2.3	.9893	.9896	.9898	.9901	.9904	.9906	.9909	.9911	.9913	.9916
2.4	.9918	.9920	.9922	.9925	.9927	.9929	.9931	.9932	.9934	.9936
2.5	.9938	.9940	.9941	.9943	.9945	.9946	.9948	.9949	.9951	.9952
2.6	.9953	.9955	.9956	.9957	.9959	.9960	.9961	.9962	.9963	.9964
2.7	.9965	.9966	.9967	.9968	.9969	.9970	.9971	.9972	.9973	.9974
2.8	.9974	.9975	.9976	.9977	.9977	.9978	.9979	.9979	.9980	.9981
2.9	.9981	.9982	.9982	.9983	.9984	.9984	.9985	.9985	.9986	.9986
3.0	.9987	.9987	.9987	.9988	.9988	.9989	.9989	.9989	.9990	.9990

$\Phi(-z) = 1 - \Phi(z)$

TA

Tabelle 3: Quantile der t-Verteilung

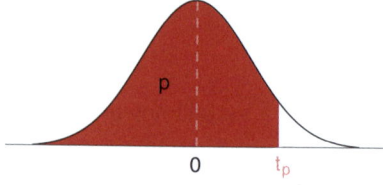

n \\ P	$t[0.995]$	$t[0.99]$	$t[0.975]$	$t[0.95]$	$t[0.9]$	$t[0.85]$	$t[0.8]$
1	63.657	31.821	12.706	6.314	3.078	1.964	1.377
2	9.925	6.965	4.303	2.920	1.886	1.386	1.061
3	5.841	4.541	3.182	2.353	1.638	1.250	0.978
4	4.604	3.747	2.776	2.132	1.533	1.190	0.941
5	4.032	3.365	2.571	2.015	1.476	1.156	0.920
6	3.707	3.143	2.447	1.943	1.440	1.134	0.906
7	3.500	2.998	2.365	1.895	1.415	1.119	0.896
8	3.355	2.896	2.306	1.860	1.397	1.108	0.889
9	3.250	2.821	2.262	1.833	1.383	1.100	0.883
10	3.169	2.764	2.228	1.813	1.372	1.093	0.879
11	3.106	2.718	2.201	1.796	1.363	1.088	0.876
12	3.055	2.681	2.179	1.782	1.356	1.083	0.873
13	3.012	2.650	2.160	1.771	1.350	1.079	0.870
14	2.977	2.625	2.145	1.761	1.345	1.076	0.868
15	2.947	2.602	2.131	1.753	1.341	1.074	0.866
16	2.921	2.584	2.120	1.746	1.337	1.071	0.865
17	2.898	2.567	2.110	1.740	1.333	1.069	0.863
18	2.878	2.552	2.101	1.734	1.330	1.067	0.862
19	2.861	2.540	2.093	1.729	1.328	1.066	0.861
20	2.845	2.528	2.086	1.725	1.325	1.064	0.860
21	2.831	2.518	2.080	1.721	1.323	1.063	0.859
22	2.819	2.508	2.074	1.717	1.321	1.061	0.858
23	2.807	2.500	2.069	1.714	1.319	1.060	0.858
24	2.797	2.492	2.064	1.711	1.318	1.059	0.857
25	2.787	2.485	2.060	1.708	1.316	1.058	0.856
26	2.779	2.479	2.056	1.706	1.315	1.058	0.856
27	2.771	2.473	2.052	1.703	1.314	1.057	0.855
28	2.763	2.467	2.048	1.701	1.313	1.056	0.855
29	2.756	2.462	2.045	1.699	1.311	1.055	0.854
30	2.750	2.457	2.042	1.697	1.310	1.055	0.854
40	2.705	2.423	2.021	1.684	1.303	1.050	0.851
60	2.660	2.390	1.997	1.671	1.296	1.046	0.848
120	2.617	2.358	1.980	1.658	.289	1.041	0.845
∞	2.576	2.326	1.960	1.645	1.282	1.039	0.843

Tabelle 4: Quantile der χ^2-Verteilung

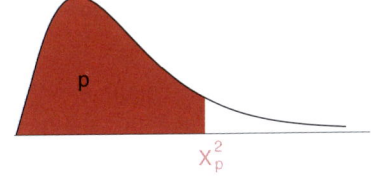

n \ P	0.005	0.01	0.025	0.05	0.1	0.9	0.95	0.975	0.99	0.995
1	0.000	0.000	0.001	0.004	0.016	2.706	3.841	5.024	6.635	7.879
2	0.010	0.020	0.051	0.103	0.211	4.605	5.991	7.378	9.210	10.60
3	0.072	0.115	0.216	0.352	0.584	6.251	7.815	9.348	11.35	12.84
4	0.207	0.297	0.484	0.711	1.064	7.779	9.488	11.14	13.28	14.86
5	0.412	0.554	0.831	1.145	1.610	9.236	11.07	12.83	15.09	16.75
6	0.676	0.872	1.237	1.635	2.204	10.65	12.59	14.45	16.81	18.55
7	0.989	1.239	1.690	2.167	2.833	12.02	14.07	16.01	18.48	20.28
8	1.344	1.646	2.180	2.733	3.490	13.36	15.51	17.54	20.09	21.96
9	1.735	2.088	2.700	3.325	4.168	14.68	16.92	19.02	21.67	23.59
10	2.156	2.558	3.247	3.940	4.865	15.99	18.31	20.48	23.21	25.19
11	2.603	3.053	3.816	4.575	5.578	17.28	19.68	21.92	24.73	26.76
12	3.074	3.571	4.404	5.226	6.304	18.55	21.03	23.34	26.22	28.30
13	3.565	4.107	5.009	5.892	7.042	19.81	22.36	24.74	27.69	29.82
14	4.075	4.660	5.629	6.571	7.790	21.06	23.69	26.12	29.14	31.32
15	4.601	5.229	6.262	7.261	8.547	22.31	25.00	27.49	30.58	32.80
16	5.142	5.812	6.908	7.962	9.312	23.54	26.30	28.85	32.00	34.27
17	5.697	6.408	7.564	8.672	10.09	24.77	27.59	30.19	33.41	35.72
18	6.265	7.015	8.231	9.390	10.87	25.99	28.87	31.53	34.81	37.16
19	6.844	7.633	8.907	10.12	11.65	27.20	30.14	32.85	36.19	38.58
20	7.434	8.260	9.591	10.85	12.44	28.41	31.41	34.17	37.57	40.00
21	8.034	8.897	10.28	11.59	13.24	29.62	32.67	35.48	38.93	41.40
22	8.643	9.542	10.98	12.34	14.04	30.81	33.92	36.78	40.29	42.80
23	9.260	10.20	11.69	13.09	14.85	32.01	35.17	38.08	41.64	44.18
24	9.886	10.86	12.40	13.85	15.66	33.20	36.41	39.36	42.98	45.56
25	10.52	11.52	13.12	14.61	16.47	34.38	37.65	40.65	44.31	46.93
26	11.16	12.20	13.84	15.38	17.29	35.56	38.89	41.92	45.64	48.29
27	11.81	12.88	14.57	16.15	18.11	36.74	40.11	43.20	46.96	49.65
28	12.46	13.57	15.31	16.93	18.94	37.92	41.34	44.46	48.28	50.99
29	13.12	14.26	16.05	17.71	19.77	39.09	42.56	45.72	49.59	52.34
30	13.79	14.95	16.79	18.49	20.60	40.26	43.77	46.98	50.89	53.67
40	20.71	22.16	24.43	26.51	29.05	51.81	55.76	59.34	63.69	66.77
50	27.99	29.71	32.36	34.76	37.69	63.17	67.51	71.42	76.15	79.49
60	35.53	37.49	40.48	43.19	46.46	74.40	79.08	83.30	88.38	91.95
70	43.28	45.44	48.76	51.74	55.33	85.53	90.53	95.02	100.4	104.2
80	51.17	53.54	57.15	60.39	64.28	96.58	101.9	106.6	112.3	116.3
90	59.20	61.75	65.65	69.13	73.29	107.6	113.2	118.1	124.1	128.3
100	67.33	70.07	74.22	77.93	82.36	118.5	124.3	129.6	135.8	140.2

TA

Tabelle 5: 95 %-Quantile der $F(m, n)$-Verteilung

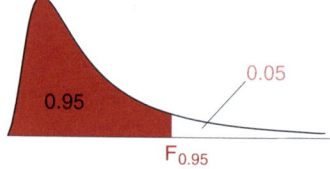

n	m 1	2	3	4	5	6	7	8	9	10	11	12	14
1	161.4	199.5	215.7	224.6	230.2	234.0	236.8	238.9	240.5	241.9	243.0	243.9	245.4
2	18.5	19.0	19.2	19.3	19.3	19.3	19.4	19.4	19.4	19.4	19.4	19.4	19.4
3	10.1	9.55	9.28	9.12	9.01	8.94	8.89	8.85	8.81	8.79	8.76	8.74	8.71
4	7.71	6.94	6.59	6.39	6.26	6.16	6.09	6.04	6.00	5.96	5.94	5.91	5.87
5	6.61	5.79	5.41	5.19	5.05	4.95	4.88	4.82	4.77	4.74	4.70	4.68	4.64
6	5.99	5.14	4.76	4.53	4.39	4.28	4.21	4.15	4.10	4.06	4.03	4.00	3.96
7	5.59	4.74	4.35	4.12	3.97	3.87	3.79	3.73	3.68	3.64	3.60	3.57	3.53
8	5.32	4.46	4.07	3.84	3.69	3.58	3.50	3.44	3.39	3.35	3.31	3.28	3.24
9	5.12	4.26	3.86	3.63	3.48	3.37	3.29	3.23	3.18	3.14	3.10	3.07	3.03
10	4.96	4.10	3.71	3.48	3.33	3.22	3.14	3.07	3.02	2.98	2.94	2.91	2.86
11	4.84	3.98	3.59	3.36	3.20	3.09	3.01	2.95	2.90	2.85	2.82	2.79	2.74
12	4.75	3.89	3.49	3.26	3.11	3.00	2.91	2.85	2.80	2.75	2.72	2.69	2.64
13	4.67	3.81	3.41	3.18	3.03	2.92	2.83	2.77	2.71	2.67	2.63	2.60	2.55
14	4.60	3.74	3.34	3.11	2.96	2.85	2.76	2.70	2.65	2.60	2.57	2.53	2.48
15	4.54	3.68	3.29	3.06	2.90	2.79	2.71	2.64	2.59	2.54	2.51	2.48	2.42
16	4.49	3.63	3.24	3.01	2.85	2.74	2.66	2.59	2.54	2.49	2.46	2.42	2.37
17	4.45	3.59	3.20	2.96	2.81	2.70	2.61	2.55	2.49	2.45	2.41	2.38	2.33
18	4.41	3.55	3.16	2.93	2.77	2.66	2.58	2.51	2.46	2.41	2.37	2.34	2.29
19	4.38	3.52	3.13	2.90	2.74	2.63	2.54	2.48	2.42	2.38	2.34	2.31	2.26
20	4.35	3.49	3.10	2.87	2.71	2.60	2.51	2.45	2.39	2.35	2.31	2.28	2.22
21	4.32	3.47	3.07	2.84	2.68	2.57	2.49	2.42	2.37	2.32	2.28	2.25	2.20
22	4.30	3.44	3.05	2.82	2.66	2.55	2.46	2.40	2.34	2.30	2.26	2.23	2.17
24	4.26	3.40	3.01	2.78	2.62	2.51	2.42	2.36	2.30	2.25	2.22	2.18	2.13
26	4.23	3.37	2.98	2.74	2.59	2.47	2.39	2.32	2.27	2.22	2.18	2.15	2.09
28	4.20	3.34	2.95	2.71	2.56	2.45	2.36	2.29	2.24	2.19	2.15	2.12	2.06
30	4.17	3.32	2.92	2.69	2.53	2.42	2.33	2.27	2.21	2.16	2.13	2.09	2.04
32	4.15	3.29	2.90	2.67	2.51	2.40	2.31	2.24	2.19	2.14	2.10	2.07	2.01
34	4.13	3.28	2.88	2.65	2.49	2.38	2.29	2.23	2.17	2.12	2.08	2.05	1.99
36	4.11	3.26	2.87	2.63	2.48	2.36	2.28	2.21	2.15	2.11	2.07	2.03	1.98
38	4.10	3.24	2.85	2.62	2.46	2.35	2.26	2.19	2.14	2.09	2.05	2.02	1.96
40	4.08	3.23	2.84	2.61	2.45	2.34	2.25	2.18	2.12	2.08	2.04	2.00	1.95
50	4.03	3.18	2.79	2.56	2.40	2.29	2.20	2.13	2.07	2.03	1.99	1.95	1.89
60	4.00	3.15	2.76	2.53	2.37	2.25	2.17	2.10	2.04	1.99	1.95	1.92	1.86
70	3.98	3.13	2.74	2.50	2.35	2.23	2.14	2.07	2.02	1.97	1.93	1.89	1.84
80	3.96	3.11	2.72	2.49	2.33	2.21	2.13	2.06	2.00	1.95	1.91	1.88	1.82
100	3.94	3.09	2.70	2.46	2.31	2.19	2.10	2.03	1.97	1.93	1.89	1.85	1.79
∞	3.84	3.00	2.60	2.37	2.21	2.10	2.01	1.94	1.88	1.83	1.79	1.75	1.69

TA

Tabelle 5: 95 %-Quantile der $F(m, n)$-Verteilung (Fortsetzung)

n	16	18	20	22	24	26	30	40	50	60	80	100	∞
1	246.5	247.3	248.0	248.6	249.1	249.5	250.1	251.1	251.8	252.2	252.7	253.0	254.3
2	19.4	19.4	19.4	19.5	19.5	19.5	19.5	19.5	19.5	19.5	19.5	19.5	19.5
3	8.69	8.67	8.66	8.65	8.64	8.63	8.62	8.59	8.58	8.57	8.56	8.55	8.53
4	5.84	5.82	5.80	5.79	5.77	5.76	5.75	5.72	5.70	5.69	5.67	5.66	5.63
5	4.60	4.58	4.56	4.54	4.53	4.52	4.50	4.46	4.44	4.43	4.42	4.41	4.37
6	3.92	3.90	3.87	3.86	3.84	3.83	3.81	3.77	3.75	3.74	3.72	3.71	3.67
7	3.49	3.47	3.44	3.43	3.41	3.40	3.38	3.34	3.32	3.30	3.29	3.28	3.23
8	3.20	3.17	3.15	3.13	3.12	3.10	3.08	3.04	3.02	3.01	2.97	2.98	2.93
9	2.99	2.96	2.94	2.92	2.90	2.89	2.86	2.83	2.80	2.79	2.77	2.76	2.71
10	2.83	2.80	2.77	2.75	2.74	2.72	2.70	2.66	2.64	2.62	2.60	2.59	2.54
11	2.70	2.67	2.65	2.63	2.61	2.59	2.57	2.53	2.51	2.49	2.47	2.46	2.40
12	2.60	2.57	2.54	2.52	2.51	2.49	2.47	2.43	2.40	2.38	2.36	2.35	2.30
13	2.51	2.48	2.46	2.44	2.42	2.41	2.38	2.34	2.31	2.30	2.28	2.26	2.21
14	2.44	2.41	2.39	2.37	2.35	2.33	2.31	2.27	2.24	2.22	2.20	2.19	2.13
15	2.38	2.35	2.33	2.31	2.29	2.27	2.25	2.20	2.18	2.16	2.14	2.12	2.07
16	2.33	2.30	2.28	2.25	2.24	2.22	2.19	2.15	2.12	2.11	2.06	2.07	2.01
17	2.29	2.26	2.23	2.21	2.19	2.17	2.15	2.10	2.08	2.06	2.04	2.02	1.96
18	2.25	2.22	2.19	2.17	2.15	2.13	2.11	2.06	2.04	2.02	1.99	1.98	1.92
19	2.21	2.18	2.16	2.13	2.11	2.10	2.07	2.03	2.00	1.98	1.96	1.94	1.88
20	2.18	2.15	2.12	2.10	2.08	2.07	2.04	1.99	1.97	1.95	1.92	1.91	1.84
21	2.16	2.12	2.10	2.07	2.05	2.04	2.01	1.96	1.94	1.92	1.89	1.88	1.81
22	2.13	2.10	2.07	2.05	2.03	2.01	1.98	1.94	1.91	1.89	1.86	1.85	1.78
24	2.09	2.05	2.03	2.00	1.98	1.97	1.94	1.89	1.86	1.84	1.82	1.80	1.73
26	2.05	2.02	1.99	1.97	1.95	1.93	1.90	1.85	1.82	1.80	1.78	1.76	1.69
28	2.02	1.99	1.96	1.93	1.91	1.90	1.87	1.82	1.79	1.77	1.74	1.73	1.65
30	1.99	1.96	1.93	1.91	1.89	1.87	1.84	1.79	1.76	1.74	1.71	1.70	1.62
32	1.97	1.94	1.91	1.88	1.86	1.85	1.82	1.77	1.74	1.71	1.69	1.67	1.59
34	1.95	1.92	1.89	1.86	1.84	1.82	1.80	1.75	1.71	1.69	1.66	1.65	1.57
36	1.93	1.90	1.87	1.85	1.82	1.81	1.78	1.73	1.69	1.67	1.64	1.63	1.55
38	1.92	1.88	1.85	1.83	1.81	1.79	1.76	1.71	1.68	1.65	1.62	1.61	1.53
40	1.90	1.87	1.84	1.81	1.79	1.77	1.74	1.69	1.66	1.64	1.61	1.59	1.51
50	1.85	1.81	1.78	1.76	1.74	1.72	1.69	1.63	1.60	1.58	1.55	1.53	1.44
60	1.82	1.78	1.75	1.72	1.70	1.68	1.65	1.59	1.56	1.53	1.50	1.48	1.39
70	1.79	1.75	1.72	1.70	1.67	1.65	1.62	1.57	1.53	1.51	1.47	1.45	1.35
80	1.77	1.73	1.70	1.68	1.65	1.63	1.60	1.54	1.51	1.48	1.45	1.43	1.33
90	1.76	1.72	1.69	1.66	1.64	1.62	1.59	1.53	1.49	1.47	1.43	1.41	1.30
100	1.75	1.71	1.68	1.65	1.63	1.61	1.57	1.52	1.48	1.45	1.42	1.39	1.28
200	1.69	1.66	1.62	1.60	1.57	1.55	1.52	1.46	1.42	1.39	1.35	1.32	1.19
∞	1.64	1.60	1.57	1.54	1.52	1.50	1.46	1.39	1.35	1.32	1.27	1.24	1

TA

Tabelle 6: 99 %-Quantile der $F(m, n)$-Verteilung

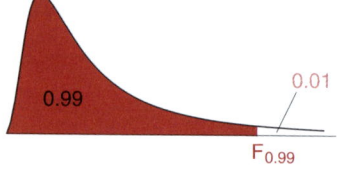

0.99   0.01

$F_{0.99}$

n	1	2	3	4	5	6	m 7	8	9	10	11	12	14
1	4052	4999	5403	5624	5764	5859	5928	5981	6022	6056	6083	6107	6143
2	98.5	99.0	99.2	99.3	99.3	99.3	99.4	99.4	99.4	99.4	99.4	99.4	99.4
3	34.1	30.8	29.5	28.7	28.2	27.9	27.7	27.5	27.3	27.2	27.1	27.1	26.2
4	21.2	18.0	16.7	16.0	15.5	15.2	15.0	14.8	14.7	14.5	14.5	14.4	14.2
5	16.3	13.3	12.1	11.4	11.0	10.7	10.5	10.3	10.2	10.1	9.96	9.89	9.77
6	13.8	10.9	9.78	9.15	8.75	8.47	8.26	8.10	7.98	7.87	7.79	7.72	7.60
7	12.3	9.55	8.45	7.85	7.46	7.19	6.99	6.84	6.72	6.62	6.54	6.47	6.36
8	11.3	8.65	7.59	7.01	6.63	6.37	6.18	6.03	5.91	5.81	5.73	5.67	5.56
9	10.6	8.02	6.99	6.42	6.06	5.80	5.61	5.47	5.35	5.26	5.18	5.11	5.01
10	10.0	7.56	6.55	5.99	5.64	5.39	5.20	5.06	4.94	4.85	4.77	4.71	4.60
11	9.65	7.21	6.22	5.67	5.32	5.07	4.89	4.74	4.63	4.54	4.46	4.40	4.29
12	9.33	6.93	5.95	5.41	5.06	4.82	4.64	4.50	4.39	4.30	4.22	4.16	4.05
13	9.07	6.70	5.74	5.21	4.86	4.62	4.44	4.30	4.19	4.10	4.02	3.96	3.86
14	8.86	6.51	5.56	5.04	4.69	4.46	4.28	4.14	4.03	3.94	3.86	3.80	3.70
15	8.68	6.36	5.42	4.89	4.56	4.32	4.14	4.00	3.89	3.80	3.73	3.67	3.56
16	8.53	6.23	5.29	4.77	4.44	4.20	4.03	3.89	3.78	3.69	3.62	3.55	3.45
17	8.40	6.11	5.19	4.67	4.34	4.10	3.93	3.79	3.68	3.59	3.52	3.46	3.35
18	8.29	6.01	5.09	4.58	4.25	4.01	3.84	3.71	3.60	3.51	3.43	3.37	3.27
19	8.18	5.93	5.01	4.50	4.17	3.94	3.77	3.63	3.52	3.43	3.36	3.30	3.19
20	8.10	5.85	4.94	4.43	4.10	3.87	3.70	3.56	3.46	3.37	3.29	3.23	3.13
21	8.02	5.78	4.87	4.37	4.04	3.81	3.64	3.51	3.40	3.31	3.24	3.17	3.07
22	7.95	5.72	4.82	4.31	3.99	3.76	3.59	3.45	3.35	3.26	3.18	3.12	3.02
24	7.82	5.61	4.72	4.22	3.90	3.67	3.50	3.36	3.26	3.17	3.09	3.03	2.93
26	7.72	5.53	4.64	4.14	3.82	3.59	3.42	3.29	3.18	3.09	3.02	2.96	2.86
28	7.64	5.45	4.57	4.07	3.75	3.53	3.36	3.23	3.12	3.03	2.96	2.90	2.79
30	7.56	5.39	4.51	4.02	3.70	3.47	3.30	3.17	3.07	2.98	2.91	2.84	2.74
32	7.50	5.34	4.46	3.97	3.65	3.43	3.26	3.13	3.02	2.93	2.86	2.80	2.70
34	7.44	5.29	4.42	3.93	3.61	3.39	3.22	3.09	2.98	2.89	2.82	2.76	2.66
36	7.40	5.25	4.38	3.89	3.57	3.35	3.18	3.05	2.95	2.86	2.79	2.72	2.62
38	7.35	5.21	4.34	3.86	3.54	3.32	3.15	3.02	2.92	2.83	2.75	2.69	2.59
40	7.31	5.18	4.31	3.83	3.51	3.29	3.12	2.99	2.89	2.80	2.73	2.66	2.56
50	7.17	5.06	4.20	3.72	3.41	3.19	3.02	2.89	2.78	2.70	2.63	2.56	2.46
60	7.08	4.98	4.13	3.65	3.34	3.12	2.95	2.82	2.72	2.63	2.56	2.50	2.39
70	7.01	4.92	4.07	3.60	3.29	3.07	2.91	2.78	2.67	2.59	2.51	2.45	2.35
80	6.96	4.88	4.04	3.56	3.26	3.04	2.87	2.74	2.64	2.55	2.48	2.42	2.31
100	6.90	4.82	3.98	3.51	3.21	2.99	2.82	2.69	2.59	2.50	2.43	2.37	2.27
∞	6.63	4.61	3.78	3.32	3.02	2.80	2.64	2.51	2.41	2.32	2.25	2.18	2.08

Tabelle 6: 99 %-Quantile der $F(m, n)$-Verteilung (Fortsetzung)

n	16	18	20	22	24	26	30	40	50	60	80	100	∞
							m						
1	6170	6191	6209	6223	6234	6245	6260	6286	6303	6314	6327	6334	6366
2	99.4	99.4	99.4	99.5	99.5	99.5	99.5	99.5	99.5	99.5	99.5	99.49	99.5
3	26.8	26.7	26.7	26.6	26.6	26.6	26.5	26.4	26.4	26.3	26.3	26.24	26.13
4	14.2	14.1	14.0	14.0	13.9	13.9	13.8	13.7	13.7	13.7	13.6	13.58	13.46
5	9.68	9.61	9.55	9.51	9.47	9.43	9.38	9.29	9.24	9.20	9.16	9.13	9.02
6	7.52	7.45	7.40	7.35	7.31	7.28	7.23	7.14	7.09	7.06	7.01	6.99	6.88
7	6.28	6.21	6.16	6.11	6.07	6.04	5.99	5.91	5.86	5.82	5.78	5.76	5.65
8	5.48	5.41	5.36	5.32	5.28	5.25	5.20	5.12	5.07	5.03	4.99	4.96	4.86
9	4.92	4.86	4.81	4.77	4.73	4.70	4.65	4.57	4.52	4.48	4.44	4.42	4.31
10	4.52	4.46	4.41	4.36	4.33	4.30	4.25	4.17	4.12	4.08	4.04	4.01	3.91
11	4.21	4.15	4.10	4.06	4.02	3.99	3.94	3.86	3.81	3.78	3.73	3.71	3.60
12	3.97	3.91	3.86	3.82	3.78	3.75	3.70	3.62	3.57	3.54	3.49	3.47	3.36
13	3.78	3.72	3.66	3.62	3.59	3.56	3.51	3.43	3.38	3.34	3.30	3.27	3.17
14	3.62	3.56	3.51	3.46	3.43	3.40	3.35	3.27	3.22	3.18	3.14	3.11	3.00
15	3.49	3.42	3.37	3.33	3.29	3.26	3.21	3.13	3.08	3.05	3.00	2.98	2.87
16	3.37	3.31	3.26	3.22	3.18	3.15	3.10	3.02	2.97	2.93	2.89	2.86	2.75
17	3.27	3.21	3.16	3.12	3.08	3.05	3.00	2.92	2.87	2.84	2.79	2.76	2.65
18	3.19	3.13	3.08	3.03	3.00	2.97	2.92	2.84	2.78	2.75	2.71	2.68	2.57
19	3.12	3.05	3.00	2.96	2.92	2.89	2.84	2.76	2.71	2.67	2.63	2.60	2.49
20	3.05	2.99	2.94	2.90	2.86	2.83	2.78	2.69	2.64	2.61	2.56	2.54	2.42
21	2.99	2.93	2.88	2.84	2.80	2.77	2.72	2.64	2.58	2.55	2.50	2.48	2.36
22	2.94	2.88	2.83	2.78	2.75	2.72	2.67	2.58	2.53	2.50	2.45	2.42	2.31
24	2.85	2.79	2.74	2.70	2.66	2.63	2.58	2.49	2.44	2.40	2.36	2.33	2.21
26	2.78	2.72	2.66	2.62	2.58	2.55	2.50	2.42	2.36	2.33	2.28	2.25	2.13
28	2.72	2.65	2.60	2.56	2.52	2.49	2.44	2.35	2.30	2.26	2.22	2.19	2.06
30	2.66	2.60	2.55	2.51	2.47	2.44	2.39	2.30	2.25	2.21	2.16	2.13	2.01
32	2.62	2.55	2.50	2.46	2.42	2.39	2.34	2.25	2.20	2.16	2.11	2.08	1.96
34	2.58	2.51	2.46	2.42	2.38	2.35	2.30	2.21	2.16	2.12	2.07	2.04	1.91
36	2.54	2.48	2.43	2.38	2.35	2.32	2.26	2.18	2.12	2.08	2.03	2.00	1.87
38	2.51	2.45	2.40	2.35	2.32	2.28	2.23	2.14	2.09	2.05	2.00	1.97	1.84
40	2.48	2.42	2.37	2.33	2.29	2.26	2.20	2.11	2.06	2.02	1.97	1.94	1.80
50	2.38	2.32	2.27	2.22	2.18	2.15	2.10	2.01	1.95	1.91	1.86	1.83	1.68
60	2.31	2.25	2.20	2.15	2.12	2.08	2.03	1.94	1.88	1.84	1.79	1.75	1.60
70	2.27	2.20	2.15	2.11	2.07	2.03	1.98	1.89	1.83	1.79	1.73	1.70	1.54
80	2.23	2.17	2.12	2.07	2.03	2.00	1.94	1.85	1.79	1.75	1.69	1.66	1.49
90	2.21	2.14	2.09	2.04	2.00	1.97	1.92	1.82	1.76	1.72	1.66	1.62	1.46
100	2.19	2.12	2.07	2.02	1.98	1.95	1.89	1.80	1.74	1.69	1.63	1.60	1.43
200	2.09	2.03	1.97	1.93	1.89	1.85	1.79	1.69	1.63	1.58	1.52	1.48	1.28
∞	2.00	1.93	1.88	1.83	1.79	1.76	1.70	1.59	1.52	1.47	1.40	1.36	1.00

TA

Tabelle 7: Quantile $w_p^+(n)$ zum Wilcoxon-Vorzeichen-Rang-Test

	5	6	7	8	9	10	11	12	13	14	15	16	17	18	19	20
0.001	0	0	0	0	0	1	2	3	5	7	9	12	15	19	22	27
0.005	0	0	0	1	2	4	6	8	10	13	16	20	24	28	33	38
0.010	0	0	1	2	4	6	8	10	13	16	20	24	28	33	38	44
0.025	0	1	3	4	6	9	11	14	18	22	26	30	35	41	47	53
0.050	1	3	4	6	9	11	14	18	22	26	31	36	42	48	54	61
0.075	2	3	5	8	10	13	17	20	25	29	34	40	46	52	59	66
0.100	3	4	6	9	11	15	18	22	27	32	37	43	49	56	63	70
0.900	12	17	22	27	34	40	48	56	64	73	83	93	104	115	127	140
0.925	13	18	23	28	35	42	49	58	66	76	86	96	107	119	131	144
0.950	14	18	24	30	36	44	52	60	69	79	89	100	111	123	136	149
0.975	15	20	25	32	39	46	55	64	73	83	94	106	118	130	143	157
0.990	15	21	27	34	41	49	58	68	78	89	100	112	125	138	152	166
0.995	15	21	28	35	43	51	60	70	81	92	104	116	129	143	157	172
0.999	15	21	28	36	45	54	64	75	86	98	111	124	138	152	168	183

Tabelle 8: Quantile $w_\alpha(n, m)$ zum Wilcoxon-Rangsummen-Test.* Tabelliert sind die kritischen Werte für $\alpha = 0.01$ (1. Zeile), $\alpha = 0.05$ (2. Zeile) und $\alpha = 0.1$ (3. Zeile). Es gilt: $w_{1-\alpha} = n(n + m + 1) - w_\alpha(n, m)$

n/m	2	3	4	5	6	7	8	9	10
	3	3	3	3	3	3	3	3	3
2	3	3	3	4	4	4	5	5	5
	3	3	4	5	5	5	6	6	7
	6	6	6	6	6	7	7	8	8
3	6	6	7	8	9	9	10	10	11
	6	7	8	9	10	11	12	12	13
	10	10	10	11	12	12	13	14	14
4	10	11	12	13	14	15	16	17	18
	11	12	13	15	16	17	18	20	21
	15	15	16	17	18	19	20	21	22
5	16	17	18	20	21	22	24	25	27
	17	18	20	21	23	24	26	28	29
	21	21	23	24	25	26	28	29	30
6	22	24	25	27	29	30	32	34	36
	23	25	27	29	31	33	35	37	39
	28	29	30	32	33	35	36	38	40
7	29	31	33	35	37	40	42	44	46
	30	33	35	37	40	42	45	47	50
	36	37	39	41	43	44	46	48	50
8	38	40	42	45	47	50	52	55	57
	39	42	44	47	50	53	56	59	61
	45	47	49	51	53	55	57	60	62
9	47	49	52	55	58	61	64	67	70
	48	51	55	58	61	64	68	71	74
	55	57	59	62	64	67	69	72	75
10	57	60	63	67	70	73	76	80	83
	59	62	66	69	73	77	80	84	88
	66	68	71	74	76	79	82	85	89
11	68	72	75	79	83	86	90	94	98
	70	74	78	82	86	90	94	98	103
	78	81	84	87	90	93	96	100	103
12	81	84	88	92	96	100	105	109	113
	83	87	91	96	100	105	109	114	118
	92	94	97	101	104	108	112	115	119
13	94	98	102	107	111	116	120	125	129
	96	101	105	110	115	120	125	130	135

TA

* Berechnet mit R-Befehl: `qwilcox(p,m,n) + n(n + 1)/2`

n/m	2	3	4	5	6	7	8	9	10
	106	108	112	116	119	123	128	132	136
14	108	113	117	122	127	132	137	142	147
	110	116	121	126	131	137	142	147	153
	121	124	128	132	136	140	145	149	154
15	124	128	133	139	144	149	154	160	165
	126	131	137	143	148	154	160	166	172
	137	140	144	149	153	158	163	168	173
16	140	145	151	156	162	167	173	179	185
	142	148	154	160	166	173	179	185	191
	154	158	162	167	172	177	182	187	192
17	157	163	169	174	180	187	193	199	205
	160	166	172	179	185	192	199	206	212
	172	176	181	186	191	196	202	208	213
18	176	181	188	194	200	207	213	220	227
	178	185	192	199	206	213	220	227	234
	192	195	200	206	211	217	223	229	235
19	195	201	208	214	221	228	235	242	249
	198	205	212	219	227	234	242	249	257
	212	216	221	227	233	239	245	251	258
20	215	222	229	236	243	250	258	265	273
	218	226	233	241	249	257	265	273	281

n/m	11	12	13	14	15	16	17	18	19	20
	3	3	4	4	4	4	4	4	5	5
2	5	6	6	6	7	7	7	8	8	8
	7	8	8	8	9	9	10	10	11	11
	8	9	9	9	10	10	11	11	11	12
3	12	12	13	14	14	15	16	16	17	18
	14	15	16	17	17	18	19	20	21	22
	15	16	16	17	18	18	19	20	20	21
4	19	20	21	22	23	25	26	27	28	29
	22	23	24	26	27	28	29	31	32	33
	23	24	25	26	27	28	29	30	31	32
5	28	29	31	32	34	35	36	38	39	41
	31	33	34	36	38	39	41	43	44	46
	31	33	34	35	37	38	40	41	42	44
6	38	39	41	43	45	47	48	50	52	54
	41	43	45	47	49	51	53	56	58	60
	41	43	45	46	48	50	52	53	55	57
7	48	50	53	55	57	59	62	64	66	68
	52	55	57	60	62	65	67	70	72	75

TA

n/m	11	12	13	14	15	16	17	18	19	20
	52	54	57	59	61	63	65	67	69	71
8	60	63	65	68	70	73	76	78	81	84
	64	67	70	73	76	79	82	85	88	91
	64	67	69	72	74	77	79	82	84	86
9	73	76	79	82	85	88	91	94	97	100
	77	81	84	87	91	94	98	101	104	108
	78	80	83	86	89	92	94	97	100	103
10	87	90	93	97	100	104	107	111	114	118
	92	95	99	103	107	110	114	118	122	126
	92	95	98	101	104	108	111	114	117	120
11	101	105	109	113	117	121	124	128	132	136
	107	111	115	119	124	128	132	136	140	145
	107	110	114	117	121	125	128	132	135	139
12	117	121	126	130	134	139	143	147	151	156
	123	128	132	137	142	146	151	156	160	165
	123	127	131	135	139	143	147	151	155	159
13	134	139	143	148	153	157	162	167	172	176
	140	145	150	155	160	166	171	176	181	186
	140	144	149	153	157	162	166	171	175	179
14	152	157	162	167	172	177	183	188	193	198
	158	164	169	175	180	186	191	197	203	208
	158	163	168	172	177	182	187	191	196	201
15	171	176	182	187	193	198	204	209	215	221
	178	184	189	195	201	207	213	219	225	231
	178	183	188	193	198	203	208	213	219	224
16	191	197	202	208	214	220	226	232	238	244
	198	204	211	217	223	230	236	243	249	256
	198	203	209	214	220	225	231	236	242	247
17	211	218	224	231	237	243	250	256	263	269
	219	226	233	239	246	253	260	267	274	281
	219	225	231	237	242	248	254	260	266	272
18	233	240	247	254	260	267	274	281	288	295
	241	249	256	263	270	278	285	292	300	307
	241	247	254	260	266	273	279	285	292	298
19	256	263	271	278	285	292	300	307	314	321
	264	272	280	288	295	303	311	319	326	334
	264	271	278	284	291	298	304	311	318	325
20	280	288	295	303	311	318	326	334	341	349
	289	297	305	313	321	330	338	346	354	362

TA

Literatur

BAMBERG, G. und BAUR, F. (1996): Statistik, 9. Auflage, Oldenbourg, München.

BOURIER, G. (2005): Wahrscheinlichkeitsrechnung und schließende Statistik, 4. Auflage, Gabler, Wiesbaden.

BOURIER, G. (2005): Beschreibende Statistik, 6. Auflage, Gabler, Wiesbaden.

FAHRMEIR, L., KÜNSTLER, R., PIGEOT, I. und TUTZ, G. (2004): Statistik, Der Weg zur Datenanalyse, 5. Auflage, Springer, Berlin.

JENSEN, U. (2006): Mathematik für Wirtschaftswissenschaftler, 4. Auflage, Oldenbourg, München.

KARMANN, A. (2003): Mathematik für Wirtschaftswissenschaftler, 5. Auflage, Oldenbourg, München.

LITZ, H.P. (2003): Statistische Methoden, 3. Auflage, Oldenbourg, München.

MARINELL, G. (2000): Mathematik für Sozial- und Wirtschaftswissenschaftler, 7. Auflage, Oldenbourg, München.

MEYBERG, K. und VACHENAUER, P. (2001): Höhere Mathematik 1, Differential- und Integralrechnung, Vektor- und Matrizenrechnung, 6. Auflage, Springer, Berlin.

MOSLER, K. und SCHMID, F. (2007): Wahrscheinlichkeitsrechnung und schließende Statistik, Springer, Berlin.

MOSLER, K. und SCHMID, F. (2003): Beschreibende Statistik und Wirtschaftsstatistik, Springer, Berlin.

OHSE, D. (2004): Mathematik für Wirtschaftswissenschaftler I, Analysis, 6. Auflage, Vahlen, München.

OHSE, D. (2005): Mathematik für Wirtschaftswissenschaftler II, Lineare Wirtschaftsalgebra, 5. Auflage, Vahlen, München.

SCHÄFER, W. und GEORGI, K. (2006): Mathematik-Vorkurs, 6. Auflage, Teubner, Stuttgart.

SCHAICH, E. und MÜNICH, R. (2001): Mathematische Statistik für Ökonomen, Vahlen, München.

SCHIRA, J. (2005): Statistische Methoden der BWL und VWL, 2. Auflage, Pearson Studium, München.

SCHLITTGEN, R. (2003): Einführung in die Statistik, 10. Auflage, Oldenbourg, München.

SCHMIDT, K. und TRENKLER, G. (2006): Moderne Matrix-Algebra mit Anwendungen in der Statistik. 2. Auflage, Springer, Berlin.

SCHULZE, P.M. (2003): Beschreibende Statistik, 5. Auflage, Oldenbourg, München.

SYDSÆTER, K. und HAMMOND, P. (2006): Mathematik für Wirtschaftswissenschaftler, Basiswissen mit Praxisbezug, 2. Auflage, Pearson Studium, München.

SYDSÆTER, K., HAMMOND, P. SEIERSTAD, A. und STRØM, A. (2005): Further Mathematics for Economic Analysis, Prentice Hall

TIETZE, J. (2005): Einführung in die angewandte Wirtschaftsmathematik, 12. Auflage, Vieweg, Wiesbaden.

TIETZE, J. (2004): Einführung in die Finanzmathematik, Vieweg, Wiesbaden.

VOGEL, F. (2005): Beschreibende und schließende Statistik, 13. Auflage, Oldenbourg, München.

WEWEL, M. (2006): Statistik im Bachelor-Studium der BWL und VWL, Pearson Studium, München.

Register